丛书阅读指南

第2章

Photoshop基本操作

使用Photoshop编辑处理图像文件之前，必须先掌握图像文件的基本操作。本章主要介绍了Photoshop CC 2017中常用的文件操作命令，图像文件的显示、浏览和尺寸的调整，使用户能够更好、更有效地绘制和处理图像文件。

对应光盘视频

例2-1 新建图像文件
例2-2 打开已有图像文件
例2-3 存储图像文件
例2-4 使用【导航器】面板
例2-5 更改图像的排列方式
例2-6 更改图像文件大小
例2-7 更改图像文件画布大小
例2-8 使用【选择性粘贴】命令
例2-9 使用【历史记录】面板
例2-10 制作商业名片

章首导读

以言简意赅的语言表述本章介绍的主要内容。

教学视频

紧密结合光盘，列出本章有同步教学视频的操作案例。

第2章 Photoshop 基本操作

2.2

实例概述

简要描述实例内容，同时让读者明确该实例是否附带教学视频或源文件。

……窗口的显示比例、移动画面的显示区域，以便……供了用于缩放窗口的工具和命令，如切换屏幕……【导航器】面板等。

【例2-4】在Photoshop CC 2017中，使用【导航器】面板查看图像。

视频+素材 (光盘素材\第02章\例2-4)

01 选择【文件】|【打开】命令，选择打开图像文件。选择【窗口】|【导航器】命令，打开【导航器】面板。

……【导航器】面板的缩放数值框中显……示比例，在数值框中输入数……示比例。

03 在【导航器】面板中单击【放大】按钮可放大图像在窗口的显示比例，单击【缩小】按钮可缩小图像在窗口的显示比例。用户也可以使用缩放比例滑块，调整图像文件窗口的显示比例。向左移动缩放比例滑块，可以缩小画面的显示比例；向右移动缩放比例滑块，可以放大画面的显示比例。在调整画面显示比例的同时，面板中的红色矩形框大小也会进行相应的缩放。

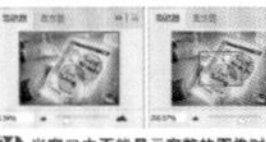

04 当窗口中不能显示完整的图像时，光标移至【导航器】面板的代理预览区……光标会变为手形状。单击并拖动鼠标可移动画面，代理预览区域内的图像会显……在文档窗口的中心。

2.2.2 使用【缩放】工具查看

在图像编辑处理的过程中，经常需要对编辑的图像频繁地进行放大或缩小显示，以便于图像的编辑操作。在Photoshop中调整图像画面的显示，可以使用【缩放】工具、【视图】菜单中的相关命令。

使用【缩放】工具可放大或缩小图像。使用【缩放】工具时，每单击一次都会将

操作步骤

图文并茂，详略得当，让读者对实例操作过程轻松上手。

U0318893

第5章 图像的修饰与美化

5.4 图章工具

在Photoshop中，使用图章工具组中的工具也可以通过提取图像中的像素样本来修复图像。【仿制图章】工具可以将取样的图像应用到其他图像或同一图像的其他位置，……对象或去除图像中的缺陷。

知识点滴

在文中加入大量的知识信息，或是本节知识的重点解析以及难点提示。

> 知识点滴
>
> 选中【对齐】复选框，可以对图像画面连续取样，而不会丢失当前设置的参考点位置，即使释放鼠标后也是如此；禁用该项，则会在每次停止并重新开始仿制时，使用最初设置的参考点位置。默认情况下，【对齐】复选框为启用状态。

【例5-7】使用【仿制图章】工具修复图像画面。

视频+素材 (光盘素材\第05章\例5-7)

01 选择【文件】|【打开】命令，打开图像文件，单击【图层】面板中的【创建新图层】按钮创建新图层。

02 选择【仿制图章】工具，在控制面板中设置一种画笔样式，在【样本】下拉列表中选择【所有图层】选项。

03 按住Alt键在要修复部位附近单击设置取样点。然后在要修复部位按住鼠标左键涂抹。

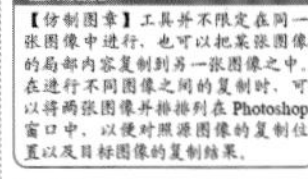

> 进阶技巧
>
> 【仿制图章】工具并不限定在同一张图像中进行，也可以把某张图像的局部内容复制到另一张图像之中。在进行不同图像之间的复制时，可以将两张图像并排排列在Photoshop窗口中，以便对照源图像的复制位置以及目标图像的复制结果。

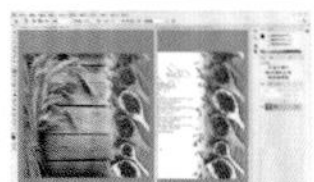

111

第2章 Photoshop 基本操作

2.7 疑点解答

● 问：如何在Photoshop中创建新库？

答：在Photoshop中打开一幅图像文档，然后单击【库】面板右上角的面板菜单……从弹出的菜单中选择【从文档创建新库】命令，或直接单击【库】面板底部的【从文档新建库】按钮，打开【从文档创建新库】对话框。在对话框中，选择所需的资源，然后单击【……建新库】按钮即可将打开的图像文档中的资源导入到库中，以便在其他文档中重复使用。

● 问：如何在Photoshop CC 2017中应用Adobe Stock中的模板？

答：Adobe Stock提供了数百万高品质的免版税专业照片、视频、插图和矢量图形。在Photoshop中利用Adobe Stock中丰富的模板和空白预设，可以使用户快速着手自己的创意项目。在Photoshop中的【新建文档】对话框创建文档时，在【最近使用项】选项……示最近下载过的模板选项。选中所需的模板，单击【打开】按钮即可在工作区中……

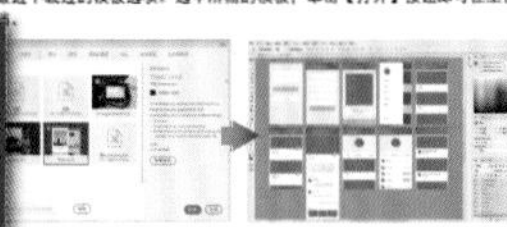

……使用Photoshop CC 2017中的画板？

……设计人员，会发现一个设计项目经常要适合多种设备或应用程序的界面。这……shop中的画板，可以帮助用户快速简化设计过程，在画布上布置适合不同设备和屏幕的设计。

在Photoshop中要创建一个带有画板的文档，可以选择【文件】|【新建】命令，打开【新建文档】对话框，选中【画板】复选框，选择预设的画布尺寸或设置自定义尺寸，然后单击【创建】按钮即可。

如果已有文档，可以将其图层组或图层快速转换为画板。在已有文档中选中图层组，并在选中的图层组上右击，从弹出的菜单中选择【来自图层组的画板】命令，即可将其转换为画板。

39

进阶技巧

讲述软件操作在实际应用中的技巧，让读者少走弯路、事半功倍。

疑点解答

对本章内容做扩展补充，同时拓宽读者的知识面。

云视频教学平台

光盘附赠的云视频教学平台能够让读者轻松访问上百 GB 容量的免费教学视频学习资源库。该平台拥有海量的多媒体教学视频，让您轻松学习，无师自通！

图1

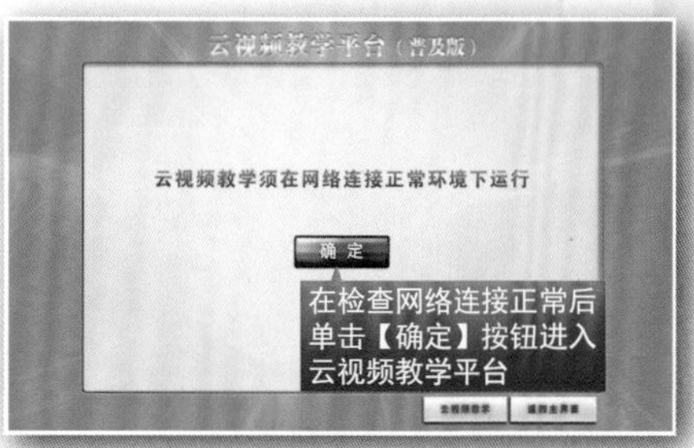

图2

图3

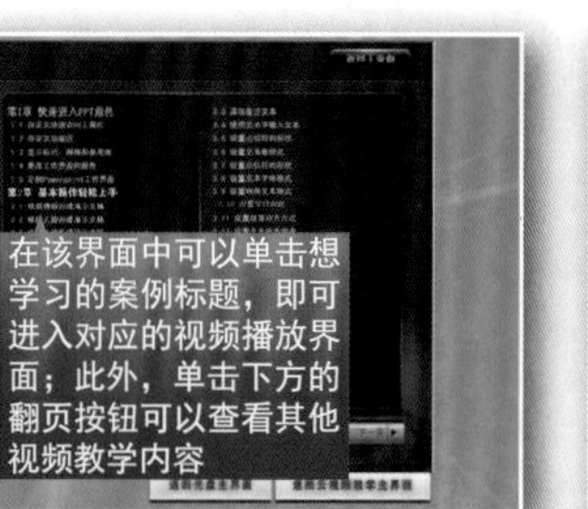

图4

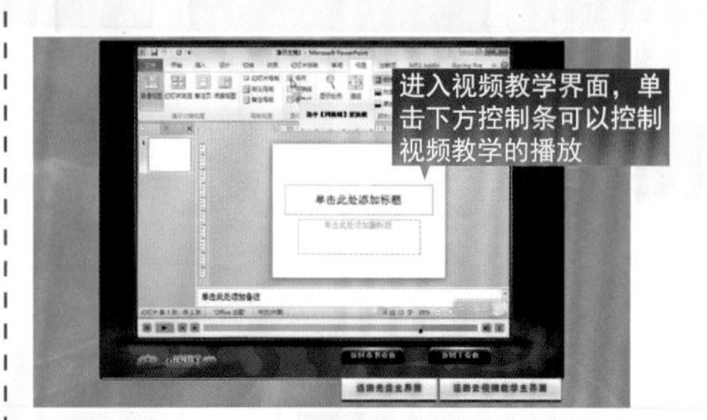

图5

光盘使用说明

光盘主要内容

本光盘为《入门与进阶》丛书的配套多媒体教学光盘，光盘中的内容包括18小时与图书内容同步的视频教学录像和相关素材文件。光盘采用真实详细的操作演示方式，详细讲解了电脑以及各种应用软件的使用方法和技巧。此外，本光盘附赠大量学习资料，其中包括多套与本书内容相关的多媒体教学演示视频。

光盘操作方法

将DVD光盘放入DVD光驱，几秒钟后光盘将自动运行。如果光盘没有自动运行，可双击桌面上的【我的电脑】或【计算机】图标，在打开的窗口中双击DVD光驱所在盘符，或者右击该盘符，在弹出的快捷菜单中选择【自动播放】命令，即可启动光盘进入多媒体互动教学光盘主界面。

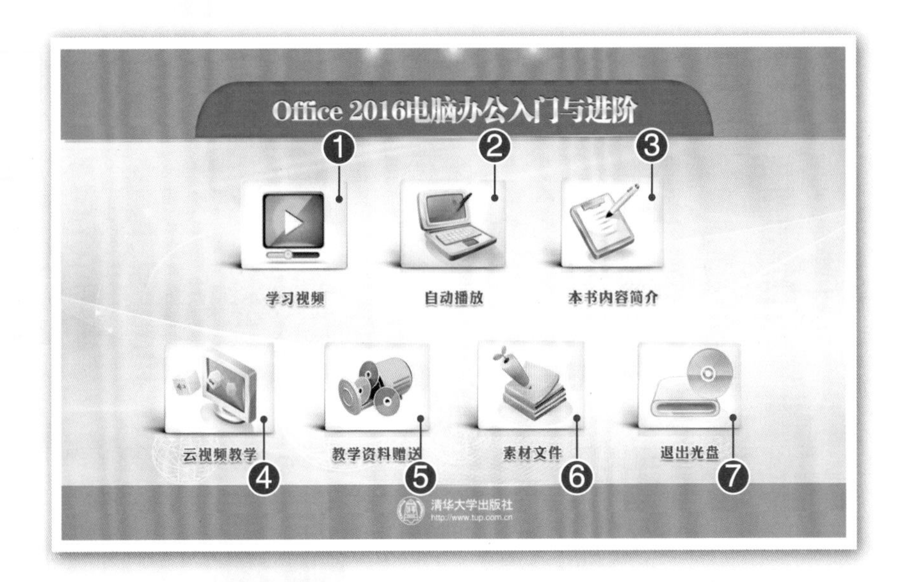

1 进入普通视频教学模式

2 进入自动播放演示模式

3 阅读本书内容介绍

4 单击进入云视频教学界面

5 打开赠送的学习资料文件夹

6 打开素材文件夹

7 退出光盘学习

光盘使用说明

普通视频教学模式

图1

- 赛扬 1.0GHz 以上 CPU
- 512MB 以上内存
- 500MB 以上硬盘空间
- Windows XP/Vista/7/8/10 操作系统
- 屏幕分辨率 1024×768 以上
- 8 倍速以上的 DVD 光驱

光盘运行环境

图2

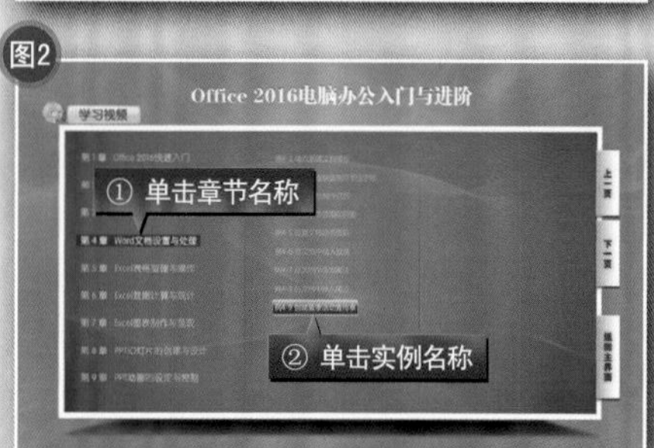

图3

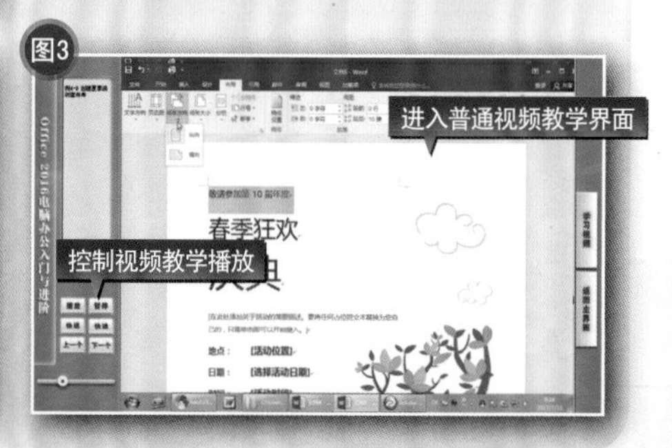

自动播放演示模式

图1

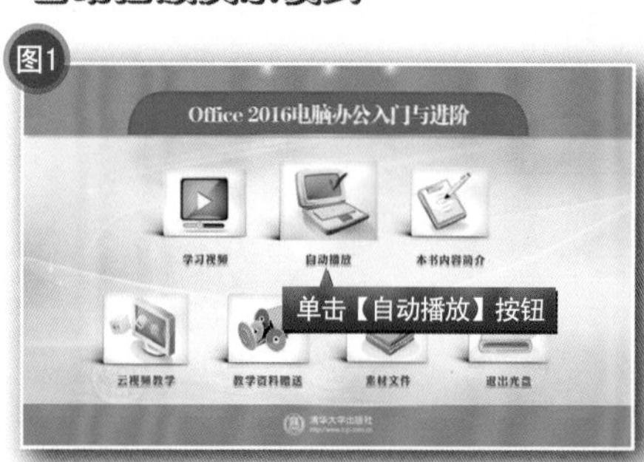

图2

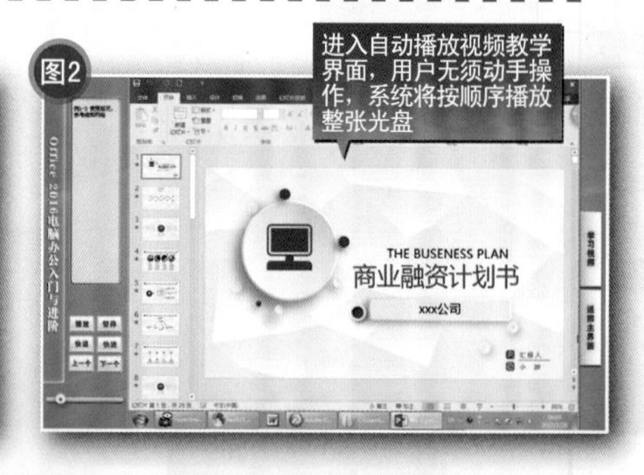

赠送的教学资料

图1

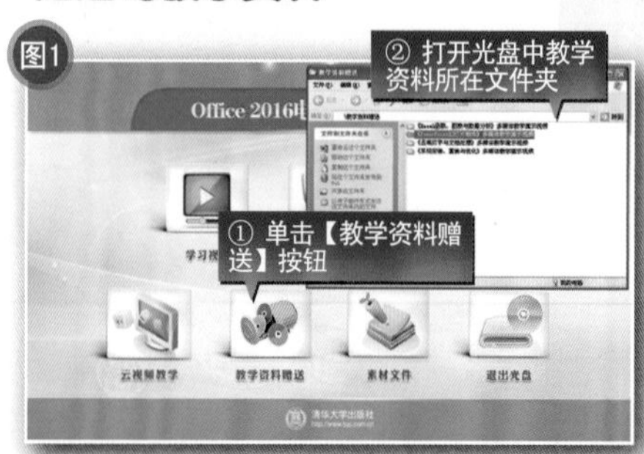

图2

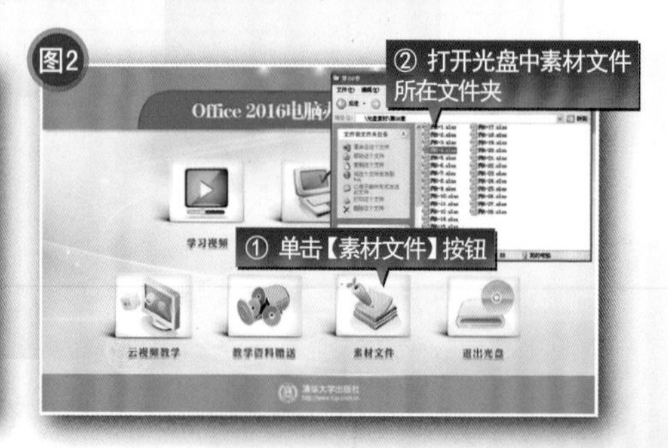

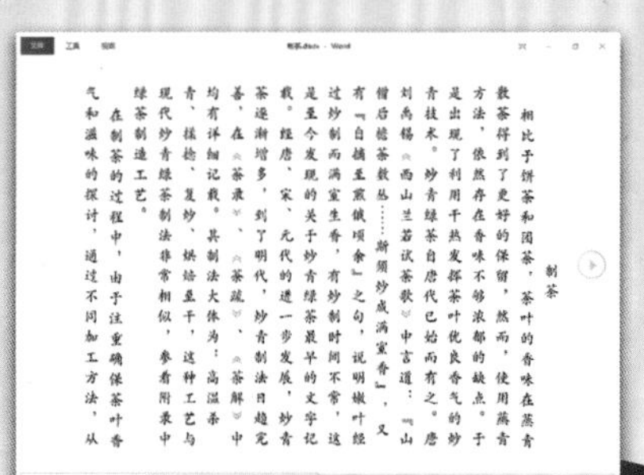

▶ 竖排文本

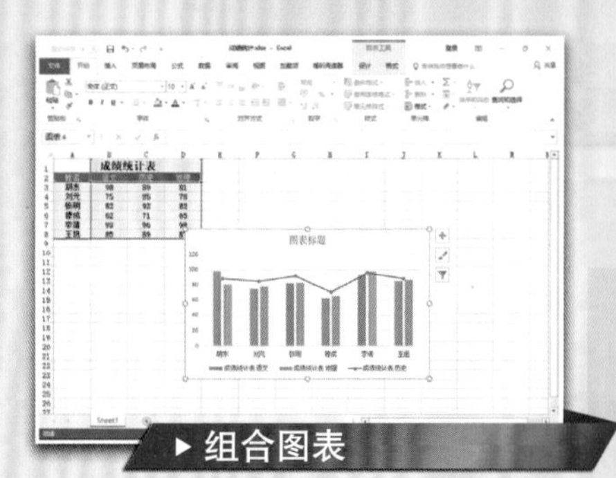

▶ 组合图表

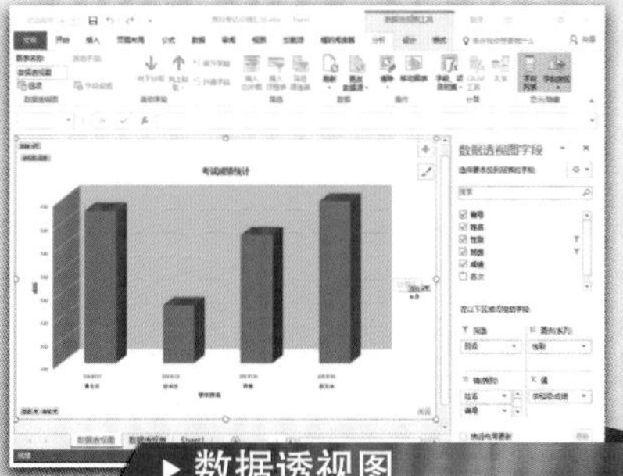

▶ 数据透视图

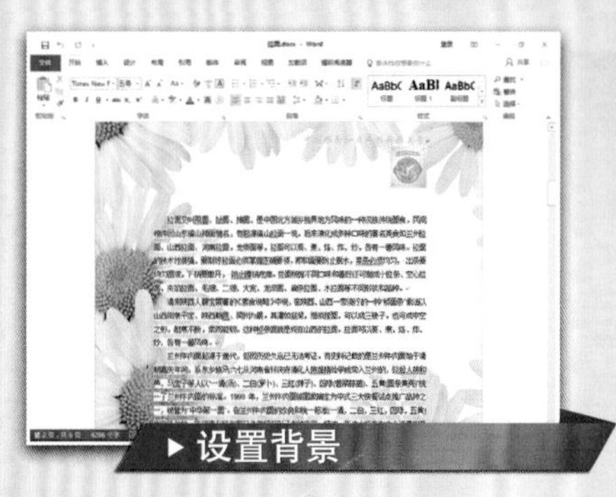

▶ 设置背景

▶ 设置切换动画

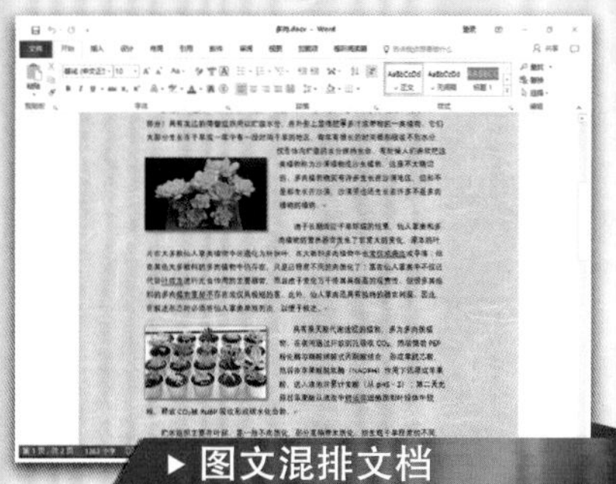

▶ 图文混排文档

▶ 课件PPT

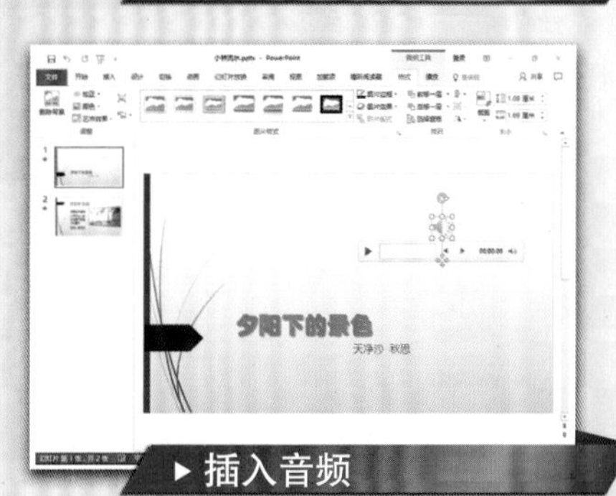

▶ 插入音频

▶ 动作路径动画效果

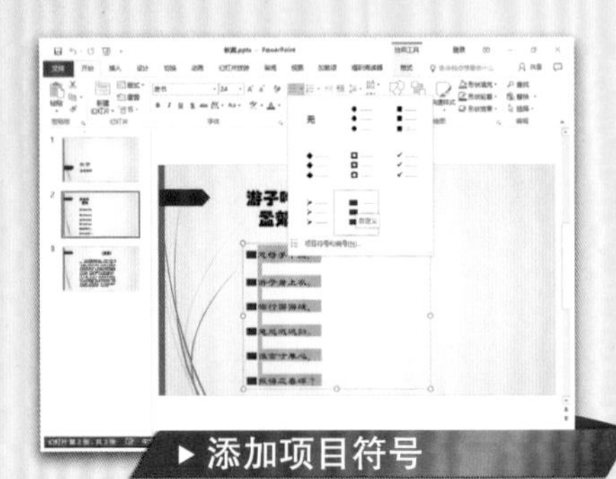

▶ 添加项目符号

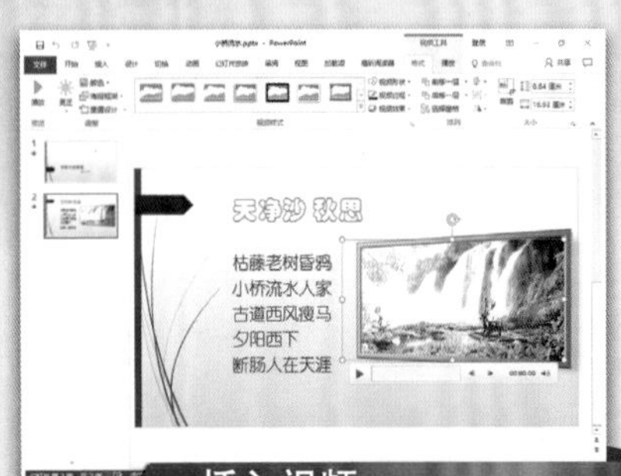

▶ 插入视频

▶ 编辑母版

▶ 咖啡宣传PPT

▶ 购物指南PPT

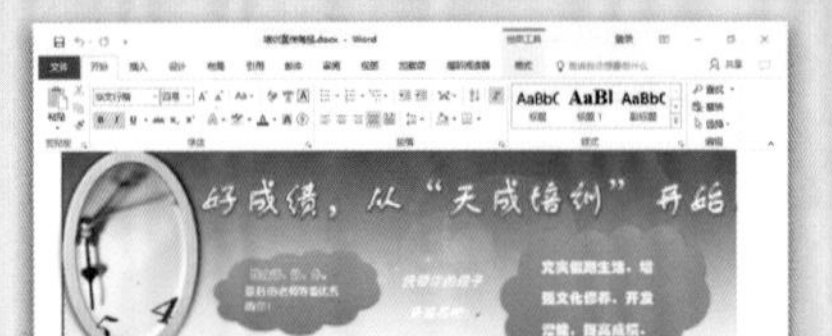

▶ 插入修饰元素

▶ 添加动作按钮

入门与进阶

Word+Excel+PowerPoint 2016 办公应用入门与进阶

邱培强 ◎ 编著

清華大学出版社
北 京

内容简介

本书是《入门与进阶》系列丛书之一。全书以通俗易懂的语言、翔实生动的实例，全面介绍了Office 2016中三大办公组件的操作技巧和方法。本书共分12章，涵盖了Office 2016快速上手、Word 2016的初级排版、图文混排美化文档、高效排版长文档、Excel 2016的基本操作、管理和分析表格数据、使用公式与函数、PowerPoint 2016幻灯片基础、幻灯片版面和动画设计、放映和发布幻灯片、Office 2016各组件协作、Office综合案例解析等内容。

本书内容丰富，图文并茂。全书双栏紧排，全彩印刷，附赠的光盘中包含书中实例素材文件、18小时与图书内容同步的视频教学录像和3至5套与本书内容相关的多媒体教学视频，方便读者扩展学习。此外，光盘中附赠的“云视频教学平台”能够让读者轻松访问上百GB容量的免费教学视频学习资源库。

本书具有很强的实用性和可操作性，是广大电脑初中级用户、家庭电脑用户，以及不同年龄阶段电脑爱好者的首选参考书。

图书在版编目(CIP)数据

Word+Excel+PowerPoint 2016办公应用入门与进阶 / 邱培强　编著. —北京：清华大学出版社，2018 (2023.4重印)

(入门与进阶)

ISBN 978-7-302-48953-5

Ⅰ. ①W…　Ⅱ. ①邱…　Ⅲ. ①办公自动化—应用软件　Ⅳ. ①TP317.1

中国版本图书馆CIP数据核字(2017)第293430号

责任编辑： 胡辰浩　李维杰
装帧设计： 孔祥峰
责任校对： 曹　阳
责任印制： 杨　艳

出版发行： 清华大学出版社
网　　址： http://www.tup.com.cn，http://www.wqbook.com
地　　址： 北京清华大学学研大厦A座　　**邮　　编：** 100084
社 总 机： 010-83470000　　**邮　　购：** 010-62786544
投稿与读者服务： 010-62776969，c-service@tup.tsinghua.edu.cn
质 量 反 馈： 010-62772015，zhiliang@tup.tsinghua.edu.cn
印 装 者： 涿州汇美亿浓印刷有限公司
经　　销： 全国新华书店
开　　本： 150mm×215mm　　**印　张：** 16.75　　**插　页：** 4　　**字　数：** 429千字
(附光盘1张)
版　　次： 2018年1月第1版　　**印　次：** 2023年4月第4次印刷
定　　价： 79.00元

产品编号：062100-03

熟练操作电脑已经成为当今社会不同年龄层次的人群必须掌握的一门技能。为了使读者在短时间内轻松掌握电脑各方面应用的基本知识，并快速解决生活和工作中遇到的各种问题，清华大学出版社组织了一批教学精英和业内专家特别为电脑学习用户量身定制了这套《入门与进阶》系列丛书。

丛书、光盘和网络服务

双栏紧排，全彩印刷，图书内容量多实用　本丛书采用双栏紧排的格式，使图文排版紧凑实用，其中260多页的篇幅容纳了传统图书一倍以上的内容。从而在有限的篇幅内为读者奉献更多的电脑知识和实战案例，让读者的学习效率达到事半功倍的效果。

结构合理，内容精炼，案例技巧轻松掌握　本丛书紧密结合自学的特点，由浅入深地安排章节内容，让读者能够一学就会、即学即用。书中的范例通过添加大量的“知识点滴”和“进阶技巧”的注释方式突出重要知识点，使读者轻松领悟每一个范例的精髓所在。

书盘结合，互动教学，操作起来十分方便　丛书附赠一张精心开发的多媒体教学光盘，其中包含了18小时左右与图书内容同步的视频教学录像。光盘采用真实详细的操作演示方式，紧密结合书中的内容对各个知识点进行深入的讲解。光盘界面注重人性化设计，读者只需要单击相应的按钮，即可方便地进入相关程序或执行相关操作。

免费赠品，素材丰富，量大超值实用性强　附赠光盘采用大容量DVD格式，收录书中实例视频、源文件以及3至5套与本书内容相关的多媒体教学视频。此外，光盘中附赠的云视频教学平台能够让读者轻松访问上百GB容量的免费教学视频学习资源库，在让读者学到更多电脑知识的同时真正做到物超所值。

在线服务，贴心周到，方便老师定制教案　本丛书精心创建的技术交流QQ群(101617400、2463548)为读者提供24小时便捷的在线交流服务和免费教学资源；便捷的教材专用通道(QQ：22800898)为老师量身定制实用的教学课件。

本书内容介绍

《Word+Excel+PowerPoint 2016办公应用入门与进阶》是这套丛书中的一本，该书从读者的学习兴趣和实际需求出发，合理安排知识结构，由浅入深、循序渐进，通过图文并茂的方式讲解Office 2016中三大办公组件的操作技巧和方法。全书共分为12章，主要内容如下：

第1章：介绍Office 2016的基础操作内容。

第2章：介绍Word 2016的初级排版的操作方法和技巧。

第3章：介绍图文混排及美化文档的方法和技巧。

第4章：介绍高效排版长文档的方法和技巧。

第5章：介绍Excel 2016的基本操作的方法和技巧。
第6章：介绍管理和分析表格数据的方法和技巧。
第7章：介绍使用公式与函数的基础方法。
第8章：介绍PowerPoint 2016幻灯片制作的基础方法和技巧。
第9章：介绍幻灯片版面和动画设计的操作方法和技巧。
第10章：介绍放映和发布幻灯片的操作方法和技巧。
第11章：介绍Office 2016各组件协作的方法和技巧。
第12章：介绍多个Office综合案例。

读者定位和售后服务

本书具有很强的实用性和可操作性，是广大电脑初中级用户、家庭电脑用户，以及不同年龄阶段电脑爱好者的首选参考书。

如果您在阅读图书或使用电脑的过程中有疑惑或需要帮助，可以登录本丛书的信息支持网站(http://www.tupwk.com.cn/improve3)或通过E-mail(wkservice@vip.163.com)联系，本丛书的作者或技术人员会提供相应的技术支持。

除封面署名的作者外，参加本书编写的人员还有陈笑、孔祥亮、杜思明、高娟妮、熊晓磊、曹汉鸣、何美英、陈宏波、潘洪荣、王燕、谢李君、李珍珍、王华健、柳松洋、陈彬、刘芸、高维杰、张素英、洪妍、方峻、顾永湘、王璐、管兆昶、颜灵佳、曹晓松等。由于作者水平所限，本书难免有不足之处，欢迎广大读者批评指正。我们的邮箱是huchenhao@263.net，电话是010-62796045。

最后感谢您对本丛书的支持和信任，我们将再接再厉，继续为读者奉献更多、更好的优秀图书，并祝愿您早日成为电脑应用高手！

《入门与进阶》丛书编委会
2017年10月

第1章 Office 2016快速上手

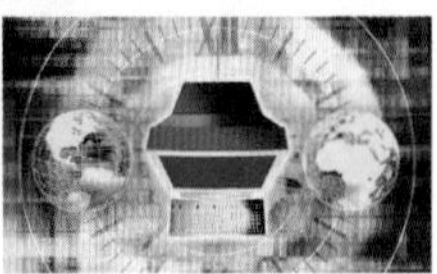

第2章 Word 2016的初级排版

第3章 图文混排美化文档

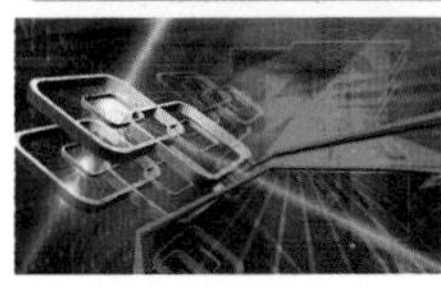
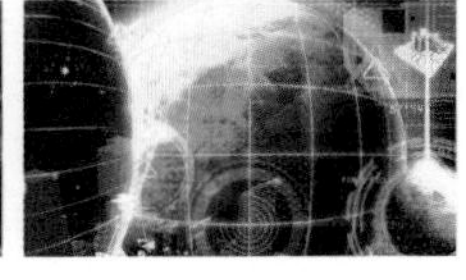

第4章 高效排版长文档

第5章 Excel 2016的基本操作

第6章 管理与分析表格数据

第7章 使用公式与函数

第8章 PowerPoint 2016幻灯片基础

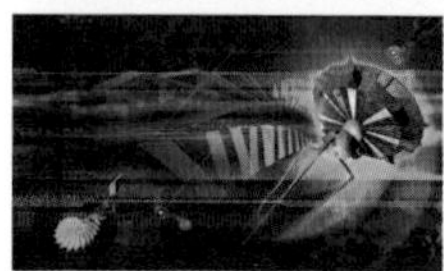

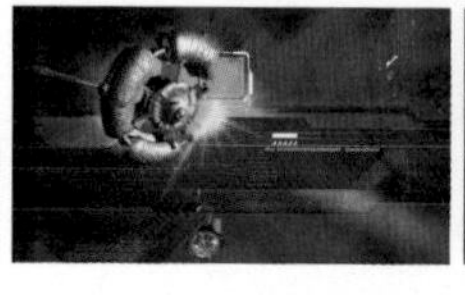

第9章 幻灯片版面和动画设计

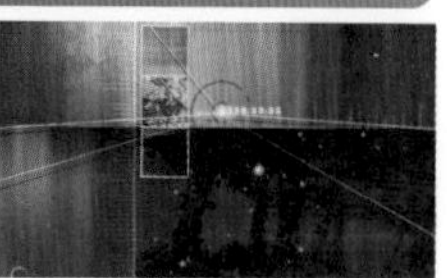

第10章 放映和发布幻灯片

第11章 Office 2016各组件协作

第12章 Office综合案例解析

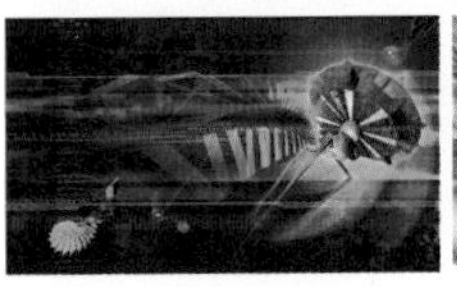

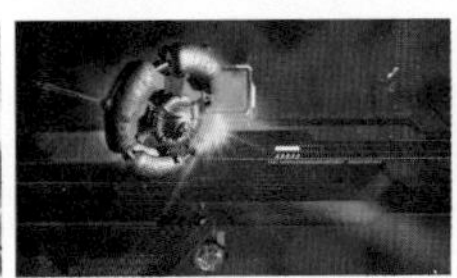

Word+Excel+PowerPoint 2016办公应用入门与进阶

第1章

Office 2016快速上手

Office 2016是Microsoft公司推出的办公套件，由许多实用组件组成，包含文字处理、电子表格和幻灯片制作等办公应用工具。本章将简单介绍Office 2016的办公应用和基础知识。

例1-1 安装Office 2016
例1-2 修复和卸载Office 2016
例1-3 自定义功能区
例1-4 自定义快速访问工具栏
例1-5 设置文件的保存
例1-6 更换Office 主题

1.1 Office 2016的办公应用

Office 2016包括Word 2016、Excel 2016、PowerPoint 2016等多种组件，这三个组件是日常办公中最常用的三大王牌组件，简称“办公三剑客”，它们分别用于文字处理领域、数据处理领域和幻灯片演示领域。

1.1.1 Word办公应用

Word 2016是一个功能强大的文档处理软件。它既能够制作各种简单的办公商务和个人文档，又能满足专业人员制作用于印刷的版式复杂文档的需要。使用Word 2016处理文件，大大提高了企业办公自动化的效率。

Word 2016主要有以下几种用于办公的功能：

- 文字处理功能：Word 2016是一个功能强大的文字处理软件，利用它可以输入文字，并可设置不同的字体样式和大小。
- 表格制作功能：Word 2016不仅能处理文字，还能制作各种表格。

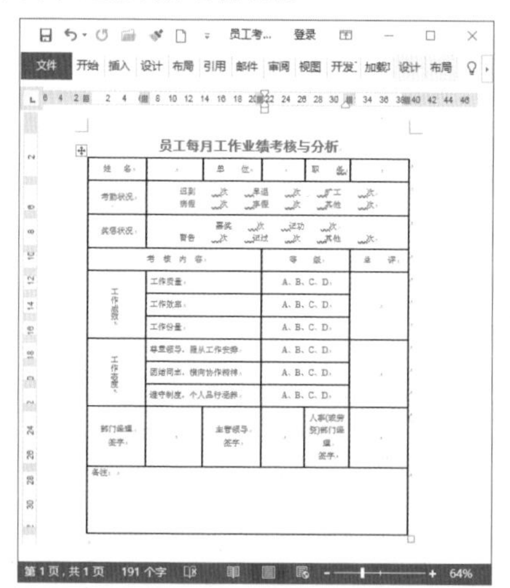

- 文档组织功能：在Word 2016中可以建立任意长度的文档，还能对长文档进行各种管理。
- 图形/图像处理功能。在Word 2016中可以插入图形/图像对象，例如文本框、艺术字和图表等，制作出图文并茂的文档。

1.1.2 Excel办公应用

Excel是一款非常优秀的电子制表软件，不仅被广泛应用于财务部门，很多其他用户也使用Excel来处理和分析他们的业务信息。Excel 2016主要负责数据计算工作，具有数据录入与编辑、表格美化、数据计算、数据分析与数据管理等功能。

Excel 2016主要有以下几种用于办公的功能：

- 创建统计表格：Excel 2016的制表功能就是把用户用到的数据输入到Excel中以形成表格。
- 进行数据计算：在Excel 2016的工作表中输入完数据后，还可以对用户所输入的数据进行计算，例如进行求和、求平均值、求最大值以及求最小值等。此外，Excel 2016还提供强大的公式运算与函数处理功能，可以对数据进行更复杂的计算工作。
- 建立多样化的统计图表：在Excel 2016中，可以根据输入的数据来建立统计图表，以便更加直观地显示数据之间的关系，让用户可以比较数据之间的变动、成长关系以及趋势等。

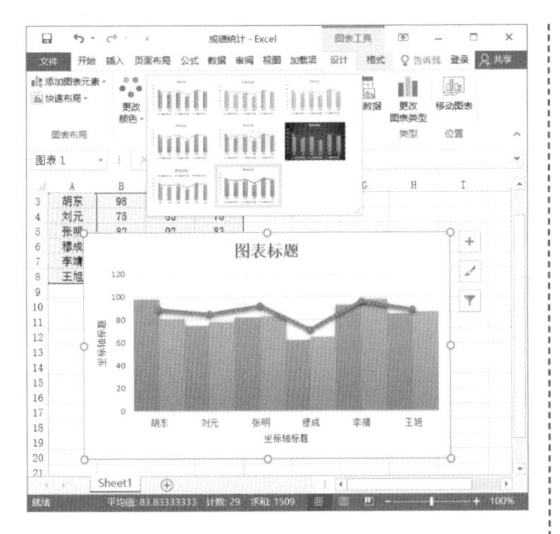

1.1.3 PowerPoint办公应用

PowerPoint是一个演示文稿图形程序，使用它，可以制作出丰富多彩的幻灯片，并使其带有各种特效效果，使所有展现的信息可以更漂亮地显现出来，吸引观众的眼球。

- 多媒体商业演示：PowerPoint 2016可以为各种商业活动提供一个内容丰富的多媒体产品或服务演示的平台，帮助销售人员向最终用户演示产品或服务的优越性。下图所示为商业演示幻灯片。

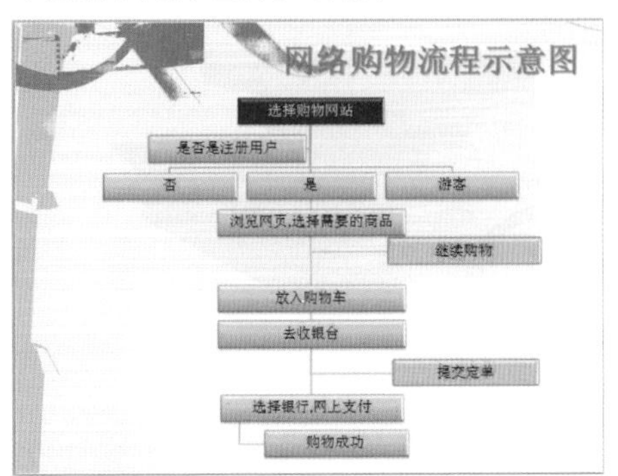

- 多媒体交流演示：PowerPoint演示文稿是宣讲者的演讲辅助手段，以交流为用途，被广泛用于培训、研讨会、产品发布等领域。
- 多媒体娱乐演示：由于PowerPoint支持文本、图像、动画、音频和视频等多种媒体内容的集成，因此，很多用户都使用PowerPoint来制作各种娱乐性质的演示文稿，例如手工剪纸集、相册等，通过PowerPoint的丰富表现功能来展示多媒体娱乐内容。

1.2 安装和卸载Office 2016

要运行Office 2016，首先要将其安装到电脑里。安装完毕后，就可使用它完成相应的任务了。学会安装后还可以学习如何卸载Office 2016。

1.2.1 安装Office 2016

要使用办公三剑客中的一员，就必须先将Office 2016安装到电脑中。用户可从软件专卖店或Microsoft公司官方网站购买正版软件，通过安装光盘中的注册码即可成功安装Office常用组件。

安装Office 2016的方法很简单，只需要运行安装程序，按照操作向导提示，就可以轻松地将该软件安装到电脑中。

【例1-1】安装Office 2016软件。视频

01 在桌面上打开【此电脑】窗口，找到Office 2016安装文件所在目录，双击其中的【Setup.exe】文件，开始进行安装。

进阶技巧

从网上下载的Office 2016安装文件一般是虚拟光盘格式，需要安装虚拟光驱。

02 此时系统自动安装Office 2016全系列组件。

03 安装完毕后单击【关闭】按钮即可。

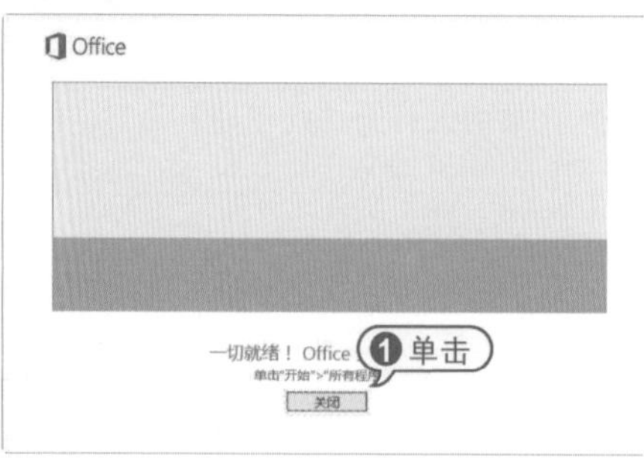

1.2.2 卸载Office 2016

安装完 Office 2016后，如果程序出错，可以进行修复，或者将其卸载后重新安装。

【例1-2】修复和卸载Office 2016软件。

视频

01 双击桌面上的【控制面板】按钮，打开【所有控制面板项】窗口，单击【程序和功能】按钮。

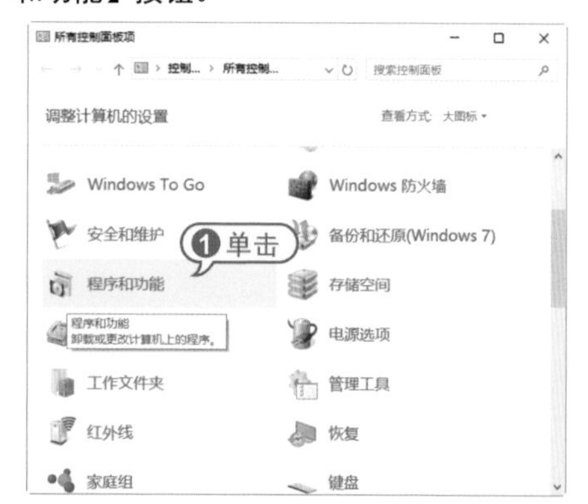

02 打开【程序和功能】窗口，找到Office 2016程序，右击会弹出两个选项，分别是【卸载】和【更改】选项，此时选中【更改】选项。

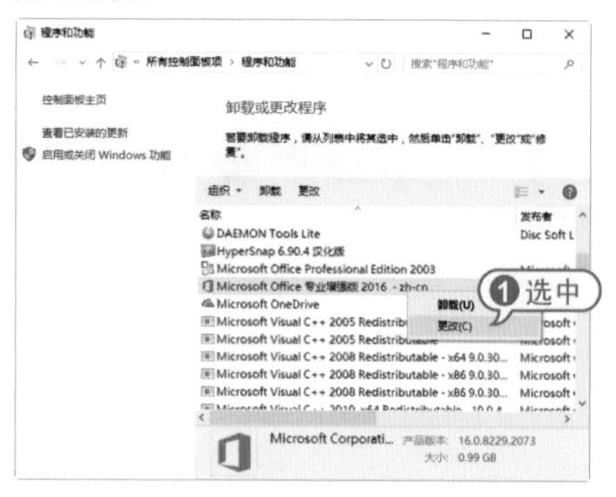

03 弹出Office对话框，选中【快速修复】单选按钮，单击【修复】按钮即可进行快速修复。

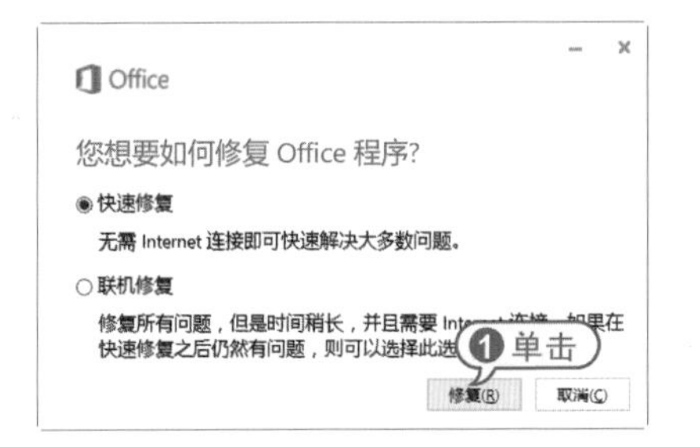

04 如果右击后选中的是【卸载】选项，在弹出的对话框中单击【卸载】按钮，即可开始卸载Office 2016。

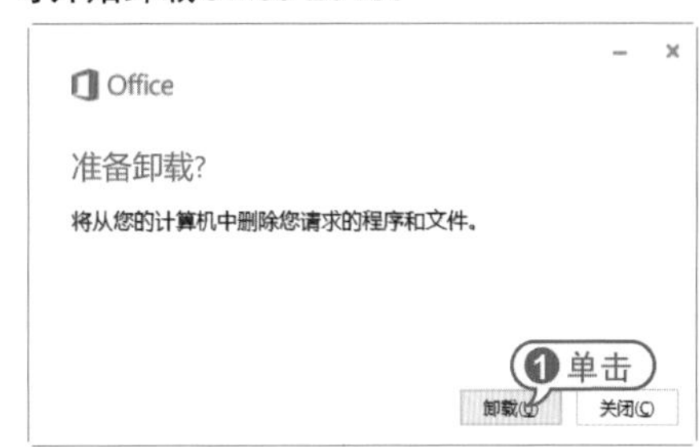

1.3 Office 2016的启动和退出

将Office 2016安装到电脑中后，首先需要掌握启动和退出组件的操作方法，也就是打开和关闭组件。

1.3.1 启动Office 2016

Office 2016各组件的功能虽然各异，但其启动方法基本相同。下面以启动Word 2016组件为例讲解启动和退出的方法。

启动是使用Word 2016最基本的操作。下面将介绍启动Word 2016的几种常用方法：

- 从【开始】菜单启动：启动Windows 10后，打开【开始】菜单，选中【Word 2016】选项，启动Word 2016。

- 通过桌面快捷方式启动：当Word 2016安装完毕后，桌面上将自动创建Word 2016快捷图标。双击该快捷图标，就可以启动Word 2016。

- 通过Word文档启动：双击后缀名为.docx的文件，即可打开该文档，启动Word 2016。

1.3.2 退出Office 2016

退出Word 2016有很多方法，常用的主要有以下几种：

- 单击Word 2016窗口右上角的【关闭】按钮 。
- 选择【文件】|【关闭】命令。

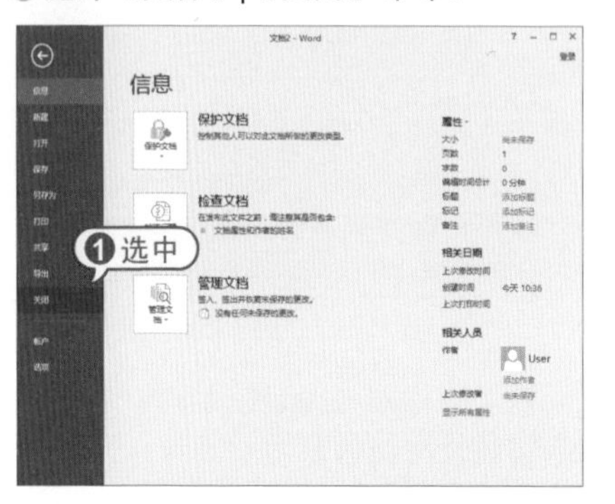

- 按Alt+F4快捷键。
- 右击标题栏，从弹出的菜单中选择【关闭】命令。

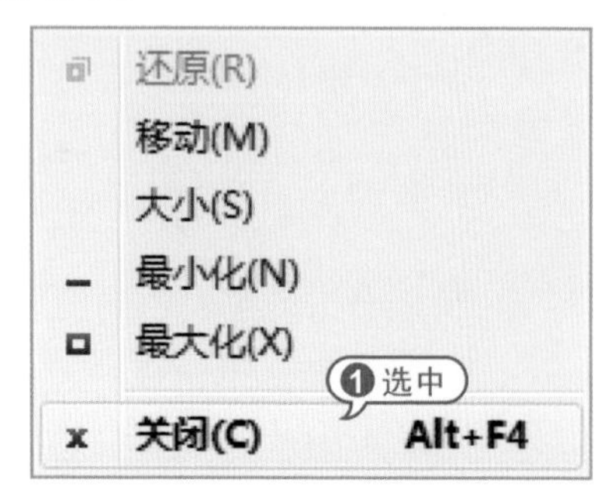

1.4 自定义工作环境

Office 2016各组件可以根据用户需求更改默认的设置，自定义适合个人的工作环境，本节将以Word 2016为例介绍修改设置的操作。

1.4.1 自定义功能区

Word 2016中的功能区将所有选项功能巧妙地集中在一起，以便用户查找与使用。根据用户需要，可以在功能区中添加新选项和新组，并增加新组中的按钮。

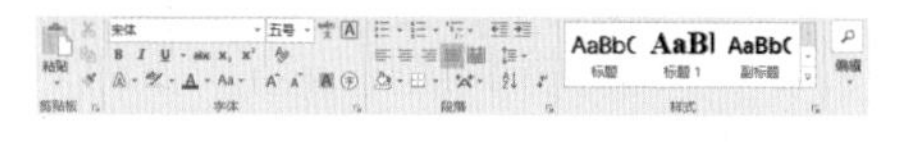

【例1-3】在Word 2016中添加新选项卡、新组和新按钮。视频

01 启动Word 2016，在功能区中的任意位置右击，从弹出的快捷菜单中选择【自定义功能区】命令。

02 打开【Word 选项】对话框，打开【自定义功能区】选项卡，单击右下方的【新建选项卡】按钮。

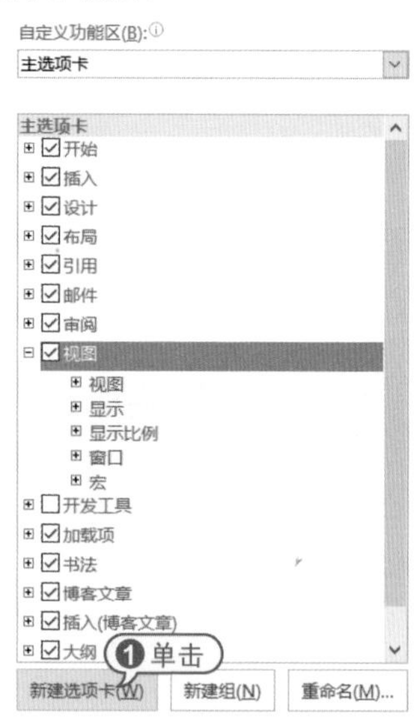

03 此时，在【自定义功能区】选项组的【主选项卡】列表框中显示【新建选项卡(自定义)】和【新建组(自定义)】选项卡，

选中【新建选项卡(自定义)】选项，单击【重命名】按钮。

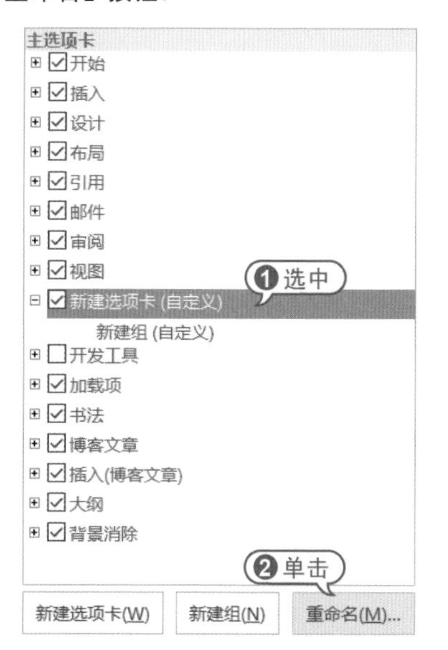

04 打开【重命名】对话框，在【显示名称】文本框中输入“新选项卡”，单击【确定】按钮。

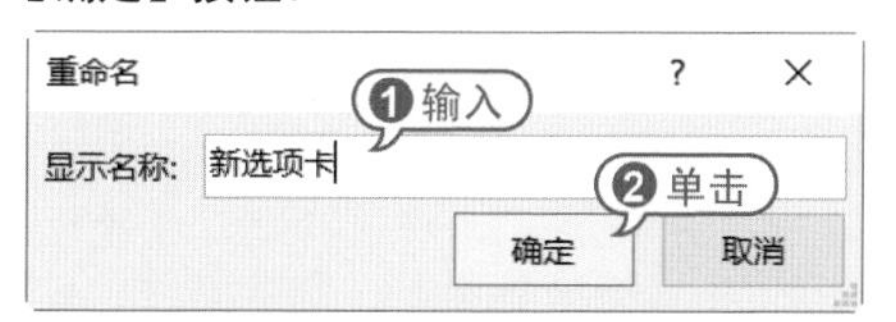

05 在【自定义功能区】选项组的【主选项卡】列表框中选中【新建组(自定义)】选项，单击【重命名】按钮。

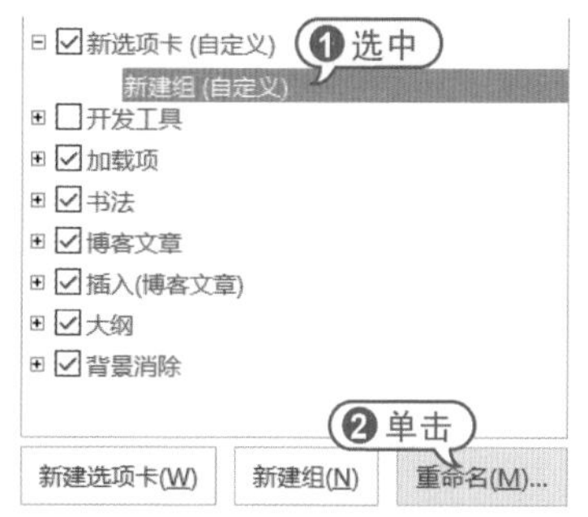

06 打开【重命名】对话框，在【符号】列表框中选择一种符号，在【显示名称】文本框中输入“运行”，然后单击【确定】按钮。

07 返回至【Word 选项】对话框，在【主选项卡】列表框中显示重命名后的选项卡和组，在【从下列位置选中命令】下拉列表框中选择【不在功能区中的命令】选项，并在下方的列表框中选择需要添加的按钮，这里选择【帮助】选项，单击【添加】按钮，即可将其添加到新建的【运行】组中，单击【确定】按钮，完成自定义设置。

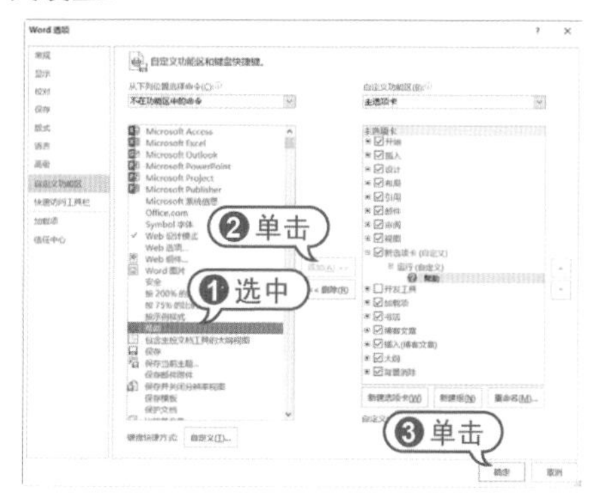

08 返回至Word 2016工作界面，此时显示【新选项卡】选项卡，打开该选项卡，即可看到【运行】组中的【帮助】按钮。

1.4.2 自定义快速访问工具栏

快速访问工具栏包含一组独立于当前所显示选项卡的命令，是一个可自定义的工具栏。用户可以快速地自定义常用的命令按钮，单击【自定义快速访问工具栏】下拉按钮，从弹出的下拉菜单中选择一种命令，即可将按钮添加到快速访问工具栏中。

【例1-4】设置Word 2016的快速访问工具栏。视频

01 启动Word 2016，在快速访问工具栏中单击【自定义快速工具栏】下拉按钮，在弹出的菜单中选择【打开】命令，将【打开】按钮添加到快速访问工具栏中。

02 在快速访问工具栏中单击【自定义快速工具栏】下拉按钮，在弹出的菜单中选择【其他命令】命令，打开【Word选项】对话框。打开【快速访问工具栏】选项卡，在【从下列位置选择命令】下拉列表框中选择【常用命令】选项，并且在下面的列表框中选择【格式刷】选项，然后单击【添加】按钮，将【格式刷】按钮添加到【自定义快速访问工具栏】列表框中，单击【确定】按钮。

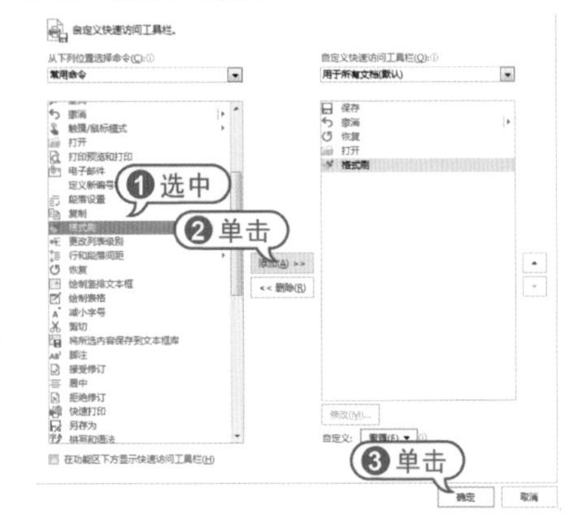

03 此时完成快速访问工具栏的设置，快速访问工具栏的效果如下图所示。

进阶技巧

在快速访问工具栏中右击某个按钮，在弹出的快捷菜单中选择【从快速访问工具栏删除】命令，即可将该按钮从快速访问工具栏中删除。

1.4.3 设置文件的保存

保存文档时需要选择文件保存的位置及保存类型。可以在Office 2016中设置文件默认的保存类型及保存位置。

【例1-5】设置Word 2016文件的保存。视频

01 启动Word 2016，选择【文件】|【选项】命令。

02 打开【Word选项】对话框，在左侧选择【保存】选项，在右侧【保存文档】区域单击【将文件保存为此格式】后的下拉菜单按钮，选择【Word文档(*.docx)】选项，设置该保存格式。

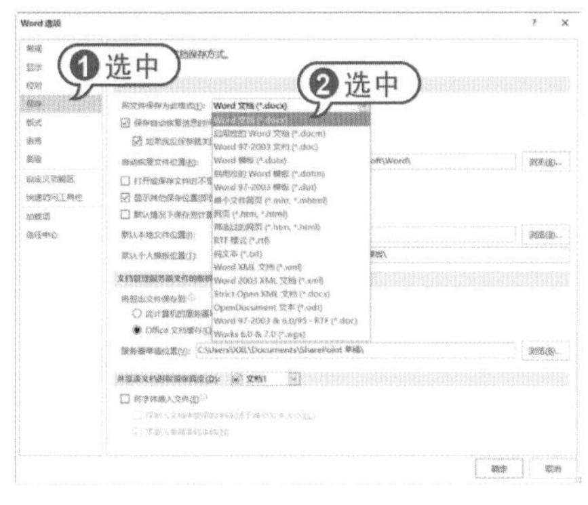

03 单击【默认本地文件位置】文本框后的【浏览】按钮。

04 打开【修改位置】对话框，选择文档要默认保存的文件夹位置，然后单击【确定】按钮。

05 返回至【Word 选项】对话框后，即可看到已经更改了文档的默认保存位置，单击【确定】按钮完成设置。

1.4 进阶实战

本章的进阶实战部分为更改Office主题这个综合实例操作，用户通过练习从而巩固本章所学知识。

【例1-6】更改Word 2016 的主题界面。
视频

01 启动Word 2016，选择【文件】|【选项】命令。

02 打开【Word选项】对话框，打开【常规】选项卡，在【Office主题】后的下拉列表中选择【深灰色】选项，单击【确定】按钮。

03 此时返回工作界面，查看改变了主题的界面。

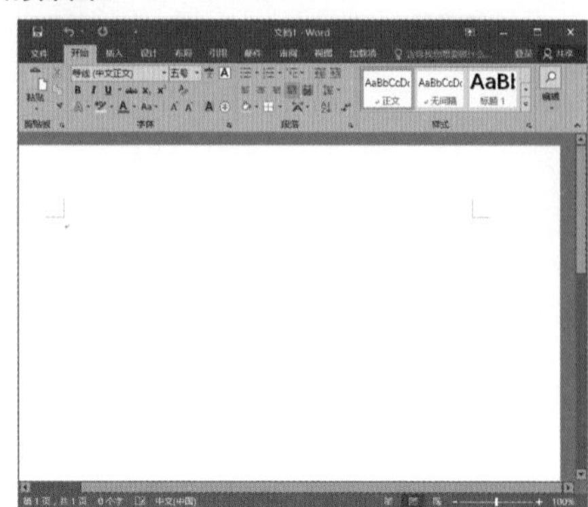

1.5 疑点解答

问：在Word 2016中有哪些常用快捷键？

答：在Word 2016中按下Ctrl+Z可以撤销上一个操作；按下Ctrl+Y可以重复上一个操作；按下Ctrl+Shift+C可以复制当前格式；按下Ctrl+Shift+V可以粘贴复制的格式；按下Ctrl+Q可以删除段落格式；按下Ctrl+Spacebar可以删除字符格式；按下Ctrl+N可以创建新文档。

问：桌面上Word 2016的快捷图标没有了，如何重新设置？

答：要在桌面上创建Word2016的快捷图标，可在【开始】菜单中找到Word 2016选项并右击，选择【更多】|【打开文件所在的位置】命令，然后右击所在位置的Word 2016图标，选择【发送到】|【桌面快捷方式】命令，即可创建Word 2016的快捷图标。

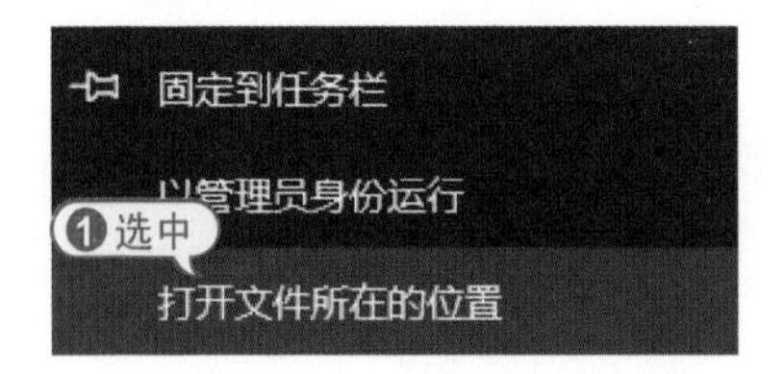

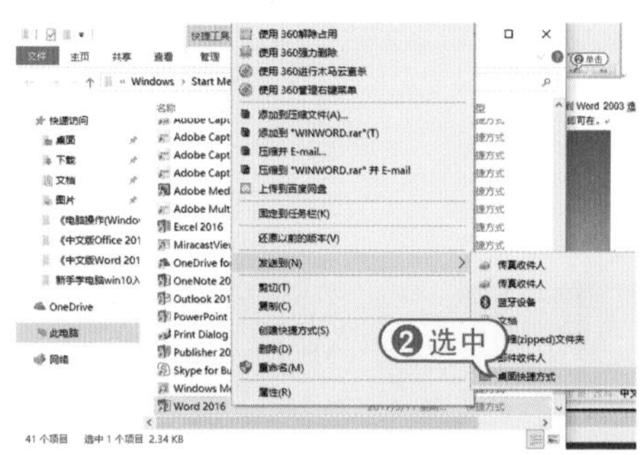

第2章

Word 2016的初级排版

Word 2016可以方便地进行文字、图形、图像和数据处理，是最常用的文档处理软件之一。本章将简单介绍Word 2016的基本操作和初级排版知识。

例2-1 使用模板创建文档
例2-2 输入文本
例2-3 查找和替换文本
例2-4 设置文本格式
例2-5 设置段落对齐
例2-6 设置段落缩进
例2-7 设置段落间距
例2-8 添加项目符号和编号
例2-9 自定义项目符号
例2-10 为文字或段落设置边框
例2-11 为页面设置边框
本章其他视频[illegible]参见配套光盘

2.1 Word 2016的工作界面和视图模式

Word 2016的工作界面在Word 2013版本的基础上，又进行了一些优化。Word 2016还为用户提供了多种浏览文档的视图模式。

2.1.1 Word 2016的工作界面

Word 2016的工作界面将所有的操作命令都集成到功能区中不同的选项卡下，各选项卡又分成若干组，用户在功能区中便可方便使用Word的各种功能。

启动Word 2016后，用户可看到如下图所示的主界面，该界面主要由快速访问工具栏、标题栏、功能区、文档编辑区、状态栏、垂直和水平标尺等组成。

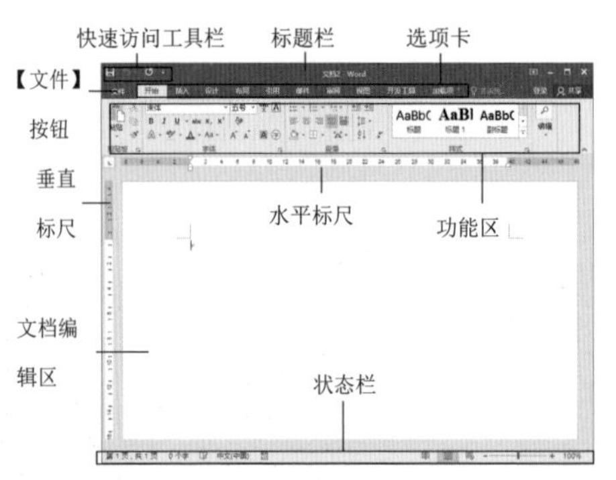

在Word 2016的工作界面中，各部分的功能如下：

- 快速访问工具栏：快速访问工具栏中包含最常用操作的快捷按钮，方便用户使用。在默认状态下，快速访问工具栏中包含3个快捷按钮，分别为【保存】按钮、【撤销】按钮和【恢复】按钮，以及旁边的下拉按钮。

- 标题栏：标题栏位于窗口的顶端，用于显示当前正在运行的程序名及文件名等信息。标题栏最右端有3个按钮，分别用来控制窗口的最小化、最大化和关闭。此外还有【功能区显示选项】按钮，单击可以选择显示或隐藏功能区。在按钮下方有搜索框，以及用来登录Microsoft账号和共享文件的按钮。
- 功能区：在Word 2016中，功能区是完成文本格式操作的主要区域。在默认状态下，功能区主要包含【开始】、【插入】、【设计】、【布局】、【引用】、【邮件】、【审阅】、【视图】、【加载项】基本选项卡中的工具软件按钮。
- 文档编辑区：文档编辑区就是输入文本、添加图形和图像以及编辑文档的区域，用户对文本进行的操作结果都将显示在该区域。
- 状态栏：状态栏位于Word窗口的底部，显示了当前文档的信息，如当前显示的文档是第几页、第几节和当前文档的字数等。在状态栏中还可以显示一些特定命令的工作状态。状态栏中间有视图按钮，用于切换文档的视图方式。另外，通过拖动右侧的【显示比例】中的滑块，可以直观地改变文档编辑区的大小。
- 垂直和水平标尺：标尺主要用来显示和定位文本。

2.1.2 Word 2016的视图模式

Word 2016为用户提供了多种浏览文档的方式，包括页面视图、阅读视图、Web版式视图、大纲视图和草稿。在【视图】选项卡的【视图】组中，单击相应的按钮，即可切换视图模式。

页面视图：页面视图是Word默认的视图模式，该视图中显示的效果和打印的效果完全一致。在页面视图中可看到页眉、页脚、水印和图形等各种对象在页面中的实际打印位置，便于用户对页面中的各种元素进行编辑。

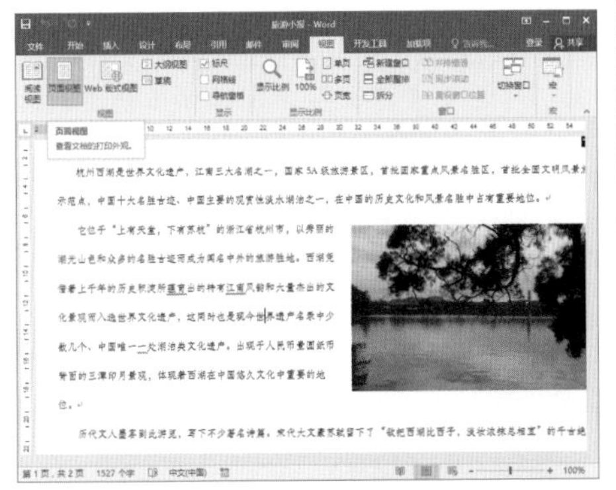

阅读视图：为了方便用户阅读文章，Word 设置了【阅读视图】模式，该视图模式比较适用于阅读比较长的文档，如果文字较多，它会自动分成多屏以方便用户阅读。在该视图模式下，可对文字进行勾画和批注。

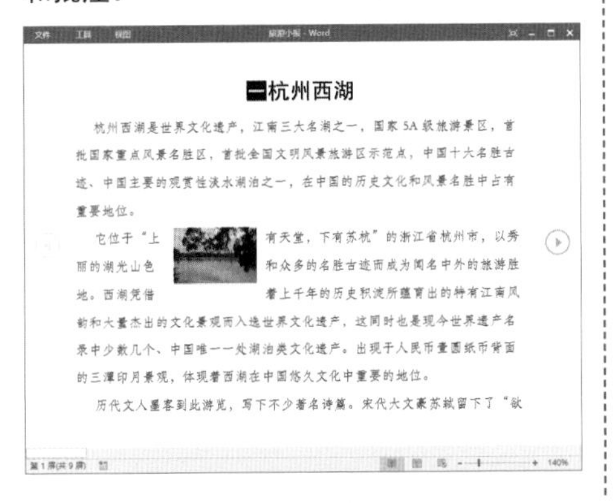

Web版式视图：Web版式视图是几种视图模式中唯一一个按照窗口的大小来显示文本的视图，使用这种视图模式查看文档时，不需要拖动水平滚动条就可以查看整行文字。

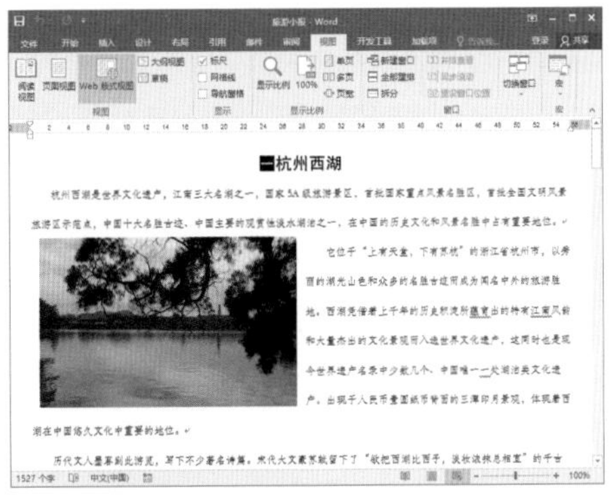

大纲视图：对于一个具有多重标题的文档来说，用户可以使用大纲视图来查看该文档。这是因为大纲视图是按照文档中标题的层次来显示文档的，用户可将文档折叠起来只看主标题，也可展开文档查看全部内容。

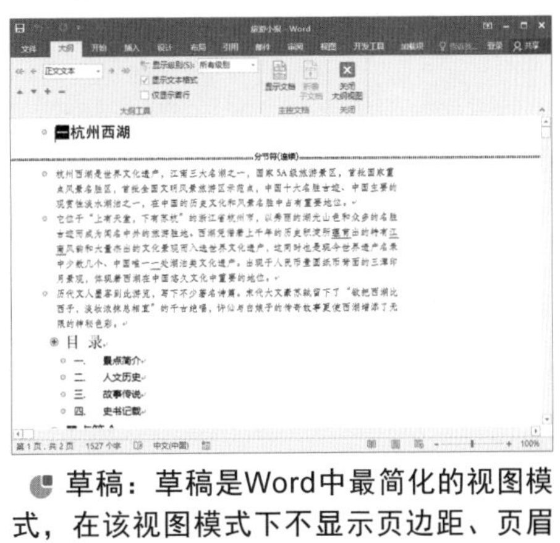

草稿：草稿是Word中最简化的视图模式，在该视图模式下不显示页边距、页眉和页脚、背景、图形和图像以及没有设置为“嵌入型”环绕方式的图片。因此这种视图模式仅适合编辑内容和格式都比较简单的文档。

2.2 Word文档的基础操作

在使用Word 2016创建文档前，必须掌握文档的一些基本操作，包括新建、保存、打开和关闭文档等。只有熟悉这些基本操作后，才能更好地操控Word 2016。

2.2.1 新建文档

Word文档是文本、图片等对象的载体，要制作出一篇工整、漂亮的文档，首先必须创建一个新文档。

1 新建空白文档

空白文档是指文档中没有任何内容的文档。要创建空白文档，可以单击【文件】按钮，在打开的界面中选择【新建】选项，打开【新建】选项区域，然后在该选项区域中单击【空白文档】选项即可创建一个空白文档。

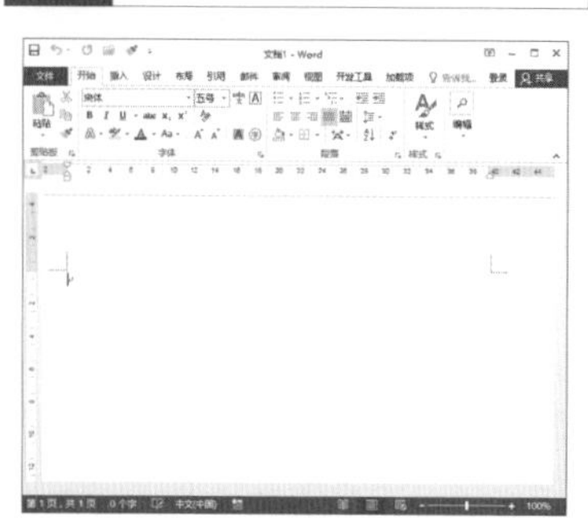

2 使用模板创建文档

模板是Word预先设置好内容及格式的文档。Word 2016中为用户提供了多种具有统一规格、统一框架的文档模板，如传真、信函和简历等。

【例2-1】在Word 2016中利用网络模板创建一个【邀请函】文档。视频

01 启动Word 2016，单击【文件】按钮，打开【文件】界面，选择【新建】选项，打开【新建】界面。

02 在【新建】界面顶部的文本框中输入“邀请函”，然后按下回车键，在打开的界面中单击【婚礼邀请函】模板。

03 打开【婚礼邀请函】对话框，单击【创建】按钮。

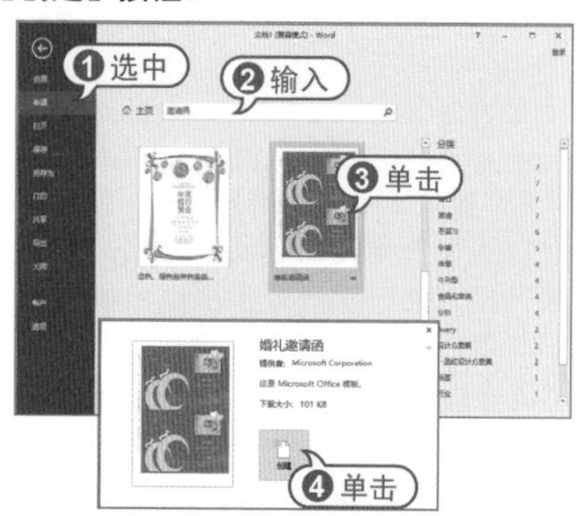

04 此时，Word 2016将通过网络下载模板，并创建如下图所示的文档。

2.2.2 打开和关闭文档

打开文档是Word的一项基本操作，对于任何文档来说都需要先将其打开，然后才能对其进行编辑。编辑完成后，可将文档关闭或保存。

1 打开文档

找到文档所在的位置后，双击Word文档，或者右击Word文档，从弹出的快捷菜单中选择【打开】命令，直接打开该文档。

用户还可在一个已打开的文档中打开另外一个文档。单击【文件】按钮，选择【打开】命令，然后在打开的选项区域中选择打开文件的位置（例如选择【浏览】选项）。

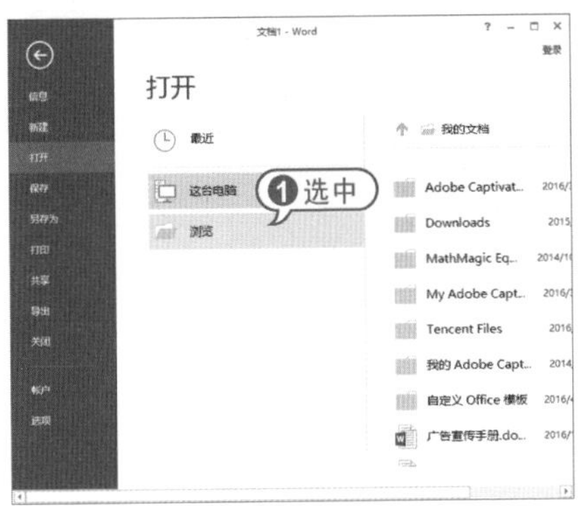

打开【打开】对话框，选中需要打开的Word文档，并单击【打开】按钮，即可将其打开。

2 关闭文档

当用户不需要再使用文档时，应将其关闭，常用的关闭文档的方法如下：

- 单击标题栏右侧的【关闭】按钮×。
- 按Alt+F4组合键，结束任务。
- 单击【文件】按钮，从弹出的界面中选择【关闭】命令，关闭当前文档。
- 右击标题栏，从弹出的快捷菜单中选择【关闭】命令。

2.2.3 保存文档

对于新建的Word文档或正在编辑的某个文档，如果出现电脑突然死机、停电等非正常关闭的情况，文档中的信息就会丢失。因此，为了保护劳动成果，做好文档的保存工作是十分重要的。

在Word 2016中，保存文档有以下几种情况：

- 保存新建的文档：如果要对新建的文档进行保存，可单击【文件】按钮，在打开的界面中选择【保存】命令，或单击快速访问工具栏中的【保存】按钮，在打开的【另存为】界面中选中【浏览】选项，在打开的对话框中设置文档的保存路径、名称及保存格式，然后单击【保存】按钮。

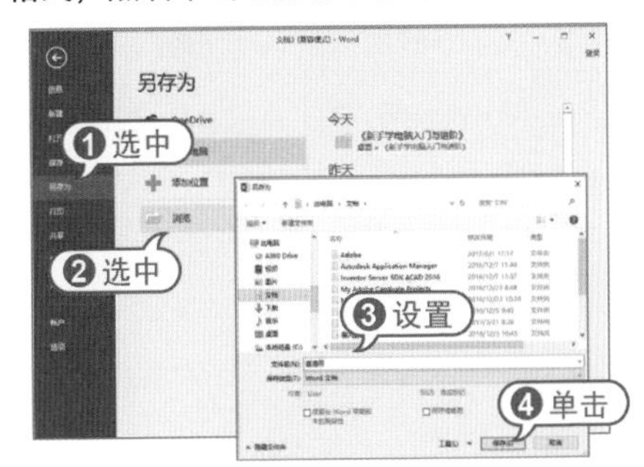

- 保存已保存过的文档：要对已保存过的文档进行保存，可单击【文件】按钮，在打开的界面中选择【保存】命令，或单击快速访问工具栏中的【保存】按钮，就可以按照文档原有的路径、名称以及格式进行保存。
- 另存为其他文档：如果文档已保存过，但在进行了一些编辑操作后，需要将其保

存下来，并且希望仍能保存以前的文档，这时就需要对文档进行另存为操作。要将当前文档另存为其他文档，可以按下F12键打开【另存为】对话框，在其中设置文档的保存路径、名称及保存格式，然后单击【保存】按钮即可。

2.3 输入和编辑文本

在Word 2016中，文字是组成段落的最基本的内容，任何一个文档都是从文本开始进行编辑。

2.3.1 输入文本

新建一个Word文档后，在文档的开始位置将出现一个闪烁的光标，称为“插入点”。在Word中输入的任何文本都会在插入点处出现。定位了插入点后，选择一种输入法即可开始文本的输入。

1 输入英文和中文

在英文状态下通过键盘可以直接输入英文、数字及标点符号。需要注意的是以下几点：

- 按Caps Lock键可输入英文大写字母，再次按该键输入英文小写字母。
- 按Shift键的同时按双字符键将输入上档字符；按Shift键的同时按字母键输入英文大写字母。
- 按Enter键，插入点自动移到下一行行首。
- 按空格键，在插入点的左侧插入一个空格符号。

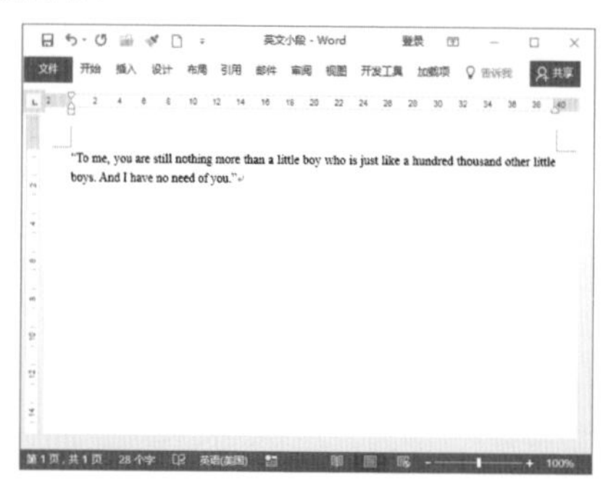

一般情况下，系统会自带一些基本的输入法，如微软拼音、智能ABC等。用户也可以添加和安装其他输入法，这些中文输入法都是比较通用的。

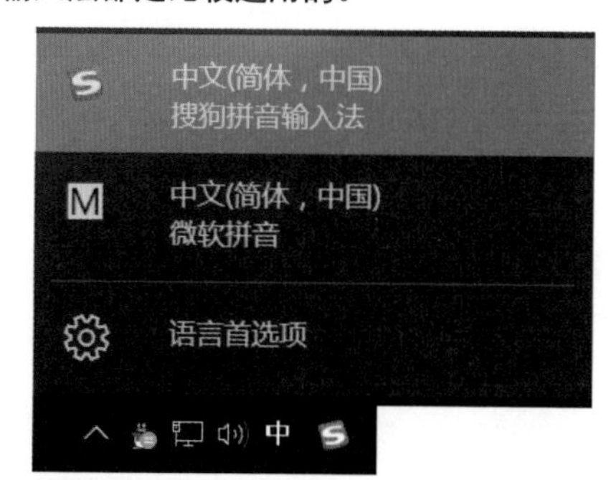

2 输入符号

在输入文本时，除了可以直接通过键盘输入常用的基本符号外，还可以通过Word 2016的插入符号功能输入一些诸如☆、¤、®(注册符)以及™(商标符)的特殊字符。

打开【插入】选项卡，单击【符号】组中的【符号】下拉按钮，从弹出的下拉菜单中选择相应的符号。

或者选择【其他符号】命令，将打开【符号】对话框，选择要插入的符号，单击【插入】按钮，即可插入该符号。

如果需要为某个符号设置快捷键，可以在【符号】对话框中选中该符号后，单击【快捷键】按钮，打开【自定义键盘】对话框，在【请按新快捷键】文本框中输入快捷键后，单击【指定】按钮，再单击【关闭】按钮。

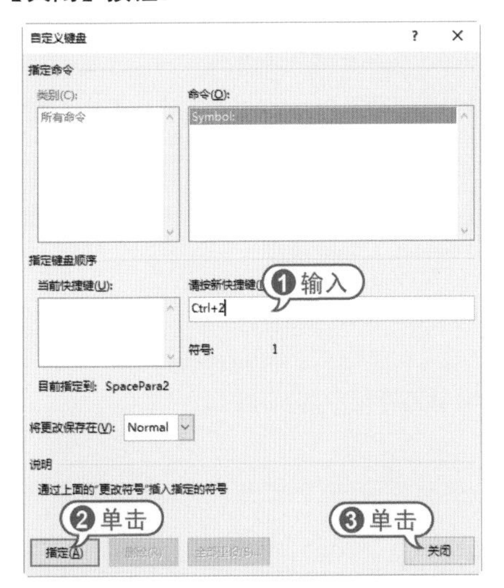

3 插入日期和时间

在Word 2016中输入日期类型的文本时，Word 2016会自动显示默认格式的当前日期，按Enter键即可完成当前日期的输入。如果要输入其他格式的日期，除了可以手动输入外，还可以通过【日期和时间】对话框进行插入。打开【插入】选项卡，在【文本】组中单击【日期和时间】按钮，打开【日期和时间】对话框，在【可用格式】列表框中选择所需的格式，然后单击【确定】按钮。

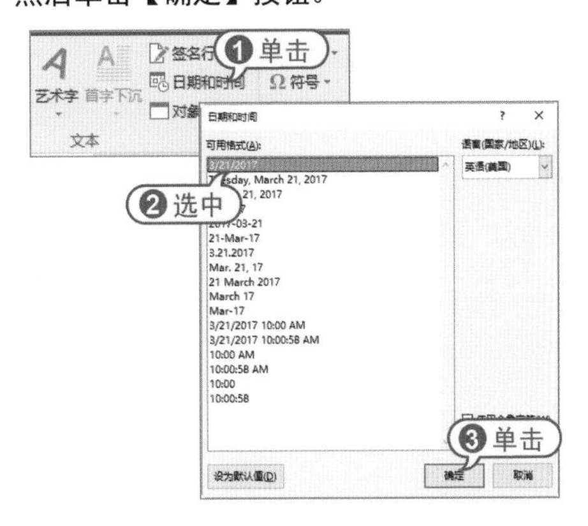

【例2-2】创建“邀请函”文档，输入文本。
视频+素材 (光盘素材\第02章\例2-2)

01 启动Word 2016，新建一个空白文档，将其以“邀请函”为名进行保存。

02 按空格键，将插入点移至页面中央位置，输入标题文本“邀请函”。

03 按Enter键换行，继续输入其他文本。

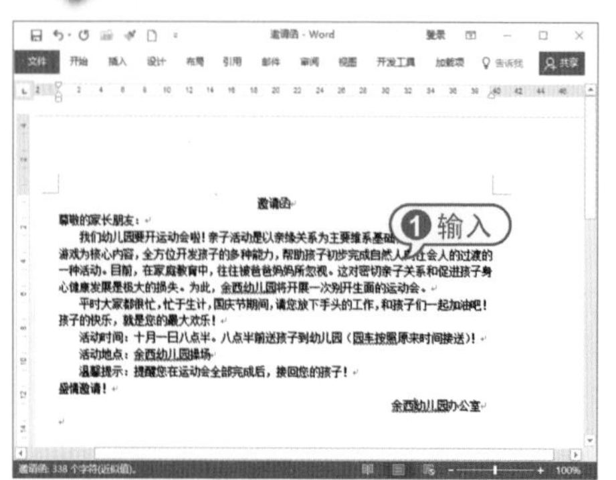

04 将插入点定位到文本“活动时间”开头，打开【插入】选项卡，在【符号】组中单击【符号】按钮，从弹出的菜单中选择【其他符号】命令，打开【符号】对话框的【符号】选项卡，在【字体】下拉列表框中选择【Wingdings】选项，在其下方的列表框中选择手指形状符号，然后单击【插入】按钮。

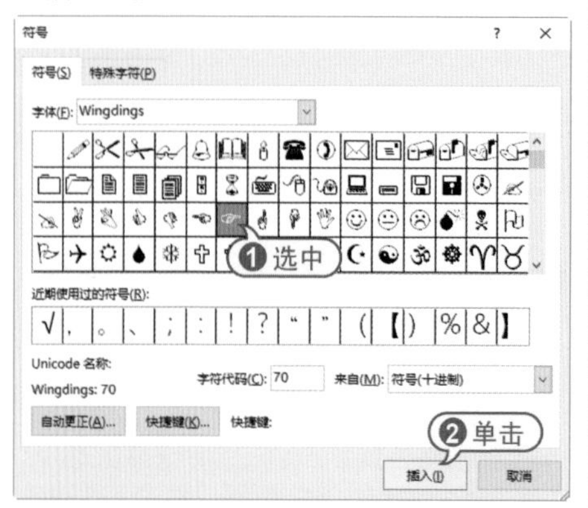

05 将插入点定位到文本“活动地点”开头，返回到【符号】对话框，单击【插入】按钮，继续插入手指形状符号。

06 单击【关闭】按钮，关闭【符号】对话框，此时在文档中显示所插入的符号。

平时大家都很忙，忙于生计，国庆节期间，请您放下手头的工
孩子的快乐，就是您的最大欢乐！
☞活动时间：十月一日八点半。八点半前送孩子到幼儿园（
☞活动地点：余西幼儿园操场
温馨提示：提醒您在运动会全部完成后，接回您的孩子！
盛情邀请！

07 将插入点定位到文档末尾，按Enter键换行。打开【插入】选项卡，在【文本】组中单击【日期和时间】按钮。打开【日期和时间】对话框，在【语言(国家/地区)】下拉列表框中选择【中文(中国)】选项，在【可用格式】列表框中选择第3种日期格式，单击【确定】按钮，插入该日期。

08 此时在文档中插入该日期，按空格键将该日期文本移至结尾处。

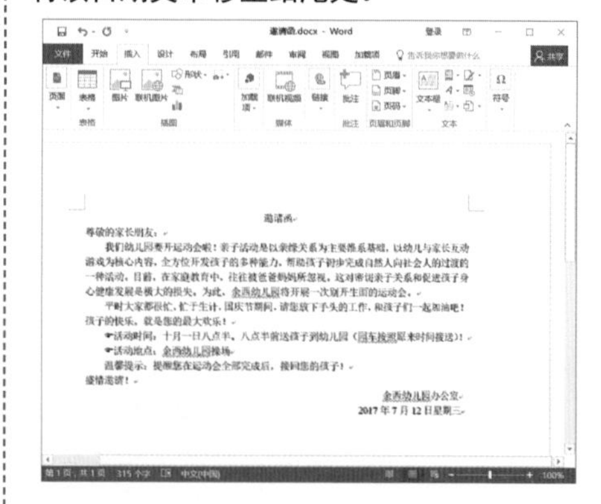

2.3.2 选择文本

在Word 2016中，用户在进行文本编辑之前，必须选择或选定要操作的文本。选择文本既可以使用鼠标，也可以使用键盘，还可以结合鼠标和键盘进行选择。

使用鼠标选择文本是最基本、最常用的方法。使用鼠标可以轻松地改变插入点的位置，因此使用鼠标选择文本十分方便。

- 拖动选择：将鼠标光标定位到起始位置，按住鼠标左键不放，向目的位置拖动鼠标以选择文本。
- 单击选择：将鼠标光标移到要选定行的左侧空白处，当鼠标光标变成形状时，单击鼠标选择该行文本内容。
- 双击选择：将鼠标光标移到文本编辑区左侧，当鼠标光标变成形状时，双击鼠标左键，即可选择该段文本内容；将鼠标光标定位到词组中间或左侧，双击鼠标选择该单字或词。
- 三击选择：将鼠标光标定位到要选择的段落，三击鼠标选中该段所有文本；将鼠标光标移到文档左侧空白处，当光标变成形状时，三击鼠标选中整篇文档。

使用鼠标和键盘结合的方式，不仅可以选择连续的文本，还可以选择不连续的文本。

- 选择连续的较长文本：将插入点定位到要选择区域的开始位置，按住Shift键不放，再移动光标至要选择区域的结尾处，单击鼠标左键即可选择该区域之间的所有文本内容。
- 选择不连续的文本：选择任意一段文本，按住Ctrl键，再拖动鼠标选择其他文本，即可同时选择多段不连续的文本。
- 选择整篇文档：按住Ctrl键不放，将光标移到文本编辑区左侧空白处，当光标变成形状时，单击鼠标左键即可选择整篇文档。
- 选择矩形文本：将插入点定位到开始位置，按住Alt键并拖动鼠标，即可选择矩形文本。

在选择小范围文本时，可以采用按下鼠标左键并拖动的方法，但对于大面积文本（包括其他嵌入对象）的选取、跨页选取或选中后需要撤销部分选中范围的情况，单用鼠标拖动的方法就显得难以控制，此时使用F8键的扩展选择功能就非常必要，使用F8键的方法及效果如下表所示。

F8键操作	结　果
按一下	设置选取的起点
连续按两下	选取一个字或词
连续按三下	选取一个句子
连续按四下	选取一段
连续按五下	选中当前节
连续按六下	选中全文
按Shift+F8	缩小选中范围

以上各步操作中，也可以再配合鼠标方向键来改变选中的范围。如果光标在段尾回车符的前面，只需要连续按三下F8键即可选中一段。退出F8键的扩展功能，按下Esc键即可。

2.3.3 移动和复制文本

移动文本是指将当前位置的文本移到另外的位置，在移动的同时，会删除原来位置的原版文本。移动文本后，原位置的文本消失。

移动文本有以下几种方法：

- 选择需要移动的文本，按Shift+X组合键；在目标位置按Ctrl+V组合键来实现。
- 选择需要移动的文本，在【开始】选项卡的【剪贴板】组中，单击【剪切】按钮，在目标位置，单击【粘贴】按钮。
- 选择需要移动的文本，按下鼠标右键拖动至目标位置，松开鼠标后弹出一个快捷菜单，在其中选择【移动到此位置】命令。
- 选择需要移动的文本后，右击，在弹出的快捷菜单中选择【剪切】命令；在目标位置右击，在弹出的快捷菜单中选择【粘贴】命令。
- 选择需要移动的文本后，按下鼠标左键

不放，此时鼠标光标变为形状，并出现一条虚线，移动鼠标光标，当虚线移到目标位置时，释放鼠标即可将选取的文本移到该处。

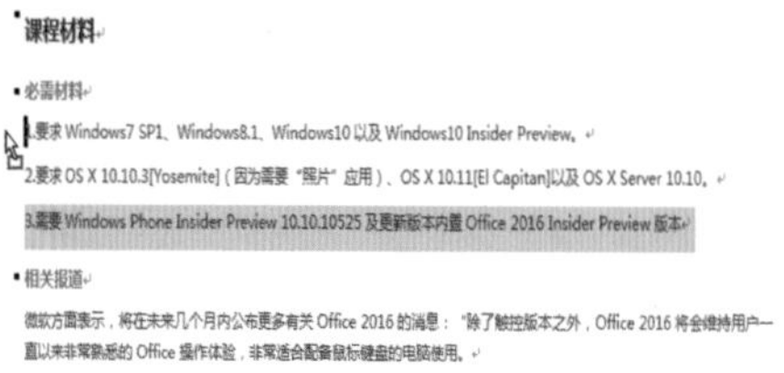

课程材料

• 必需材料

1.要求 Windows7 SP1、Windows8.1、Windows10 以及 Windows10 Insider Preview。

2.要求 OS X 10.10.3[Yosemite]（因为需要“照片”应用）、OS X 10.11[El Capitan]以及 OS X Server 10.10。

3.需要 Windows Phone Insider Preview 10.10.10525 及更新版本内置 Office 2016 Insider Preview 版本。

• 相关报道

微软方面表示，将在未来几个月内公布更多有关 Office 2016 的消息：“除了触控版本之外，Office 2016 将会维持用户一直以来非常熟悉的 Office 操作体验，非常适合配备鼠标键盘的电脑使用。”

课程材料

• 必需材料

3.需要 Windows Phone Insider Preview 10.10.10525 及更新版本内置 Office 2016 Insider

1.要求 Windows7 SP1、Windows8.1、Windows10 以及 Windows10 Insider Preview。

2.要求 OS X 10.10.3[Yosemite]（因为需要“照片”应用）、OS X 10.11[El Capitan]以及 OS

• 相关报道

微软方面表示，将在未来几个月内公布更多有关 Office 2016 的消息：“除了触控版本之外，(

一直以来非常熟悉的 Office 操作体验，非常适合配备鼠标键盘的电脑使用。

Word文本的复制，是指将要复制的文本移到其他的位置，而原版文本仍然保留在原来的位置。

复制文本有以下几种方法：

- 选取需要复制的文本，按Ctrl+C组合键，把插入点移到目标位置，再按Ctrl+V组合键。
- 选择需要复制的文本，在【开始】选项卡的【剪贴板】组中，单击【复制】按钮，将插入点移到目标位置，单击【粘贴】按钮。
- 选取需要复制的文本，按下鼠标右键拖动到目标位置，松开鼠标后会弹出一个快捷菜单，在其中选择【复制到此位置】命令。
- 选取需要复制的文本，右击，从弹出的快捷菜单中选择【复制】命令，把插入点移到目标位置，右击，从弹出的快捷菜单中选择【粘贴】命令。

2.3.4 删除和撤销文本

删除文本的操作方法如下：

- 按Backspace键，删除光标左侧的文本；按Delete键，删除光标右侧的文本。
- 选择需要删除的文本，在【开始】选项卡的【剪贴板】组中，单击【剪切】按钮即可。
- 选择文本，按Backspace键或Delete键均可删除所选文本。

编辑文档时，Word 2016会自动记录最近执行的操作，因此当操作错误时，可以通过撤销功能将错误操作撤销。如果误撤销了某些操作，还可以使用恢复操作将其恢复。

常用的撤销操作主要有以下两种：

- 在快速访问工具栏中单击【撤销】按钮，撤销上一次的操作。单击按钮右侧的下拉按钮，可以在弹出列表中选择要撤销的操作。
- 按Ctrl+Z组合键，撤销最近的操作。

常用的恢复操作主要有以下两种：

- 在快速访问工具栏中单击【恢复】按钮，恢复操作。
- 按Ctrl+Y组合键，恢复最近的撤销操作。

2.3.5 查找和替换文本

在篇幅比较长的文档中，使用Word 2016提供的查找与替换功能，可以快速地找到文档中的某个信息或更改全文中多次出现的词语，从而无须反复地查找文本，使操作变得较为简单并提高效率。

【例2-3】在“邀请函”文档中查找文本“运动会”，并将其替换为“亲子运动会”。

视频+素材 (光盘素材\第02章\例2-3)

01 启动Word 2016，打开“邀请函”文档。在【开始】选项卡的【编辑】组中单击【查找】按钮，打开导航窗格。在【导航】文本框中输入文本“运动会”，此时Word 2016自动在文档编辑区中以黄色高亮显示查找到的文本。

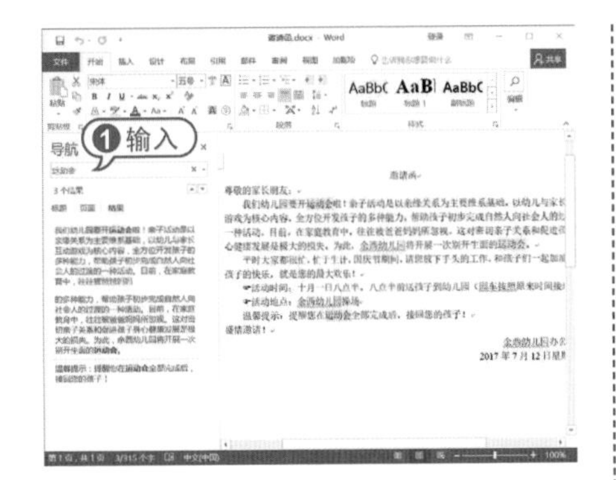

02 在【开始】选项卡的【编辑】组中，单击【替换】按钮，打开【查找和替换】对话框，打开【替换】选项卡，此时【查找内容】文本框中显示文本“运动会”，在【替换为】文本框中输入文本“亲子运动会”，单击【全部替换】按钮。

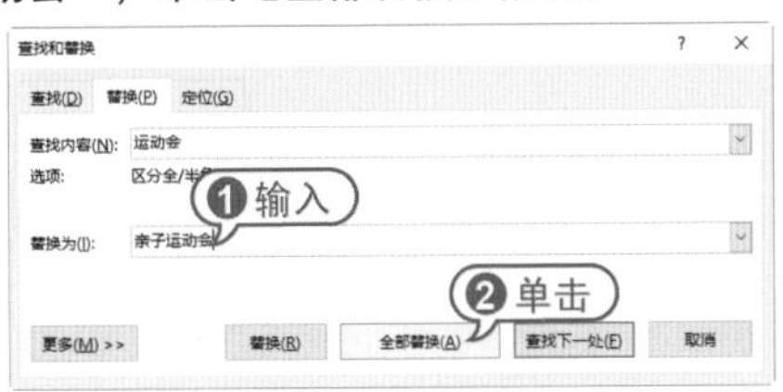

03 替换完毕后，打开完成替换提示框，单击【确定】按钮。

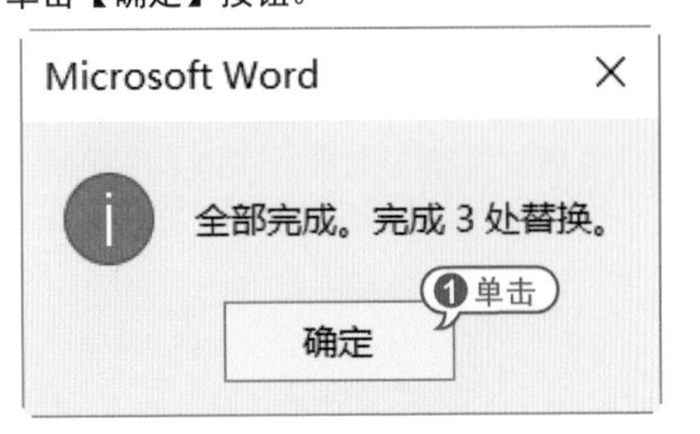

04 返回至【查找和替换】对话框，单击【关闭】按钮，返回文档窗口，查看替换的文本。

2.4 设置文本和段落格式

在制作Word 2016文档的过程中，为了实现美观的效果，通常需要设置文字和段落的格式。

2.4.1 设置文本格式

在Word文档中输入的文本默认字体为宋体，默认字号为五号，为了使文档更加美观、条理更加清晰，通常需要对文本进行格式化操作，如设置字体、字号、字体颜色、字形、字体效果和字符间距等。

要设置文本格式，可以使用以下几种方法进行操作：

- 选中要设置格式的文本，在功能区中打开【开始】选项卡，使用【字体】组中提供的按钮即可设置文本格式。

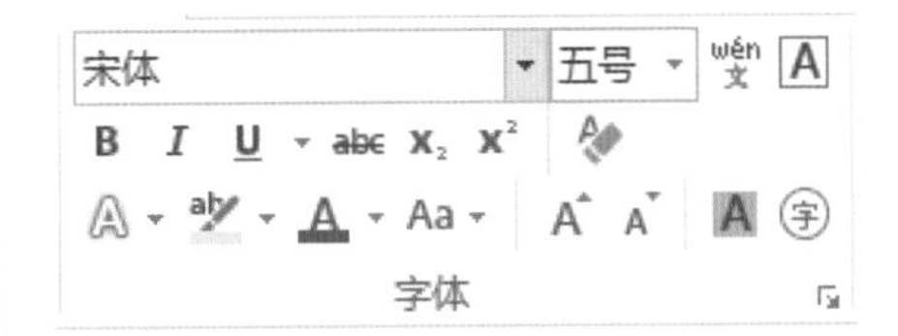

- 选中要设置格式的文本，此时选中文本区域的右上角将出现浮动工具栏，使用浮动工具栏提供的命令按钮可以进行文本格式。

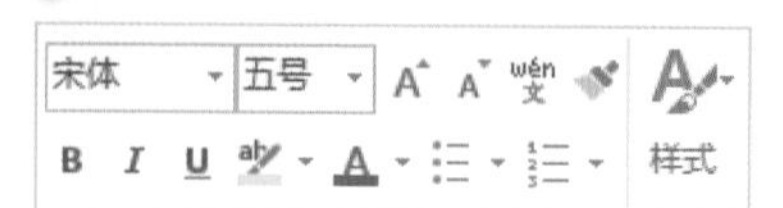

打开【开始】选项卡，单击【字体】对话框启动器，打开【字体】对话框，即可进行文本格式的相关设置。

字体
字体(N) 高级(V)
中文字体(T): 宋体
字形(Y): 常规
字号(S): 五号
西文字体(F): Times New Roman
所有文字
字体颜色(C): 自动
下划线线型(U): (无)
下划线颜色(I): 自动
着重号(·): (无)
效果
删除线(K)
双删除线(L)
上标(P)
下标(B)
小型大写字母(M)
全部大写字母(A)
隐藏(H)
预览
微软卓越 AaBbCc
这是一种 TrueType 字体，同时适用于屏幕和打印机。
设为默认值(D) 文字效果(E)... 确定 取消

【例2-4】创建“家装交易展览会公告”文档，输入文本并设置文本格式。

视频+素材 (光盘素材\第02章\例2-4)

01 启动Word 2016，新建一个空白文档，将其以“家装交易展览会公告”为名进行保存，并在其中输入文本内容。

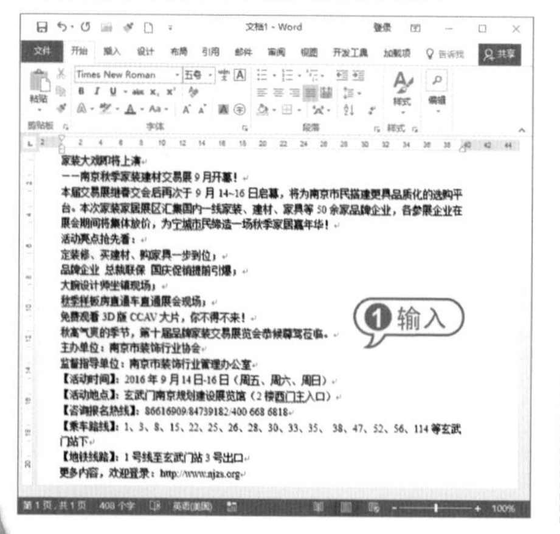
家装大戏即将上演
——南京秋季家装建材交易展9月开幕！
本届交易展继春交会后再次于9月14~16日启幕，将为南京市民搭建更具品质化的选购平台。本次家装家居展区汇集国内一线家装、建材、家具等50余家品牌企业，各参展企业在展会期间将集体放价，为宁城市民缔造一场秋季家居嘉年华！
活动亮点抢先看：
定装修、买建材、购家具一步到位；
品牌企业 总裁联保 国庆促销提前引爆；
大师设计师坐镇现场；
悠季样板房直通车直通展会现场；
免费观看3D版CCAV大片，你不得不来！
秋高气爽的季节，第十届品牌家装交易展览会恭候您驾莅临。
主办单位：南京市装饰行业协会
监督指导单位：南京市装饰行业管理办公室
【活动时间】：2016年9月14日-16日（周五、周六、周日）
【活动地点】：玄武门南京规划建设展览馆（2楼西门主入口）
【咨询报名热线】：86616909/84739182/400 668 6818
【乘车路线】：1、3、8、15、22、25、26、28、30、33、35、38、47、52、56、114等玄武门站下
【地铁线路】：1号线至玄武门站3号出口
更多内容，欢迎登录：http://www.njzs.org

02 选中正标题文本“家装大戏即将上演”，在【开始】选项卡的【字体】组中单击【字体】下拉按钮，在打开的列表中选择【方正大黑简体】选项，单击【字号】下拉按钮，在打开的列表中选择【小一】选项，单击【字体颜色】下拉按钮，从弹出的颜色面板中选择【红色】色块，然后单击【加粗】按钮，其文本效果如下图所示。

家装大戏即将上演
——南京秋季家装建材交易展9月开幕！
本届交易展继春交会后再次于9月15~17日启幕，将为南京市民搭建更具品质化的选购平台。本次家装家居展区汇集国内一线家装、建材、家具等50余家品牌企业，各参展企业在展会期间将集体放价，为宁城市民缔造一场秋季家居嘉年华！
活动亮点抢先看：
定装修、买建材、购家具一步到位；
品牌企业 总裁联保 国庆促销提前引爆；

03 选中副标题文本“——南京秋季家装建材交易展9月开幕！”，打开浮动工具栏，在【字体】下拉列表框中选择【华文楷体】，在【字号】下拉列表框中选择【三号】选项，然后单击【加粗】和【倾斜】按钮，其文本效果如下图所示。

家装大戏即将上演
——南京秋季家装建材交易展9月开幕！
本届交易展继春交会后再次于9月15~17日启幕，将为南京市民搭建更具品质化的选购平台。本次家装家居展区汇集国内一线家装、建材、家具等50余家品牌企业，各参展企业在展会期间将集体放价，为宁城市民缔造一场秋季家居嘉年华！
活动亮点抢先看：
定装修、买建材、购家具一步到位；

04 选中第10段正文文本，打开【开始】选项卡，在【字体】组中单击对话框启动器按钮，打开【字体】对话框。

05 打开【字体】选项卡，单击【中文字体】下拉按钮，从弹出的列表中选择【华文隶书】选项；在【字形】列表框中选择【加粗】选项；在【字号】列表框中选择【四号】选项；单击【字体颜色】下拉按钮，在弹出的颜色面板中选择【蓝-灰，文字2】色块；单击【下划线线型】下拉按钮，选择双直线型下划线，然后单击【确定】按钮。

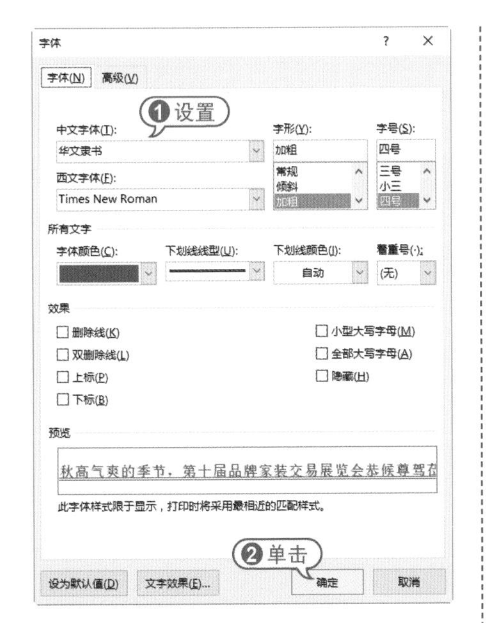

06 使用同样的方法，设置最后一段文本字体为【楷体】，字号为【小五】，字体颜色为【蓝色，强调文字颜色1】。

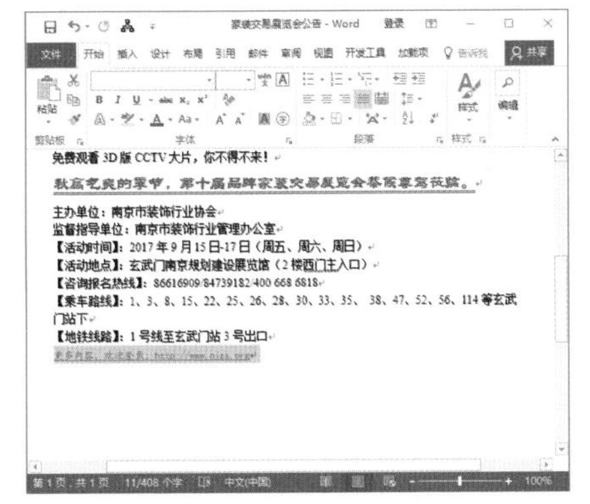

07 选中正标题文本“家装大戏即将上演”，打开【开始】选项卡，在【字体】组中单击对话框启动器按钮，打开【字体】对话框。打开【高级】选项卡，在【缩放】下拉列表框中选择150%，在【间距】下拉列表框中选择【加宽】，并在其后的【磅值】微调框中输入“1.5磅”，单击【确定】按钮。

08 完成设置后文档如下图所示，在快速访问工具栏中单击【保存】按钮，保存“家装交易展览会公告”文档。

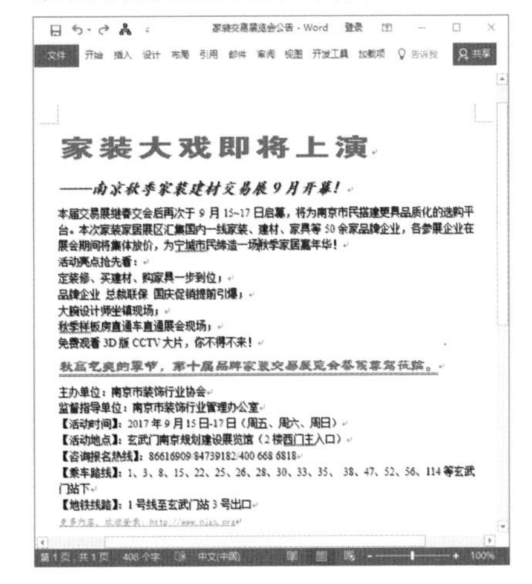

2.4.2 设置段落对齐方式

段落是构成整个文档的骨架，它由

正文、图表和图形等加上一个段落标记构成。为了使文档的结构更清晰、层次更分明，可对段落格式进行设置。

段落对齐是指文档边缘的对齐方式，包括两端对齐、左对齐、右对齐、居中对齐和分散对齐。这5种对齐方式的说明如下：

- 两端对齐：默认设置，两端对齐时文本左右两端均对齐，但是段落最后不满一行的文字，其右端是不对齐的。
- 左对齐：文本的左端对齐，右端参差不齐。
- 右对齐：文本的右端对齐，左端参差不齐。
- 居中对齐：文本居中排列。
- 分散对齐：文本左右两端均对齐，而且每个段落的最后一行不满一行时，将拉开字符间距使该行均匀分布。

设置段落对齐方式时，先选定要对齐的段落，或将插入点移到新段落的开始位置，然后可以通过单击【开始】选项卡【段落】组 (或浮动工具栏)中的相应按钮来实现，也可以通过【段落】对话框来实现。

【例2-5】在“家装交易展览会公告”文档中，设置段落对齐方式。

视频+素材 (光盘素材\第02章\例2-5)

01 启动Word 2016，打开“家装交易展览会公告”文档。

02 将插入点定位到正标题段落的任意位置，在【开始】选项卡的【段落】组中单击【居中】按钮，设置为居中对齐。

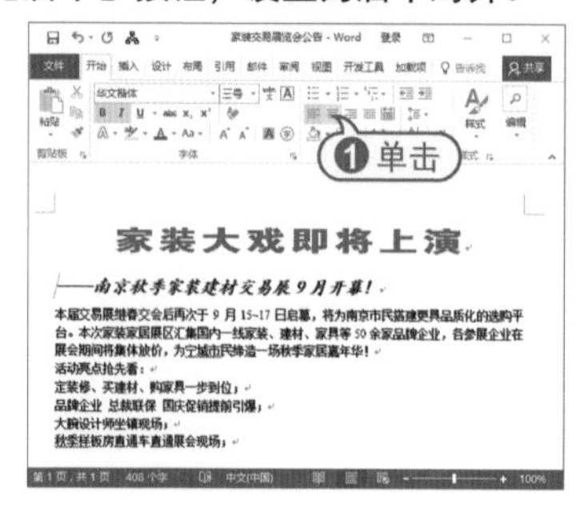

03 将插入点定位到副标题段落，在【开始】选项卡的【段落】组中单击对话框启动器按钮，打开【段落】对话框。打开【缩进和间距】选项卡，单击【对齐方式】下拉按钮，从弹出的下拉菜单中选择【居中】选项，单击【确定】按钮。

03 使用同样的方法，设置最后一个段落的对齐方式为【文本右对齐】。

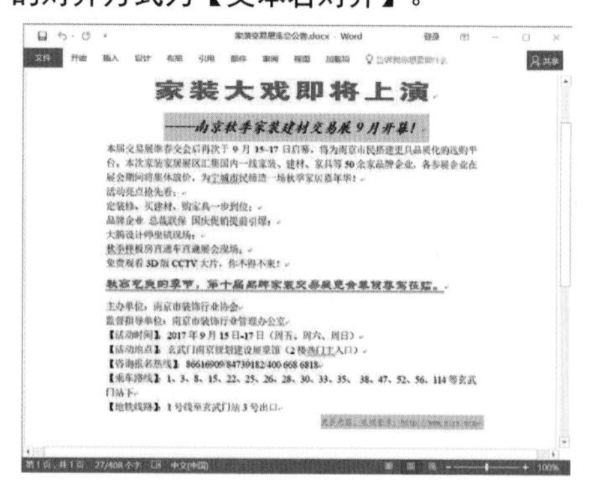

2.4.3 设置段落缩进

段落缩进是指段落中的文本与页边距

之间的距离。Word 2016提供了以下4种段落缩进方式：

- 左缩进：设置整个段落左边界的缩进位置。
- 右缩进：设置整个段落右边界的缩进位置。
- 悬挂缩进：设置段落中除首行以外的其他行的起始位置。
- 首行缩进：设置文本段落中首行的起始位置。

用户可以通过水平标尺和【段落】对话框设置段落缩进。

通过水平标尺可以快速设置段落的缩进方式及缩进量。水平标尺中包括首行缩进、悬挂缩进、左缩进和右缩进4个标记，拖动各标记就可以设置相应的段落缩进方式。

使用【段落】对话框可以准确地设置缩进尺寸。打开【开始】选项卡，单击【段落】组的对话框启动器按钮，打开【段落】对话框的【缩进和间距】选项卡，在该选项卡中进行相关设置即可设置段落缩进。

【例2-6】在“家装交易展览会公告”文档中设置段落缩进。

视频+素材 (光盘素材\第02章\例2-6)

01 启动Word 2016，打开“家装交易展览会公告”文档。

02 选取正文第一段文本，打开【开始】选项卡，在【段落】组中单击对话框启动器按钮，打开【段落】对话框。

03 打开【缩进和间距】选项卡，在【段落】选项区域的【特殊格式】下拉列表中选择【首行缩进】选项，并在【缩进值】微调框中输入“2字符”，单击【确定】按钮。

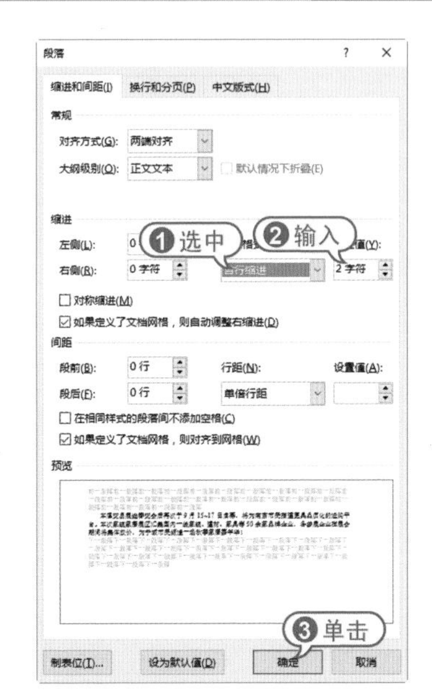

04 此时文本段落的首行缩进两个字符，效果如下图所示。

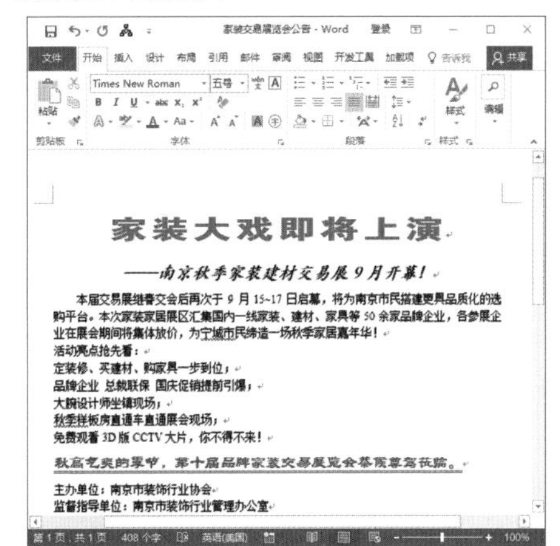

2.4.4 设置段落间距

段落间距的设置包括文档行间距与段间距的设置。行间距是指段落中行与行之间的距离；段间距是指前后相邻的段落之间的距离。

Word 2016默认的行间距值是单倍行距。打开【段落】对话框的【缩进和间距】选项卡，在【行距】下拉列表中选择所需的选项，并在【设置值】微调框中输入值，可以重新设置行间距；在【段前】和【段后】微调框中输入值，可以设置段间距。

【例2-7】在“家装交易展览会公告”文档中设置段落间距。
视频+素材 (光盘素材\第02章\例2-7)

01 启动Word 2016，打开“家装交易展览会公告”文档。

02 将插入点定位到副标题段落，打开【开始】选项卡，在【段落】组中单击对话框启动器按钮，打开【段落】对话框。打开【缩进和间距】选项卡，在【间距】选项区域的【段前】和【段后】微调框中输入“0.5行”，单击【确定】按钮，设置副标题的段间距。

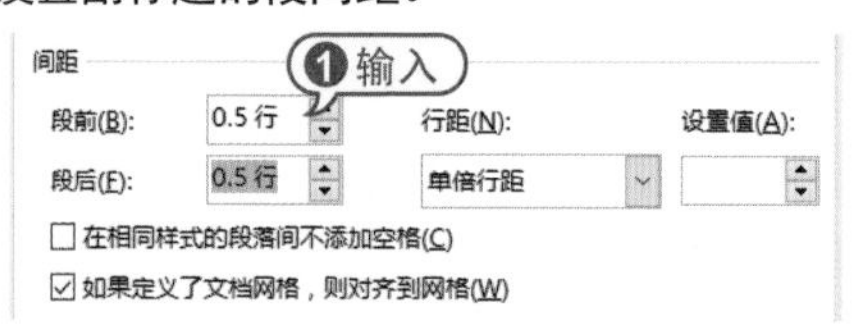

03 选取所有正文文本，使用同样的方法，打开【段落】对话框的【缩进和间距】选项卡，在【行距】下拉列表中选择【固定值】选项，在其后的【设置值】微调框中输入“18磅”，单击【确定】按钮，完成行距的设置。

04 使用同样的方法，设置第2段、第8段和第10段文本的段前、段后间距均为【0.5行】，效果如下图所示。

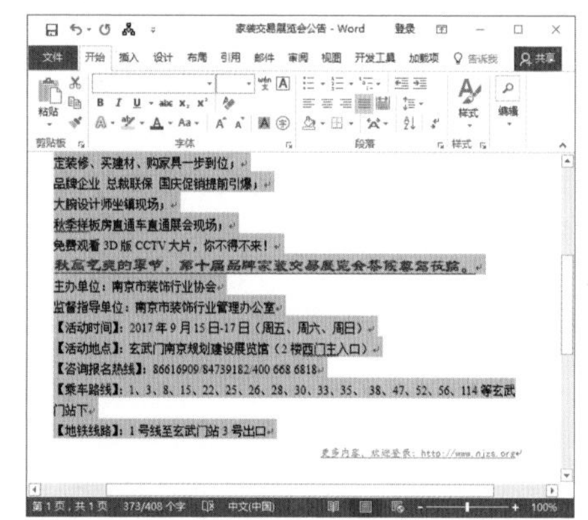

2.5 设置项目符号和编号

使用项目符号和编号列表，可以对文档中并列的项进行组织，或者对内容的顺序进行编号，以使这些项的层次结构更加清晰、更有条理。Word 2016提供了9种标准的项目符号和8种编号，并且允许用户自定义项目符号和编号。

2.5.1 添加项目符号和编号

Word 2016提供了自动添加项目符号和编号的功能。在以“1.”“(1)”“a”等字符开始的段落中按Enter键，下一段的开始将会自动出现“2.”“(2)”“b”等字符。

若用户要添加其他样式的项目符号和编号，可以打开【开始】选项卡，在【段落】组中，单击【项目符号】下拉按钮，从弹出的下拉菜单中选择项目符号的样式。

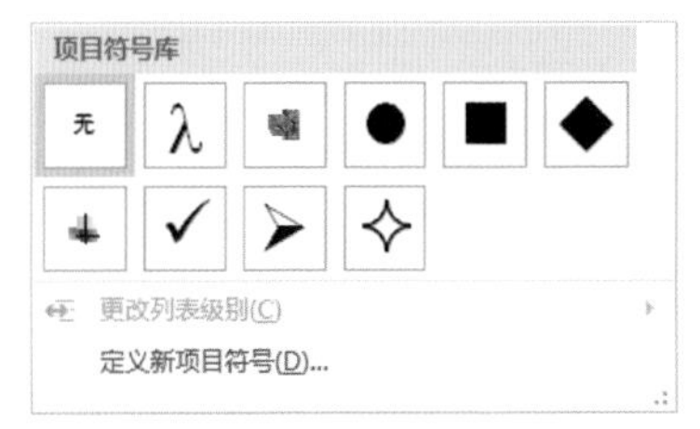

单击【编号】下拉按钮，从弹出的下拉菜单中选择编号的样式。

【例2-8】在“家装交易展览会公告”文档中，添加项目符号和编号。

视频+素材 (光盘素材\第02章\例2-8)

01 启动Word 2016，打开“家装交易展览会公告”文档，选择正文中的段落。

02 打开【开始】选项卡，在【段落】组中单击【编号】下拉按钮，从弹出的列表框中选择一种编号样式。

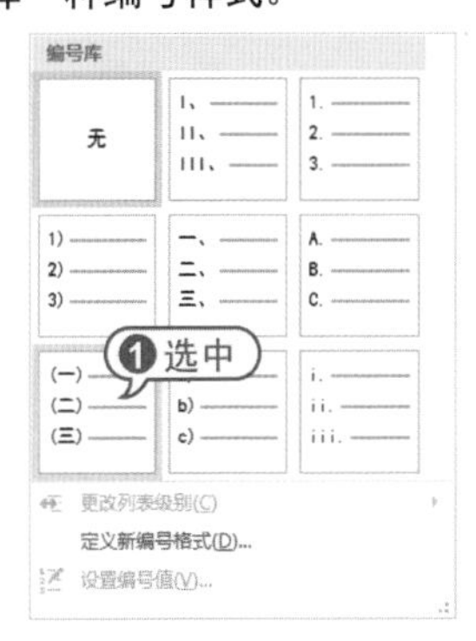

03 此时根据所选的编号自动为所选段落添加编号。

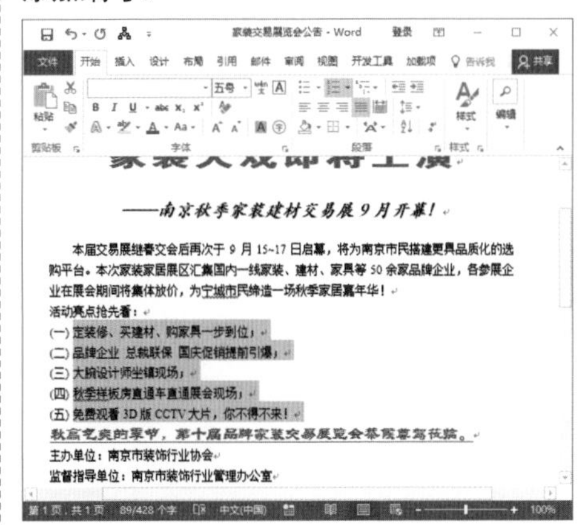

04 选取第13~第17段文本，在【段落】组中单击【项目符号】下拉按钮，从弹出的列表框中选择一种项目符号样式。

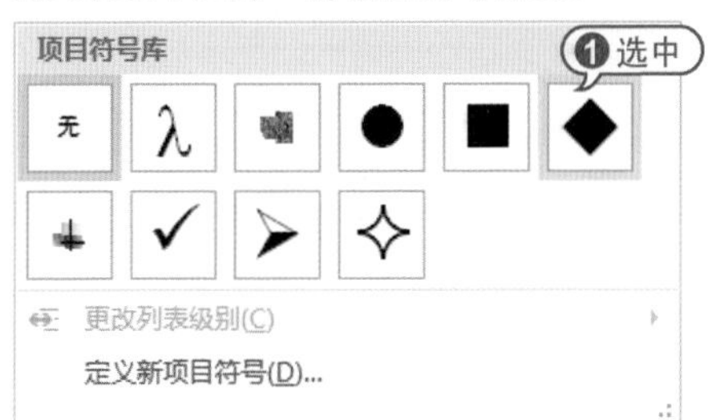

05 此时根据所选的项目符号样式为段落自动添加项目符号。

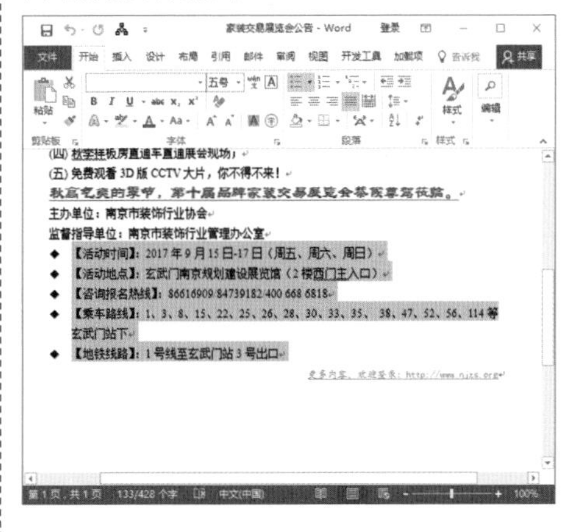

2.5.2 自定义项目符号和编号

在使用项目符号和编号功能时，除了可以使用系统自带的项目符号和编号样式外，还可以自定义项目符号和编号。

选取项目符号段落，打开【开始】选项卡，在【段落】组中单击【项目符号】下拉按钮，从弹出的下拉菜单中选择【定义新项目符号】命令，打开【定义新项目符号】对话框，可以自定义项目符号。

在【定义新项目符号】对话框中单击【符号】按钮，打开【符号】对话框，可从中选择合适的符号作为项目符号。

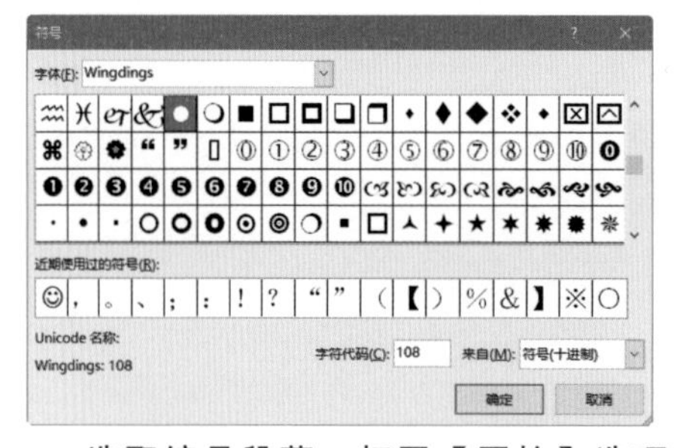

选取编号段落，打开【开始】选项卡，在【段落】组中单击【编号】下拉按钮，从弹出的下拉菜单中选择【定义新编号格式】命令，打开【定义新编号格式】对话框。

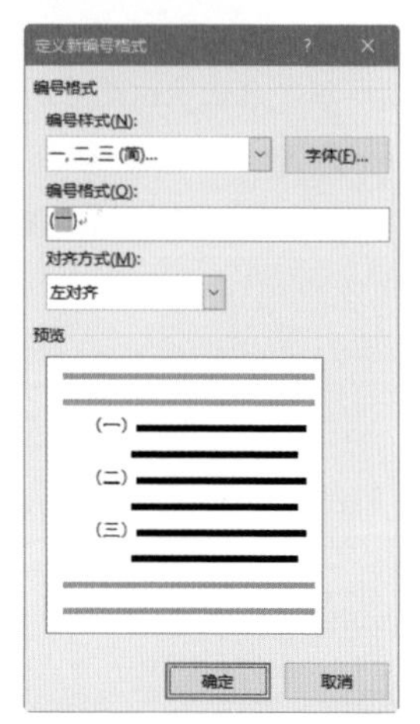

在【编号样式】下拉列表中选择其他编号样式，并在【起始编号】文本框中输入起始编号；单击【字体】按钮，可以在打开的对话框中设置项目编号的字体；在【对齐方式】下拉列表中选择编号的对齐方式。

【例2-9】在“家装交易展览会公告”文档中，自定义项目符号。

视频+素材 (光盘素材\第02章\例2-9)

01 启动Word 2016，打开“家装交易展览会公告”文档。

02 选取项目符号段落，打开【开始】选项卡，在【段落】组中单击【项目符号】下拉按钮，从弹出的下拉菜单中选择【定义新项目符号】命令。

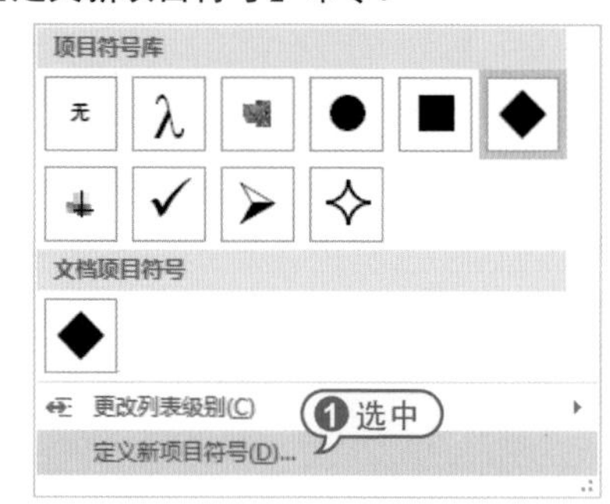

03 打开【定义新项目符号】对话框，单击【图片】按钮。

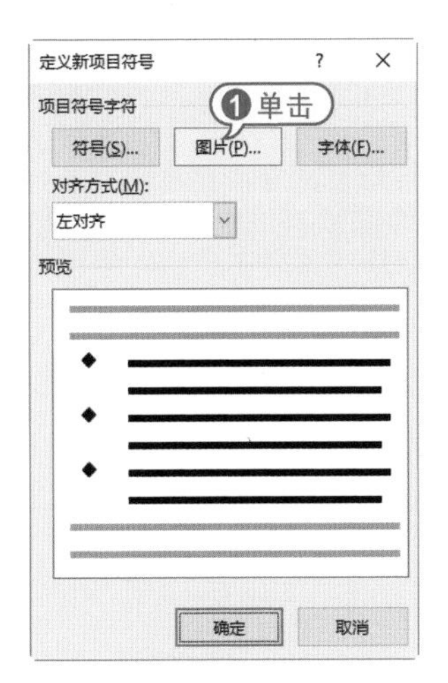

04 打开【插入图片】窗口，单击【来自文件】区域的【浏览】按钮。

05 打开【插入图片】对话框，选择一张图片，单击【插入】按钮。

06 返回至【定义新项目符号】对话框，在【预览】选项区域查看项目符号的效果，单击【确定】按钮。

07 返回至Word 窗口，此时在文档中将显示自定义的图片项目符号。

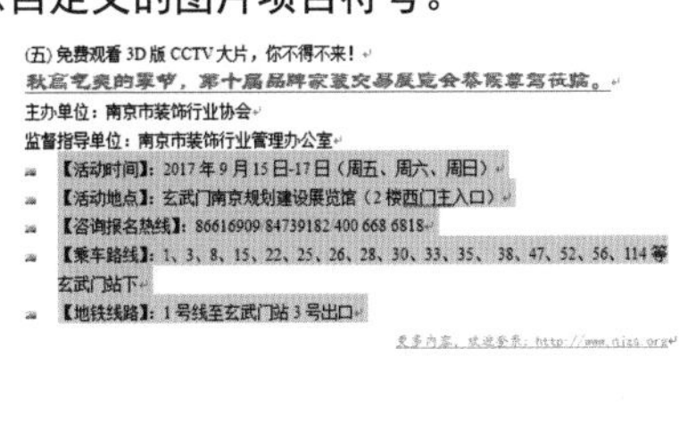

(五) 免费观看 3D 版 CCTV 大片，你不得不来！

秋高气爽的季节，第十届品牌家装交易展览会恭候您驾莅临。

主办单位：南京市装饰行业协会

监督指导单位：南京市装饰行业管理办公室

- 【活动时间】：2017 年 9 月 15 日-17 日（周五、周六、周日）
- 【活动地点】：玄武门南京规划建设展览馆（2 楼西门主入口）
- 【咨询报名热线】：86616909 84739182 400 668 6818
- 【乘车路线】：1、3、8、15、22、25、26、28、30、33、35、38、47、52、56、114 等玄武门站下
- 【地铁线路】：1 号线至玄武门站 3 号出口

更多内容，欢迎登录：http://www.njzs.org

2.6 设置边框和底纹

在使用Word 2016进行文字处理时，为了使文档更加引人注目，可根据需要为文字和段落添加各种各样的边框和底纹，以增加文档的生动性和实用性。

2.6.1 设置边框

Word 2016提供了多种边框供用户选择，用来强调或美化文档内容。在Word 2016中可以为字符、段落以及整个页面设置边框。

1 为文字或段落设置边框

选择要添加边框的文本或段落，在【开始】选项卡的【段落】组中单击【下框线】下拉按钮，在弹出的菜单中选择【边框和底纹】命令，打开【边框和底纹】对话框的【边框】选项卡，在其中进行相关设置。

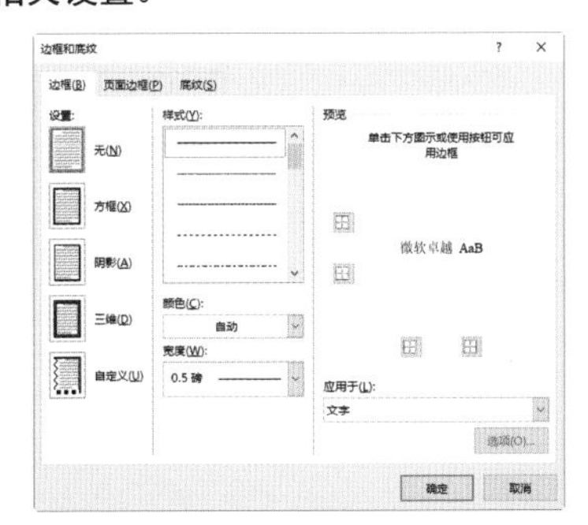

【例2-10】在“家装交易展览会公告”文档中，为文本和段落设置边框。

视频+素材 (光盘素材\第02章\例2-10)

01 启动Word 2016，打开“家装交易展览会公告”文档。

02 选取所有的文本，打开【开始】选项卡，在【段落】组中单击【下框线】下拉按钮，在弹出的菜单中选择【边框和底纹】命令，打开【边框和底纹】对话框，打开【边框】选项卡，在【设置】选项区域选择【三维】选项；在【样式】列表框中选择一种线型样式；在【颜色】下拉列表框中选择【深红】色块，在【宽度】下拉列表框中选择【3.0磅】选项，单击【确定】按钮。

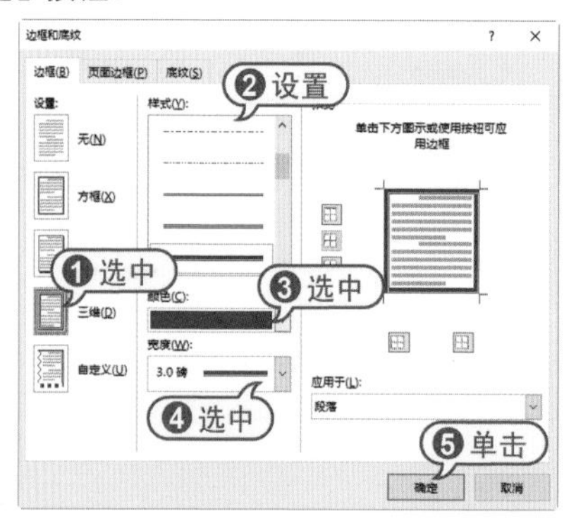

03 此时，即可为文档中所有段落添加边框效果。

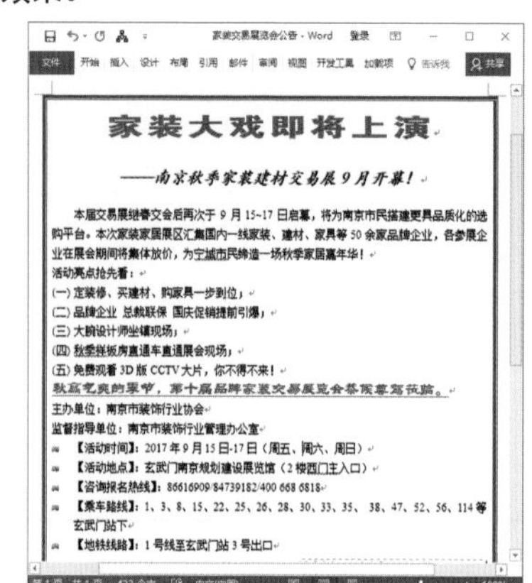

04 选取最后一段中的文字，使用同样的方法，打开【边框和底纹】对话框，打开【边框】选项卡，在【设置】选项区域选择【阴影】选项；在【样式】列表框中选择一种虚线样式；在【颜色】下拉列表框中选择【浅绿】色块，单击【确定】按钮。

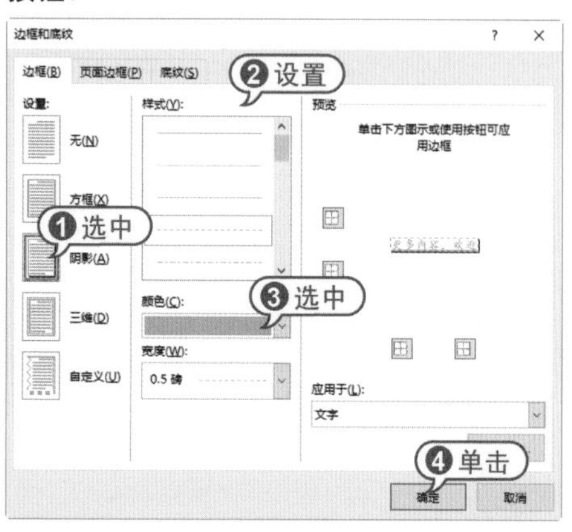

05 此时，即可为这段文字添加边框效果。

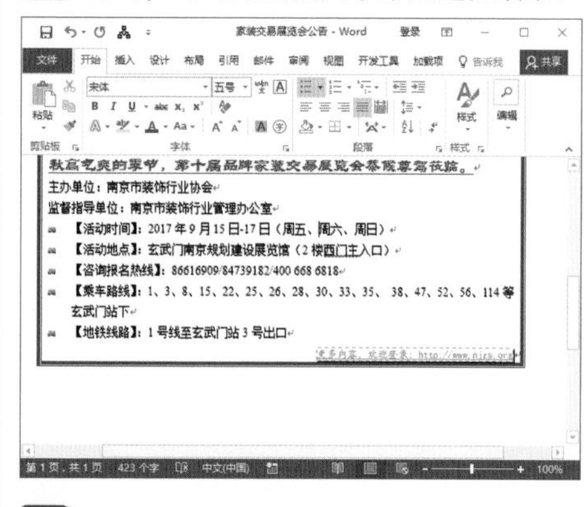

2 为页面设置边框

设置页面边框可以使打印出的文档更加美观。特别是在要设置一篇精美的文档时，添加页面边框是一个很好的办法。

打开【边框和底纹】对话框的【页面边框】选项卡，在【艺术型】选项区域或【样式】选项区域选择一种样式，即可为页面应用该样式边框。

【例2-11】在"家装交易展览会公告"文档中，为页面设置边框。

视频+素材 (光盘素材\第02章\例2-11)

01 启动Word 2016，打开"家装交易展览会公告"文档。

02 打开【开始】选项卡，在【段落】组中单击【下框线】下拉按钮，在弹出的菜单中选择【边框和底纹】命令，打开【边框和底纹】对话框，选择【页面边框】选项卡，在【艺术型】下拉列表选择一种样式；在【宽度】输入框中输入"20磅"；在【应用于】下拉列表框中选择【整篇文档】选项，然后单击【确定】按钮。

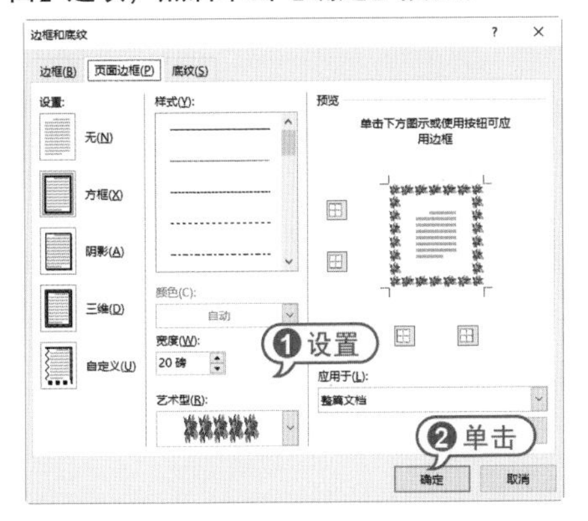

03 此时，即可为文档页面添加边框效果。

2.6.2 设置底纹

设置底纹不同于设置边框，底纹只能对文字、段落添加，不能对页面添加。

【例2-12】在"家装交易展览会公告"文档中，为文本和段落设置底纹。

视频+素材 (光盘素材\第02章\例2-12)

01 启动Word 2016，打开"家装交易展览会公告"文档。

02 选取第4段文本，打开【开始】选项卡，在【字体】组中单击【以不同颜色突出显示文本】按钮，即可快速为文本添加黄色底纹。

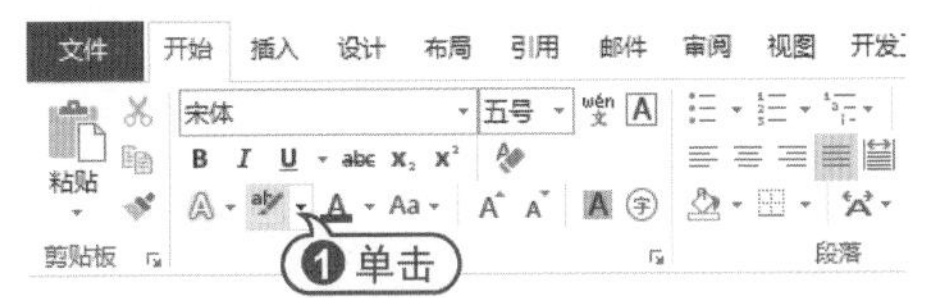

家装大戏即将上

——南京秋季家装建材交易展9月

本届交易展继春交会后再次于 9 月 15~17 日启幕，将为南京市购平台。本次家装家居展区汇集国内一线家装、建材、家具等 50 余业在展会期间将集体放价，为宁城市民缔造一场秋季家居嘉年华！

活动亮点抢先看：

(一) 定装修、买建材、购家具一步到位；

03 选取所有的文本，打开【开始】选项卡，在【段落】组中单击【下框线】下拉按钮，在弹出的菜单中选择【边框和底纹】命令，打开【边框和底纹】对话框，打开【底纹】选项卡，单击【填充】下拉按钮，从弹出的颜色面板中选择【浅绿】色块，然后单击【确定】按钮。

04 此时，即可为文档中所有段落添加一种浅绿色的底纹，使用同样的方法，为第13~第17段括号文本添加【蓝色，强度文字颜色1】底纹，并设置文本字体颜色为白色。

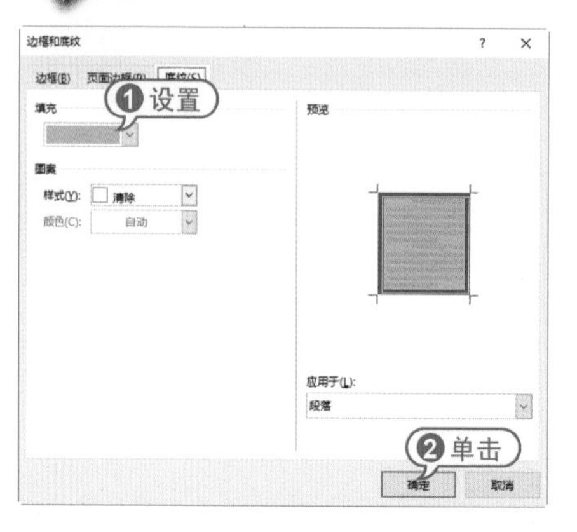

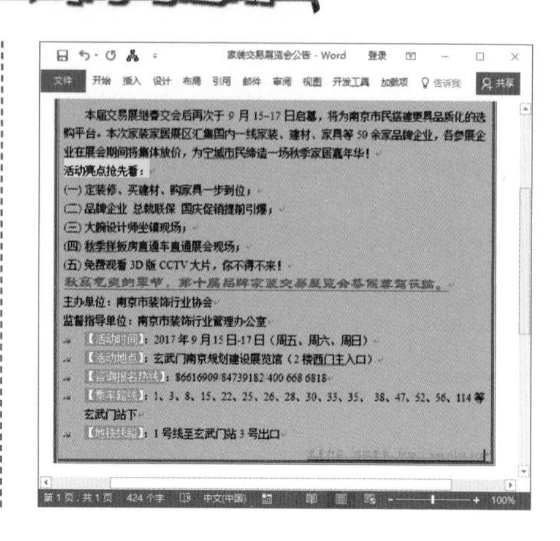

2.7 使用模板和样式

模板决定了文档的基本结构和文档设置。使用模板可以统一文档的风格，加快工作速度。样式就是字体格式和段落格式等特性的组合，在Word排版中使用样式可以快速提高工作效率，从而迅速改变和美化文档的外观。

2.7.1 使用模板

模板是“模板文件”的简称，实际上是一种具有特殊格式的Word文档。模板可以作为模型用于创建其他类似的文档，包括特定的字体格式、段落样式、页面设置、快捷键方案和宏等格式。Word 2016提供了多种具有统一规格、统一框架的文档模板。

为使文档更为美观，用户可创建自定义模板并应用于文档中。创建新的模板可以通过根据现有文档和根据现有模板两种创建方法来实现。

1 根据现有文档创建模板

根据现有文档创建模板，是指打开一个已有的与需要创建的模板格式相近的Word文档，在对其进行编辑和修改后，将其另存为一个模板文件。

【例2-13】将现有的“日历”素材文档保存为“新日历”模板。

视频+素材 (光盘素材\第02章\例2-13)

01 启动Word 2016，打开“日历”素材文档。

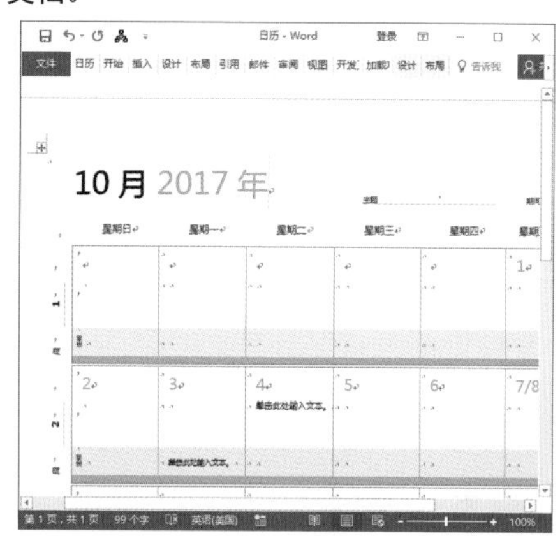

02 单击【文件】按钮，选择【另存为】命令，单击【浏览】按钮。

03 打开【另存为】对话框，在【文件名称】文本框中输入“新日历”，在【保存类型】下拉列表框中选择【Word模板】选项，单击【保存】按钮，此时该文档将以模板形式保存在【自定义Office模板】文件夹中。

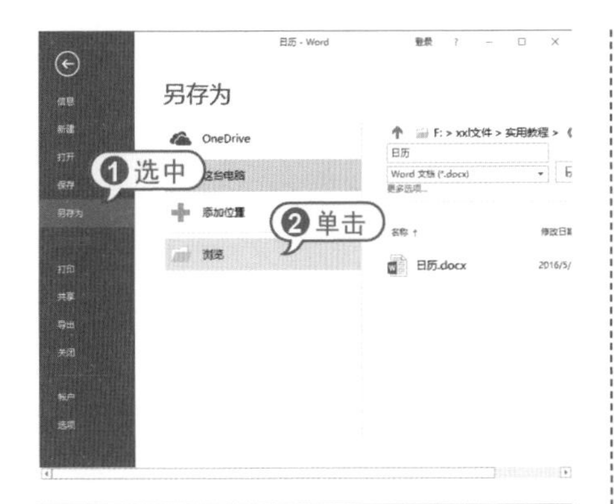

04 单击【文件】按钮，从弹出的菜单中选择【新建】命令，然后在【个人】选项区域选择【新日历】选项，即可应用该模板创建文档。

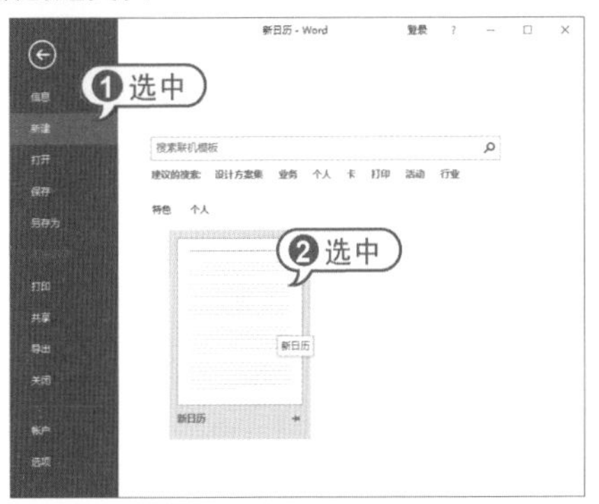

2 根据现有模板创建模板

根据现有模板创建模板是指根据一个已有模板新建一个模板文件，再对其进行相应的修改，并将其保存。Word 2016内置模板的自动图文集词条、字体、快捷键指定方案、宏、菜单、页面设置、特殊格式和样式设置基本符合要求，但还需要进行一些修改，此时就可以以现有模板为基础来创建新模板。

【例2-14】在“小学新闻稿”模板中输入文本，并将其创建为模板“中学新闻稿”。视频

01 启动Word 2016，单击【文件】按钮，从弹出的菜单中选择【新建】命令，在模板中选择【小学新闻稿】选项。

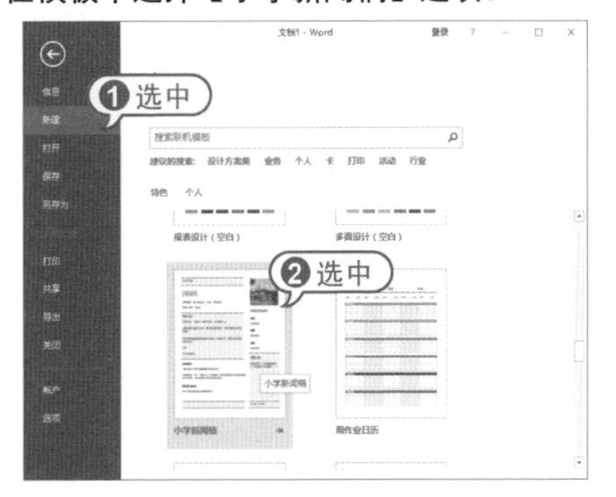

02 弹出对话框，单击其中的【创建】按钮，将下载该模板。

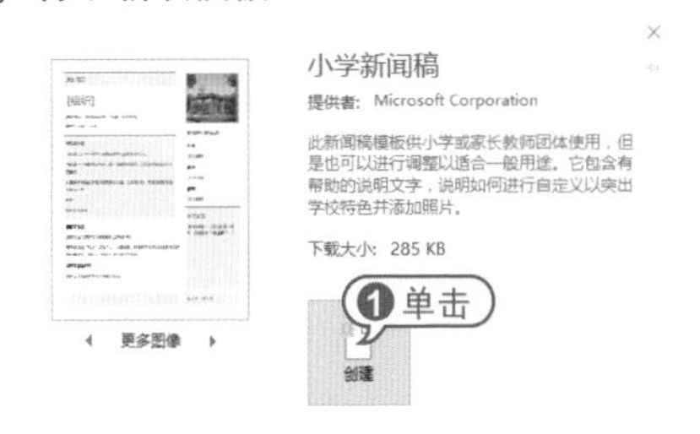

03 在创建好的文档中，在标题栏后输入文本“天京中学”。

04 单击【文件】按钮，在弹出的菜单中选择【另存为】命令，单击【浏览】按钮，打开【另存为】对话框，在【文件名称】文本框中输入“中学新闻稿”，在【保存类型】下拉列表框中选择【Word模板】选项，单击【保存】按钮。

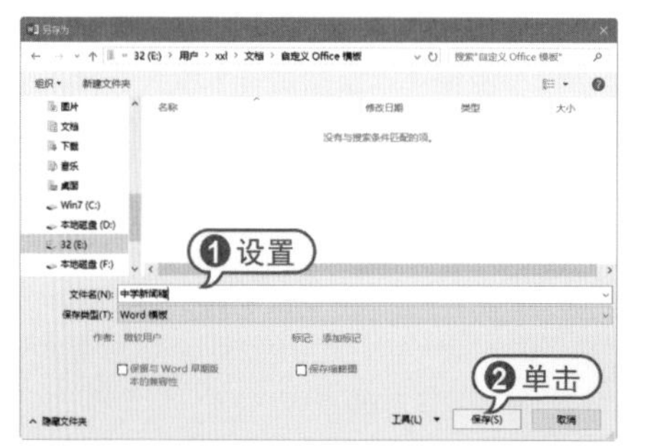

05 此时即可成功创建模板，单击【文件】按钮，从弹出的菜单中选择【新建】命令，在【个人】选项区域将显示新建的【中学新闻稿】模板。

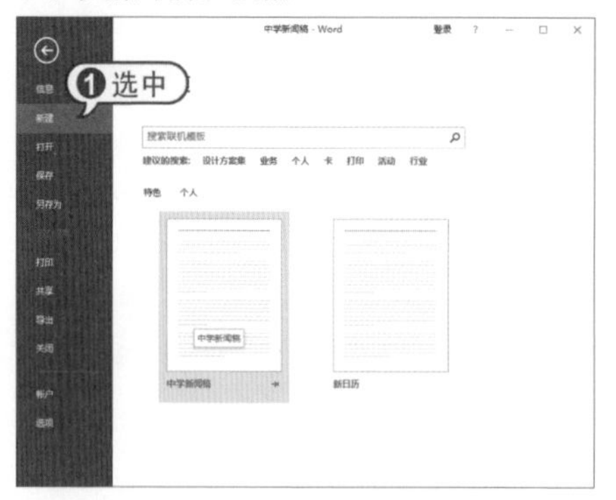

2.7.2 使用样式

样式是应用于文档中的文本、表格和列表的一套格式特征。它是Word针对文档中一组格式进行的定义，这些格式包括字体、字号、字形、段落间距、行间距以及缩进量等内容，其作用是方便用户对重复的格式进行设置。

1 选择样式

在Word 2016自带的样式库中，内置了多种样式，可以为文档中的文本设置标题、字体和背景等样式。使用这些样式可以快速地美化文档。

在Word 2016中，选择要应用某种内置样式的文本，打开【开始】选项卡，在【样式】组中单击【其他】按钮，可以从弹出的菜单中选择样式选项。

在【样式】组中单击对话框启动器按钮，可在打开的【样式】任务窗格进行设置，在【样式】列表框中同样可以选择样式。

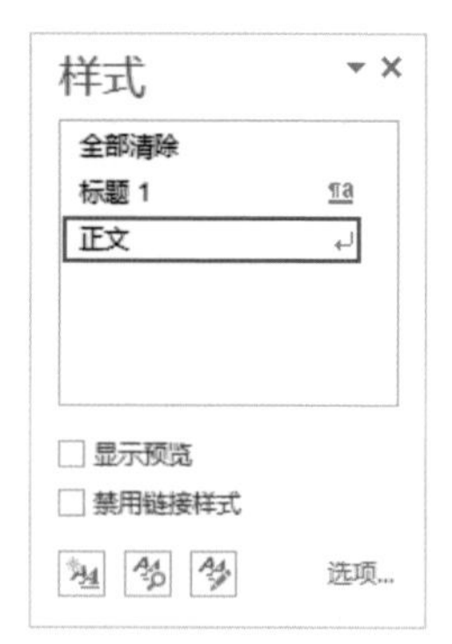

2 修改样式

如果某些内置样式无法完全满足某组格式设置的要求，则可以在内置样式的基础上进行修改。

【例2-15】在“兴趣班培训”文档中修改样式。

视频+素材 (光盘素材\第02章\例2-15)

01 启动Word 2016，打开“兴趣班培训”文档，将插入点定位到任意一处带有【标题2】样式的文本中，在【开始】选项卡的【样式】组中，单击【样式】对话框启动器按钮，打开【样式】任务窗格，单击【标题2】样式右侧的箭头按钮，从弹出的快捷菜单中选择【修改】命令。

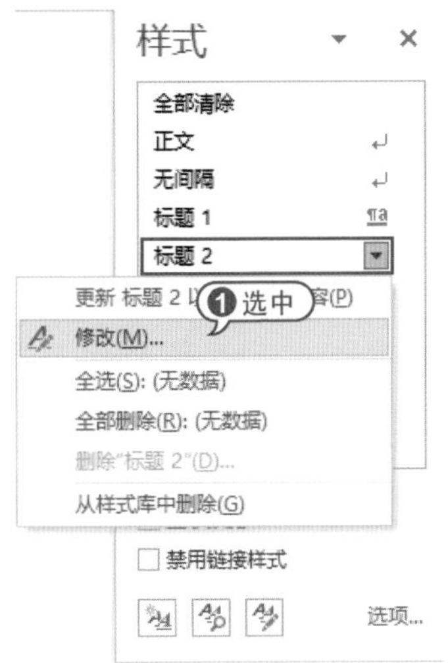

02 打开【修改样式】对话框，在【属性】选项区域的【样式基准】下拉列表框中选择【无样式】选项；在【格式】选项区域的【字体】下拉列表框中选择【华文楷体】选项，在【字号】下拉列表框中选择【三号】选项，在【字体】颜色下拉面板中选择【白色，背景1】色块，单击【格式】下拉按钮，从弹出的快捷菜单中选择【段落】选项。

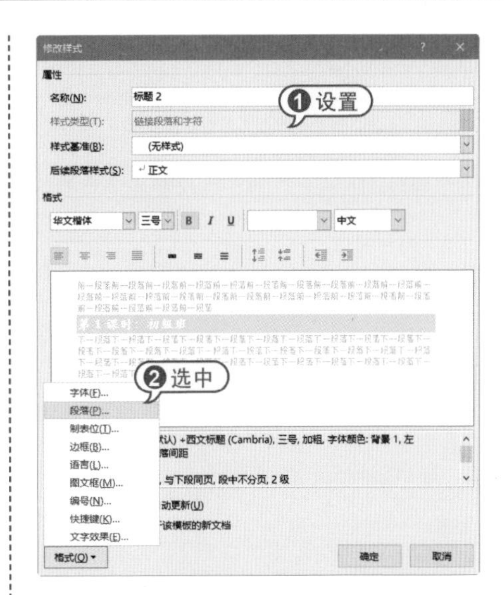

03 打开【段落】对话框，在【间距】选项区域将段前、段后的距离均设置为“0.5磅”，并且将行距设置为【最小值】，【设置值】为“16磅”，单击【确定】按钮，完成段落设置。

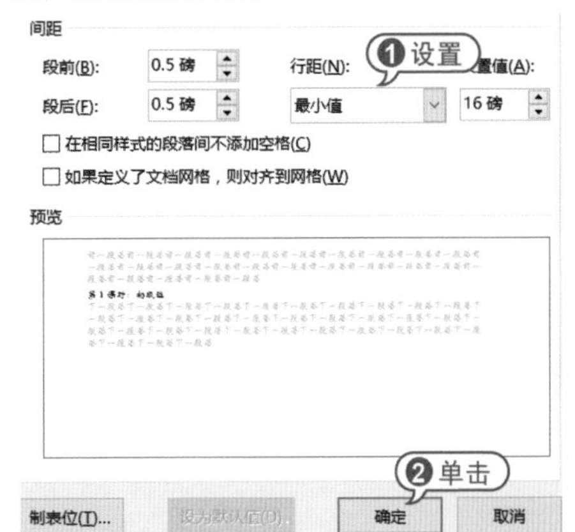

04 返回至【修改样式】对话框，单击【格式】下拉按钮，从弹出的快捷菜单中选择【边框】命令，打开【边框和底纹】对话框的【底纹】选项卡，在【填充】颜色面板中选择【水绿色，个性色5，淡色60%】色块，单击【确定】按钮。

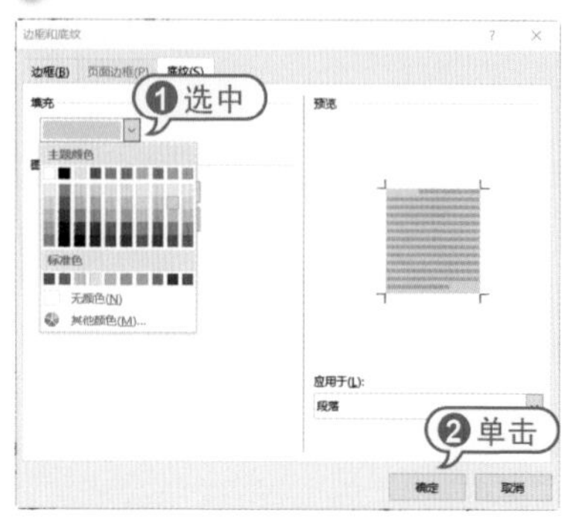

05 返回至【修改样式】对话框，单击【确定】按钮。此时【标题2】样式修改成功，并将自动应用到文档中。

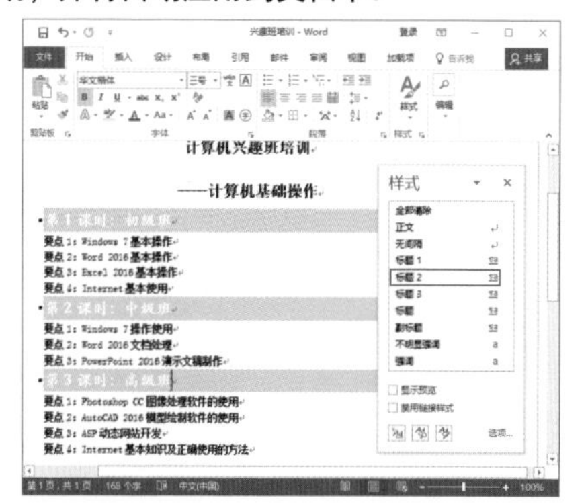

06 将插入点定位到正文文本中，使用同样的方法，修改【正文】样式，设置字体颜色为【深蓝】，字体格式为【华文新魏】，段落格式的行距为【固定值】、【12磅】，此时修改后的【正文】样式被自动应用到文档中。

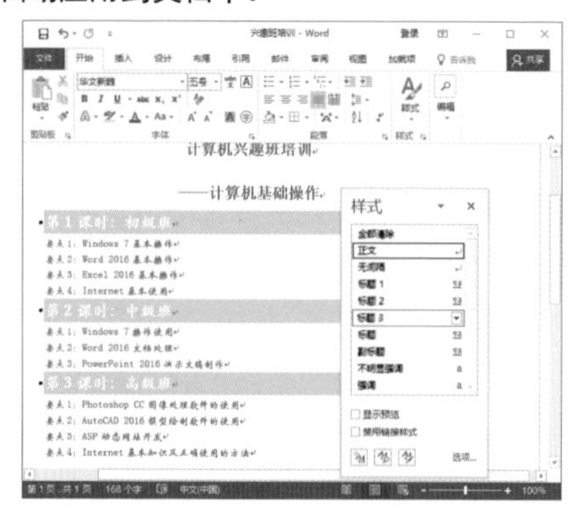

3 新建样式

如果现有文档的内置样式与所需格式设置相去甚远，创建一个新样式将会更为便捷。

【例2-16】在"兴趣班培训"文档中添加备注文本，并创建【备注】样式，将其应用到文档中。

视频+素材 (光盘素材\第02章\例2-16)

01 启动Word 2016，打开"兴趣班培训"文档。将插入点定位到文档末尾，按Enter键，换行，输入备注文本。

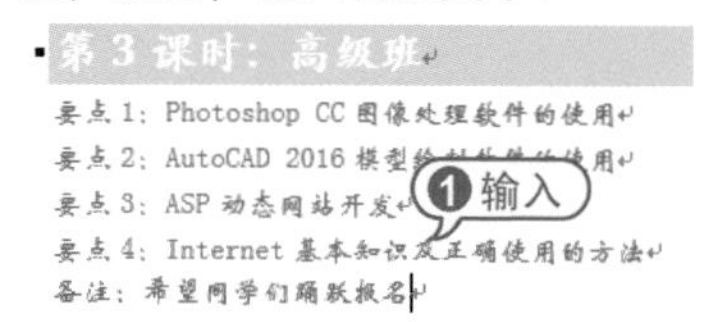

02 在【开始】选项卡的【样式】组中，单击【样式】对话框启动器，打开【样式】任务窗格，单击【新建样式】按钮，打开【根据格式设置创建新样式】对话框，在【名称】文本框中输入"备注"；在【样式基准】下拉列表框中选择【无样式】选项；在【格式】选项区域的【字体】下拉列表框中选择【方正舒体】选项；在【字体颜色】下拉列表框中选择【深红】色块，单击【格式】下拉按钮，在弹出的菜单中选择【段落】命令。

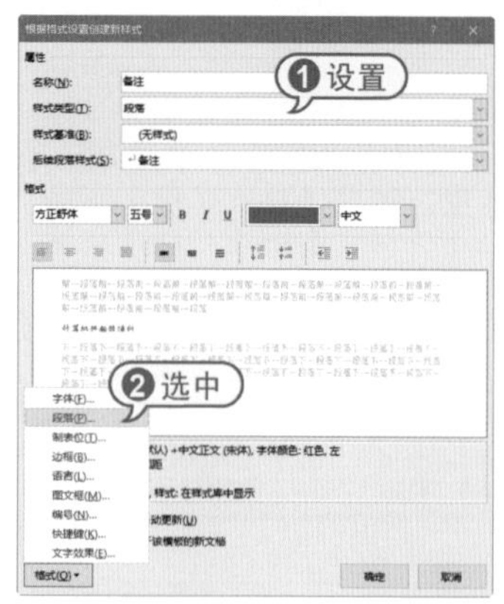

03 打开【段落】对话框的【缩进和间距】选项卡，设置【对齐方式】为【右对齐】，【段前】和【段后】间距设为0.5行，单击【确定】按钮。

04 返回至【修改样式】对话框，单击【确定】按钮。此时备注文本将自动应用"备注"样式，并在【样式】窗格中显示新样式。

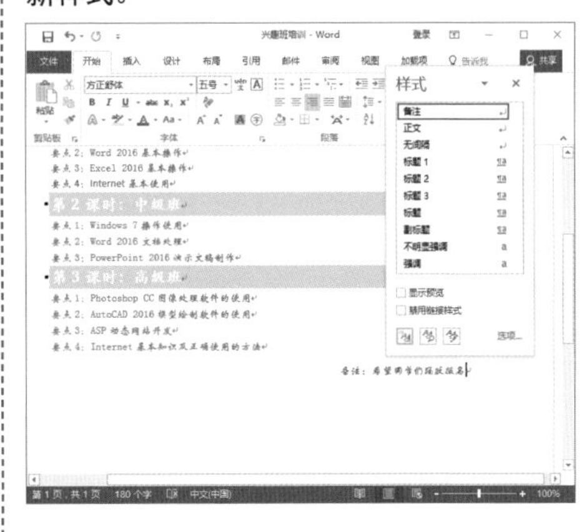

2.8 进阶实战

本章的进阶实战部分为制作招聘启事和设置格式两个综合实例操作，用户通过练习从而巩固本章所学知识。

2.8.1 制作招聘启事

【例2-17】新建"招聘启事"文档，输入文本，并对文本和段落格式进行设置。

视频+素材 (光盘素材\第02章\例2-17)

01 启动Word 2016，新建一个空白文档，并将其以"招聘启事"为名保存，输入文本。

02 选中文档第一行文本"招聘启事"，然后选择【开始】选项卡，在【字体】组中设置【字体】为【微软雅黑】，【字号】为【小一】，在【段落】组中单击【居中】按钮，设置文本居中。

招聘启事

本公司专业红酒销售平台商，主要经营桑王系列高端红酒。公司除提供较好的薪酬待遇，同时也为公司员工提供持续的学习机会。本公司为了业务发展需要，现特招聘以下职位：

销售主管

03 选中正文第2段内容，然后使用同样的方法，设置文本的字体、字号和对齐方式。

04 保持文本为选中状态，然后单击【剪贴板】组中的【格式刷】按钮，在需要套用格式的文本上单击并按住鼠标左键拖曳，套用文本格式。

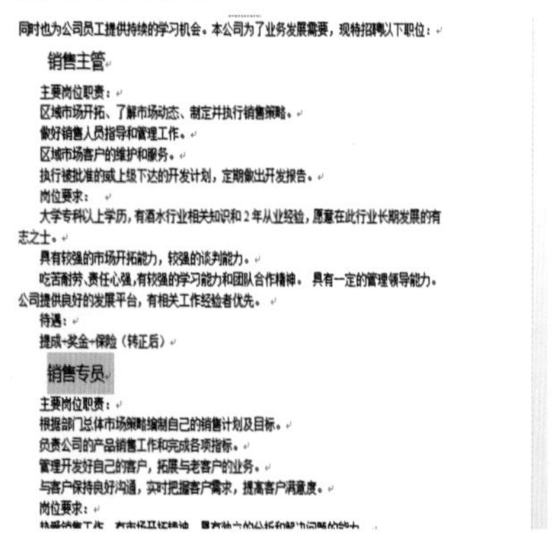
同时也为公司员工提供持续的学习机会。本公司为了业务发展需要，现特招聘以下职位：
销售主管
主要岗位职责：
区域市场开拓、了解市场动态、制定并执行销售策略。
做好销售人员指导和管理工作。
区域市场客户的维护和服务。
执行被批准的或上级下达的开发计划，定期做出开发报告。
岗位要求：
大学专科以上学历，有酒水行业相关知识和2年从业经验，愿意在此行业长期发展的有志之士。
具有较强的市场开拓能力，较强的谈判能力。
吃苦耐劳、责任心强，有较强的学习能力和团队合作精神。具有一定的管理领导能力。
公司提供良好的发展平台，有相关工作经验者优先。
待遇：
提成+奖金+保险（转正后）
销售专员
主要岗位职责：
根据部门总体市场策略编制自己的销售计划及目标。
负责公司的产品销售工作和完成各项指标。
管理开发好自己的客户，拓展与老客户的业务。
与客户保持良好沟通，实时把握客户需求，提高客户满意度。
岗位要求：

05 选中文档中的文本“主要岗位职责：”，然后在【开始】选项卡的【字体】组中单击【加粗】按钮。

06 在【开始】选项卡的【段落】组中单击按钮 。打开【段落】对话框，在【段前】和【段后】文本框中输入“0.5行”后，单击【确定】按钮。

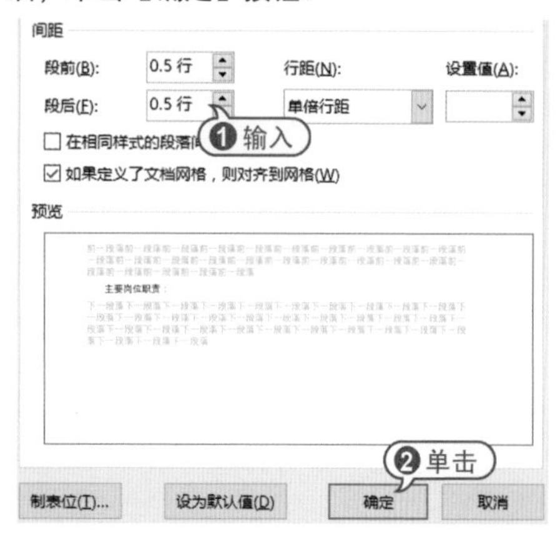

07 使用同样的方法，为文档中其他段落的字体添加“加粗”效果，并设置段落间距。

08 选中文档中第4~第7段文本，在【开始】选项卡的【段落】组中单击【编号】按钮，为段落添加编号。

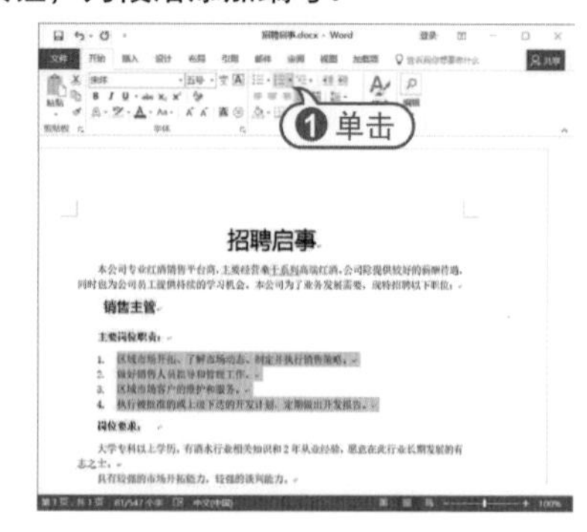

09 选中文档中第9~第11段文本，在【开始】选项卡中单击【项目符号】下拉列表按钮，在弹出的下拉列表中选中一种项目符号样式。

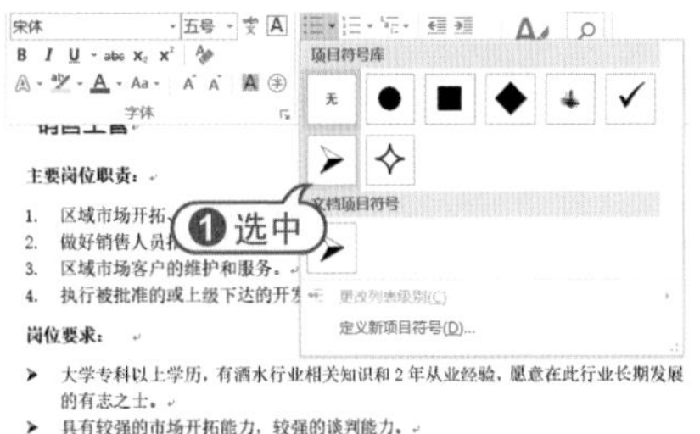

10 使用同样的方法为文档中的其他段落设置项目符号与编号。

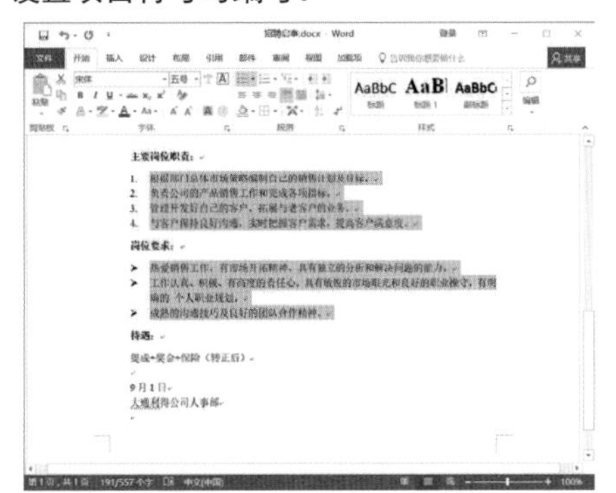

11 选中文档中的最后两段文本，在【开始】选项卡的【段落】组中单击【右对齐】按钮，最后保存文档。

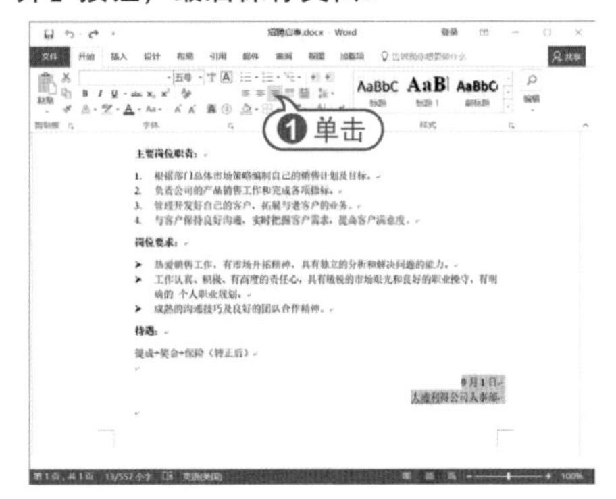

2.8.2 设置格式

【例2-18】在“酒”文档中设置段落间距。

视频+素材 (光盘素材\第02章\例2-18)

01 启动Word 2016应用程序，打开“酒”文档，将插入点定位到标题“酒”的前面。

02 选择【开始】选项卡，在【段落】组中单击【段落设置】按钮，打开【段落】对话框，选择【缩进和间距】选项卡，在【间距】选项区域的【段前】和【段后】微调框中输入“1行”，单击【确定】按钮。

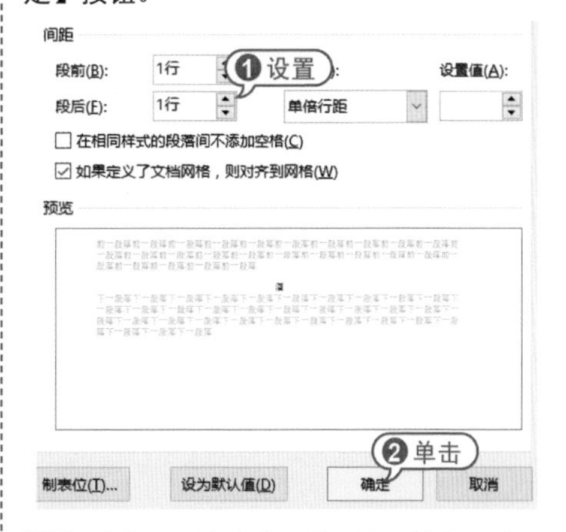

03 按住Ctrl键选中从第2段开始的所有正文，再次单击【段落设置】按钮，打开【段落】对话框的【缩进和间距】选项卡。在【行距】下拉列表框中选择【固定值】选项，在其右侧的【设置值】微调框中输入“18磅”，单击【确定】按钮。

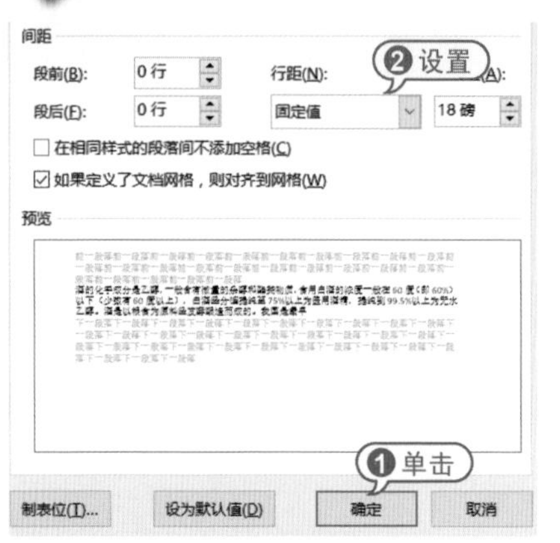

04 完成以上设置后，文档中正文的效果将如下图所示。

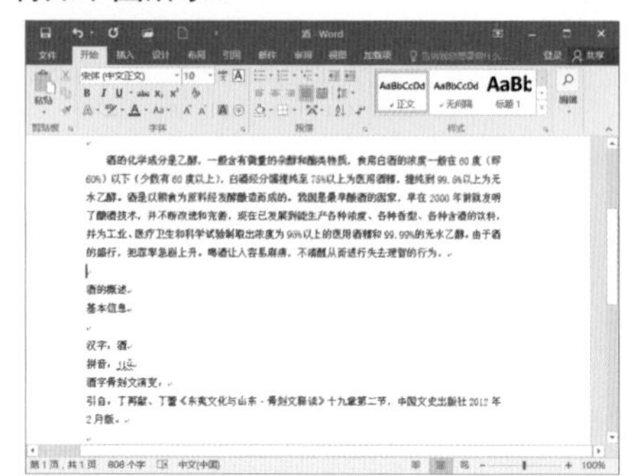

2.9 疑点解答

问：在Word 2016中如何使用格式刷？

答：选中要复制其格式的文本，在【开始】选项卡的【剪切板】组中单击【格式刷】按钮，当鼠标光标变为【 】形状时，拖动鼠标选中目标文本即可。要在文档中不同的位置应用相同的段落格式，同样可以使用【格式刷】工具快速复制格式，单击【格式刷】按钮，当鼠标光标变为【 】形状时，拖动鼠标选中更改目标段落即可。移动鼠标光标到目标段落所在的左边距区域内，当鼠标光标变成【 】形状时按下鼠标左键不放，在垂直方向上进行拖动，即可将格式复制给选中的若干个段落。

问：如何在Word 2016中输入数学公式？

答：要输入公式，可以打开【插入】选项卡，在【符号】组中单击【公式】下拉按钮，在弹出的下拉菜单中选择内置的公式。打开【公式工具】的【设计】选项卡，然后在编辑窗口的文本框中进行公式的编辑操作，单击各种算式的图标，可以插入相应符号，输入字母或数字，完成公式。

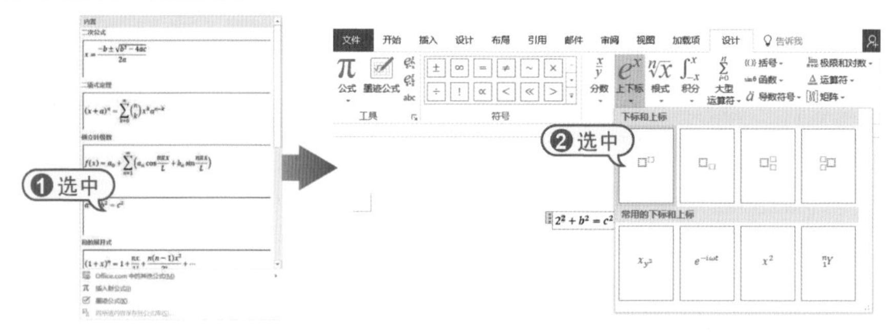

第3章

图文混排美化文档

在Word文档中应用特定版式、插入图片，可以使文档显得生动有趣，还能帮助用户更快理解内容。本章将介绍在Word 2016中设置图文混排以及应用特殊版式等相关知识。

例3-1 创建表格
例3-2 编辑表格
例3-3 本机图片
例3-4 设置插入图片
例3-5 插入艺术字
例3-6 设置艺术字
例3-7 使用形状
例3-8 使用SmartArt图形
例3-9 插入内置文本框
例3-10 绘制文本框
例3-11 设置文本框
本章其他视频文件参见配套光盘

3.1 使用表格

为了更形象地说明问题，常常需要在文档中制作各种各样的表格。Word 2016提供了强大的表格功能，可以快速创建与编辑表格。

3.1.1 创建表格

Word 2016提供了多种创建表格的方法，不仅可以通过按钮或对话框完成对表格的创建，还可以根据内置样式快速插入表格。如果表格比较简单，可以直接拖动鼠标来绘制表格。

1 使用【表格】按钮

使用【表格】按钮可以快速打开表格网格框，使用表格网格框可以直接在文档中插入最大为8行10列的表格，这也是最快捷的方法。

将鼠标光标定位到需要插入表格的位置，然后打开【插入】选项卡，单击【表格】组的【表格】按钮，在弹出的菜单中会出现网格框，拖动鼠标确定要创建表格的行数和列数，然后单击就可以完成一个规则表格的创建。

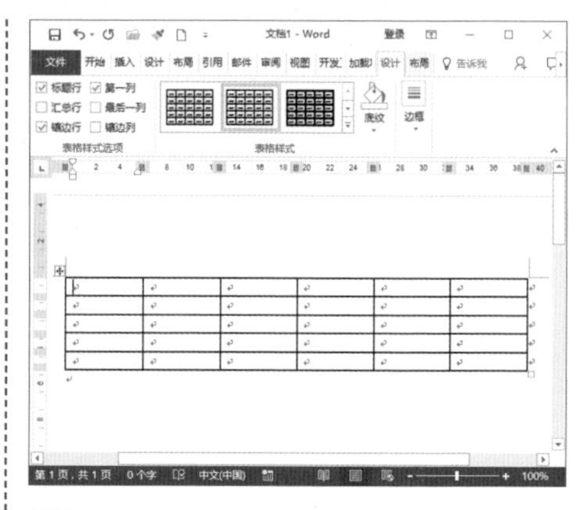

2 绘制表格

通过Word 2016的绘制表格功能，可以创建不规则的行列数表格，以及绘制一些带有斜线表头的表格。

打开【插入】选项卡，在【表格】组中单击【表格】按钮，从弹出的菜单中选择【绘制表格】命令，此时鼠标光标变为✎形状，按住左键不放并拖动鼠标，会出现表格的虚框，待达到合适大小后，释放鼠标即可生成表格的边框。

在表格边框的任意位置，单击选择起点，按住左键不放并向右(或向下)拖动绘制出表格中的横线(或竖线)。

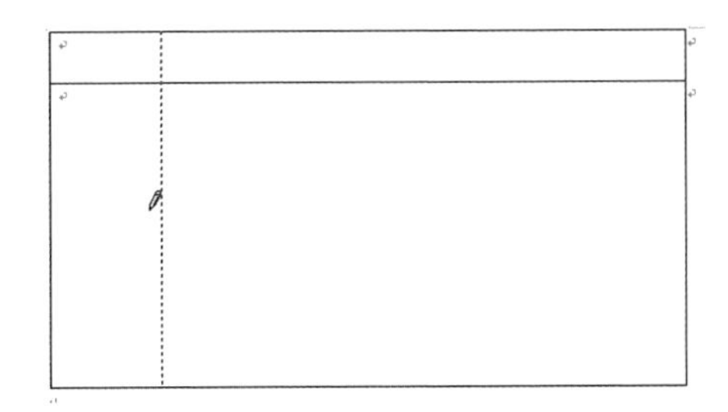

3 使用内置表格

为了快速制作出美观的表格，Word 2016提供了许多内置表格。使用它们可以快速地创建具有特定样式的表格。

打开【插入】选项卡，在【表格】组中单击【表格】按钮，从弹出的菜单中选择【快速表格】命令，将弹出子菜单列表框，在其中选择表格样式，即可快速创建具有特定样式的表格。

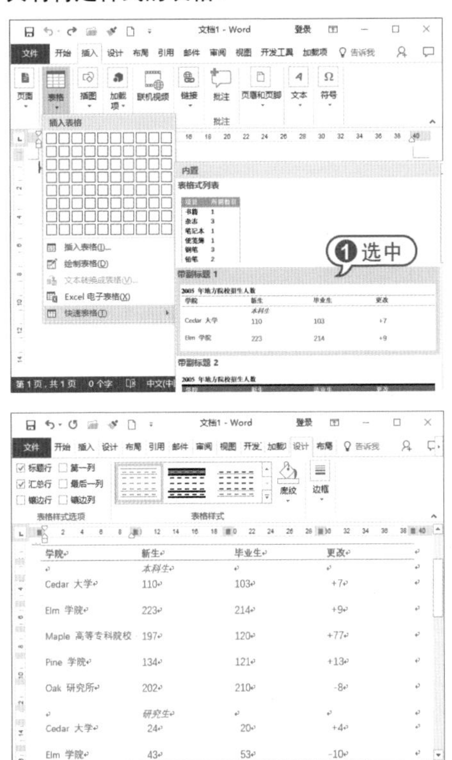

4 使用【插入表格】对话框

使用【插入表格】对话框创建表格时，可以在建立表格的同时设置表格的大小。

打开【插入】选项卡，在【表格】组中单击【表格】下拉按钮，在弹出的下拉菜单中选择【插入表格】命令。在打开的【插入表格】对话框的【列数】和【行数】微调框中可以设置表格的列数和行数，在【“自动调整”操作】选项区域可以设置根据内容或窗口调整表格尺寸。

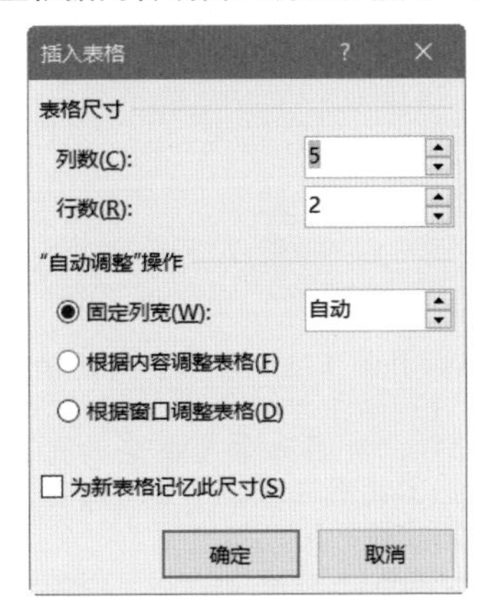

【例3-1】新建一个“酒类价目表”文档，在其中插入6×10的表格，并在表格内输入文本。

视频+素材 (光盘素材\第03章\例3-1)

01 启动Word 2016，新建一个“酒类价目表”文档，输入表格标题“酒类价目表”，并设置其文本格式。

02 将鼠标插入点定位到标题的下一行，打开【插入】选项卡，在【表格】组中单击【表格】按钮，在弹出的下拉菜单中选择【插入表格】命令。

03 在打开的【插入表格】对话框的【列数】和【行数】文本框中分别输入“6”和“10”，然后选中【固定列宽】单选按钮，在其后的微调框中选择【自动】选项，单击【确定】按钮。

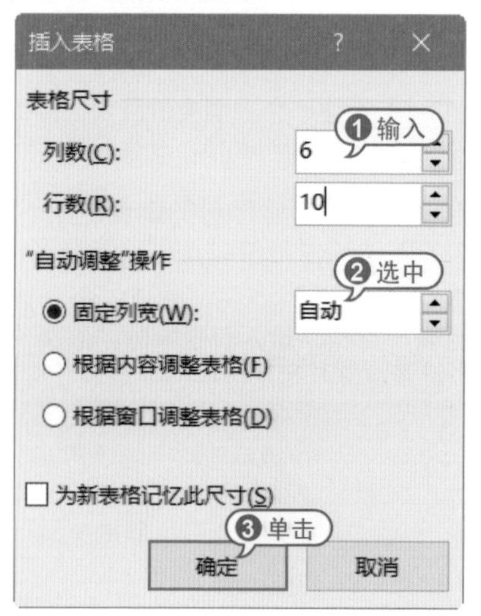

04 此时将在文档中插入一个6×10的规则表格。

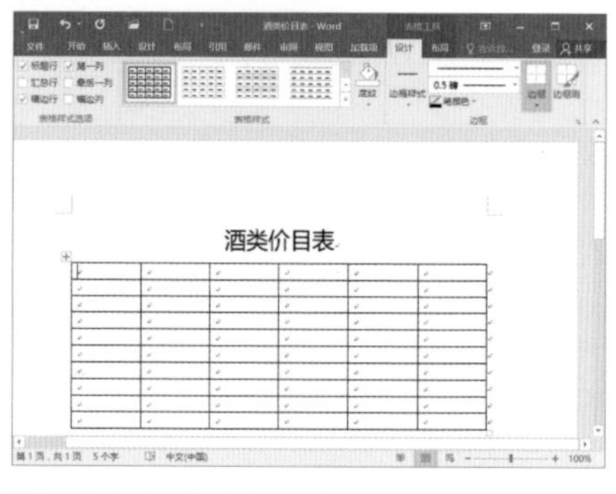

05 将插入点定位到表格第1行第1列单元格中，输入文本“品名”。

06 使用同样的方法，依次在单元格中输入文本，效果如下图所示。

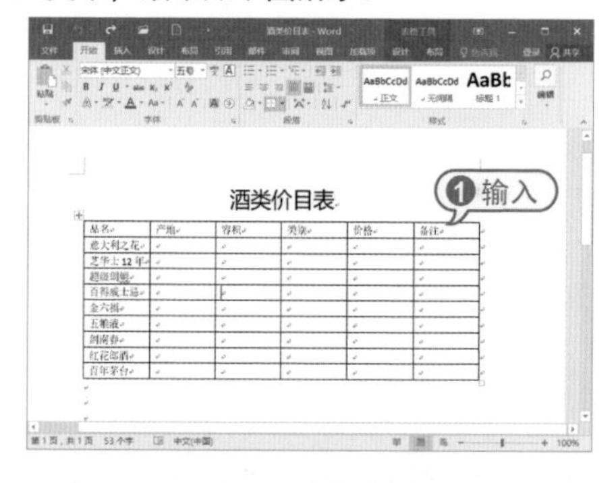

3.1.2 编辑表格

表格创建完毕后，还需要对其进行编辑操作，如选定行、列和单元格，插入和删除行、列，合并和拆分单元格等，以满足不同的需要。

1 选定行、列和单元格

表格在进行格式化之前，首先要选

定表格编辑对象，然后才能对表格进行操作。选定表格编辑对象的鼠标操作方式有如下几种：

- 选定一个单元格：将光标移动至该单元格的左侧区域，当光标变为➚形状时单击鼠标。
- 选定整行：将光标移动至该行的左侧，当光标变为 ↗ 形状时单击。
- 选定整列：将光标移动至该列的上方，当光标变为⬇形状时单击。
- 选定多个连续单元格：沿被选区域左上角向右下拖曳鼠标。
- 选定多个不连续单元格：选取第1个单元格后，按住Ctrl键不放，再分别选取其他单元格。
- 选定整个表格：移动光标到表格左上角图标⊞时单击。

2 插入与删除行、列

要向表格中添加行，应先在表格中选定与需要插入行的位置相邻的行。然后打开表格工具的【布局】选项卡，在【行和列】组中单击【在上方插入】或【在下方插入】按钮即可。插入列的操作与插入行基本类似。

另外，单击【行和列】对话框启动器 ，打开【插入单元格】对话框，选中【整行插入】或【整列插入】单选按钮，单击【确定】按钮，同样可以插入行和列。

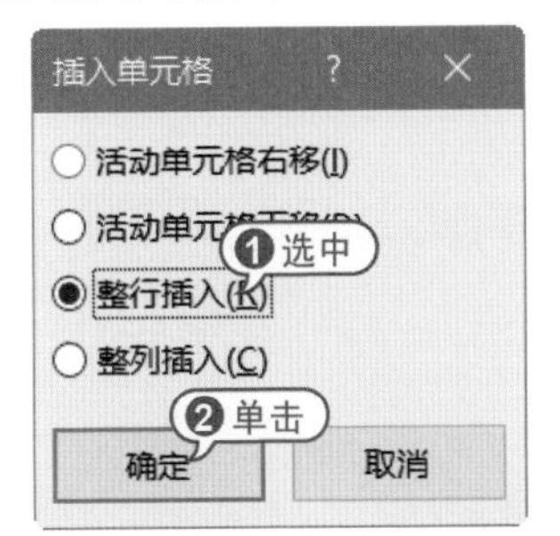

要删除行的时候，选定需要删除的行，或将光标放置在该行的任意单元格中，在【行和列】组中，单击【删除】按钮，在打开的菜单中选择【删除行】命令即可。删除列的操作与删除行基本类似，在弹出的删除菜单中选择【删除列】命令。

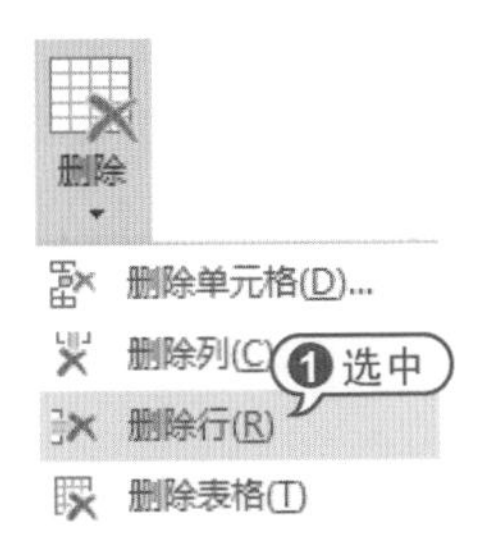

3 合并与拆分单元格

要合并表格单元格，可以选取要合并的单元格，打开【表格工具】的【布局】选项卡，在【合并】组中单击【合并单元格】按钮。

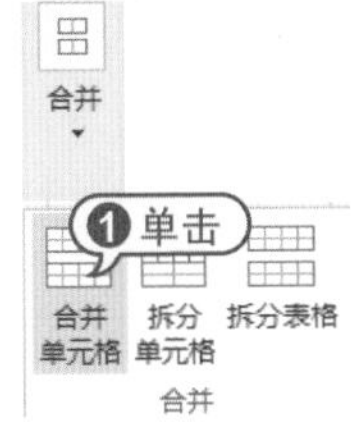

此时Word就会删除所选单元格之间的边界，建立起一个新的单元格，并将原来单元格的列宽和行高合并为当前单元格的列宽和行高。

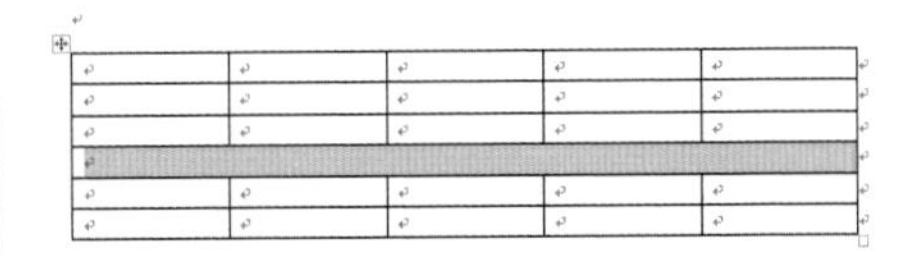

选取要拆分的单元格，打开【表格工具】的【布局】选项卡，在【合并】组中单击【拆分单元格】按钮。或者右击选中的单元格，在弹出的快捷菜单中选择【拆分单元格】命令，打开【拆分单元格】对话框，在【列数】和【行数】文本框中输入列数和行数，然后单击【确定】按钮即可。

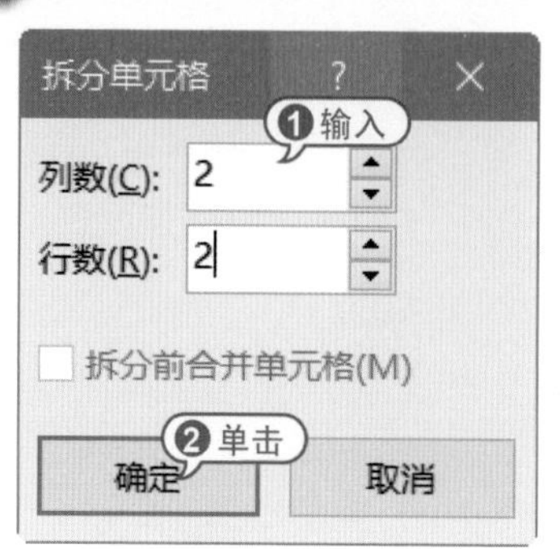

4 调整行高与列宽

创建表格时，表格的行高和列宽都是默认值，而在实际工作中常常需要随时调整表格的行高和列宽。

使用鼠标可以快速地调整表格的行高和列宽。先将光标指向需要调整的行的下边框，然后拖动鼠标至所需位置，整个表格的高度会随着行高的改变而改变。在使用鼠标拖动调整列宽时，先将光标指向表格中所要调整列的边框，使用不同的操作方法，可以达到不同的效果。

- 用光标拖动边框，则边框左右两列的宽度发生变化，而整个表格的总体宽度不变。
- 按住Shift键，然后拖动鼠标，则边框左边一列的宽度发生改变，整个表格的总体宽度随之改变。
- 按住Ctrl键，然后拖动鼠标，则边框左边一列的宽度发生改变，边框右边各列也发生均匀的变化，而整个表格的总体宽度不变。

如果表格尺寸要求的精确度较高，可以使用【表格属性】对话框，以输入数值的方式精确地调整行高与列宽。

【例3-2】在“酒类价目表”文档中，设置第1行的行高为0.8厘米，将第2～第6列的列宽设置为2厘米。

视频+素材 (光盘素材\第03章\例3-2)

01 启动Word 2016，打开“酒类价目表”文档，选中文档中表格的第1行。

酒类价目表 ①选中

品名	产地	容积	类别	价格	备注
意大利之花					
芝华士12年					
超级朗姆					
百得威士忌					
金六福					
五粮液					
剑南春					
红花郎酒					
百年茅台					

02 打开【表格工具】的【布局】选项卡，在【单元格大小】组中单击【表格属性】按钮。

03 打开【表格属性】对话框的【行】选项卡，在【尺寸】选项区域选中【指定高度】复选框，在其右侧的微调框中输入“0.8厘米”，在【行高值是】下拉列表中选择【固定值】选项，单击【确定】按钮，完成行高的设置。

04 选定表格的第2～第6列，打开【表格属性】对话框的【列】选项卡。选中【指定宽度】复选框，在其右侧的微调框中输入“2厘米”，单击【确定】按钮，完成列宽的设置。

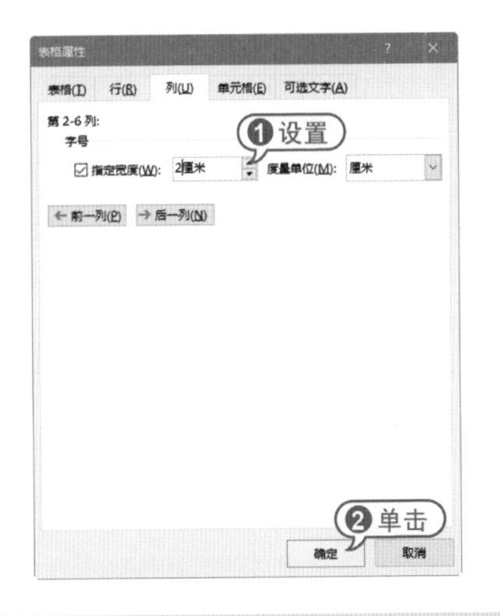

05 此时，文档中表格的效果将如下图所示。

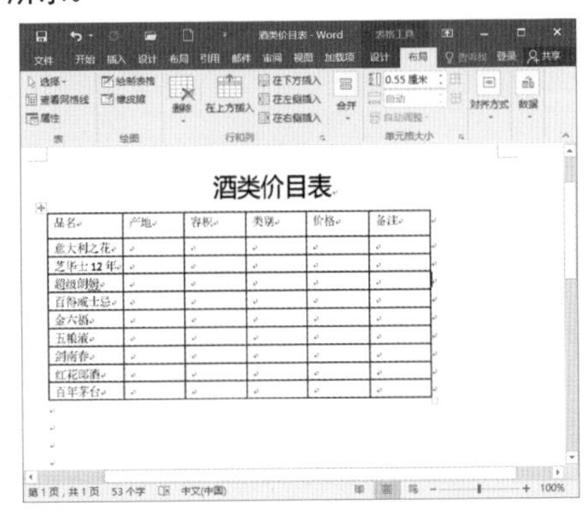

3.2 使用图片

为了使文档更加美观、生动，可以在其中插入图片。在Word 2016中，不仅可以插入系统提供的图片，还可以从其他程序或位置导入图片，甚至可以使用屏幕截图功能直接从屏幕中截取画面。

3.2.1 插入联机图片

Office网络提供的联机图片内容非常丰富，设计精美、构思巧妙，能够表达不同的主题，适合于制作各种文档。

在Word 2016中插入联机图片时，用户可以选择通过“必应”（Bing）搜索引擎搜索出的图片，也可以选择保存在OneDrive中的图片。

在打开的文档中，打开【插入】选项卡，在【插图】组中单击【联机图片】按钮

打开【插入图片】对话框，在搜索框中输入关键字，比如“果汁”，然后单击【搜索】按钮。

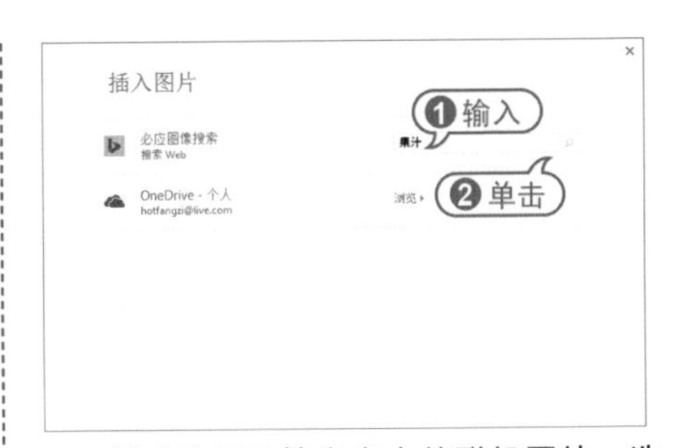

稍后将显示搜索出来的联机图片，选择一张图片，单击【插入】按钮，即可将之插入到文档中。

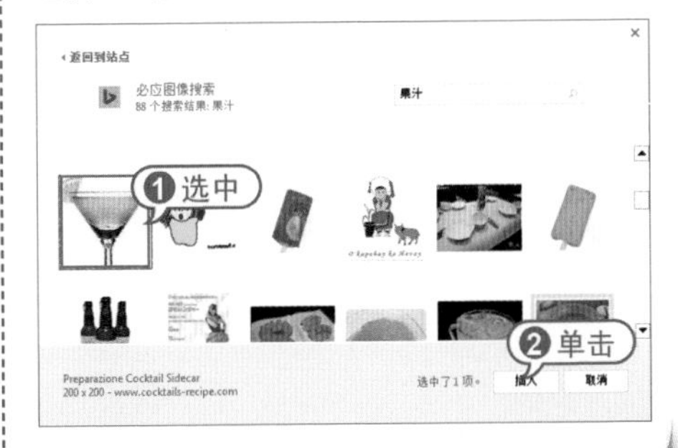

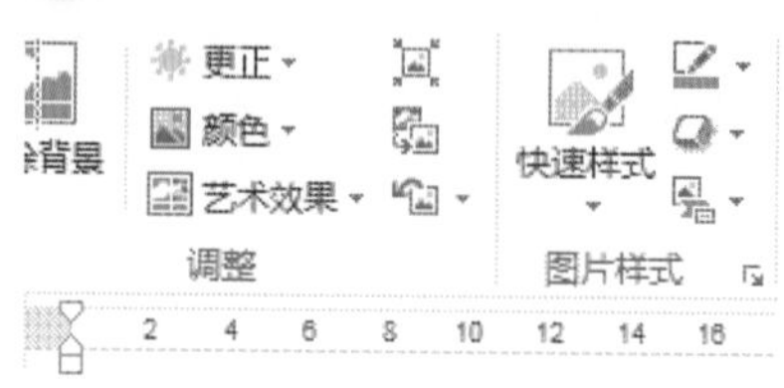

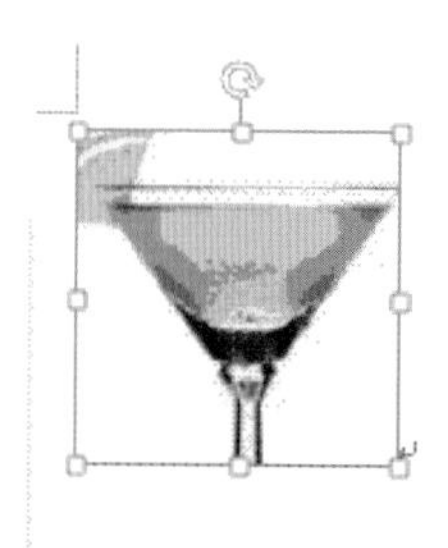

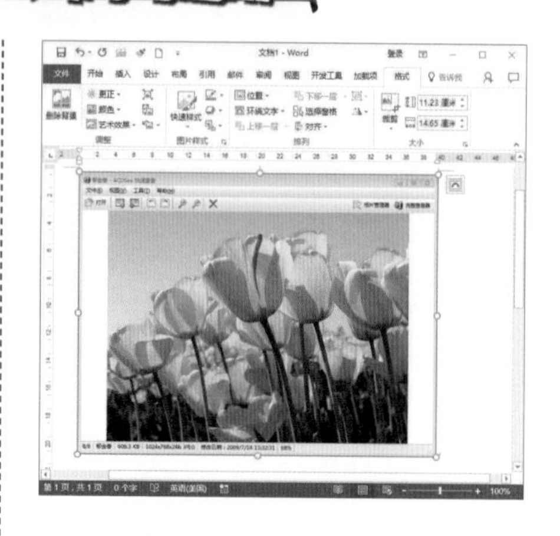

3.2.2 插入屏幕截图

如果需要在Word文档中使用网页中的某个图片或图片的一部分，则可以使用Word提供的【屏幕截图】功能来实现。

打开【插入】选项卡，在【插图】组中单击【屏幕截图】按钮，在弹出的菜单中选择一个需要截图的窗口，即可将该窗口截取，并显示在文档中。

3.2.3 插入本机图片

用户还可以在本机磁盘的其他位置选择要插入的图片文件。这些图片文件可以是Windows的标准位图，也可以是其他应用程序创建的图片，如CorelDraw的CDR格式矢量图片、JPEG压缩格式的图片、TIFF格式的图片等。

打开【插入】选项卡，在【插图】组中单击【图片】按钮，打开【插入图片】对话框，在其中选择要插入的图片，单击【插入】按钮，即可将图片插入到文档中。

【例3-3】新建“培训宣传海报”文档，插入来自本机的图片。

视频+素材 (光盘素材\第03章\例3-3)

01 启动Word 2016，新建一个名为“培训宣传海报”的文档。

02 打开【布局】选项卡，在【页面设

置】组中单击【纸张方向】按钮，从弹出的菜单中选择【横向】选项，将默认的纵向纸张方向改变为横向。

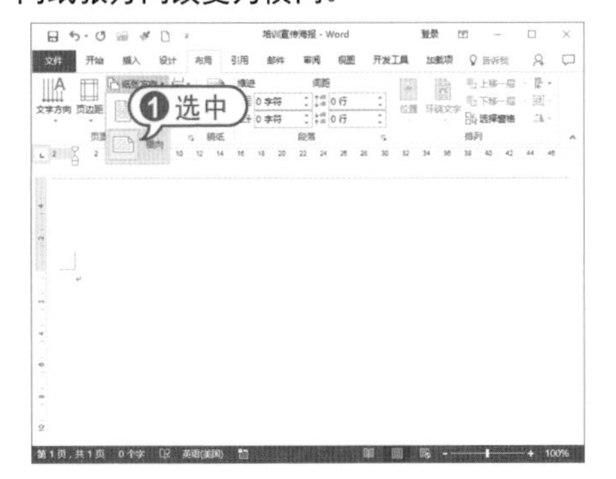

03 定位插入点，打开【插入】选项卡，在【插图】组中单击【图片】按钮，打开【插入图片】对话框，使用Ctrl键同时选择2个图片文件，单击【插入】按钮。

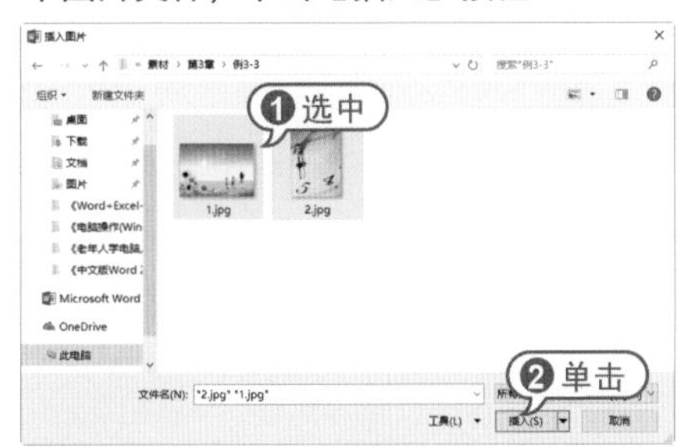

04 此时即可将这两张图片插入到文档中。

3.2.4 设置插入图片

插入图片后，自动打开【图片工具】的【格式】选项卡，使用相应工具，可以设置图片的颜色、大小、版式和样式等。

【例3-4】在“培训宣传海报”文档中，设置图片的格式。

视频+素材 (光盘素材\第03章\例3-4)

01 启动Word 2016，打开“培训宣传海报”文档。

02 选中一张图片，打开【图片工具】的【格式】选项卡，在【排列】组中单击【环绕文字】按钮，从弹出的菜单中选择【衬于文字下方】命令，为图片设置环绕方式。

03 使用同样的方法，设置另一张图片的环绕方式为【浮于文字上方】。

04 选中图片，然后拖动边框的调节框，调节其大小和位置。

05 选中时钟图片， 打开【图片工具】的【格式】选项卡，在【大小】组的【高度】微调框中输入“7厘米”。按Enter键，此时会自动调节【宽度】微调框中的数值。

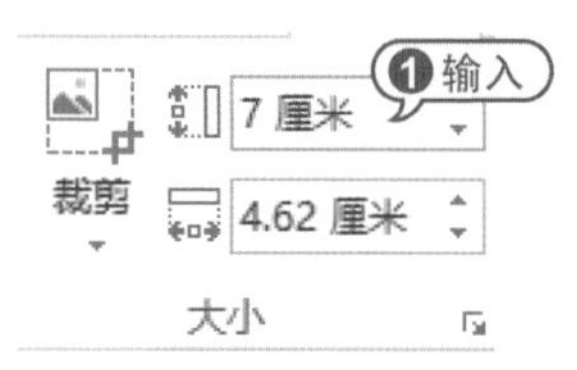

06 在【格式】选项卡的【图片样式】组中，单击【其他】下拉按钮，从弹出的列表框中选择【金属椭圆】样式，为图片应用该样式。

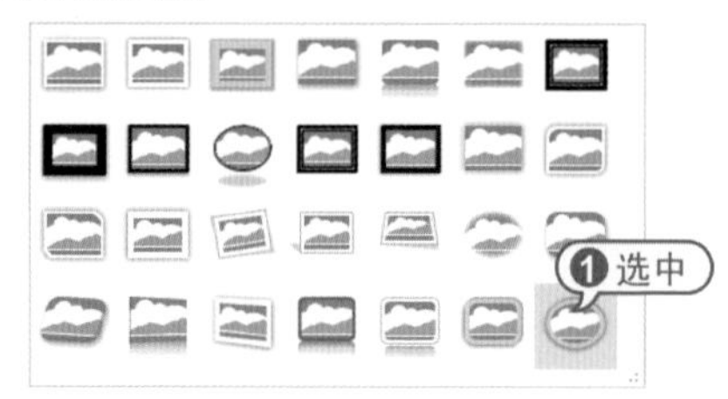

07 拖动鼠标调节该图片至合适的位置，效果如下图所示。

3.3 使用艺术字

Word 2016提供了艺术字功能，可以把文档的标题以及需要特别突出的地方用艺术字显示出来。使用Word 2016可以创建出各种文字的艺术效果，使文章内容更加生动、醒目。

3.3.1 插入艺术字

打开【插入】选项卡，在【文本】组中单击【插入艺术字】按钮，打开艺术字列表框，在其中选择艺术字的样式，即可在Word文档中插入艺术字。插入艺术字的方法有两种：一种是先输入文本，再将输入的文本应用为艺术字样式；另一种是先选择艺术字样式，再输入需要的艺术字文本。

【例3-5】在“培训宣传海报”文档中，插入艺术字。

视频+素材 (光盘素材\第03章\例3-5)

01 启动Word 2016，打开“培训宣传海报”文档。

02 打开【插入】选项卡，在【文本】组中单击【艺术字】按钮，打开艺术字列表框，选择一个样式，即可在插入点处插入所选的艺术字样式。

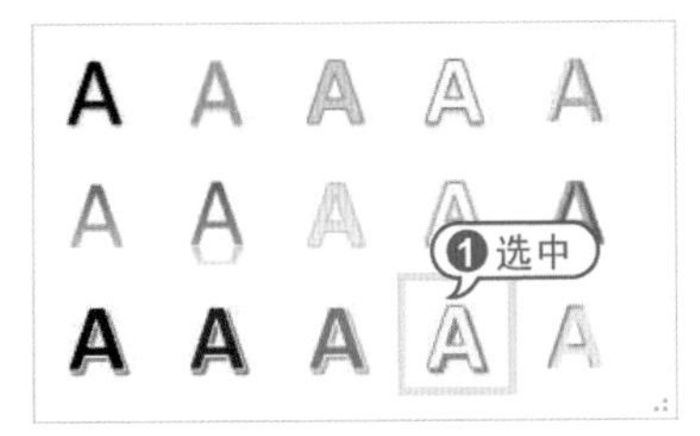

03 在提示文本“请在此放置您的文字”处输入文本，设置字体为【方正舒体】，字号为【初号】。

04 使用同样的方法，插入另一个艺术字，设置文本字体为【华文行楷】，字号为【二号】。

3.3.2 设置艺术字

选中艺术字，系统会自动打开【绘图工具】的【格式】选项卡。使用该选项卡内相应功能组中的工具按钮，可以设置艺术字的样式、填充效果等属性，还可以对艺术字进行大小调整、旋转或添加阴影、三维效果等操作。

【例3-6】在“培训宣传海报”文档中，设置艺术字。

视频+素材 (光盘素材\第03章\例3-6)

01 启动Word 2016，打开“培训宣传海报”文档。

02 选中插入的艺术字，将鼠标光标移到选中的艺术字上，待鼠标光标变成形状时，拖动鼠标调节其至合适的位置。

03 选中最上方的艺术字，在【艺术字样式】组中单击【文字效果】下拉按钮，从弹出的菜单中选择【发光】命令，然后在【发光变体】选项区域选择【橙色，8pt发光，个性色2】选项，为艺术字应用该发光效果。

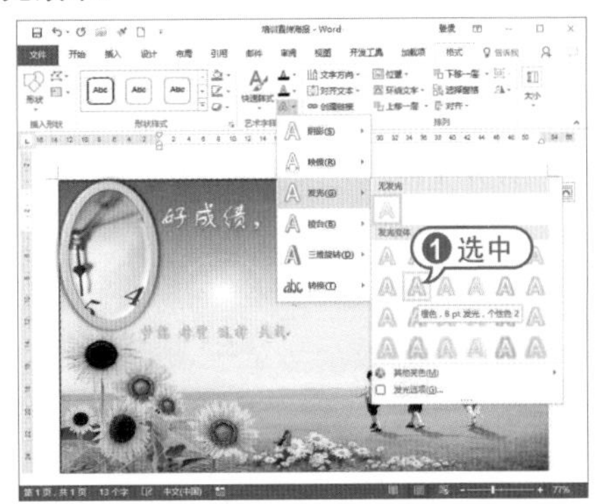

04 在【大小】组的【高度】和【宽度】微

调框中分别输入“2.5厘米”和“20厘米”，按Enter键，完成艺术字大小的设置。

05 选中下方的艺术字，在【艺术字样式】组中单击【文字效果】下拉按钮，从弹出的菜单中选择【阴影】|【内部左上角】选项，为艺术字应用该效果。

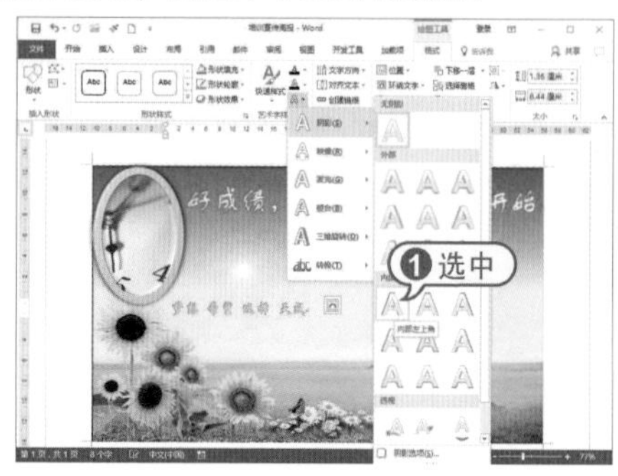

3.4 使用形状图形

Word 2016提供了一套可以手工绘制的现成形状，包括直线、箭头、流程图、星与旗帜、标注等。在文档中，用户可以使用形状图形灵活地绘制出各种图形，并通过编辑操作，使图形达到满意的效果。

3.4.1 绘制形状

使用Word 2016提供的功能强大的绘图工具，就可以在文档中绘制这些形状图形。在文档中，用户可以使用这些图形添加一个形状或合并多个形状，生成一个绘图或一个更为复杂的形状。

打开【插入】选项卡，在【插图】组中单击【形状】下拉按钮，从弹出的菜单中选择图形按钮。

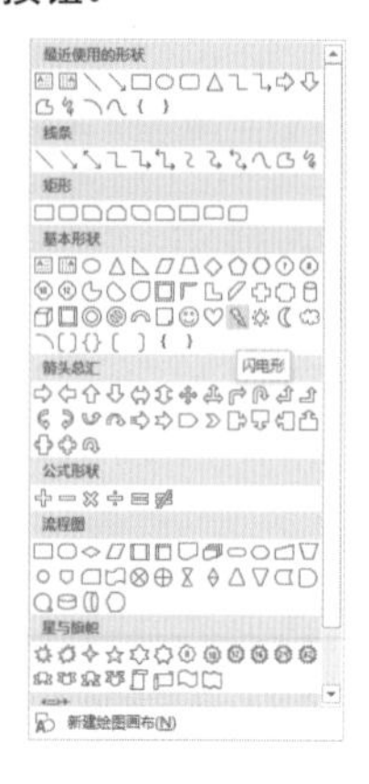

然后在文档中拖动鼠标绘制对应的图形。

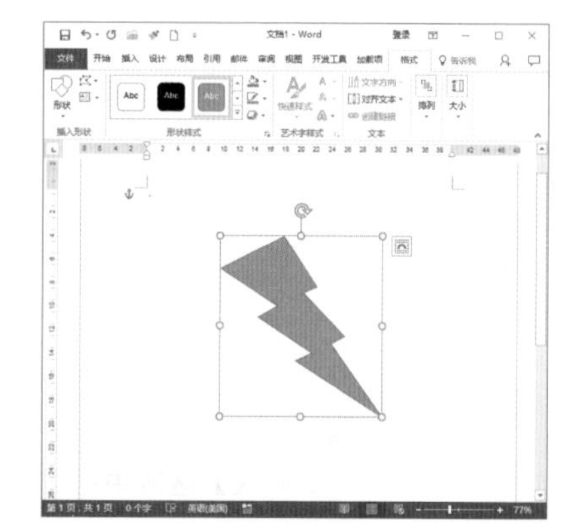

3.4.2 设置形状

绘制完形状图形后，系统自动打开【绘图工具】的【格式】选项卡，使用该选项卡中相应的命令按钮可以设置形状图形的格式。例如设置形状图形的大小、形状样式和位置等。

【例3-7】在“培训宣传海报”文档中，绘制并设置形状。

视频+素材 (光盘素材\第03章\例3-7)

01 启动Word 2016，打开“培训宣传海报”文档。

02 打开【插入】选项卡，在【插图】组中单击【形状】下拉按钮，从弹出的【标注】区域选择【云形标注】选项。

03 将光标移至文档中，按住鼠标左键拖动鼠标绘制形状图形。

04 在形状中的光标处输入文本，设置文本的字体为【华文琥珀】、字号为【四号】。

05 使用同样的方法，单击【形状】下拉按钮，选择【基本形状】区域中的【云形】选项。

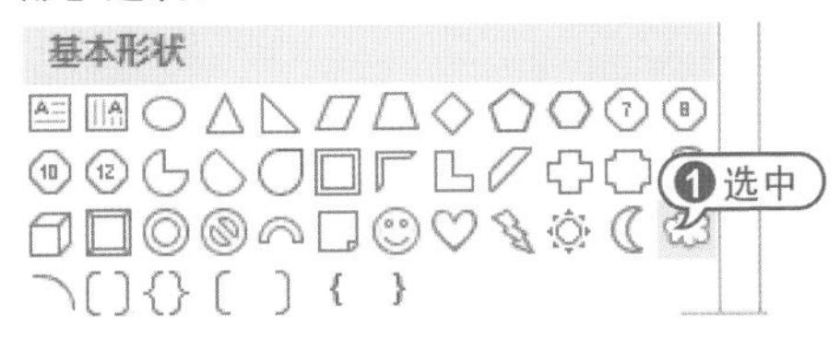

06 右击【云形】形状，从弹出的快捷菜单中选择【添加文字】命令，此时在【云形】图形中显示闪烁的光标，输入文本，设置文本的字体为【华文彩云】，字号为【五号】，第二行文本的字体为【幼圆】，字号为【五号】。

07 选中【格式】选项卡，然后在【形状样式】组中单击【其他】下拉按钮，在弹出的下拉列表中选择一种样式，此时将修改形状图形的样式。

3.5 使用SmartArt图形

Word 2016提供了SmartArt图形的功能，用来说明各种概念性的内容。使用该功能，可以轻松制作各种流程图，如层次结构图、矩阵图、关系图等，从而使文档更加形象生动。

3.5.1 插入SmartArt图形

要创建SmartArt图形，可打开【插入】选项卡，在【插图】组中单击【SmartArt】按钮，打开【选择SmartArt图形】对话框，根据需要选择合适的类型即可插入图形。

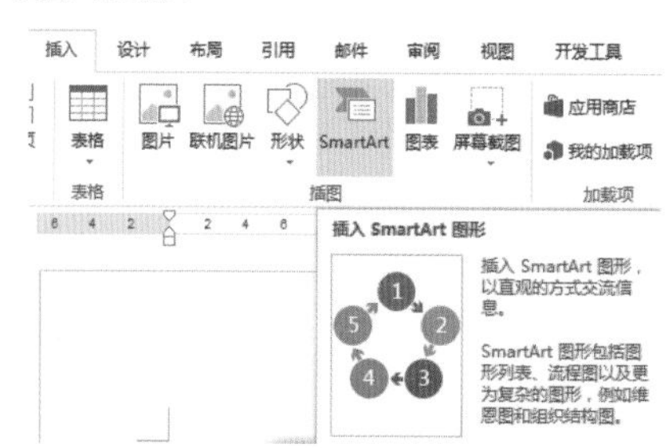

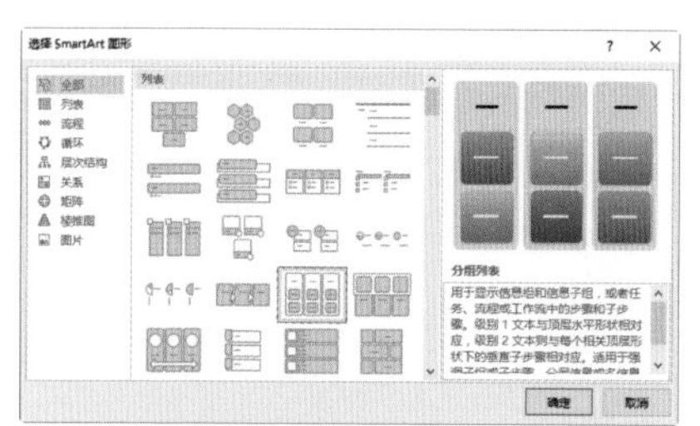

在【选择SmartArt图形】对话框中，主要列出了如下几种SmartArt图形类型：

- 列表：显示无序信息。
- 流程：在流程或时间线中显示步骤。
- 循环：显示连续的流程。
- 层次结构：创建组织结构图，显示决策树。
- 关系：对连接进行图解。
- 矩阵：显示各部分如何与整体关联。
- 棱锥图：显示与顶部或底部最大一部分之间的比例关系。
- 图片：显示嵌入图片和文字结构图。

3.5.2 设置SmartArt图形

在文档中插入SmartArt图形后，如果对预设的效果不满意，可以在SmartArt工具的【设计】和【格式】选项卡中对其进行编辑操作。

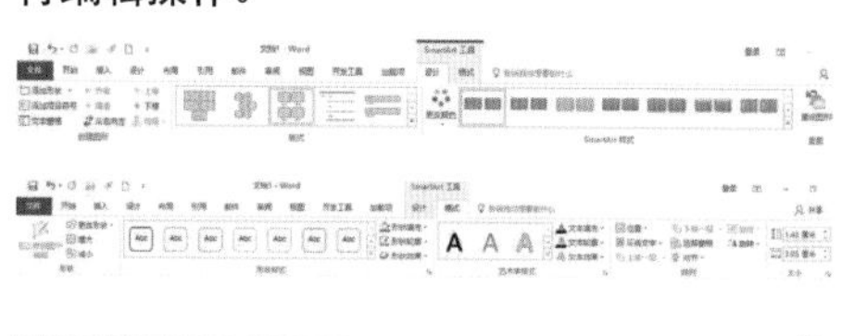

【例3-8】在“培训宣传海报”文档中，绘制并设置形状。

视频+素材 (光盘素材\第03章\例3-8)

01 启动Word 2016，打开“培训宣传海报”文档。

02 打开【插入】选项卡，在【插图】组中单击【SmartArt】按钮，打开【选择SmartArt图形】对话框，打开【层次结构】选项卡，在右侧的列表框中选择【线性列表】选项，单击【确定】按钮。

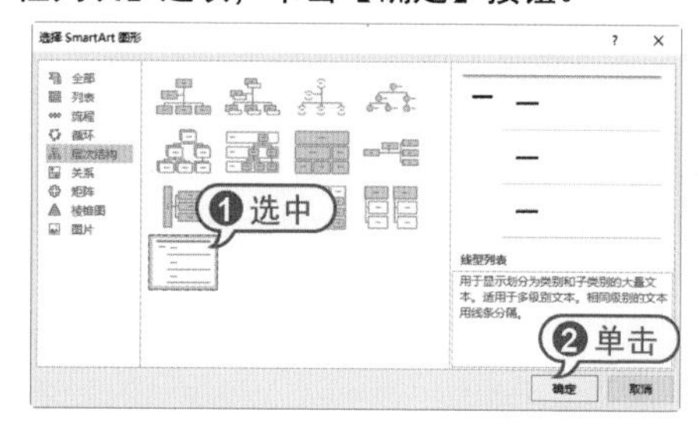

03 右击SmartArt图形，在弹出的菜单中选择【环绕文字】|【浮于文字上方】命令，将SmartArt图形置于上层。拖动鼠标调节SmartArt图形的大小和位置，然后在“[文本]”占位符中输入文本内容。

04 选中最上方的形状，打开【SmartArt工具】的【设计】选项卡，在【创建图形】组中单击【添加形状】下拉按钮，从弹出的下拉菜单中选择【在后面添加形状】命令，此时即可在选中形状的后面添加一个新的形状。

05 使用相同的方法，添加另一个形状。

06 在【创建图形】组中单击【文本窗格】按钮，在文档中打开【在此处键入文字】对话框，然后将插入点分别定位到要输入文本的位置，分别输入文本。单击对话框右上角的【关闭】按钮，关闭该对话框。

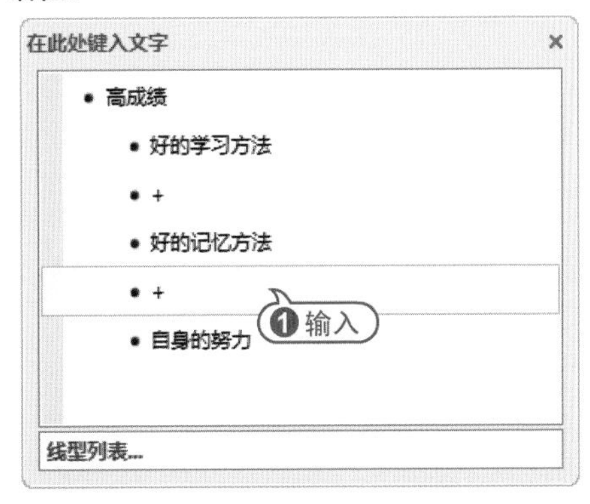

07 选中SmartArt图形，打开【SmartArt工具】的【设计】选项卡，在【SmartArt样式】组中单击【其他】下拉按钮，从弹出的【三维】列表中选择【砖块场景】选项。

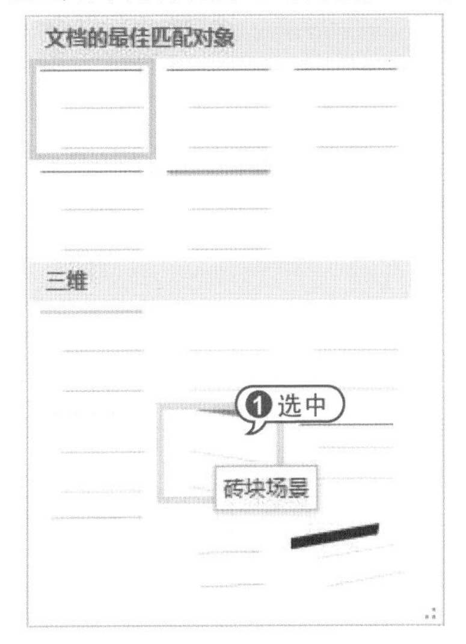

08 在【SmartArt样式】组中单击【更改颜色】下拉按钮，从弹出的【彩色】列表中选择【彩色范围-个性色4至5】选项。

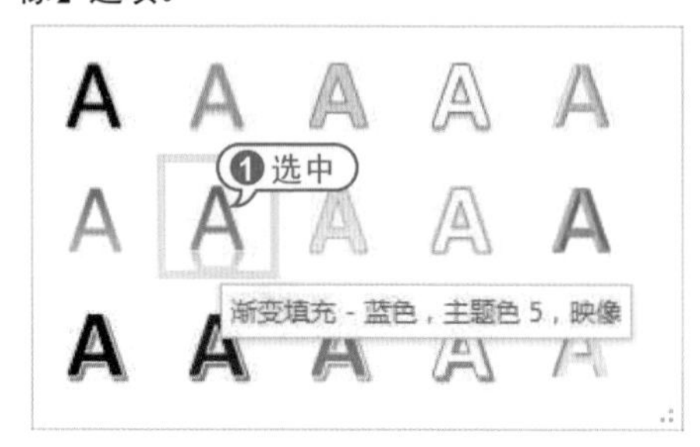

09 此时即可为SmartArt图形应用设置后的SmartArt样式。

10 选中SmartArt图形，打开【SmartArt工具】的【格式】选项卡，在【艺术字样式】组中单击【其他】下拉按钮，从弹出的列表中选择【渐变填充-蓝色，主题色5，映像】选项。

11 在【开始】选项卡的【段落】组中单击【居中】按钮，设置SmartArt图形中的文字居中对齐。

3.6 使用文本框

文本框是一种图形对象，它作为存放文本或图形的容器，可置于页面中的任何位置，并可随意地调整大小。在Word文档中，文本框用来建立特殊的文本，并且可以对其进行一些特殊的处理，如设置边框、颜色、版式和格式等。

3.6.1 插入内置文本框

Word 2016提供了多种内置文本框，例如简单文本框、边线型提要栏和大括号型引述等。通过插入这些内置文本框，可以快速制作出优秀的文档。

打开【插入】选项卡，在【文本】组中单击【文本框】下拉按钮，从弹出的列表框中选择一种内置的文本框样式，即可快速地将其插入到文档的指定位置。

【例3-9】在"培训宣传海报"文档中，插入内置文本框。

视频+素材 (光盘素材\第03章\例3-9)

01 启动Word 2016，打开"培训宣传海报"文档。

02 打开【插入】选项卡，在【文本】组中单击【文本框】下拉按钮，从弹出的列表框中选择【简单型引言】选项。

03 此时即可将内置的特殊格式的文本框插入到文档中，在内置的文本框中单击，选中其中的文本，即可直接输入文本，设置文本的字号为【二号】，字形为【加粗】。拖动鼠标，调节文本框的大小和位置。

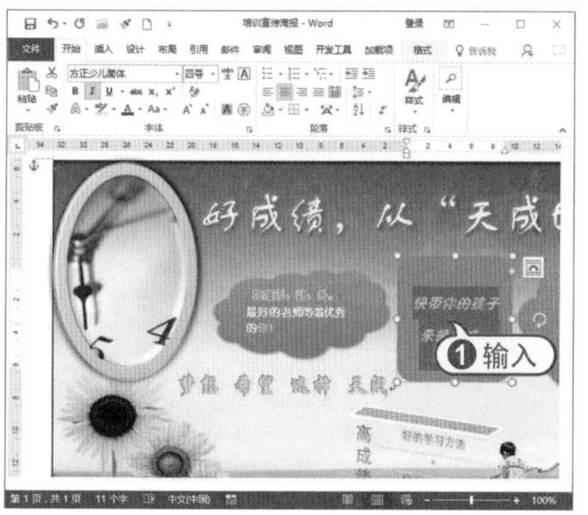

3.6.2 绘制文本框

除了插入文本框外，还可以根据需要手动绘制横排或竖排文本框，这种文本框主要用于插入图片和文本等。

打开【插入】选项卡，在【文本】组中单击【文本框】下拉按钮，从弹出的下拉菜单中选择【绘制文本框】或【绘制竖排文本框】命令，此时待鼠标光标变为十字形状时，在文档的适当位置按住左键不放并拖动鼠标到目标位置，释放鼠标，即可绘制出以拖动的起始位置和终止位置为对角顶点的文本框。

【例3-10】在"培训宣传海报"文档中，绘制文本框。

视频+素材 (光盘素材\第03章\例3-10)

01 启动Word 2016，打开"培训宣传海报"文档。

02 打开【插入】选项卡，在【文本】组中单击【文本框】下拉按钮，从弹出的菜单中选择【绘制文本框】选项。将鼠标移动到合适的位置，此时鼠标光标变成十字形，拖动鼠标光标绘制横排文本框，释放鼠标，完成绘制操作。

03 在文本框中输入文本，设置字体为【华文行楷】，字号为【四号】，字体颜色为【绿色】，字形为【加粗】、【倾斜】。

3.6.3 设置文本框

绘制文本框后，【绘图工具】的【格式】选项卡自动被激活，在该选项卡中可以设置文本框的各种效果。

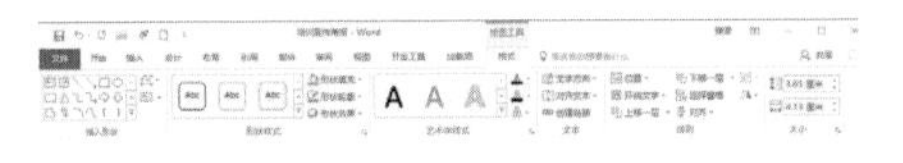

【例3-11】在“培训宣传海报”文档中，设置文本框格式。

视频+素材 (光盘素材\第03章\例3-11)

01 启动Word 2016，打开“培训宣传海报”文档。

02 选中内置的文本框，打开【绘图工具】的【格式】选项卡，在【形状样式】组中单击【形状填充】下拉按钮，从弹出的菜单中选择【无填充颜色】命令，为文本框设置无填充色。

03 选中绘制的文本框，打开【绘图工具】的【格式】选项卡，在【形状样式】组中单击【形状轮廓】下拉按钮，从弹出的菜单中选择【无轮廓】命令，为文本框设置无轮廓效果。

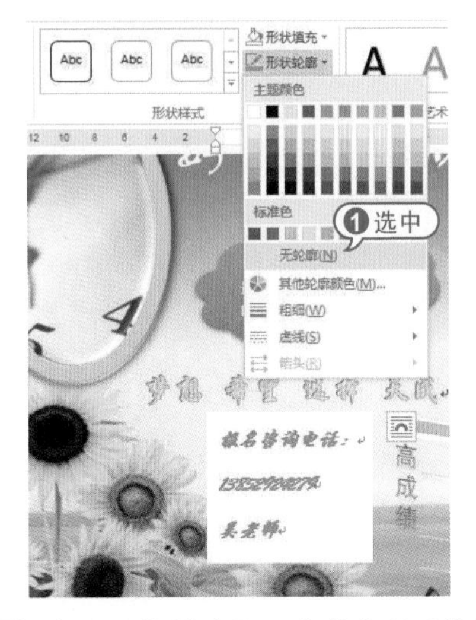

04 在【形状样式】组中单击【形状效果】下拉按钮，从弹出的菜单中选择【发光】|【蓝色，18pt发光，个性色5】选项。

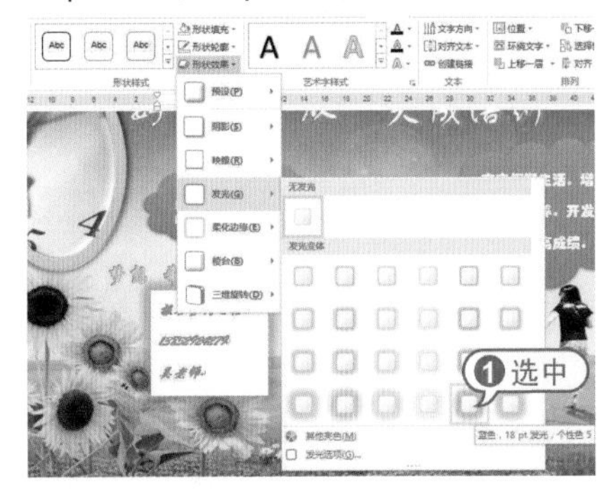

05 最后，文本框的效果如下图所示。

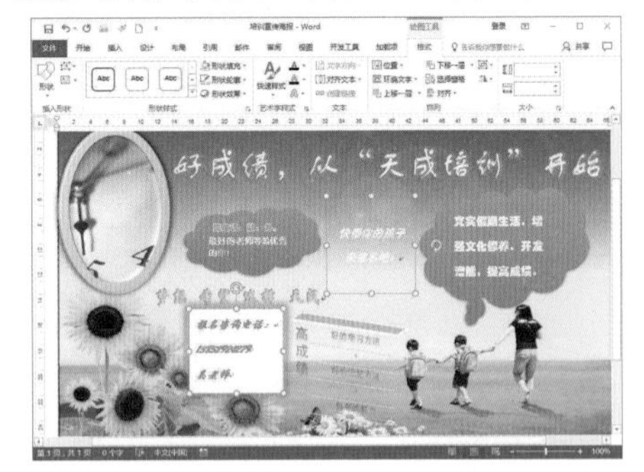

3.7 页面版式设计

使用Word 2016的页面排版功能，能够排版出清晰、美观的版面。页面设置包括页边距、纸张大小、页眉版式和页面背景等设置。

3.7.1 设置页边距

页边距就是页面上打印区域之处的空白空间。设置页边距，包括调整上、下、左、右边距，调整装订线的距离和纸张的方向。

打开【布局】选项卡，在【页面设置】组中单击【页边距】下拉按钮，从弹出的下拉列表框中选择页边距样式，即可快速为页面应用该页边距样式。若选择【自定义边距】命令，将打开【页面设置】对话框的【页边距】选项卡，在其中可以精确设置页边距。

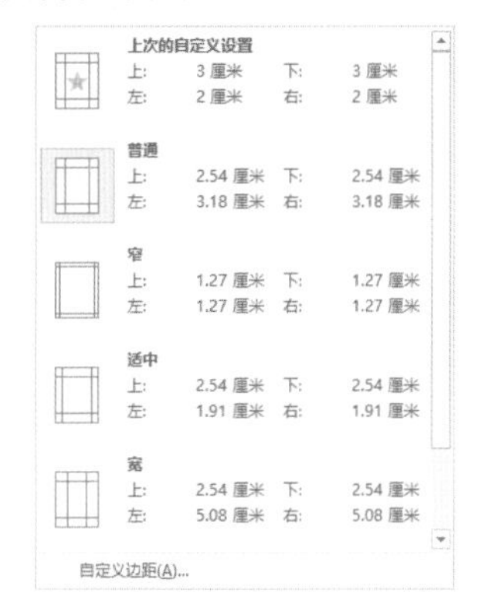

【例3-12】设置“拉面”文档的页边距和装订线。

视频+素材 (光盘素材\第03章\例3-12)

01 启动Word 2016，打开“拉面”文档，打开【布局】选项卡，在【页面设置】组中单击【页边距】下拉按钮，选择【自定义边距】命令。打开【页面设置】对话框，打开【页边距】选项卡，在【页边距】选项区域的【上】、【下】、【左】、【右】微调框中依次输入“4厘米”、“4厘米”、“3厘米”和“3厘米”。

02 在【页边距】选项区域的【装订线】微调框中输入“1.5厘米”；在【装订线位置】下列列表中选择【上】选项。在【页面设置】对话框中单击【确定】按钮，完成设置。

3.7.2 设置纸张大小

在Word 2016中，默认的页面方向为纵向，纸张大小为A4。在制作某些特殊文档(如名片、贺卡)时，为了满足文档的需要，可对页面大小和方向进行更改。在【页面设置】组中单击【纸张大小】下拉按钮，在弹出的下拉列表中选择设定的规格选项，即可快速设置纸张大小。

【例3-13】设置“拉面”文档的纸张大小。
视频+素材 (光盘素材\第03章\例3-13)

01 启动Word 2016，打开“拉面”文档，打开【布局】选项卡，在【页面设置】组中单击【纸张大小】下拉按钮，从弹出的下拉菜单中选择【其他纸张大小】命令。

02 在打开的【页面设置】对话框中选择【纸张】选项卡，在【纸张大小】下拉列表框中选择【自定义大小】选项，在【宽度】和【高度】微调框中分别输入“20厘米”和“30厘米”，单击【确定】按钮完成设置。

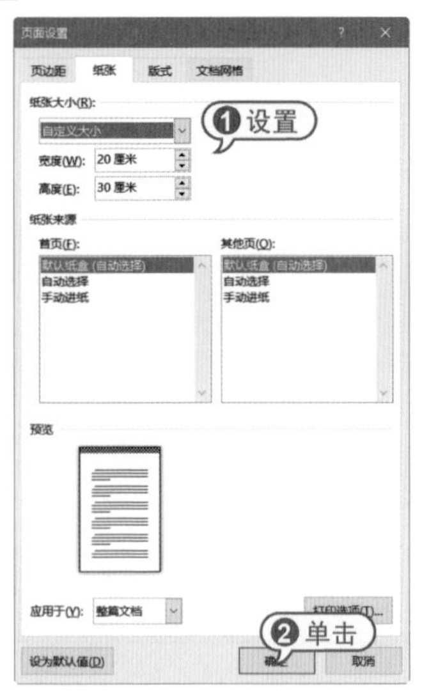

3.7.3 插入页眉和页脚

页眉是版心上边缘和纸张边缘之间的图形或文字，页脚则是版心下边缘与纸张边缘之间的图形或文字。许多文稿，特别是比较正式的文稿，都需要设置页眉和页脚。得体的页眉和页脚，会使文稿显得更为规范，也会给读者带来方便。

1 为首页创建页眉和页脚

通常情况下，在书籍的章首页，需要创建独特的页眉和页脚。Word 2016还提供了插入封面功能，用于说明文档的主要内容和特点。

【例3-14】为“拉面”文档添加封面，并在封面首页中创建页眉和页脚。
视频+素材 (光盘素材\第03章\例3-14)

01 启动Word 2016，打开“拉面”文档，打开【插入】选项卡，在【页面】组中单击【封面】下拉按钮，在弹出的列表框中选择【丝状】选项，即可插入基于该样式的封面。

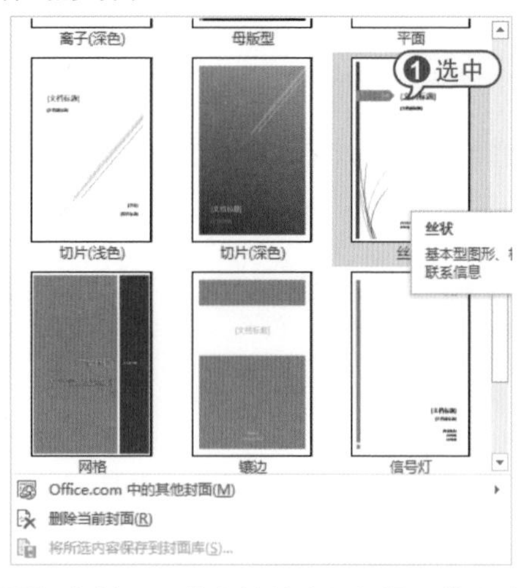

02 在封面页的占位符中根据提示修改或添加文字，效果如下图所示。

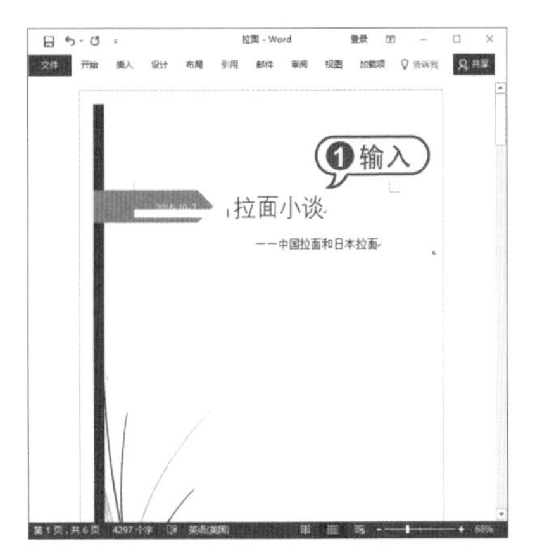

03 打开【插入】选项卡，在【页眉和页脚】组中单击【页眉】下拉按钮，在弹出的列表框中选择【边线型】选项，插入该样式的页眉。

04 在页眉处输入页眉文本，效果如下图所示。

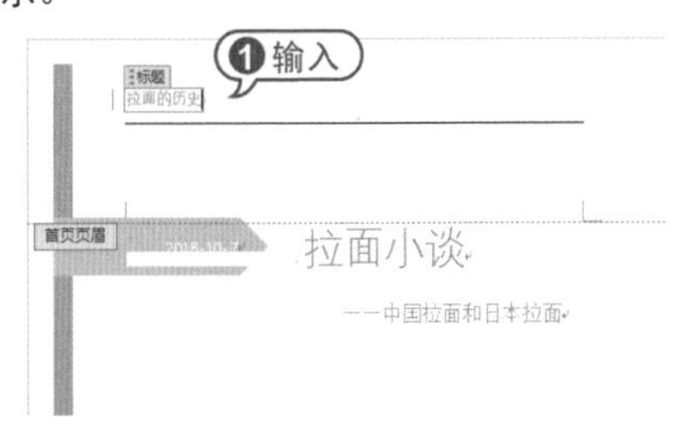

05 打开【插入】选项卡，在【页眉和页脚】组中单击【页脚】下拉按钮，在弹出的列表框中选择【奥斯汀】选项，插入该样式的页脚。

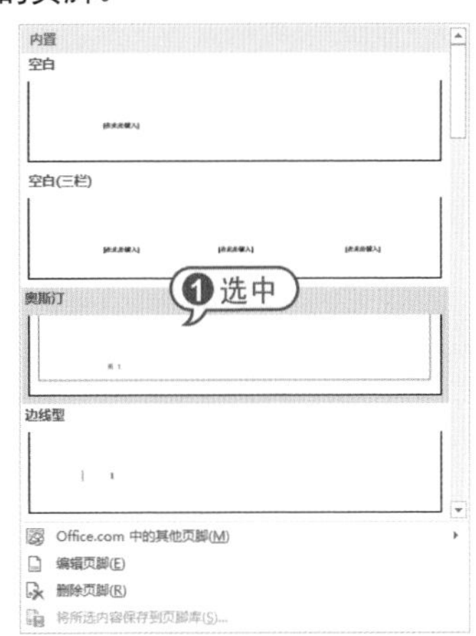

06 在页脚处删除首页页码，并输入文本，设置字体颜色为红色，效果如下图所示。

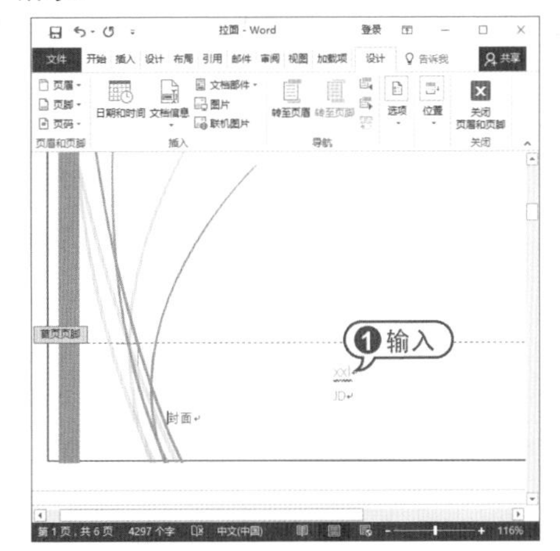

07 打开【页眉和页脚】工具的【设计】选项卡，在【关闭】组中单击【关闭页眉和页脚】按钮，完成页眉和页脚的添加。

2 插入奇偶页页眉

书籍中奇偶页的页眉和页脚通常是不同的。在Word 2016中，可以为文档中的奇偶页设计不同的页眉和页脚。

【例3-15】在“拉面”文档中，为奇偶页创建不同的页眉。

视频+素材 (光盘素材\第03章\例3-15)

01 启动Word 2016，打开“拉面”文档，打开【插入】选项卡，在【页眉和页脚】组中单击【页眉】下拉按钮，选择【编辑页眉】命令，页眉和页脚进入编辑状态。

内置
空白
空白(三栏)
奥斯汀
边线型
①选中
编辑页眉(E)
删除页眉(R)

02 打开【页眉和页脚】工具的【设计】选项卡，在【选项】组中选中【首页不同】和【奇偶页不同】复选框。

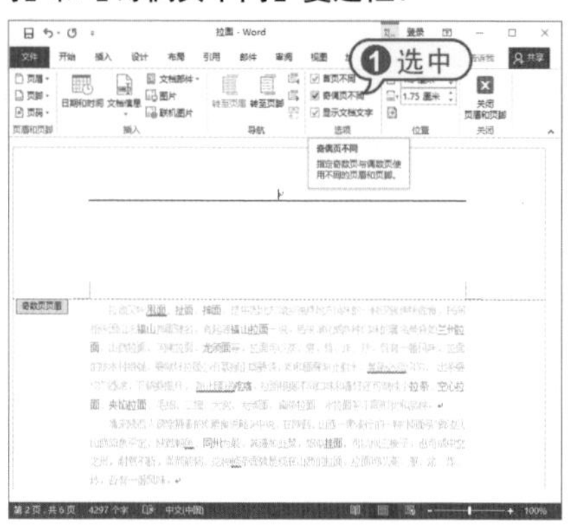

03 在奇数页页眉区域选中段落标记符，打开【开始】选项卡，在【段落】组中单击【边框】下拉按钮，在弹出的菜单中选择【无框线】命令，隐藏奇数页页眉的边框线。

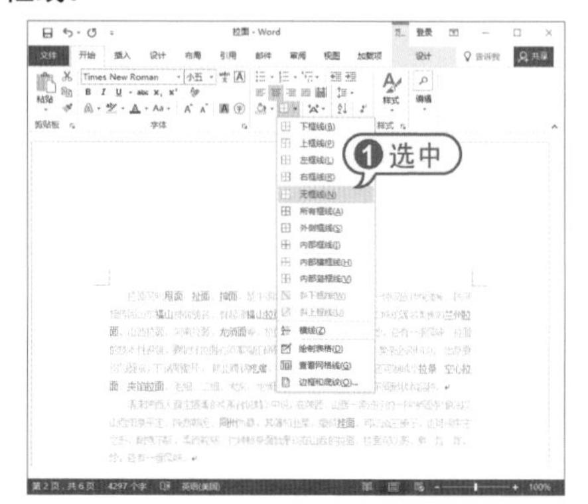

04 将光标定位到段落标记符上，输入文本，然后设置字体为【华文行楷】，字号为【小三】，字体颜色为【浅蓝】，文本右对齐显示。

05 将插入点定位到页眉文本右侧，打开【插入】选项卡，在【插图】组中单击【图片】按钮，打开【插入图片】对话框，选择一张图片，单击【插入】按钮。

06 将该图片插入到奇数页的页眉处，打开【图片工具】的【格式】选项卡，在【排列】组中单击【环绕文字】下拉按钮，从弹出的菜单中选择【浮于文字上方】命令，为页眉图片设置环绕方式，拖动鼠标调节图片的大小和位置。

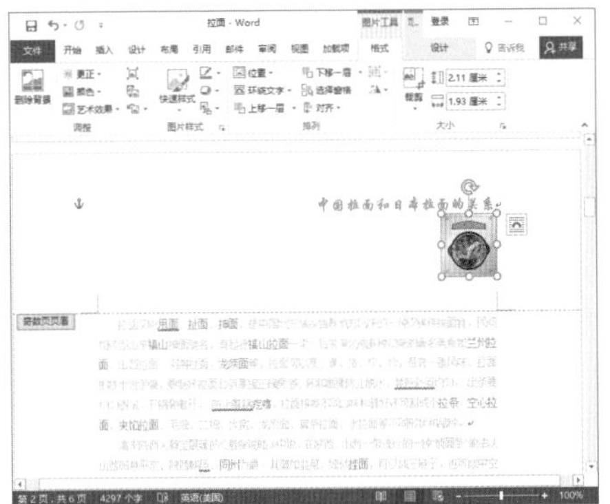

07 使用同样的方法，设置偶数页的页眉文本和图片。

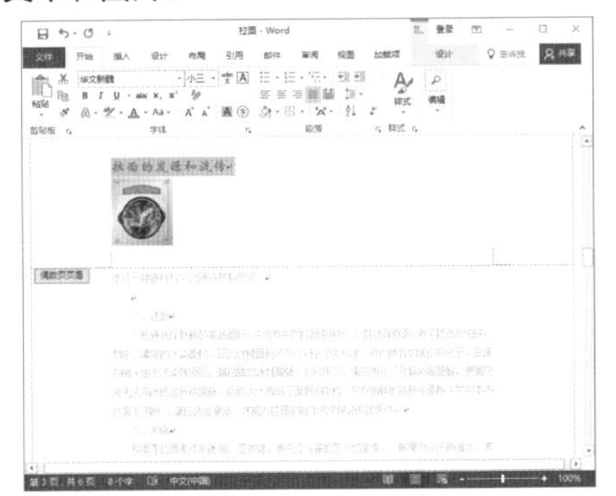

08 打开【页眉和页脚】工具的【设计】选项卡，在【关闭】组中单击【关闭页眉和页脚】按钮，完成奇偶页页眉的设置。

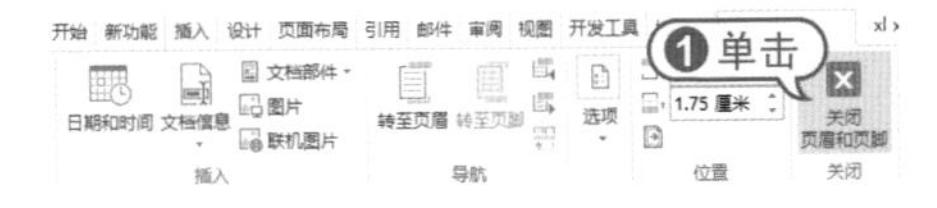

知识点滴

添加页脚则和添加页眉的方法一致，在【页眉和页脚】组中单击【页脚】下拉按钮，选择【编辑页脚】命令，在页脚进入编辑状态后进行添加和修改。

3.7.4 插入页码

页码是给文档每页所编的号码，就是书籍每一页面上标明次序的号码或其他数字，用于统计书籍的面数，以便读者阅读和检索。页码一般都被添加在页眉或页脚中，但也不排除其他特殊情况，页码也可以被添加到其他位置。

要插入页码，可以打开【插入】选项卡，在【页眉和页脚】组中单击【页码】下拉按钮，从弹出的菜单中选择页码的位置和样式。

在文档中，如果需要使用不同于默认格式的页码，就需要对页码的格式进行设置。打开【插入】选项卡，在【页眉和页脚】组中单击【页码】下拉按钮，在弹出的菜单中选择【设置页码格式】命令，打开【页码格式】对话框，在该对话框中可以进行页码的格式化设置。

【例3-16】在“拉面”文档中，创建页码，并设置页码格式。

视频+素材 (光盘素材\第03章\例3-16)

01 启动Word 2016，打开“拉面”文

档，将插入点定位到奇数页中，打开【插入】选项卡，在【页眉和页脚】组中单击【页码】下拉按钮，在弹出的菜单中选择【页面底端】命令，在【带有多种形状】类别框中选择【圆角矩形1】选项。

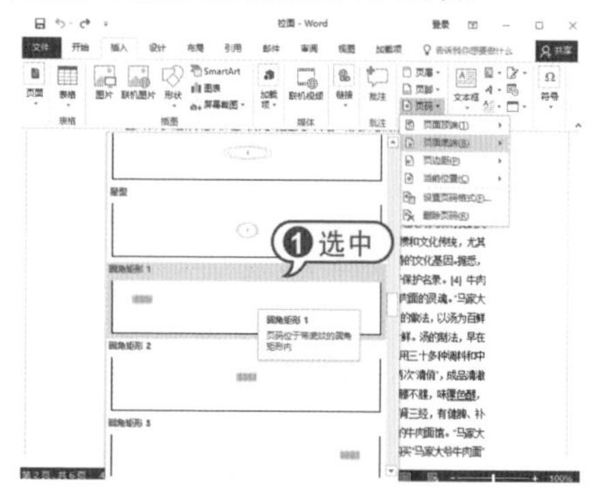

02 此时在奇数页插入【圆角矩形1】样式的页码。

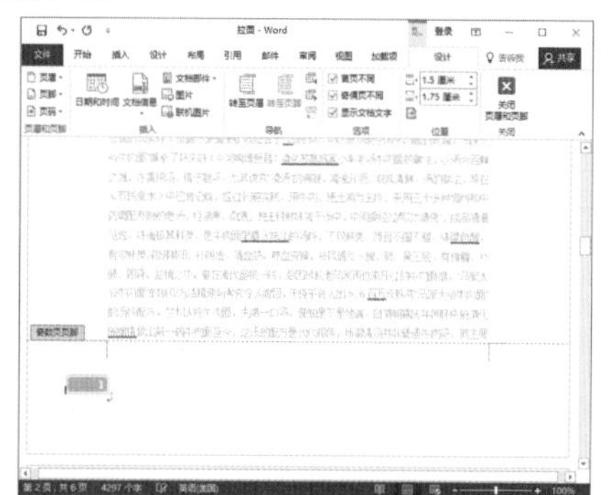

03 将插入点定位到偶数页中，使用同样的方法，在页面底端插入【圆角矩形3】样式的页码。

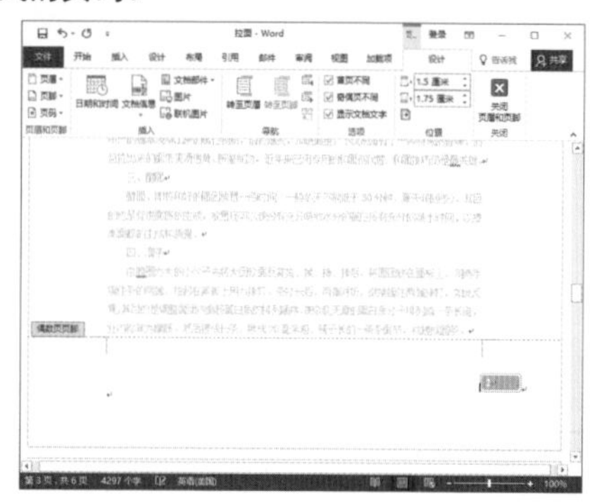

04 打开【页眉和页脚工具】的【设计】选项卡，在【页眉和页脚】组中单击【页码】下拉按钮，从弹出的菜单中选择【设置页码格式】命令，打开【页码格式】对话框，在【编号格式】下拉列表框中选择【-1-,-2-,-3-,…】选项，单击【确定】按钮。

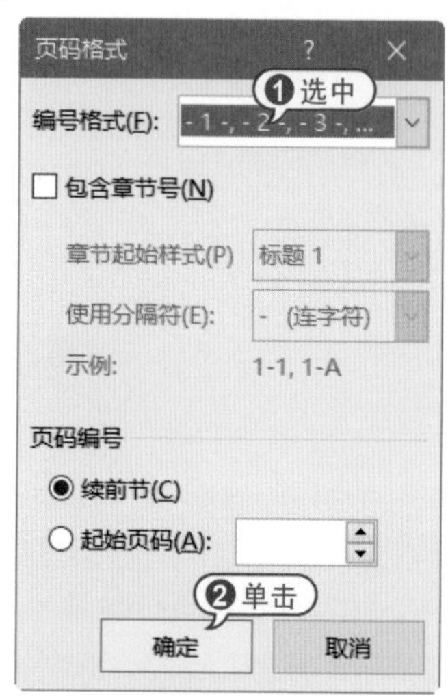

05 依次选中奇偶数页码数字，设置字体颜色为【黑色】且居中对齐。

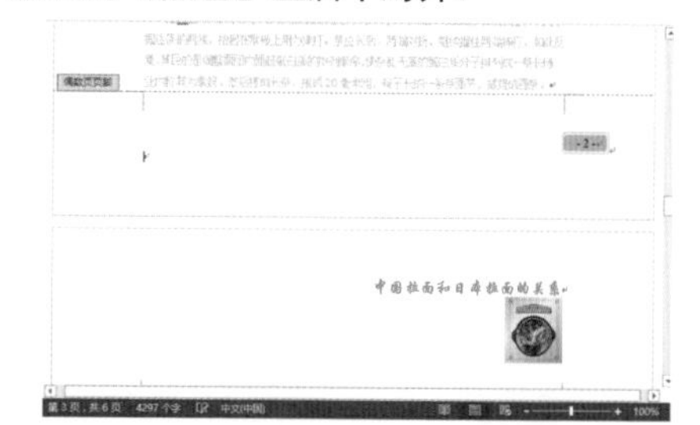

06 打开【页眉和页脚】工具的【设计】选项卡，在【关闭】组中单击【关闭页眉和页脚】按钮，页码退出编辑状态。

3.7.5 设置背景

Word 2016提供了70多种内置颜色，可以选择这些颜色作为文档背景，也可以自定义其他颜色作为背景。

要为文档设置背景颜色，可以打开

【设计】选项卡，在【页面背景】选项组中，单击【页面颜色】下拉按钮，将打开【页面颜色】子菜单。在【主题颜色】和【标准色】选项区域，单击其中的任何一个色块，即可把选择的颜色作为背景。

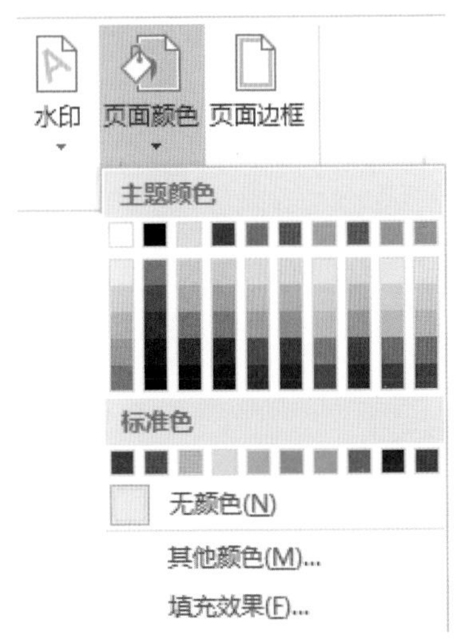

要设置背景填充效果，可以打开【设计】选项卡，在【页面背景】组中单击【页面颜色】下拉按钮，在弹出的菜单中选择【填充效果】命令，打开【填充效果】对话框，设置多种文档背景填充效果。

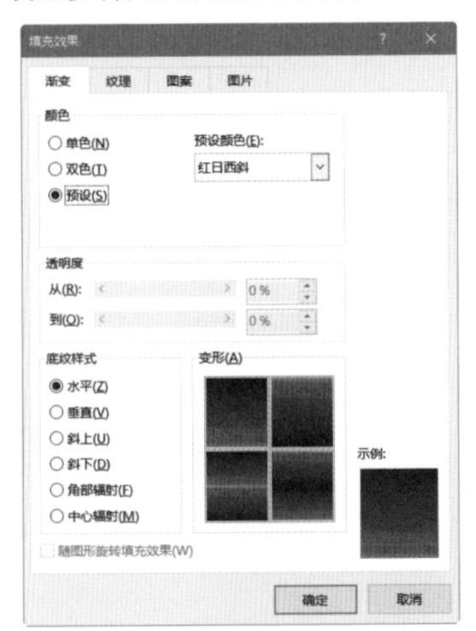

【例3-17】在“拉面”文档中，选择图片填充背景。

视频+素材 (光盘素材\第03章\例3-17)

01 启动Word 2016，打开“拉面”文档，打开【设计】选项卡，在【页面背景】组中单击【页面颜色】下拉按钮，从弹出的菜单中选择【填充效果】命令。

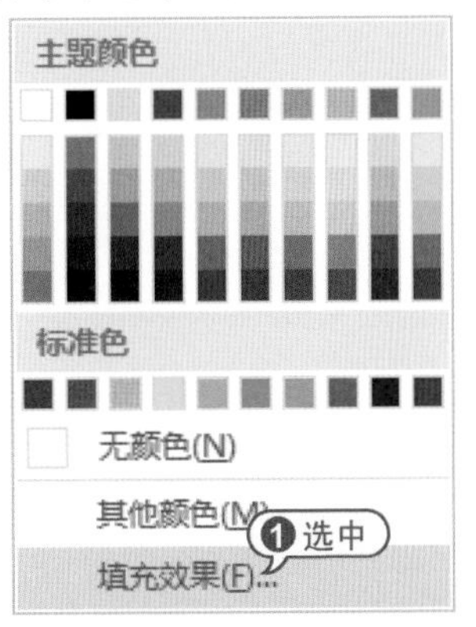

02 打开【填充效果】对话框，打开【图片】选项卡，单击其中的【选择图片】按钮。

03 打开【插入图片】窗口，单击【来自文件】区域中的【浏览】按钮。

04 打开【选择图片】对话框，选择背景图片，单击【插入】按钮。

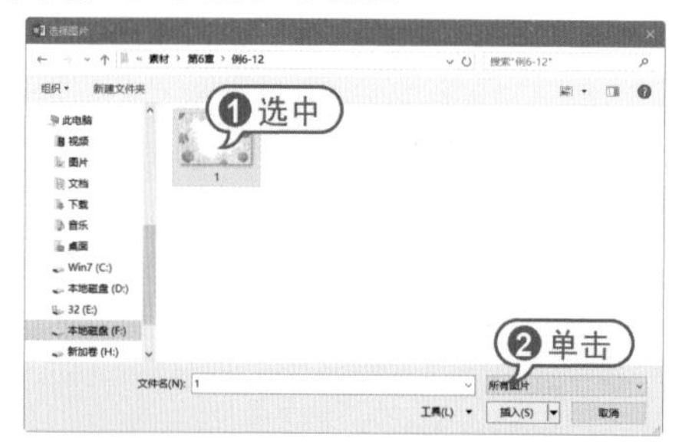

05 返回至【填充效果】对话框的【图片】选项卡，查看图片的整体效果，单击【确定】按钮。

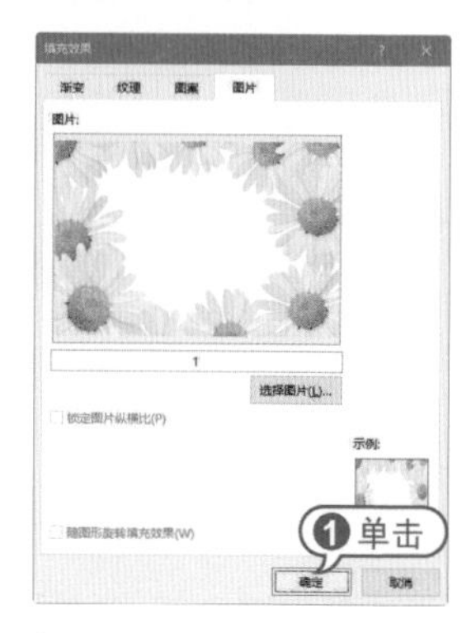

06 此时，即可在文档中显示图片的背景效果。

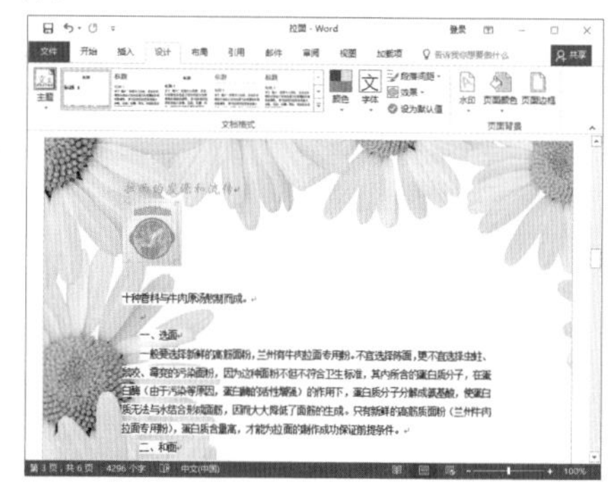

3.8 使用特殊版式

一般情况下，杂志都需要创建带有特殊效果的文档，因此用户需要使用一些特殊的版式。

3.8.1 竖排文本

古人写字都是以从上至下、从右至左的方式进行竖排书写，但现代人都是以从左至右的方式书写文字。使用Word 2016的文字竖排功能，可以轻松进行古代诗词的输入(即竖排文档)，从而还原古书的效果。

【例3-18】新建“制茶”文档，对其中的文字进行竖排。

视频+素材 (光盘素材\第03章\例3-18)

01 在Word 2016中新建名为“制茶”的文档，并在其中输入文本内容，然后按Ctrl+A组合键，选中所有文本，设置文本的字体为【华文楷体】，字号为【四号】。

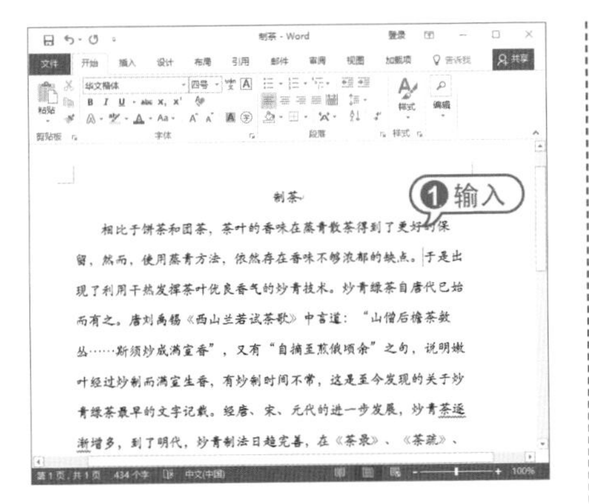

02 选中所有文字，然后选择【布局】选项卡，在【页面设置】组中单击【文字方向】下拉按钮，在弹出的菜单中选择【垂直】命令。

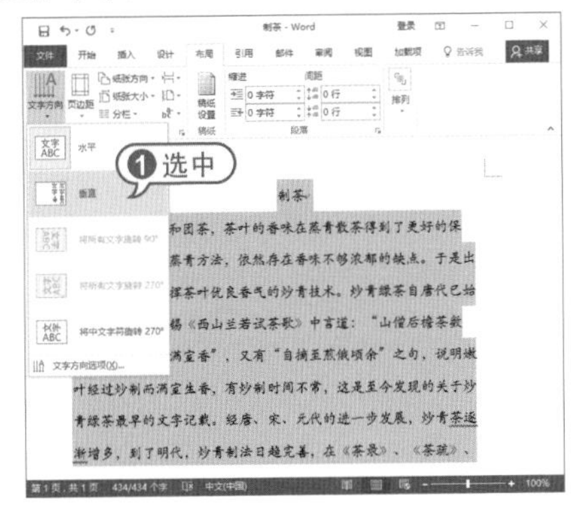

03 此时，将以从上至下、从右到左的方式排列诗词内容。

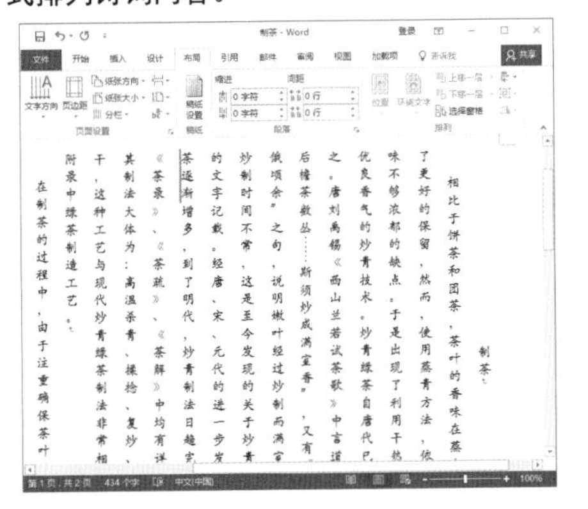

知识点滴

用户还可以选择【文字方向选项】命令，打开【文字方向】对话框，设置不同类型的竖排文字。

3.8.2 首字下沉

首字下沉是杂志中较为常用的一种文本修饰方式。设置首字下沉，就是使第一段开头的第一个字放大。至于放大的程度，用户可以自行设定，例如占据两行或者三行的位置，其他字符围绕在其右下方。

【例3-19】在“制茶”文档中，为正文第1段中的首字设置首字下沉。

视频+素材 (光盘素材\第03章\例3-19)

01 启动Word 2016，打开“制茶”文档，并将光标定位到正文第1段前。

02 选择【插入】选项卡，在【文本】组中单击【首字下沉】下拉按钮，在弹出的菜单中选择【首字下沉选项】命令。

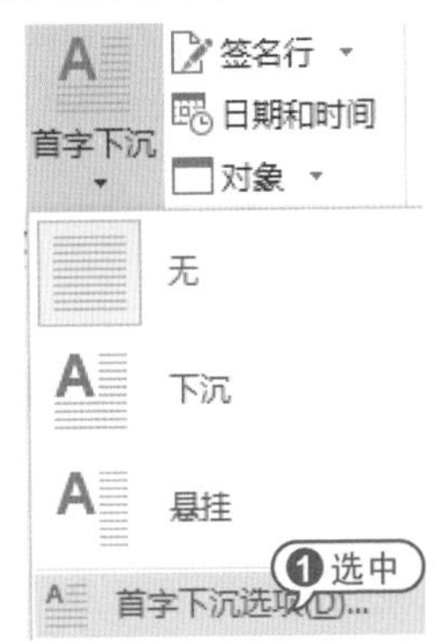

03 在打开的【首字下沉】对话框的【位置】选项区域选择【下沉】选项，在【字体】下拉列表框中选择【华文新魏】选项，在【下沉行数】微调框中输入3，在【距正文】微调框中输入“0.5厘米”，然后单击【确定】按钮。

04 此时，正文第1段中的首字将以“华文新魏”字体下沉3行的形式显示。

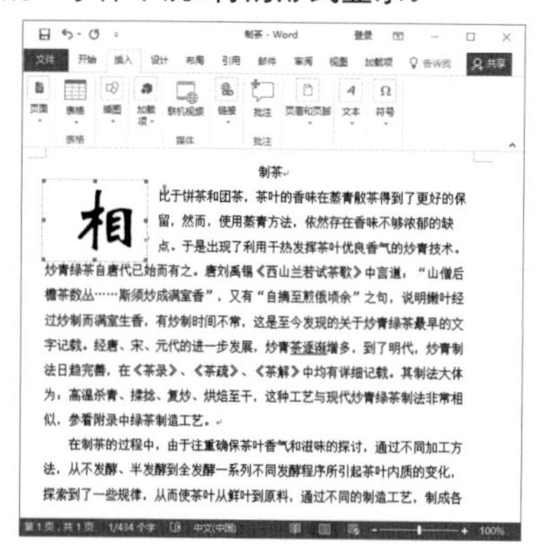

3.8.3 设置分栏

分栏是指按实际排版需求将文本分成若干个条块，使版面更为美观。Word 2016具有分栏功能，用户可以把每一栏都视为一节，这样就可以对每一栏文本内容单独进行格式化和版面设计。

【例3-20】在“制茶”文档中设置分两栏显示文本。

视频+素材 (光盘素材\第03章\例3-20)

01 启动Word 2016，打开“制茶”文档，选中文档中的第2段文本。

02 选择【布局】选项卡，在【页面设置】组中单击【分栏】下拉按钮，在弹出的菜单中选择【更多分栏】命令。

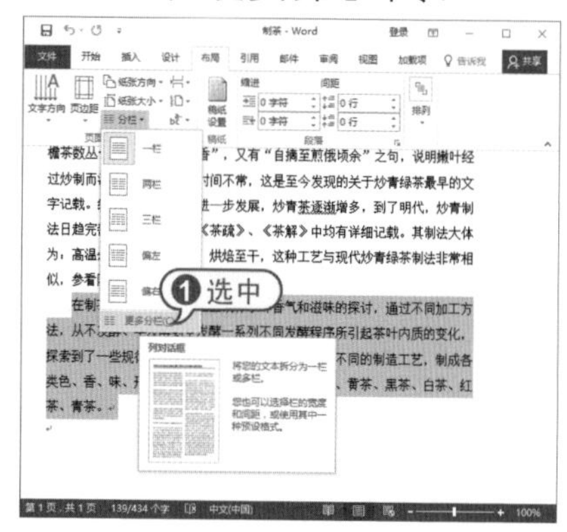

03 在打开的【分栏】对话框中选择【两栏】选项，选中【栏宽相等】和【分隔线】复选框，然后单击【确定】按钮。

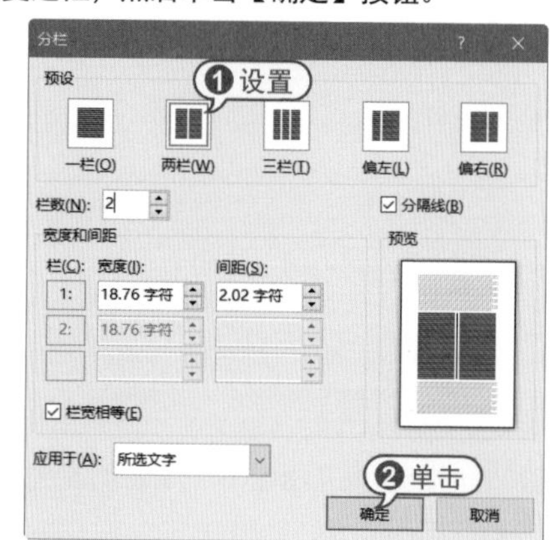

04 此时选中的文本段落将以两栏的形式显示。

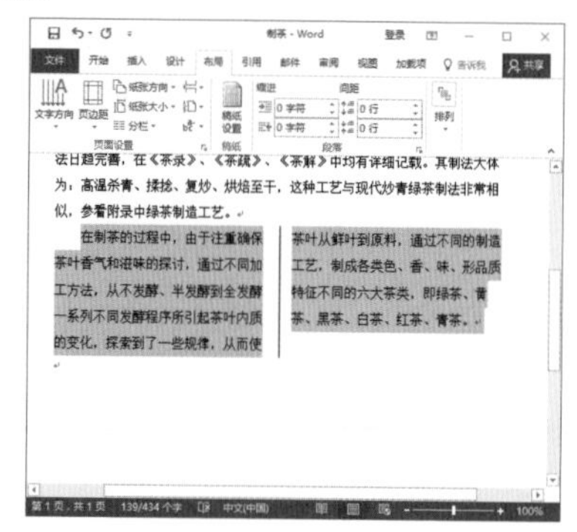

3.9 进阶实战

本章的进阶实战部分为设置水印和设置主题这两个综合实例操作，用户通过练习从而巩固本章所学知识。

3.9.1 设置水印

【例3-21】在“拉面”文档中添加自定义水印。

视频+素材(光盘素材\第03章\例3-20)

01 启动Word 2016，打开“拉面”文档，打开【设计】选项卡，在【页面背景】组中单击【水印】下拉按钮，从弹出的菜单中选择【自定义水印】命令。

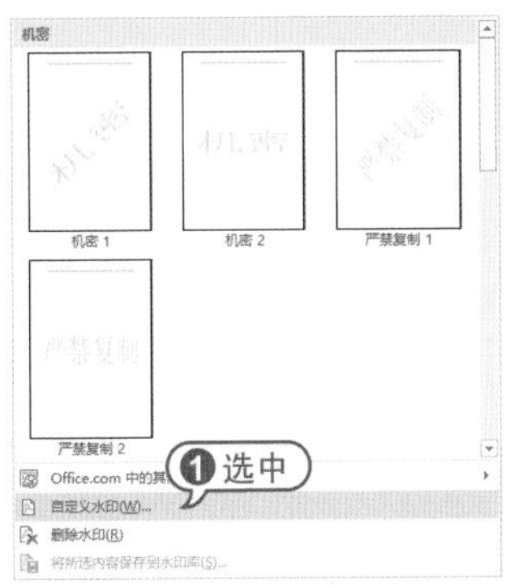

02 打开【水印】对话框，选中【文字水印】单选按钮，在【文字】下拉列表框中输入文本；在【字体】下拉列表框中选择【华文隶书】选项；在【颜色】面板中选择【绿色】色块，并选中【斜式】单选按钮，单击【确定】按钮。

03 此时，即可将水印添加到文档中，每页的页面将显示同样的水印效果。

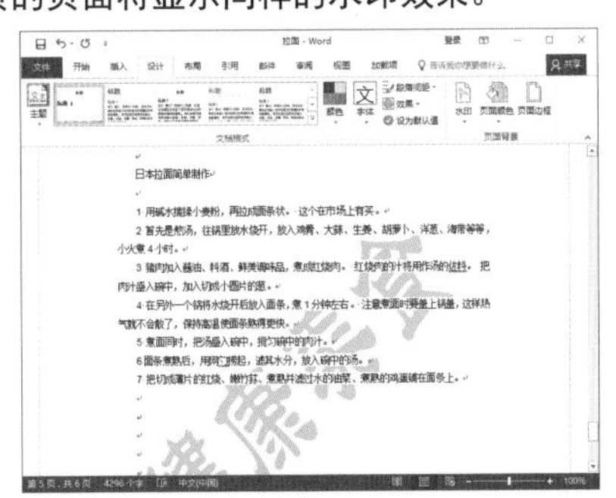

3.9.2 设置主题

【例3-22】在“拉面”文档中添加自定义主题。

视频+素材(光盘素材\第03章\例3-22)

01 启动Word 2016，打开“拉面”文档，打开【设计】选项卡，在【文档格式】组中单击【颜色】下拉按钮，从弹出的菜单中选择【自定义颜色】命令。

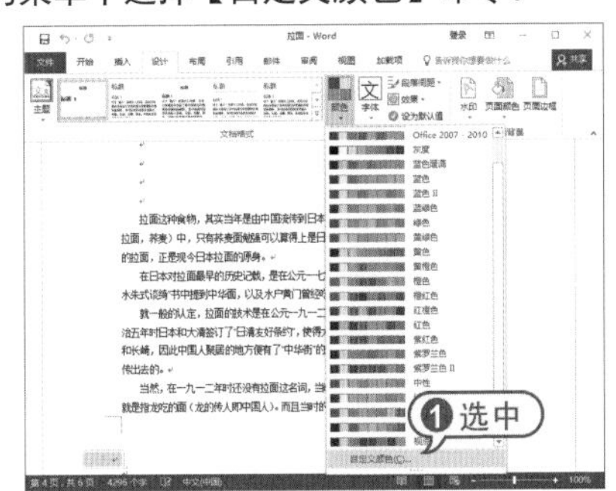

02 打开【新建主题颜色】对话框，设置主题的文字和背景颜色，单击【保存】按钮改变主题颜色。

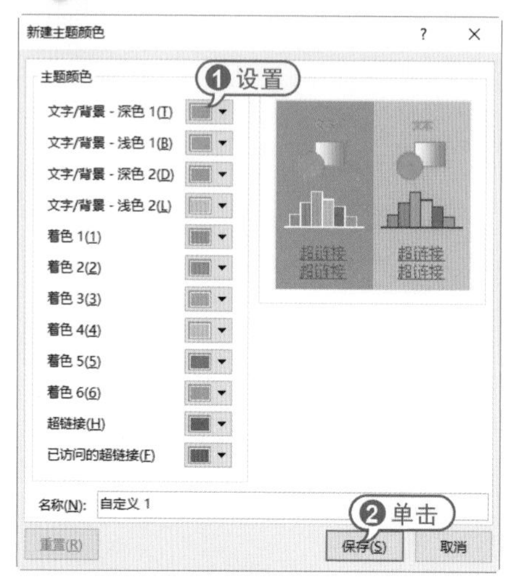

03 打开【设计】选项卡，在【文档格式】组中单击【字体】下拉按钮，从弹出的菜单中选择【方正舒体】命令，此时主题字体效果如下图所示。

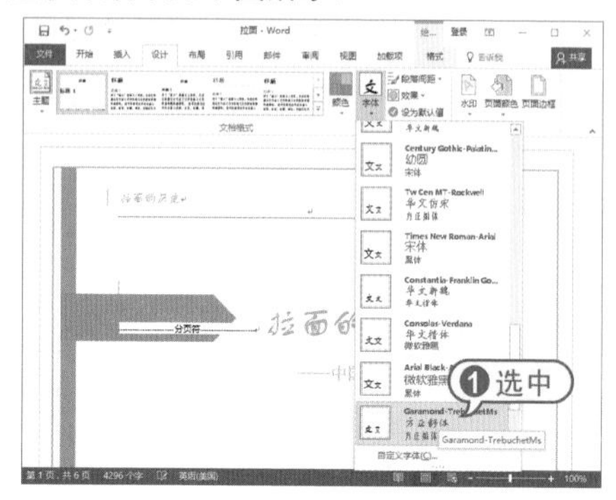

3.10 疑点解答

问：在Word 2016中如何使用样式？

答：样式是应用于文档中的文本、表格和列表的一套格式特征。在Word 2016自带的样式库中内置了多种样式，可以为文档中的文本设置标题、字体和背景等样式，在Word 2016中，要应用某种内置样式的文本，打开【开始】选项卡，在【样式】组中单击【其他】下拉按钮，从弹出的菜单中可选择样式选项。在【样式】组中单击对话框启动器按钮 ，将会打开【样式】任务窗格进行设置，在【样式】列表框中同样可以选择样式。

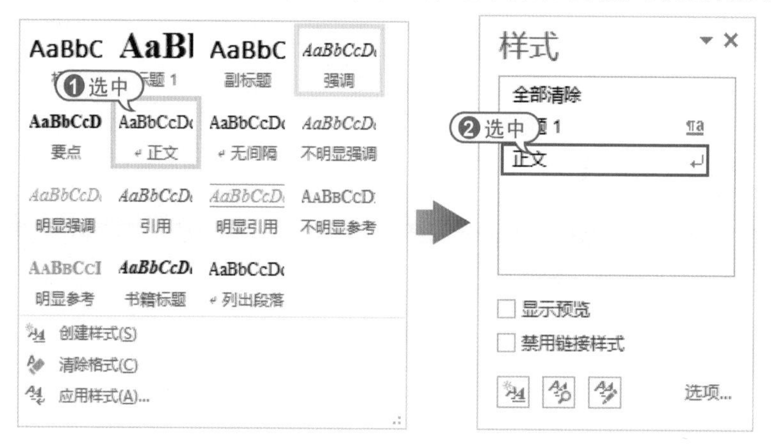

第4章

高效排版长文档

对于书籍、手册等长文档，Word 2016提供了许多便捷的操作方式及管理工具，例如，使用大纲视图查看和组织文档，使用书签定位文档，使用目录提示长文档的纲要等功能。本章将详细介绍组织和编辑长文档的相关技巧。

例4-1 使用大纲视图查看文档
例4-2 使用导航窗格查看文档
例4-3 创建目录
例4-4 美化目录
例4-5 添加书签
例4-6 创建索引

4.1 查看和组织长文档

Word 2016提供了一些长文档的排版与审阅功能。例如，使用大纲视图组织文档，使用导航窗格查看文档结构等。

4.1.1 使用大纲视图查看文档

Word 2016中的“大纲视图”功能就是专门用于制作提纲的，它以缩进文档标题的形式代表其在文档结构中的级别。

打开【视图】选项卡，在【文档视图】组中单击【大纲视图】按钮，就可以切换到大纲视图模式。此时，【大纲】选项卡随即出现在窗口中，在【大纲工具】组的【显示级别】下拉列表框中选择显示级别；将鼠标光标定位到要展开或折叠的标题中，单击【展开】按钮➕或【折叠】按钮➖，可以扩展或折叠大纲标题。

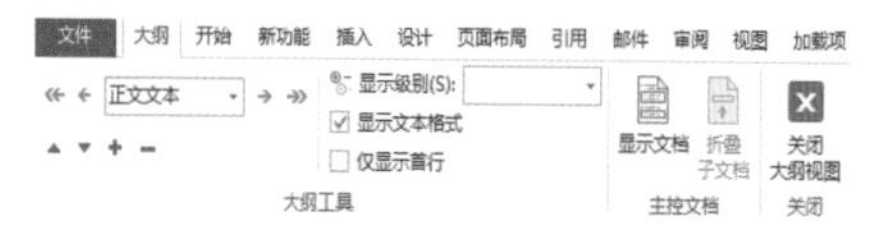

【例4-1】将“城市交通乘车规则”文档切换到大纲视图来查看结构和内容。

视频+素材 (光盘素材\第04章\例4-1)

01 启动Word 2016，打开“城市交通乘车规则”文档，打开【视图】选项卡，在【文档视图】组中单击【大纲视图】按钮。

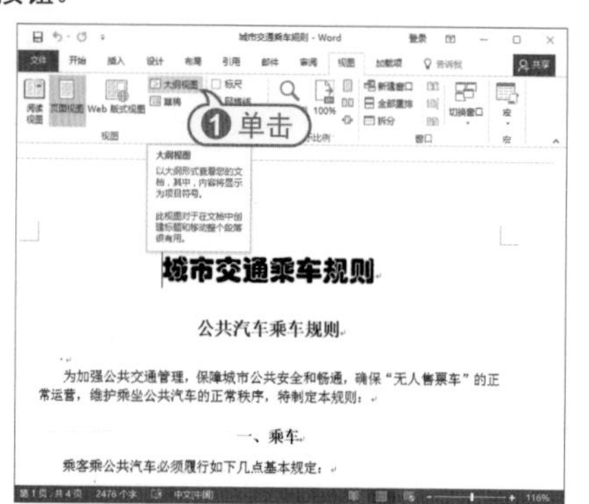

02 在【大纲】选项卡的【大纲工具】组中，单击【显示级别】下拉按钮，在弹出的下拉列表框中选择【2级】选项，此时标题2级别以下的标题及正文文本都将被折叠。

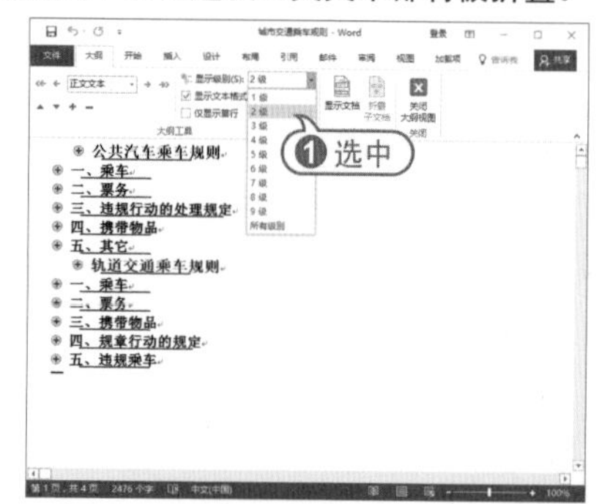

知识点滴

在大纲视图中，文本前有符号⊕，表示在该文本后有正文或级别较低的标题；文本前有符号◦，表示该文本后没有正文或级别较低的标题。

03 将鼠标光标移至标题3前的符号⊕处，双击，即可展开其后的下属文本内容。

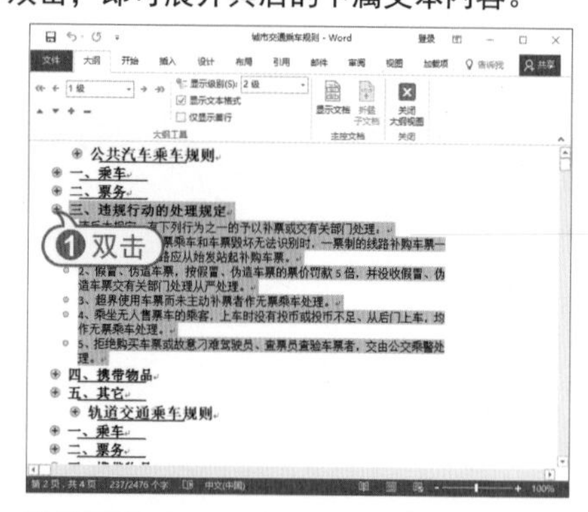

04 在【大纲工具】组的【显示级别】下拉列表框中选择【所有级别】选项，此时

将显示文档的所有内容。

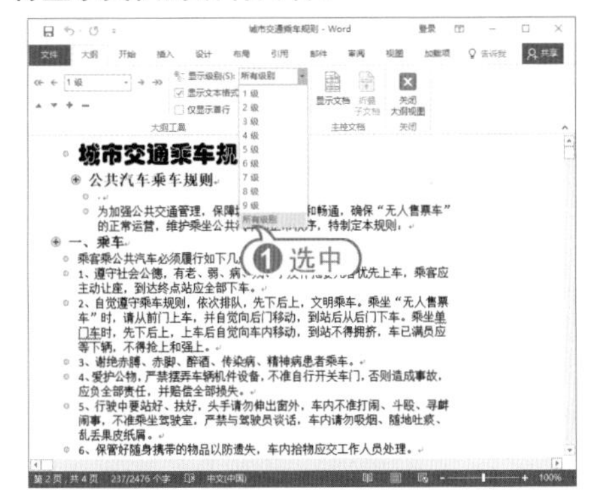

05 将鼠标光标移动到文本“公共汽车乘车规则”前的符号⊕处，双击鼠标，该标题下的文本被折叠。

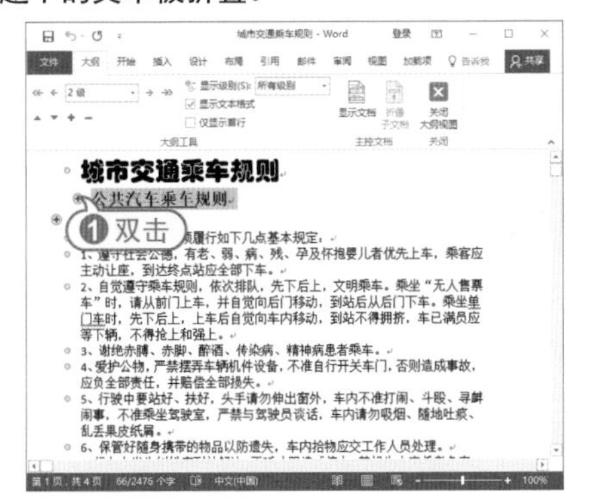

06 使用同样的方法，折叠其他段落中的文本，选中“公共汽车乘车规则”和“轨道交通乘车规则”文本，在【大纲工具】组中单击【升级】按钮 ← ，将其提升至1级标题。

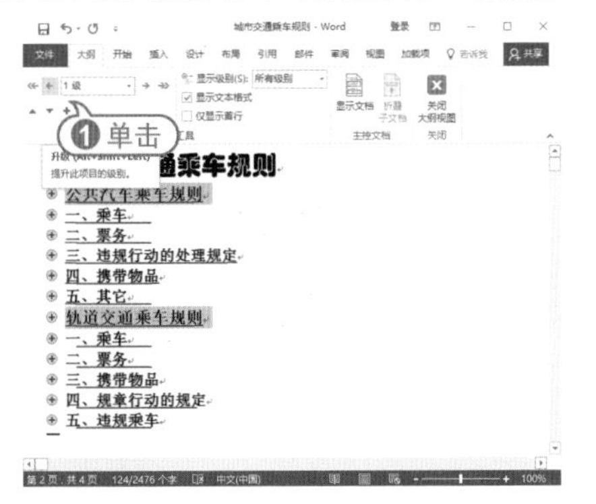

4.1.2 使用大纲视图组织文档

在创建的大纲视图中，可以对文档内容进行修改与调整。

1 选择大纲视图中的内容

大纲视图模式下的选择操作是进行其他操作的前提和基础。选择的对象主要是标题和正文。

- 选择标题：如果仅仅选择一个标题，而不包括它的子标题和正文，可以将鼠标光标移至此标题的左端空白处，当鼠标光标变成一个斜向上的箭头形状时，单击鼠标左键，即可选中该标题。
- 选择一个正文段落：如果仅仅选择一个正文段落，可以将鼠标光标移至此段落的左端空白处，当鼠标光标变成一个斜向上箭头的形状时，单击鼠标左键，或者单击此段落前的符号●，即可选中该正文段落。
- 同时选择标题和正文：如果要选择一个标题及其所有的子标题和正文，就双击此标题前的符号⊕；如果要选择多个连续的标题和段落，按住鼠标左键拖动选择即可。

2 更改文本在文档中的级别

文本的大纲级别并不是一成不变的，可以按需对它们执行升级或降级操作。

- 每按一次Tab键，标题就会降低一个级别；每按一次Shift+Tab组合键，标题就会提升一个级别。
- 在【大纲】选项卡的【大纲工具】组中单击【升级】按钮←或【降级】按钮→，对标题实现级别的升或降；如果想要将标题降级为正文，可单击【降级为正文】按钮»；如果要将正文提升至标题1，单击【提升至标题1】按钮«。
- 按下Alt+Shift+←组合键，可将标题的级别提高一级；按下Alt+Shift+→组合键，可将标题的级别降低一级。按下Alt+Ctrl+1(2

或3)键，可使标题的级别达到1级(2级或3级)。

● 通过用鼠标左键拖动符号⊕或○向左移或向右移来提高或降低标题的级别。首先将鼠标光标移到标题前面的符号⊕或○处，待鼠标光标变成四箭头形状✥后，按下鼠标左键拖动，在拖动的过程中，每当经过一个标题级别时，都有一条竖线和横线出现。如果想把该标题置于这样的标题级别，可在此时释放鼠标左键。

○ 第二条 公司信念
○ 2.1 热情——以热情的态度对待本职工作、对待客户及同事。
○ 2.2 勤勉——对于本职工作应勤恳、努力、负责、恪尽职守。
○ 2.3 诚实——作风诚实，反对文过饰非、反对虚假和浮夸作风。
○ 2.4 服从——员工应服从上级主管人员的指示及工作安排，按时完成本职工作。
○ 2.5 整洁——员工应时刻注意保持自己良好的职业形象，保持工作环境的整洁与美观。
○ 第三条 生效与解释
○ 3.1 公司管理制度自公布之日起生效，由公司管理部门负责解释。
○ 3.2 公司的管理部门有权对公司管理制度进行修改和补充。修改和补充应通过布告栏内张贴通知的方式进行公布。

3 移动大纲标题

在Word 2016中，既可以移动特定的标题到另一位置，也可以连同标题下的所有内容一起移动。可以一次只移动一个标题，也可以一次移动多个连续的标题。

要移动一个或多个标题，首先选择要移动的标题内容，然后在标题上按下并拖动鼠标右键，可以看到在拖动的过程中，有一条虚竖线跟着移动。移到目标位置后释放鼠标，这时将弹出快捷菜单，选择菜单中的【移动到此位置】命令即可。

⊕ 第一章 总 则
○ 第一条 目的
○ 为使本公司业绩蒸蒸日上，从而造就机会给每一位员工的规章制度是必要的。本员工手册将公司的员工规范、体员工认真学习、自觉遵守，以为公司的事业取得成

1 选中

移动到此位置(M)
复制到此位置(C)
链接此处(L)
在此创建超链接(H)
取消(A)

○ 3.1 公司管理制度自公布之日起生效，由公司管理部门
○ 3.2 公司的管理部门有权对公司管理制度进行修改和补内张贴通知的方式进行公布。

4.1.3 使用导航窗格查看文档

Word 2016提供了导航窗格，使用导航窗格可以查看文档的文档结构。

【例4-2】使用导航窗格查看“城市交通乘车规则”文档的文档结构。
视频+素材 (光盘素材\第04章\例4-2)

01 启动Word 2016，打开“城市交通乘车规则”文档。打开【视图】选项卡，在【视图】组中单击【页面视图】按钮，切换至页面视图。

02 在【显示】组中选中【导航窗格】复选框，打开【导航】任务窗格。

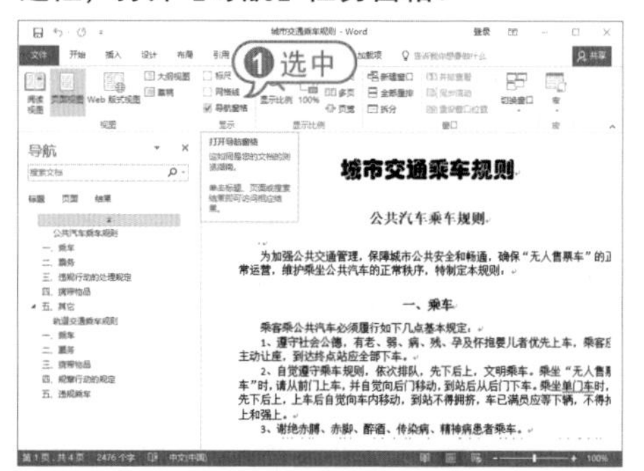

03 在【导航】任务窗格中查看文档的文档结构。单击【二、票务】标题按钮，右侧的文档页面将跳转到对应的正文部分。

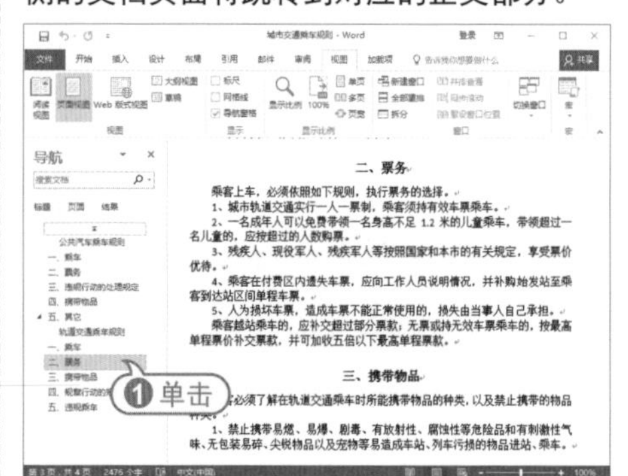

04 单击【页面】标签，打开【页面】选项卡，此时在任务窗格中以页面缩略图的形式显示文档内容，拖动滚动条快速地浏览文档内容。

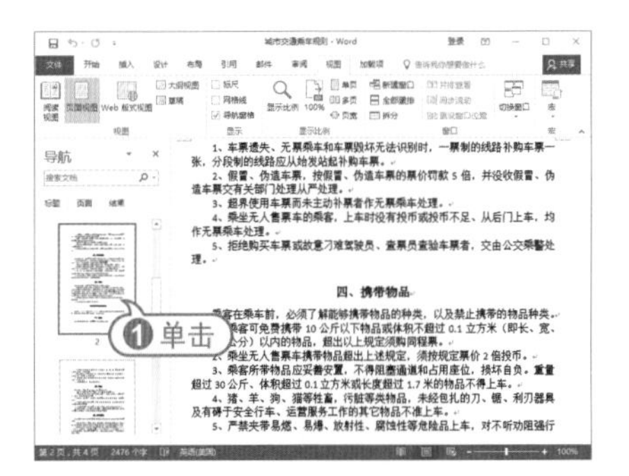

05 在【导航】任务窗格的搜索框里输入“三、”，即可搜索整个文档，显示“三、”文本所在的位置。

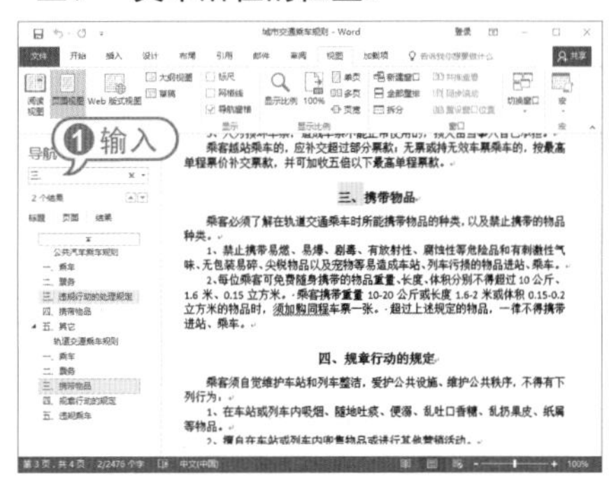

4.2 插入目录

目录与一篇文章的纲要类似，通过目录可以了解全文的结构和整个文档所要讨论的内容。在Word 2016中，可以为编辑和排版完成的稿件制作出美观的目录。

4.2.1 创建目录

Word 2010有自动提取目录的功能，用户可以很方便地为文档创建目录。

【例4-3】在“城市交通乘车规则”文档中插入目录。

视频+素材 (光盘素材\第04章\例4-3)

01 启动Word 2016，打开“城市交通乘车规则”文档，将插入点定位到文档的开头，按Enter键换行，在其中输入文本“目录”。

02 按Enter键换行，使用格式刷将该行格式转换为正文格式，打开【引用】选项卡，在【目录】组中单击【目录】下拉按钮，从弹出的菜单中选择【自定义目录】命令。

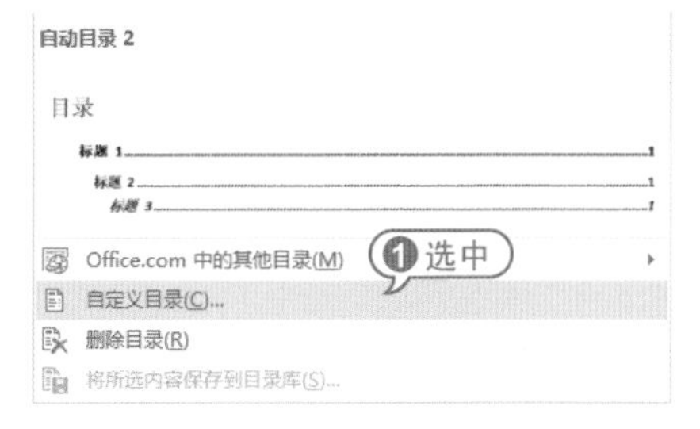

03 打开【目录】对话框的【目录】选项卡，在【显示级别】微调框中输入2，单击【确定】按钮。

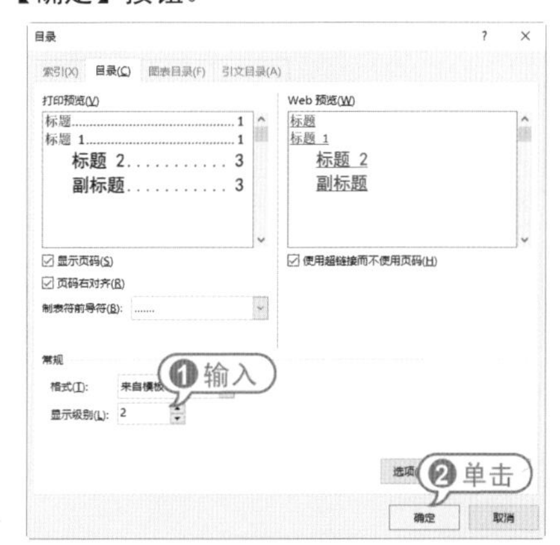

04 此时即可在文档中插入二级标题的目录。

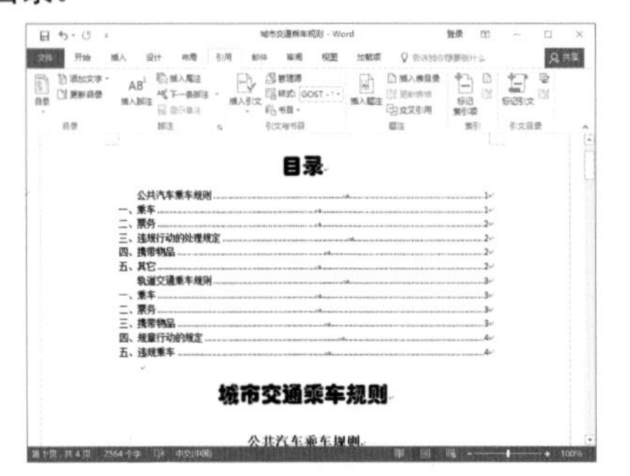

进阶技巧

插入目录后，只需要按Ctrl键，再单击目录中的某个页码，就可以将插入点快速跳转到该页的标题处。

4.2.2 美化目录

创建完目录后，还可像编辑普通文本一样对其进行样式等设置，如更改目录字体、字号和对齐方式等，让目录更为美观。

【例4-4】在“城市交通乘车规则”文档中设置目录格式。

视频+素材 (光盘素材\第04章\例4-4)

01 启动Word 2016，打开“城市交通乘车规则”文档，选取整个目录。打开【开始】选项卡，在【字体】选项组的【字体】下拉列表框中选择【黑体】选项，然后选择两个副标题，在【字号】下拉列表框中选择【四号】选项。

02 选取整个目录，单击【段落】对话框启动器按钮，打开【段落】对话框的【缩进和间距】选项卡，在【间距】选项区域的【行距】下拉列表中选择【1.5倍行距】选项，单击【确定】按钮。

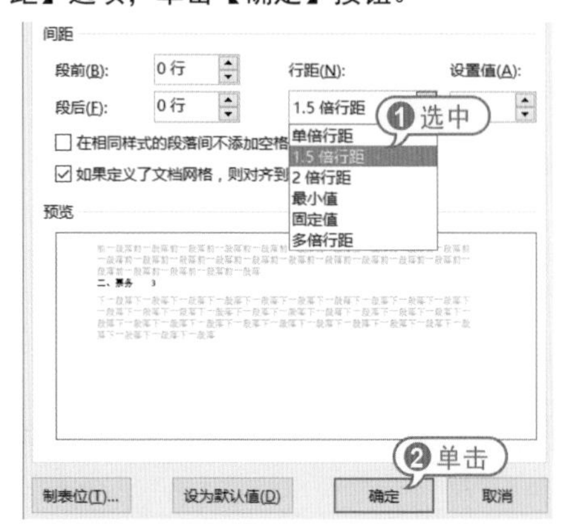

03 此时目录将以1.5倍行距显示，效果如下图所示。

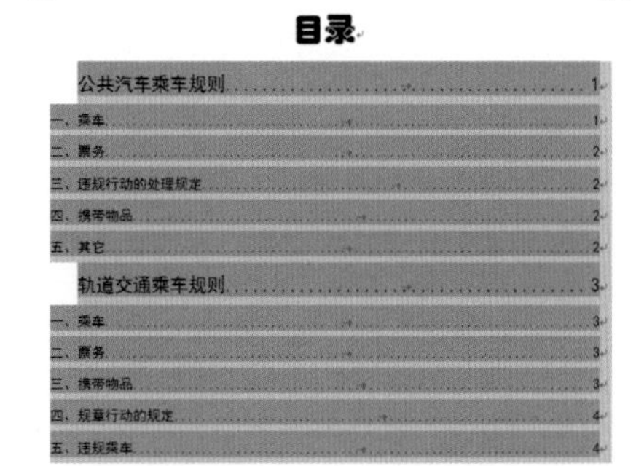

4.2.3 更新目录

创建完一个目录后，如果对文档中的内容进行了编辑和修改，那么标题和页码都有可能发生变化，与原始目录中的页码不一致，此时就需要更新目录，以保证目录中页码的正确性。

要更新目录，可以先选择整个目录，然后在目录的任意位置右击，从弹出的快捷菜单中选择【更新域】命令，打开【更新目录】对话框，在其中进行设置。

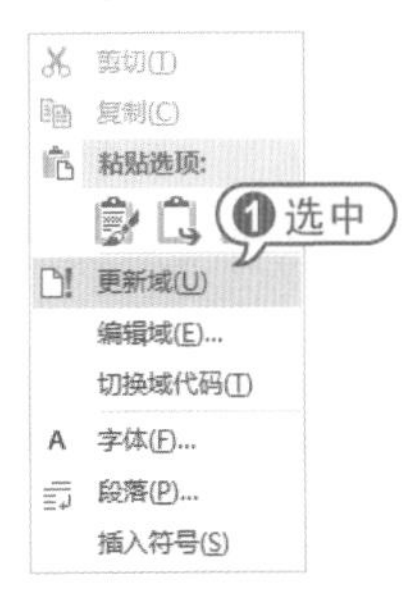

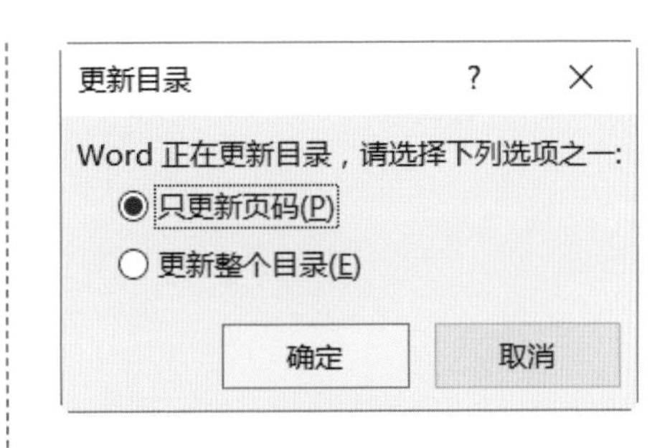

4.3 添加书签和批注

所谓书签，是指对文本加以标识和命名，用于帮助用户记录位置，从而使用户能快速地找到目标位置。批注是指审阅者给文档内容加上的注解或说明，或是阐述批注者的观点。插入书签和批注可以帮助审阅长文档。

4.3.1 添加书签

在Word 2016中，书签与实际生活中提到的书签的作用相同，用于命名文档中指定的点或区域，以识别章、表格的开始处，或者定位需要工作的位置、离开的位置等。用户可以在长文档的指定区域为插入若干个书签标记，以方便查阅文档相关内容。插入书签后，使用书签定位功能可快速定位到书签位置。

【例4-5】在“城市交通乘车规则”文档中插入书签，然后使用【定位】对话框定位书签。

视频+素材 (光盘素材\第04章\例4-5)

01 启动Word 2016，打开“城市交通乘车规则”文档，将插入点定位到第1页的“公共汽车乘车规则”之前，打开【插入】选项卡，在【链接】组中单击【书签】按钮。

02 打开【书签】对话框，在【书签名】文本框中输入书签的名称“公交”，单击【添加】按钮，将该书签添加到书签列表框中。

03 单击【文件】按钮，在弹出的菜单中选择【选项】命令，打开【Word选项】对话框。在左侧的列表框中选择【高级】选项，在打开的对话框的右侧列表框的【显示文档内容】选项区域，选中【显示书签】复选框，然后单击【确定】按钮。

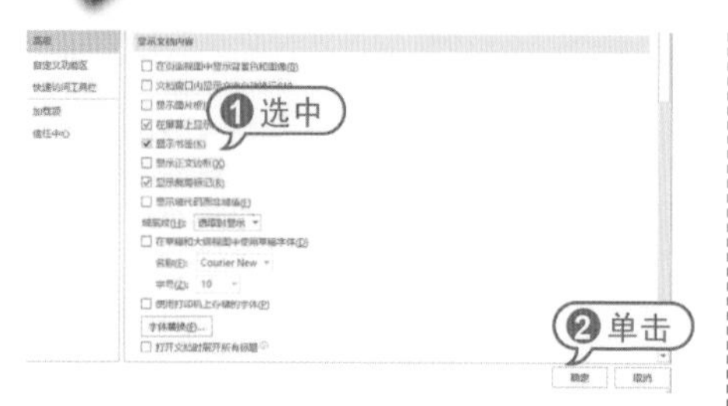

04 此时书签标记 I 将显示在标题“公共汽车乘车规则”之前。

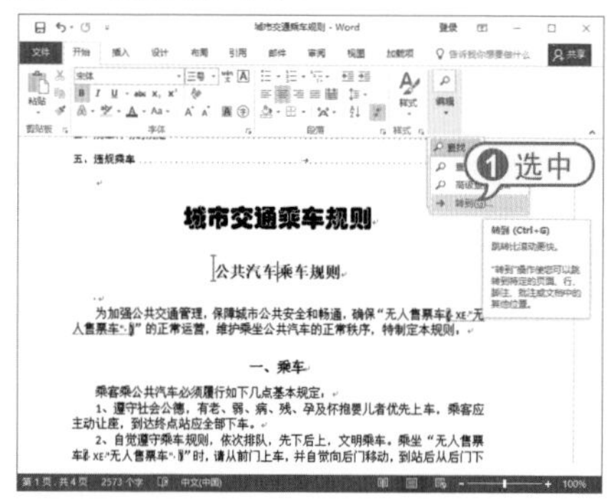

05 打开【开始】选项卡，在【编辑】组中单击【查找】下拉按钮，在弹出的菜单中选择【转到】命令。

06 打开【查找与替换】对话框，打开【定位】选项卡，在【定位目标】列表框中选择【书签】选项，在【请输入书签名称】下拉列表框中选择书签，单击【定位】按钮，此时自动定位到书签位置。

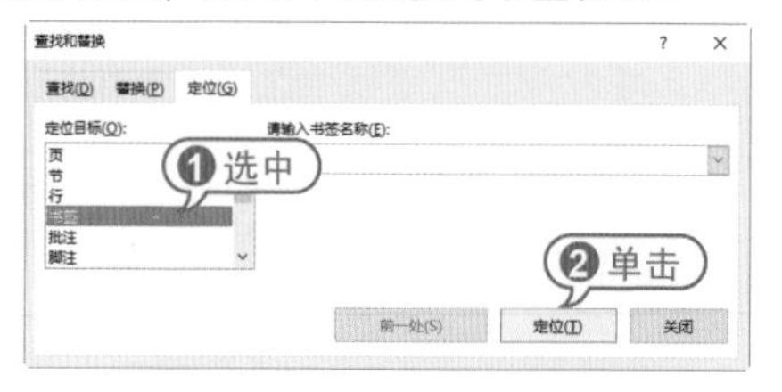

4.3.2 添加批注

要插入批注，首先将插入点定位到要添加批注的位置或选中要添加批注的文本，打开【审阅】选项卡，在【批注】组中单击【新建批注】按钮，此时Word 2016会自动显示一个红色的批注框，用户在其中输入内容即可。插入批注后，还可以对其进行编辑，如查看或删除批注、显示或隐藏批注、设置批注格式等。

01 首先启动Word 2016，打开“城市交通乘车规则”文档，选中“公共汽车乘车规则”下的文本“特制定本规则”，打开【审阅】选项卡，在【批注】选项组中单击【新建批注】按钮。

02 此时将在右边自动添加一个红色的批注框。在该批注框中，输入批注文本。

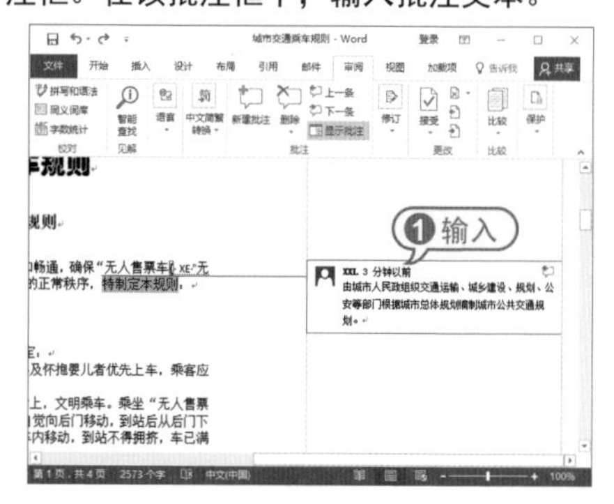

03 选中批注框中的文本，打开【开始】选项卡，在【字体】组中，将字体设置为【华文楷体】，字号为【小四】。

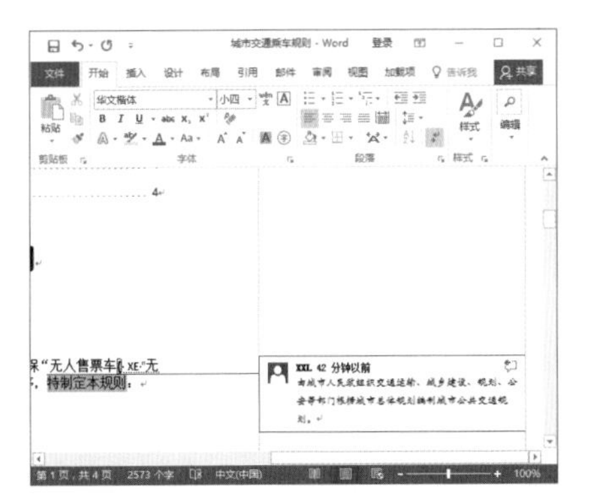

04 打开【审阅】选项卡，在【修订】组中单击对话框启动器按钮，打开【修订选项】对话框，单击【高级选项】按钮。

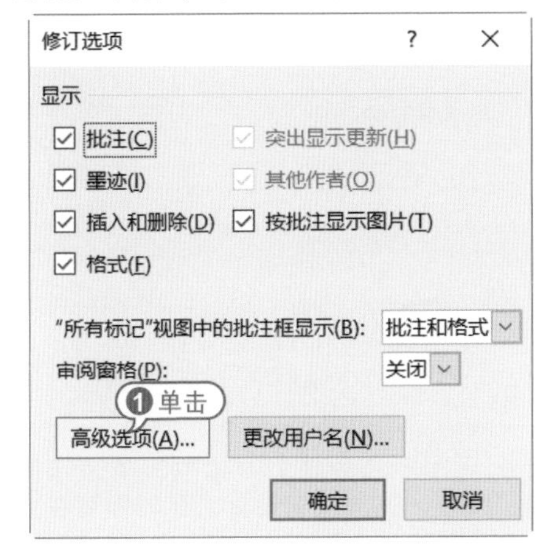

05 打开【高级修订选项】对话框，在【标记】选项区域的【批注】下拉列表框中选择【青绿】选项；在【批注】选项区域的【指定宽度】微调框中输入"6厘米"，单击【确定】按钮。

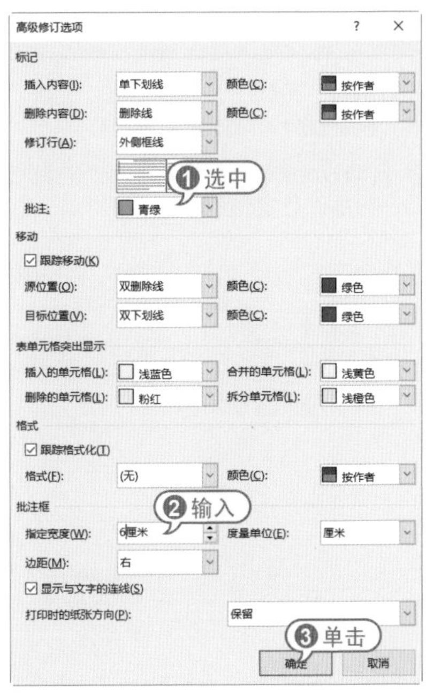

06 返回【修订选项】对话框，单击【确定】按钮，此时批注的效果如下图所示。

4.4 插入题注、脚注和尾注

Word 2016为用户提供了题注功能，使用该功能可以在插入图形、公式、表格时对它们进行顺序编号。另外，Word 2016还提供了脚注和尾注功能，使用这两个功能可以对文本进行补充说明，或对文档中的引用信息进行注释。

4.4.1 插入题注

在Word 2016中，插入表格、图表、公式或其他对象时，可以自动添加题注。

01 启动Word 2016，打开一个带表格的文档，将插入点定位到表格后。

课程表

时间	星期	Monday 星期一	Tuesday 星期二	Wednesday 星期三	Thursday 星期四	Friday 星期五
上午	8:00~8:45	大学语文	大学英语	马哲	大学语文	
	9:00~9:45	大学语文	大学英语	马哲	大学语文	
	10:00~10:45		体育			
	11:00~11:45		体育			
午餐						
午休						
下午	13:00~13:45	高等数学		大学物理	数据结构	
	14:00~14:45	高等数学		大学物理	数据结构	
	15:00~15:45		上机	大学物理		高等数学
	16:00~16:45					高等数学

02 打开【引用】选项卡，在【题注】组中单击【插入题注】按钮，打开【题注】对话框，单击【新建标签】按钮。

03 打开【新建标签】对话框，在【标签】文本框中输入“表”，单击【确定】按钮。

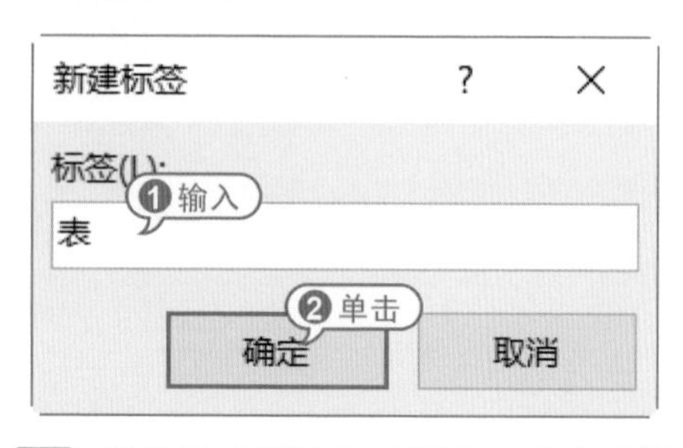

04 返回至【题注】对话框，单击【编号】按钮，打开【题注编号】对话框，在【格式】下拉列表框中选择一种格式，单击【确定】按钮。

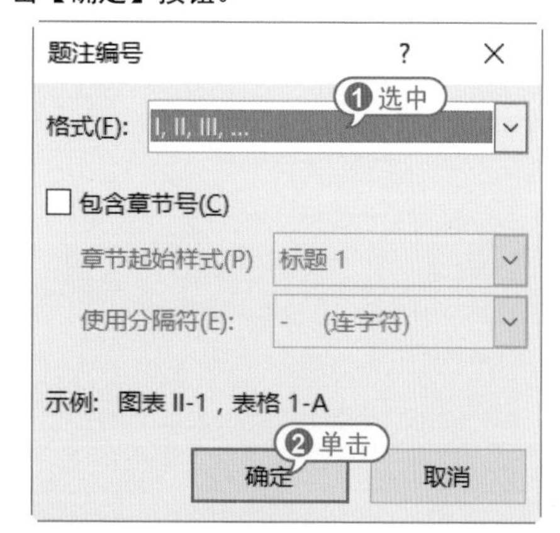

05 返回至【题注】对话框，单击【确定】按钮，完成所有设置，此时即可在插入点位置插入设置的题注。

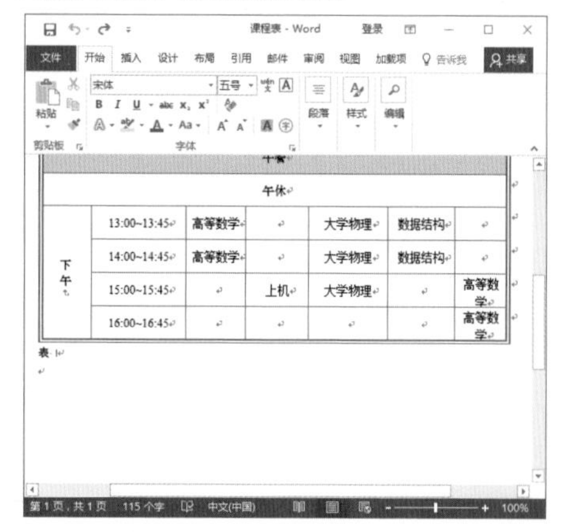

4.4.2 插入脚注和尾注

在Word 2016中，打开【引用】对话框，在【脚注】组中单击【插入脚注】按钮或【插入尾注】按钮，即可在文档中插入脚注或尾注。

01 启动Word 2016，打开“城市交通乘车规则”文档。将插入点定位到要插入脚注的文本“《中华人民共和国治安管理处罚条例》”后，然后打开【引用】选项卡，在【脚注】组中单击【插入脚注】按钮。

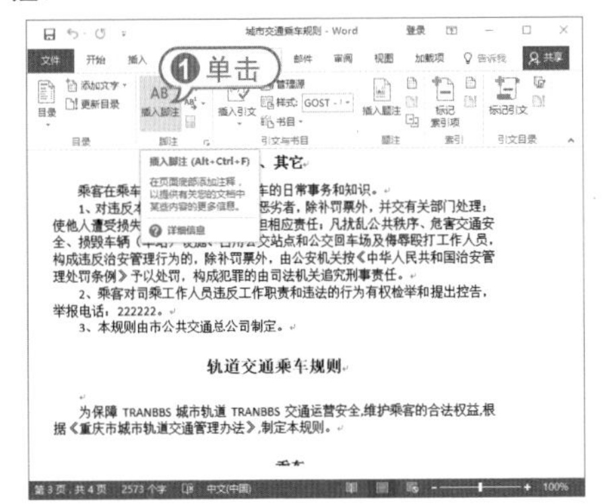

02 此时在该页面出现脚注编辑区，直接输入文本。

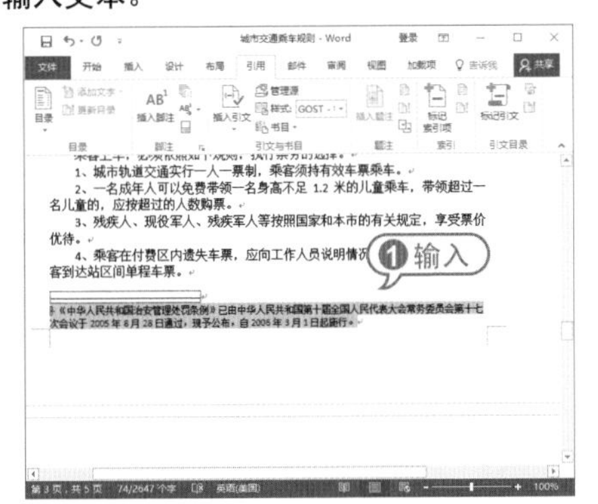

03 插入脚注后，文本“《中华人民共和国治安管理处罚条例》”后将出现脚注引用标记，将鼠标光标移至该标记，将显示脚注内容。

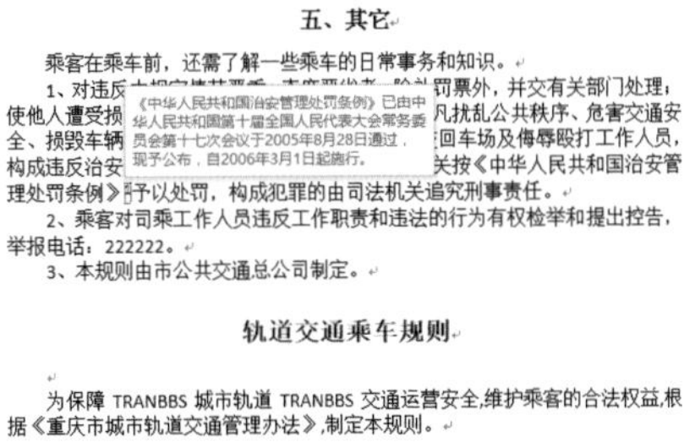

五、其它

乘客在乘车前，还需了解一些乘车的日常事务和知识。

1、对违反……除补罚票外，并交有关部门处理；使他人遭受损……凡扰乱公共秩序、危害交通安全、损毁车辆……回车场及侮辱殴打工作人员，构成违反治安……关按《中华人民共和国治安管理处罚条例》予以处罚，构成犯罪的由司法机关追究刑事责任。

《中华人民共和国治安管理处罚条例》已由中华人民共和国第十届全国人民代表大会常务委员会第十七次会议于2005年8月28日通过，现予公布，自2006年3月1日起施行。

2、乘客对司乘工作人员违反工作职责和违法的行为有权检举和提出控告，举报电话：222222。

3、本规则由市公共交通总公司制定。

轨道交通乘车规则

为保障 TRANBBS 城市轨道 TRANBBS 交通运营安全,维护乘客的合法权益,根据《重庆市城市轨道交通管理办法》,制定本规则。

04 选取“轨道交通乘车规则”下的文本“《重庆市城市轨道交通管理办法》”，在【引用】选项卡的【脚注】选项组中单击【插入尾注】按钮。

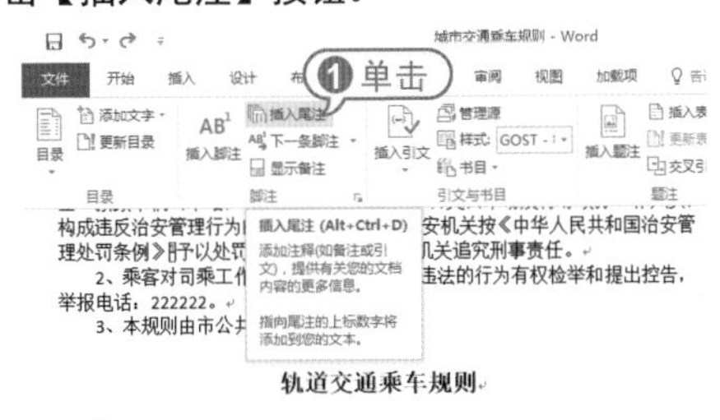

05 此时在整篇文档的末尾出现尾注编辑区，输入尾注文本。

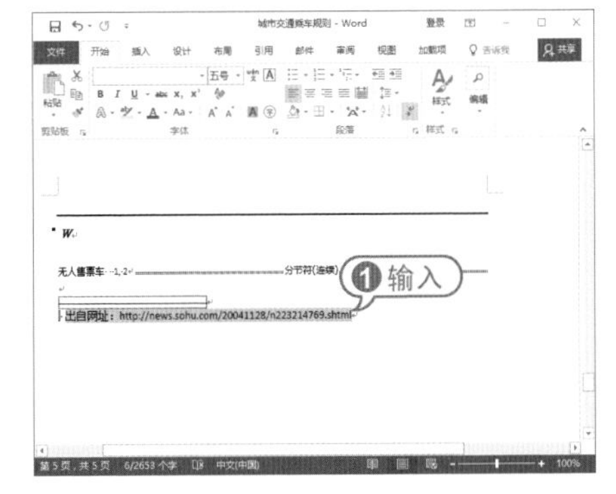

06 插入尾注后，在插入尾注的文本中将出现尾注引用标记，将鼠标光标移至该标记，将显示尾注内容。

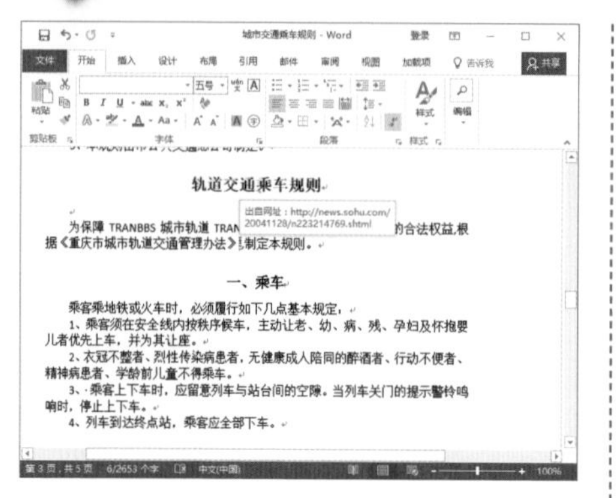

4.4.3 修改脚注和尾注

要修改脚注和尾注的格式，可以单击【引用】选项卡的【脚注】组中的对话框启动器按钮，打开【脚注和尾注】对话框，可以设置脚注中的格式和布局。如果要设置尾注，可在【位置】区域选中【尾注】单选按钮。

脚注和尾注
位置
脚注(F): 页面底端
尾注(E): 文档结尾
转换(C)...
脚注布局
列(O): 匹配节布局
格式
编号格式(N): 1, 2, 3, ...
自定义标记(U): 符号(Y)...
起始编号(S): 1
编号(M): 连续
应用更改
将更改应用于(P): 整篇文档
插入(I) 取消 应用(A)

单击【格式】区域中的【符号】按钮，打开【符号】对话框，从中选择需要的符号，单击【确定】按钮，返回至【脚注和尾注】对话框，将选中符号更改为脚注或尾注的编号形式。

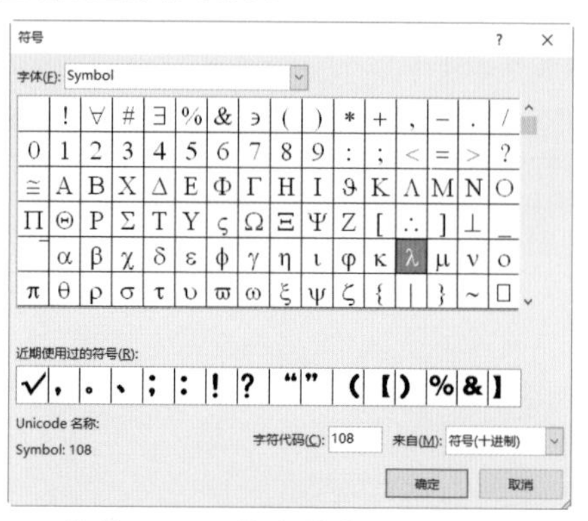

此外，Word将文档中已有的脚注更改为尾注或将尾注更改为脚注。

01 启动Word 2016，打开“城市交通乘车规则”文档。打开【视图】选项卡，在【视图】组中单击【草稿】按钮，将文档切换为草稿视图。

02 在文档中双击一个尾注，打开【注释窗格】，在【尾注】下拉列表框中选择【所有尾注】选项。

一、乘车
乘客乘地铁或火车时，必须履行如下几点基本规定：
1、乘客须在安全线内按秩序候车，主动让老、幼、病、残
儿者优先上车，并为其让座。
2、衣冠不整者、烈性传染病患者，无健康成人陪同的醉酒
精神病患者、学龄前儿童不得乘车。
尾注 所有尾注
❶选中
所有脚注
所有尾注
尾注分隔符
尾注延续分隔符
尾注延续标记
.com/20041128/n223214769.shtml

03 右击当前尾注，在弹出的快捷菜单中选择【转换为脚注】命令。

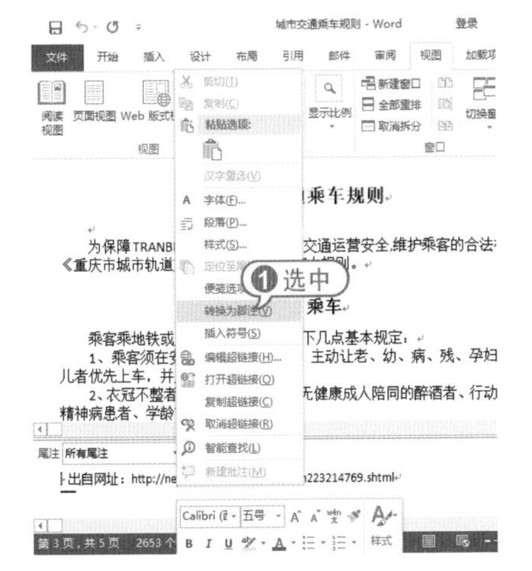

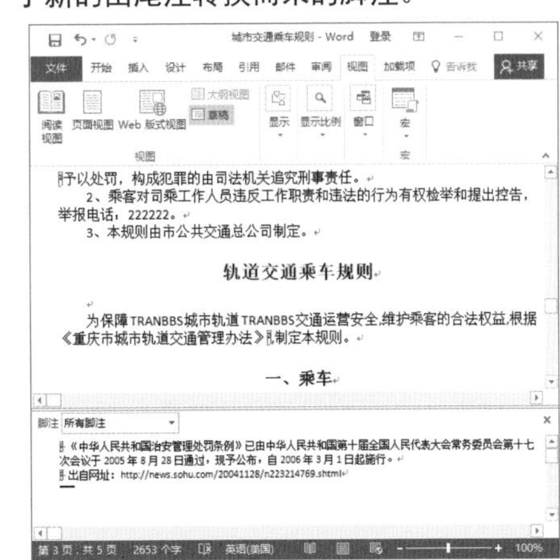

04 此时打开【脚注窗格】,文档中添加了新的由尾注转换而来的脚注。

4.5 修订长文档

在审阅文档时,发现某些多余的内容或遗漏内容时,如果直接在文档中删除或修改,将看不到原文档和修改后文档的对比情况。使用Word 2016的修订功能,可以将用户修改的每项操作以不同的颜色标识出来,方便用户进行对比和查看。

4.5.1 添加修订

对于文档中明显的错误,可以启用修订功能并直接进行修改,这样可以减少原用户修改的难度,同时让原用户明白进行过何种修改。

01 启动Word 2016,打开“城市交通乘车规则”文档,打开【审阅】选项卡,在【修订】组中单击【修订】按钮,进入修订状态。

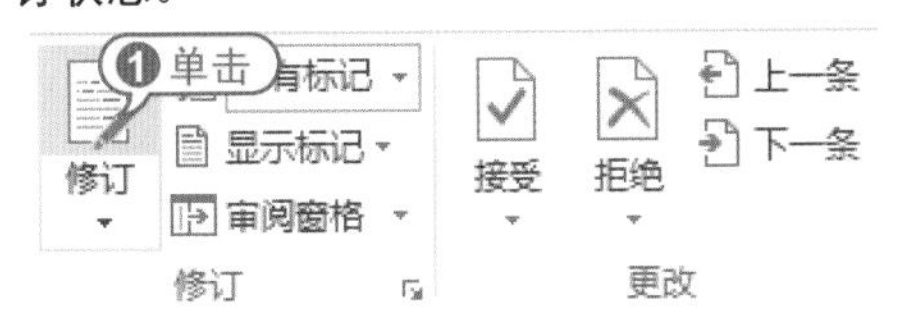

02 将文本插入点定位到开始处的文本“特制定本规则”的冒号标点后,按Backspace键,将为冒号标点添加删除线,文本仍以红色删除线形式显示在文档中;然后按【句号】键,输入句号标点,所添加句号的下方将显示红色下画线,此时添加的句号也以红色显示。

“无人售票车{ XE "无
特制定本规则。

03 将文本插入点定位到“乘客乘公共汽车”文本后,输入文本“时”,再输入逗号标点,此时添加的文本以红色字体颜色显示,并且文本下方将显示红色下画线。

一、乘车

乘客乘公共汽车时,必须履行如下几点基本规定:

1、遵守社会公德,有老、弱、病、残、孕及怀抱
主动让座,到达终点站应全部下车。

2、自觉遵守乘车规则,依次排队,先下后上,文

04 在“轨道交通乘车规则”下的“三、携带物品”中，选中文本“加购”，然后输入文本“重新购买”，此时将为错误的文本添加红色删除线，修改后的文本下将显示红色下画线。

三、携带物品

乘客必须了解在轨道交通乘车时所能携带物品种类。

1、禁止携带易燃、易爆、剧毒、有放射性、味、无包装易碎、尖锐物品以及宠物等易造成车站

2、每位乘客可免费随身携带的物品重量、长度1.6 米、0.15 立方米。乘客携带重量 10-20 公斤立方米的物品时，须~~加购~~重新购买同程车票一张。不得携带进站、乘车。

05 当所有的修订工作完成后，单击【修订】选项组中的【修订】按钮，即可退出修订状态。

4.5.1 编辑修订

在长文档中添加批注和修订后，为了方便查看与修改，可以使用审阅窗格以浏览文档中的修订内容。查看完毕后，还可以确认是否接受修订内容。

01 启动Word 2016，打开“城市交通乘车规则”文档，打开【审阅】选项卡，在【修订】选项组中单击【审阅窗格】下拉按钮，从弹出的下拉菜单中选择【垂直审阅窗格】命令，打开垂直审阅窗格。

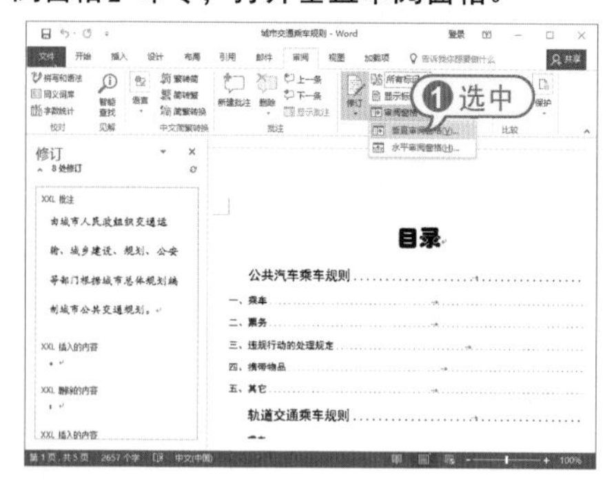

02 在审阅窗格中单击修订，即可切换到相应的修订文本位置进行查看。

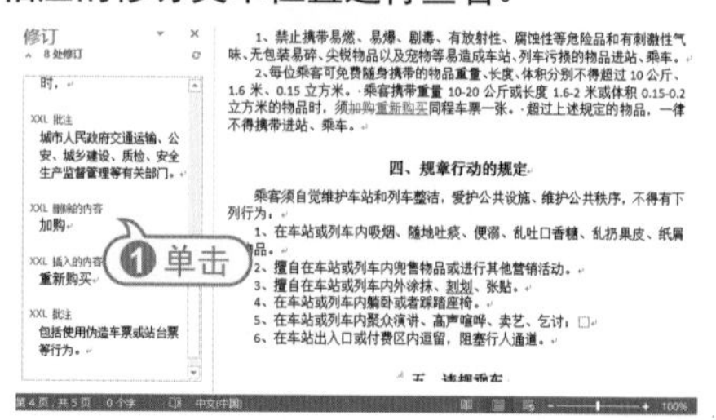

03 在垂直审阅窗格中，右击第一次的修订句号条目文本框，从弹出的快捷菜单中选择【拒绝插入】命令，即可拒绝插入句号标点。

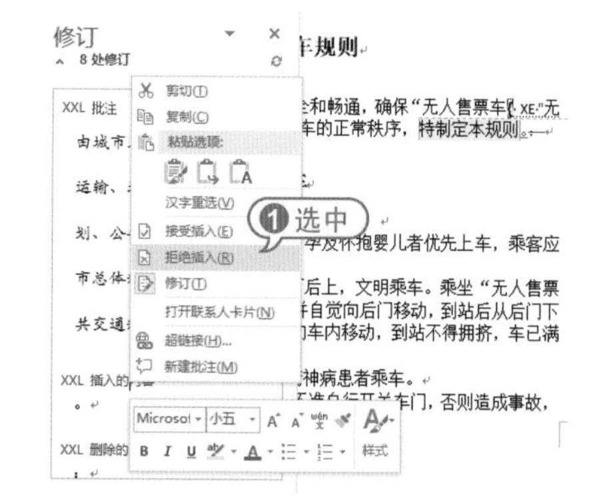

04 将文本插入点定位到输入的文本“时”，在【更改】选项组中单击【接受】按钮，接受输入字符。

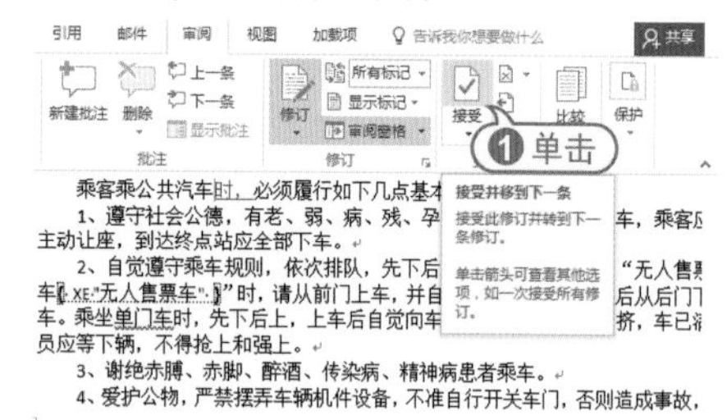

05 当文档所有修订被接受或拒绝后，将弹出提示框显示没有修订内容，单击【确定】按钮即可。

4.6 进阶实战

本章的进阶实战部分为标记并创建索引这个综合实例操作，用户通过练习从而巩固本章所学知识。

【例4-6】在“城市交通乘车规则”文档中，为文本“无人售票车”标记索引项并创建索引。

视频+素材 (光盘素材\第04章\例4-6)

01 启动Word 2016，打开“城市交通乘车规则”文档，选中第1页中的文本“无人售票车”，打开【引用】选项卡，在【索引】组中单击【标记索引项】按钮。

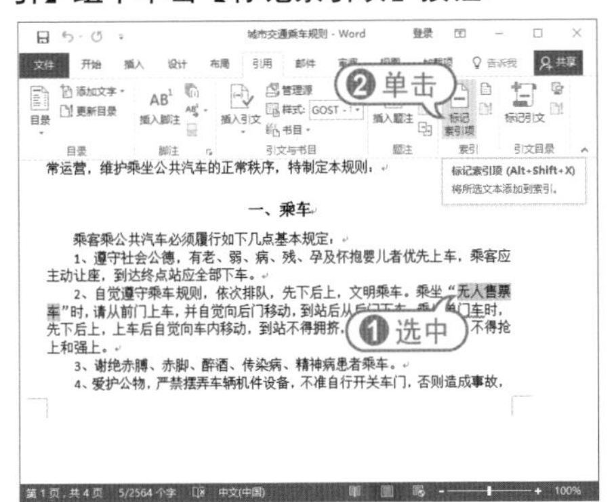

02 打开【标记索引项】对话框，单击【标记全部】按钮。

03 单击【关闭】按钮，此时在文档中，所有文本“无人售票车”后都出现索引标记。

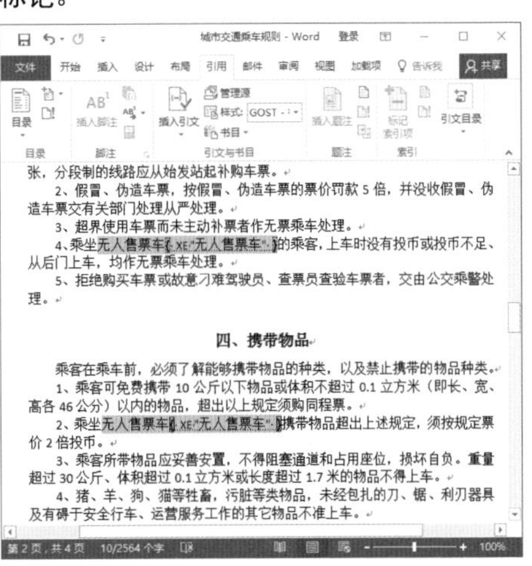

04 在文档中标记好所有的索引项后，就可以进行索引文件的创建了。用户可以选择一种设计好的索引格式并生成最终的索引。现在将插入点定位到文档末尾处，打开【引用】选项卡，在【索引】组中单击【插入索引】按钮。

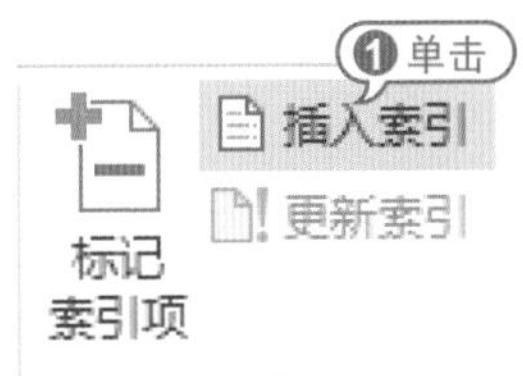

05 打开【索引】对话框，在【格式】下拉列表框中选择【现代】选项；在右侧的【类型】选项区域选中【缩进式】单选按钮；在【栏数】文本框中输入数值1；在【排序依据】下拉列表框中选择【拼音】选项，单击【确定】按钮。

06 此时在文档中将显示插入的所有索引信息。

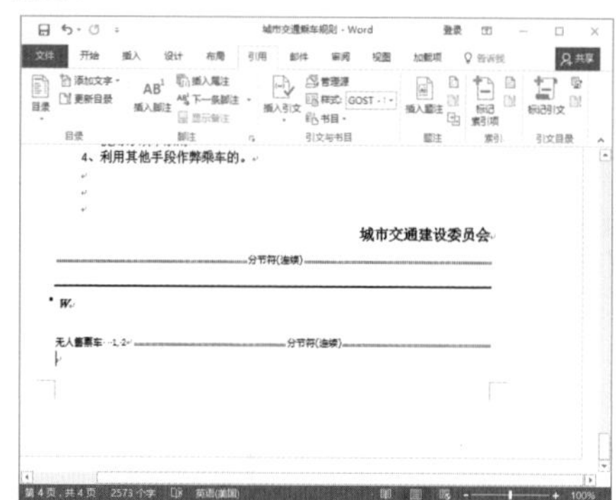

4.7 疑点解答

问：如何快速地寻找文档中的语法拼写错误？

答：如果文档中存在错别字、错误的单词或语法，Word 2016会自动将这些错误内容以波浪线的形式显示出来。使用Word 2016提供的拼写与语法检查功能，可以逐一将错误修改正确。打开【审阅】选项卡，在【校对】组中单击【拼写和语法】按钮，打开【拼写和语法】窗格，显示第1处语法错误，标记为下画波浪线。单击【忽略】按钮，将查找下一个错误；在正文中修改正确后，将显示【继续】按钮，单击该按钮，将查找下一处错误。

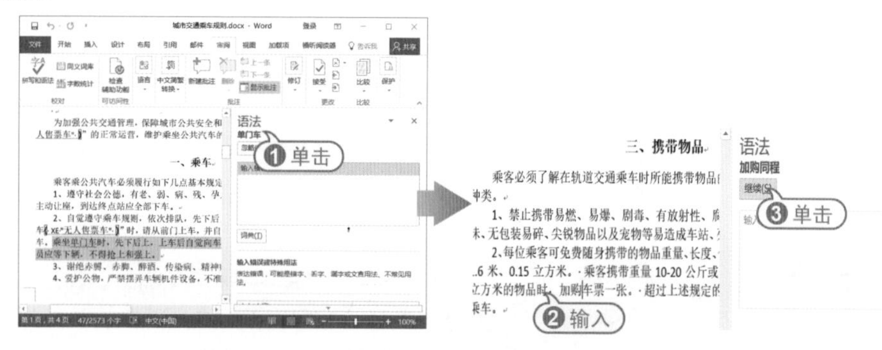

第5章

Excel 2016的基本操作

Excel 2016是目前最强大的电子表格制作软件之一，具有强大的数据组织、计算、分析和统计功能，其中工作簿、工作表和单元格是构成Excel的支架。本章将介绍Excel构成部分的基本操作以及表格输入的知识内容。

例5-1 使用模板新建工作簿
例5-2 设置自动保存
例5-3 移动工作表
例5-4 合并单元格
例5-5 冻结窗格
例5-6 输入数据
例5-7 填充数据
例5-8 设置边框
例5-9 套用表格格式
例5-10 应用内置样式
例5-11 设置数据格式

5.1 Excel 2016的工作界面和视图模式

Excel 2016 是由微软公司开发的一种电子表格程序，能直观地展现数据之间的关联。本节将介绍Excel 2016的工作界面和视图模式。

5.1.1 Excel 2016的工作界面

启动Excel 2016后，就可以看到Excel 2016的主界面。

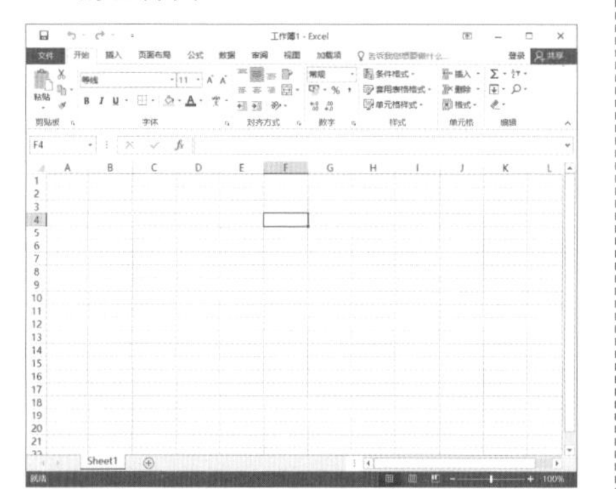

Excel 2016的工作界面和Word 2016类似，其中相似的元素在此不再重复介绍了，仅介绍一下Excel特有的编辑栏、工作表编辑区、行号和列标、工作表标签等元素。

1 编辑栏

在编辑栏中主要显示的是当前单元格中的数据，可在编辑框中对数据直接进行编辑，其主要组成部分的功能如下：

- 单元格名称框：显示当前单元格的名称，这个名称可以是程序默认的，也可以是用户自己设置的。
- 插入函数按钮：默认状态下只有一个按钮 *fx*，当在单元格中输入数据时会自动出现另外两个按钮 ✕ 和 ✓。单击 ✕ 按钮可取消当前单元格中的设置；单击 ✓ 按钮可确定单元格中输入的公式或函数；单击 *fx* 按钮可在打开的【插入函数】对话框中选择需要在当前单元格中插入的函数。
- 编辑框：用来显示或编辑当前单元格中的内容，有公式和函数时则显示公式和函数。

2 工作表编辑区

工作表编辑区相当于Word的文档编辑区，是Excel的工作平台和编辑表格的重要场所，其位于操作界面的中间位置。

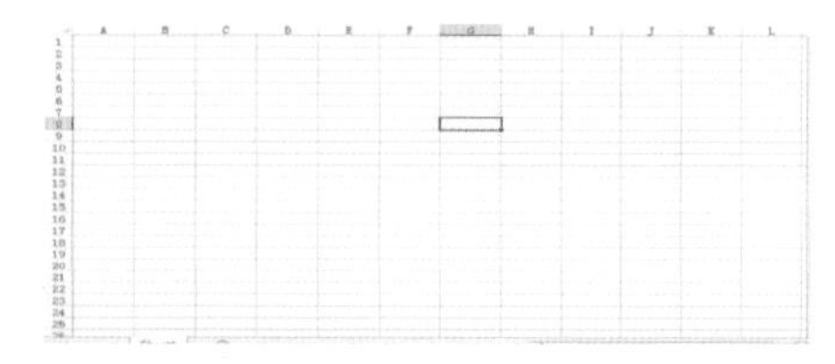

3 行号和列标

Excel中的行号和列标是确定单元格位置的重要依据，也是显示工作状态的一种导航工具。其中，行号由阿拉伯数字组成，列标由大写的英文字母组成。单元格的命名规则是：列标+行号。例如第C列的第3行即称为C3单元格。

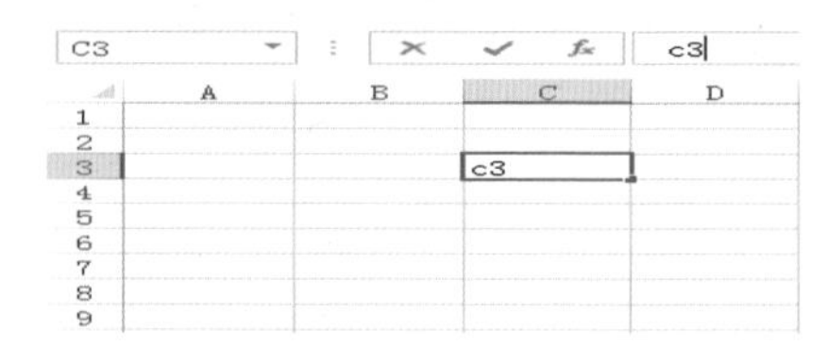

4 工作表标签

在一个工作簿中可以有多个工作表，

工作表标签表示的是每个对应工作表的名称。

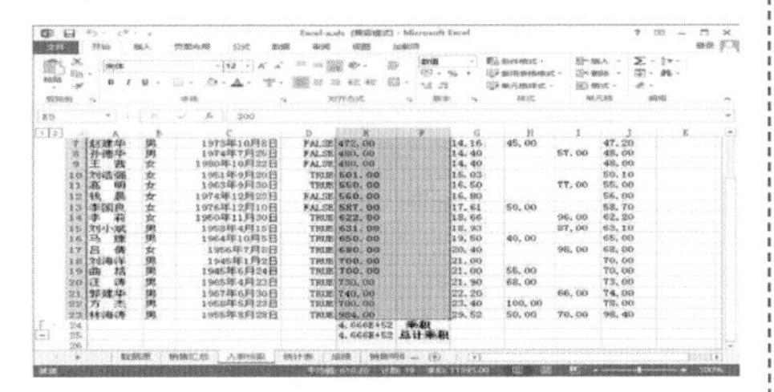

5.1.2 Excel 2016的视图模式

在Excel 2016中，用户可以调整工作簿的显示方式。打开【视图】选项卡，然后可在【工作簿视图】组中选择视图模式，主要分为【普通】视图模式、【页面布局】视图模式、【分页预览】视图模式、【自定义视图】模式。

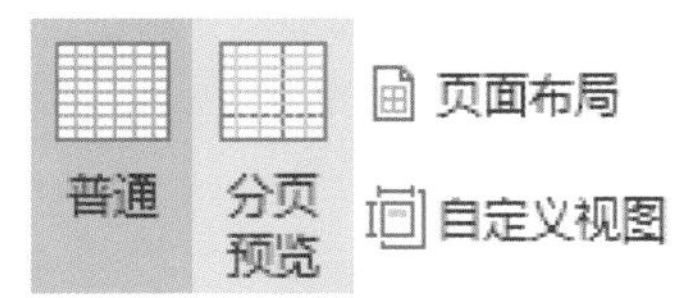

- 普通视图：普通视图是Excel默认的视图模式，主要将网格和行号、列标等元素都显示出来。

- 页面布局视图：在页面布局视图中可看到页眉、页脚、水印和图形等各种对象在页面中的实际打印位置，便于用户对页面中的各种元素进行编辑。

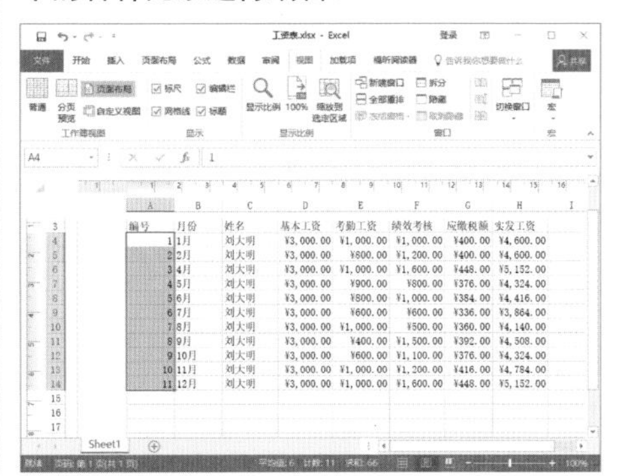

- 分页预览视图：可以在这种视图中看到设置的Excel表格内容会被打印在哪一页，通过使用分页预览功能可以避免一些内容打印到其他页面。

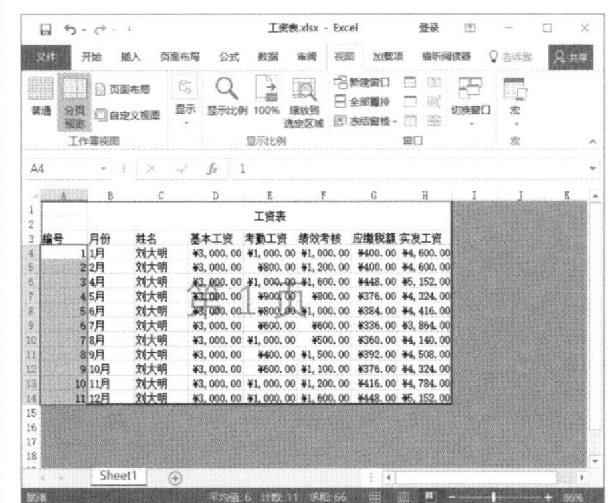

- 自定义视图：打开【视图】选项卡，在【工作簿视图】组中单击【自定义视图】按钮，将会打开【视图管理器】对话框，在其中用户可以自定义视图的元素。

视图管理器
视图(W):
显示(S)
关闭(C)
添加(A)...
删除(D)

5.2 工作簿的基本操作

Excel 2016的基本对象包括工作簿、工作表与单元格。其中，关于工作簿读者需要了解创建、保存、打开和关闭等基本操作。

5.2.1 表格的组成

一个完整的Excel电子表格文档主要由3部分组成，分别是工作簿、工作表和单元格，这3部分相辅相成、缺一不可。

1 工作簿

工作簿是Excel用来处理和存储数据的文件。新建的Excel文件就是一个工作簿，它可以由一个或多个工作表组成。实质上，工作簿是工作表的一个容器。在Excel 2016中创建空白工作簿后，系统会打开一个名为“工作簿1”的工作簿。

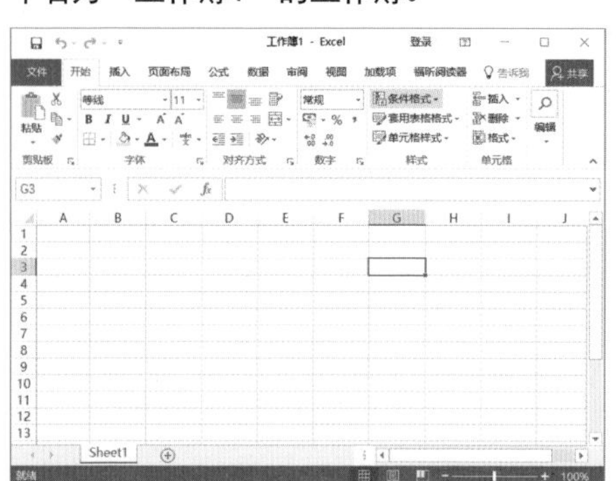

2 工作表

工作表是Excel 2016中用于存储和处理数据的主要文档，也是工作簿中的重要组成部分，它又被称为电子表格。在Excel 2016中，用户可以通过单击⊕按钮创建工作表。

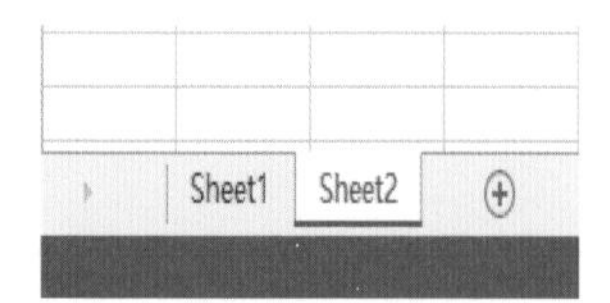

3 单元格

单元格是工作表中的最基本单位，对数据的操作都是在单元格中完成的。单元格的位置由行号和列标来确定，每一行的行号由1、2、3等数字表示；每一列的列标由A、B、C等字母表示。行与列的交叉形成一个单元格。

单元格区域是一组被选中的相邻或分离的单元格。单元格区域被选中后，所选范围内的单元格都会高亮显示，取消选中状态后又恢复原样。如下图所示为B2:D6单元格区域。

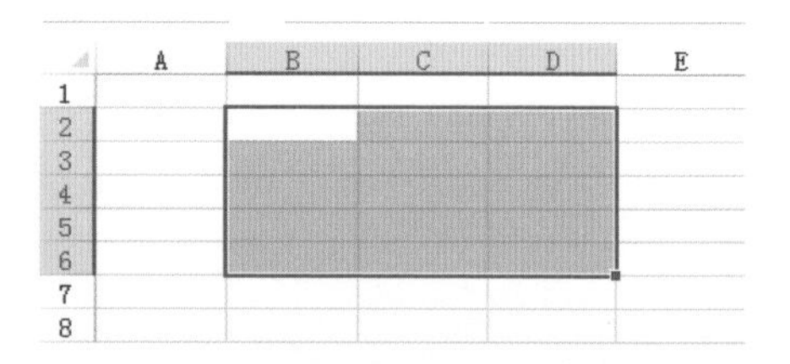

进阶技巧

Excel中的工作簿、工作表与单元格之间的关系是包含与被包含的关系，即工作表由多个单元格组成，而工作簿又包含一个或多个工作表。

5.2.2 创建工作簿

Excel 2016可以直接创建空白工作簿，也可以根据模板来创建带有样式的新工作簿。

1 创建空白工作簿

启动Excel 2016后，单击【文件】按钮，选中【新建】选项，然后选择界面中的【空白工作簿】选项，即可创建一个空白工作簿。

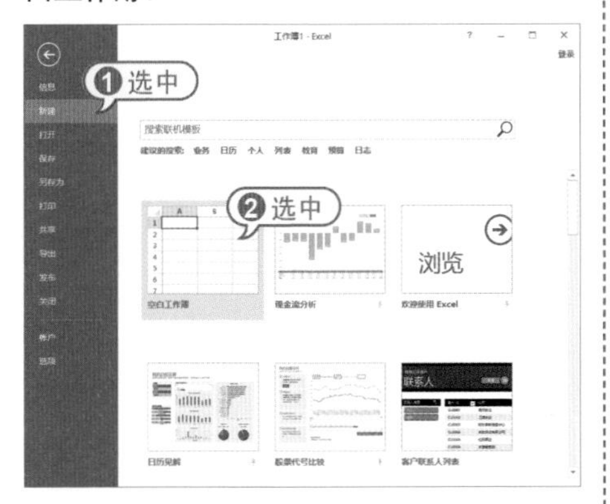

2 使用模板新建工作簿

在Excel 2016中，除了新建空白工作簿以外，用户还可以通过软件自带的模板创建有“内容”的工作簿，从而大幅度地提高工作效率和速度。

【例5-1】使用Excel 2016自带的模板创建新的工作簿。视频

01 启动Excel 2016，单击【文件】按钮，选中【新建】选项，在【主页】文本框中输入文本“预算”并按下Enter键。

02 Excel 2016软件将通过Internet自动搜索与文本“预算”相关的模板，将搜索结果显示在【新建】选项区域。此时可以在模板搜索结果列表中选择一个模板。

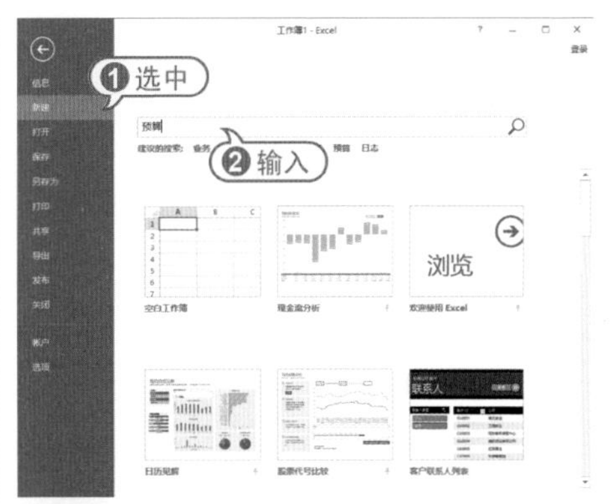

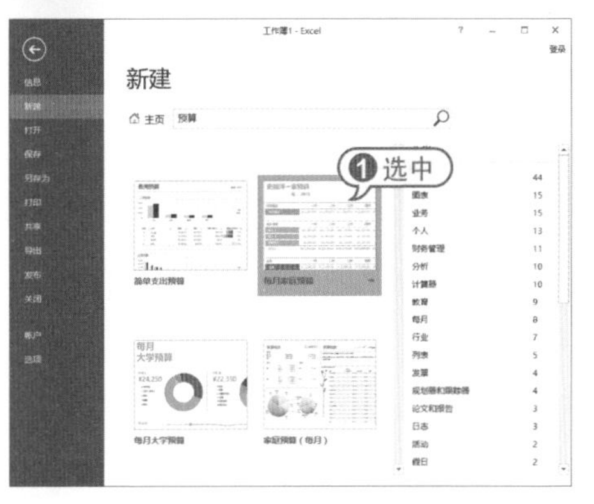

03 然后在打开的对话框中单击【创建】按钮。

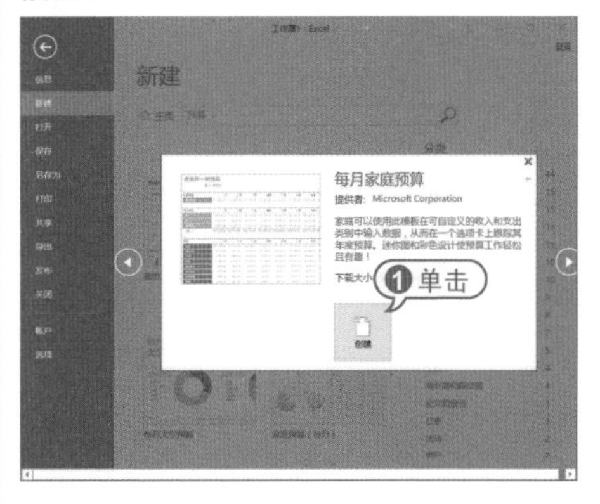

04 完成以上操作后，Excel将自动下载模板，并创建相应的工作簿。

进阶技巧

在Windows操作系统中安装了Excel 2016软件后，右击系统桌面，在弹出的菜单中选择【新建】命令，在该命令的子菜单中将显示【Excel工作表】命令，选择该命令将可以在电脑硬盘中创建一个Excel工作簿。

5.2.3 保存工作簿

当用户需要将工作簿保存在电脑硬盘中时，可以参考以下几种方法：

- 单击【文件】按钮，选择【保存】或【另存为】选项。
- 单击快速访问工具栏中的【保存】按钮。
- 按下Ctrl+N组合键。
- 按下Shift+F12组合键。

此外，经过编辑、修改却未经过保存的工作簿在被关闭时，将自动弹出一个警告框，询问用户是否需要保存工作簿，单击其中的【保存】按钮，也可以保存当前工作簿。

Excel中有两个和保存功能相关的菜单命令，分别是【保存】和【另存为】，这两个命令有以下区别：

- 执行【保存】命令不会打开【另存为】对话框，而是直接将编辑、修改后的数据保存到当前工作簿中。工作簿在保存后，文件名、存放路径不会发生任何改变。
- 执行【另存为】命令后，将会打开【另存为】对话框，允许用户重新设置工作簿的存放路径、文件名并设置保存选项。

【例5-2】在Excel 2016中设置软件定时自动保存工作簿。视频

01 启动Excel 2016后，单击【文件】按钮，选择【选项】选项，打开【Excel选项】对话框。

02 选择【保存】选项卡，然后选中【保存自动恢复信息时间间隔】复选框（默认被选中），启动“自动保存”功能。

03 在【保存自动恢复信息时间间隔】复选框后的微调框中输入15，然后单击【确定】按钮，即可完成自动保存时间的设置。

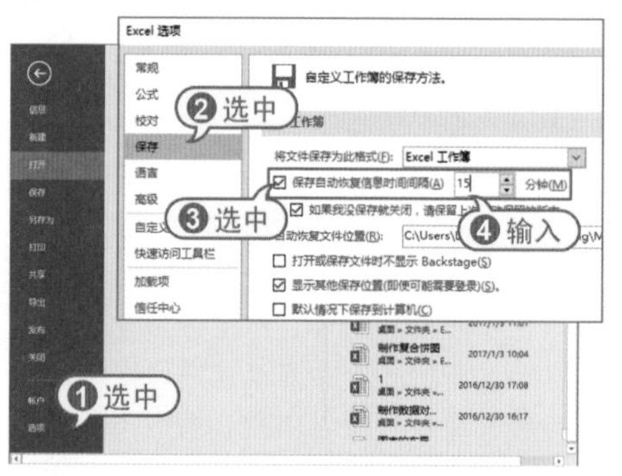

04 完成以上设置后，根据Excel软件关闭的情况不同，分为两种，一种是用户手动关闭Excel程序之前没有保存文档。这种情况通常由误操作造成，要恢复到之前编辑的状态，可以重新打开目标工作簿文档，单击【文件】按钮，在弹出的菜单中选择【信息】选项，窗口右侧会显示工作簿最近一次自动保存的文档副本。

05 单击自动保存的副本即可将其打开，并在编辑栏上方显示提示信息，单击【还原】按钮可以将工作簿恢复到相应的版本。

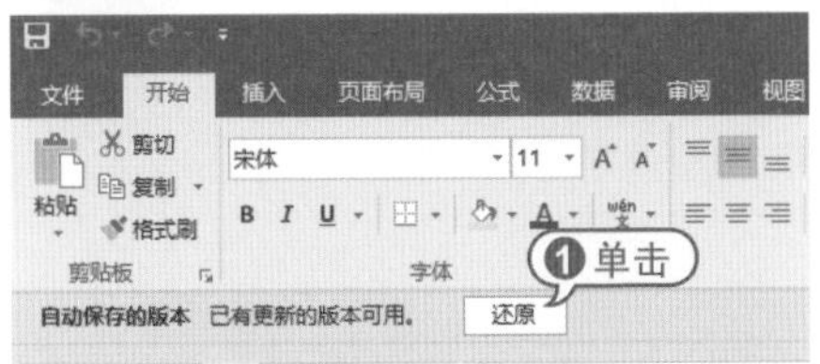

06 第二种情况是Excel因发生突发性的断电、程序崩溃等状况而意外退出，导致Excel工作窗口非正常关闭，这种情况下重新启动Excel后会自动显示一个【文档恢复】窗格，提示用户可以选择打开Excel自动保存的文件版本。

5.2.4 打开和关闭工作簿

经过保存的工作簿在电脑硬盘上形成文件，用户使用标准的电脑文件管理操作方法就可以对工作簿文件进行管理，例如复制、剪切、删除、移动、重命名等。无论工作簿被保存在何处，或者被复制到不同的电脑中，只要所在的电脑上安装有Excel软件，工作簿文件就可以被再次打开以执行读取和编辑等操作。

在Excel 2016中，打开现有工作簿的方法如下：

- 双击Excel文件打开工作簿：找到工作簿的保存位置，直接双击其文件图标，Excel软件将自动识别并打开该工作簿。
- 使用【最近使用的工作簿】列表打开工作簿：在Excel 2016中单击【文件】按钮，在打开的【打开】选项区域单击一个最近打开过的工作簿文件。
- 通过【打开】对话框打开工作簿：在Excel 2016中单击【文件】按钮，在打开的【打开】选项区域单击【浏览】按钮，打开【打开】对话框，在该对话框中选中一个Excel文件后，单击【打开】按钮即可。

在完成对工作簿的编辑、修改及保存后，需要将工作簿关闭，以便下次再进行操作。在Excel 2016中关闭工作簿的常用方法有以下几种：

- 单击【关闭】按钮×：单击标题栏右侧的×按钮，将直接退出Excel软件。
- 按下快捷键：按下Alt+F4组合键将强制关闭所有工作簿并退出Excel软件。按下Alt+空格组合键，在弹出的菜单中选择【关闭】命令，将关闭当前工作簿。
- 单击【文件】按钮，在弹出的菜单中选择【关闭】命令。

5.2.5 显示和隐藏工作簿

在Excel中同时打开多个工作簿后，Windows系统的任务栏上就会显示所有的工作簿标签。此时，用户若在Excel功能区中选择【视图】选项卡，单击【窗口】命令组中的【切换窗口】下拉按钮，在弹出的下拉列表中就可以查看所有被打开工作簿的列表。

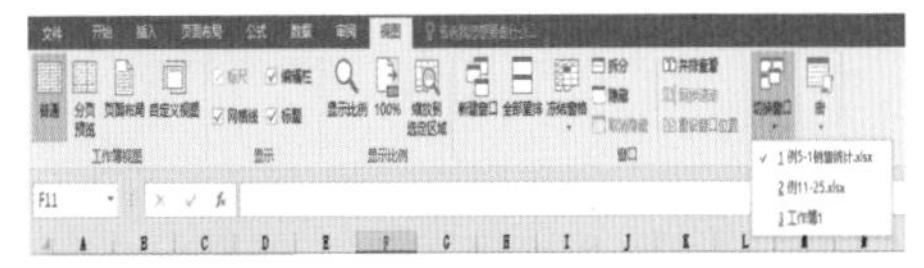

如果用户需要隐藏某个已经打开的工作簿，可在选中该工作簿后，选择【视图】选项卡，在【窗口】命令组中单击

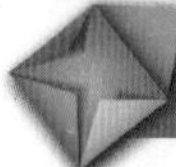

【隐藏】按钮。如果当前打开的所有工作簿都被隐藏，Excel将显示下图所示的窗口界面。

隐藏后的工作簿并没有退出或关闭，而是继续驻留在Excel中，但无法通过正常的窗口切换方法来显示。

如果用户需要取消工作簿的隐藏，可以在【视图】选项卡的【窗口】命令组中单击【取消隐藏】按钮，打开【取消隐藏】对话框，选择需要取消隐藏的工作簿名称后，单击【确定】按钮。

执行取消隐藏工作簿操作，一次只能取消一个隐藏的工作簿，不能一次性对多个隐藏的工作簿同时操作。如果用户需要对多个工作簿取消隐藏，可以在执行一次取消隐藏操作后，按下F4键重复执行。

5.3 工作表的基本操作

在Excel中，工作表的相关操作很多，在实际工作中比较常用的操作有选定、插入、移动和复制工作表，以及改变工作表的标签等。

5.3.1 选定工作表

由于一个工作簿中往往包含多个工作表，因此操作前需要选定工作表。选定工作表的常用操作包括以下几种：

- 选定一张工作表：直接单击该工作表的标签即可。

- 选定相邻的工作表：首先选定第一张工作表的标签，然后按住Shift键不松并单击其他相邻工作表的标签即可。

- 选定不相邻的工作表：首先选定第一张工作表，然后按住Ctrl键不松并单击其他任意一张工作表的标签即可。

- 选定工作簿中的所有工作表：右击任意一个工作表的标签，在弹出的菜单中选择【选定全部工作表】命令即可。

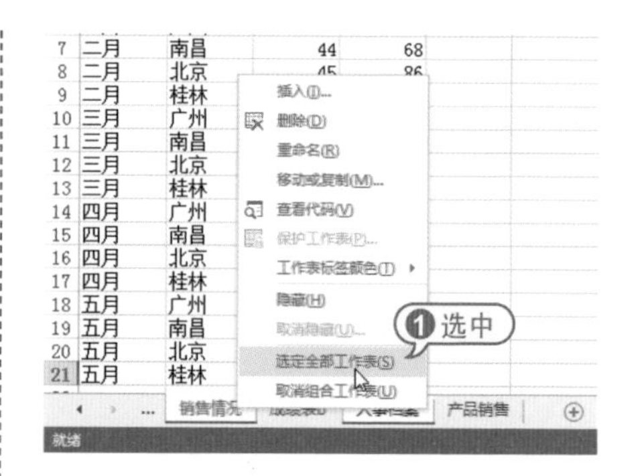

5.3.2 插入工作表

如果工作簿中的工作表数量不够，用户可以在工作簿中插入工作表，插入工作表的常用操作包括以下几种：

- 使用右键快捷菜单：选定当前活动工作表，将光标指向该工作表的标签，然后单击鼠标右键，在弹出的快捷菜单中选择【插入】命令，打开【插入】对话框。在该对话框的【常用】选项卡中选择【工作表】选项，并单击【确定】按钮。

● 单击【插入工作表】按钮：工作表切换标签的右侧有一个【新工作表】按钮⊕，单击该按钮可以快速插入工作表。

● 选择功能区中的命令：选择【开始】选项卡，在【单元格】选项组中单击【插入】下拉按钮，在弹出的菜单中选择【插入工作表】命令，即可插入工作表（插入的新工作表位于当前工作表的左侧）。

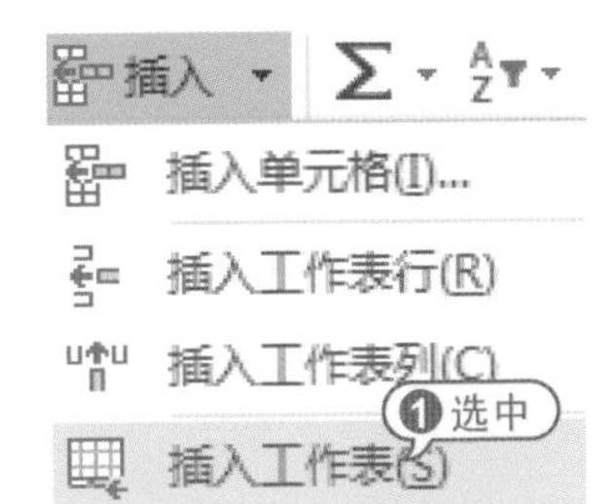

5.3.3 改变工作表的标签

用户可以为工作表的标签设置不同的颜色以便区分和管理。右击工作表的标签，在弹出的快捷菜单中选择【工作表标签颜色】命令，弹出扩展菜单，选择需要的颜色即可。

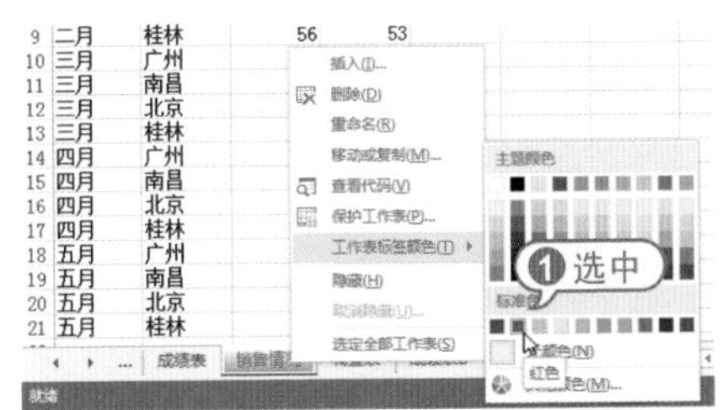

要改变工作表的名称，只需双击选中的工作表标签，这时工作表标签以反黑白形式显示(即黑色背景、白色文字)，输入新的名称并按下Enter键即可。

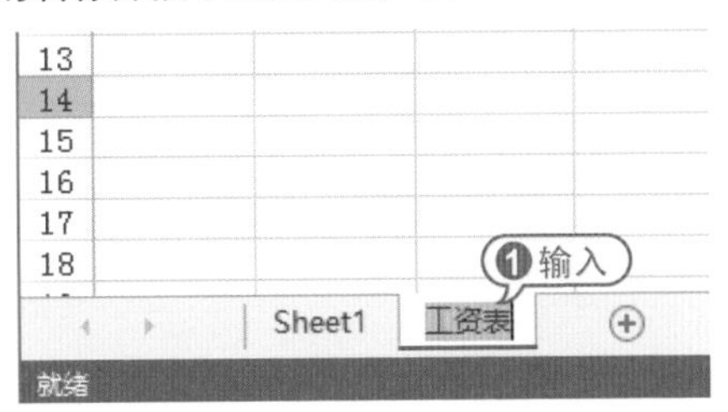

5.3.4 移动和复制工作表

在Excel 2016中，工作表的位置并不是固定不变的，为了操作需要，可以移动或复制工作表，以提高制作表格的效率。

在同一工作簿内移动或复制工作表的操作方法非常简单，只需要选定要移动的工作表，然后沿工作表标签行拖动选定的工作表标签即可；如果要在当前工作簿中复制工作表，只需要在按住Ctrl键的同时拖动工作表，并在目的地释放鼠标，然后松开Ctrl键即可。

在工作簿间移动或复制工作表同样可以通过在工作簿内移动或复制工作表的方法来实现，不过这种方法要求原始工作簿和目标工作簿均为打开状态。

【例5-3】将现有的【人事档案】工作簿中的【销售情况】工作表移动到【新建档案】工作簿中。
视频+素材 (光盘素材\第05章\例5-3)

01 启动Excel 2016程序，同时打开“新建档案”和“人事档案”工作簿后，在“人事档案”工作簿选中“销售情况”工作表。

02 在【开始】选项卡的【单元格】组中单击【格式】下拉按钮，在弹出的菜单中选择【移动或复制工作表】命令。

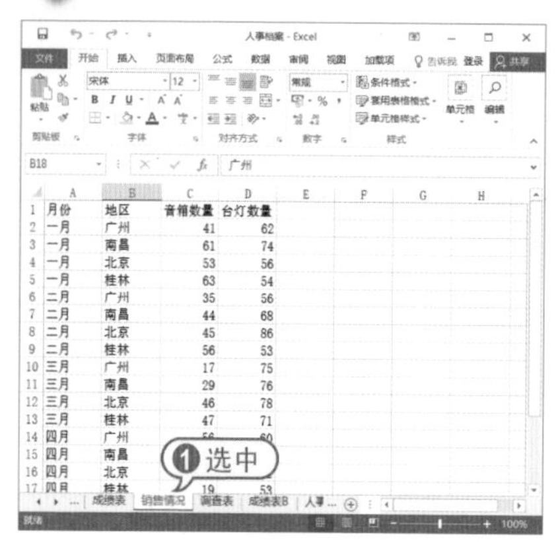

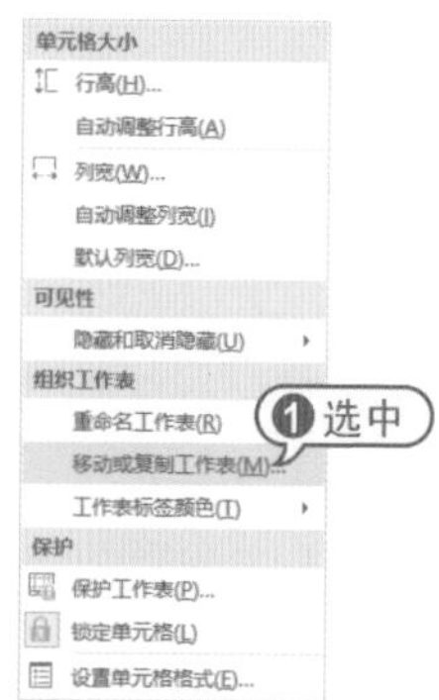

03 在打开的【移动或复制工作表】对话框中，单击【工作簿】下拉列表按钮，在弹出的下拉列表中选择【新建档案.xlsx】选项，然后在【下列选定工作表之前】列表框中选择【Sheet1】选项，并单击【确定】按钮。

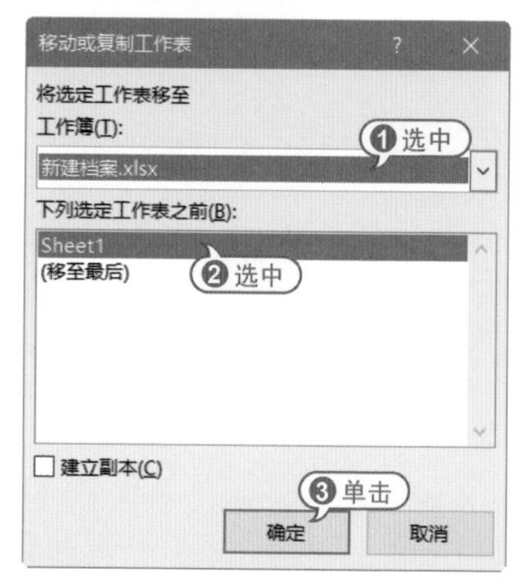

04 此时，“人事档案”工作簿中的“销售情况”工作表将会移动至“新建档案”工作簿的“Sheet1”工作表之前。

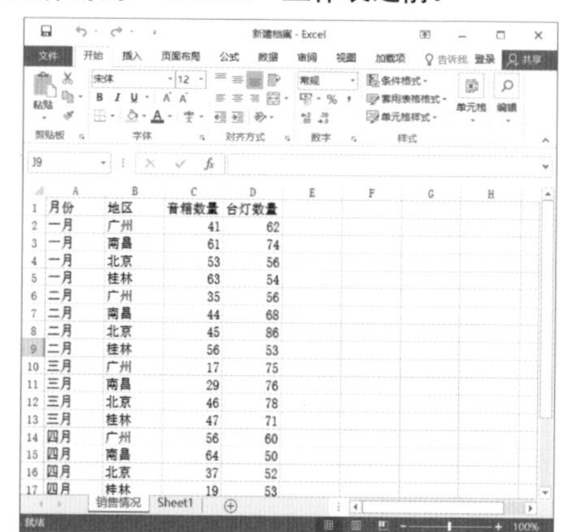

5.4 单元格的基本操作

单元格是工作表的基本单位，在Excel中，绝大多数的操作都是针对单元格来完成的。对单元格的操作主要包括选定、合并与拆分单元格等。

5.4.1 选定单元格

要对单元格进行操作，首先要选定单元格。对单元格的选定操作主要包括选定单个单元格、选定连续的或不连续的单元格或单元格区域。

- 要选定单个单元格，只需要用鼠标单击该单元格即可；按住鼠标左键拖动鼠标可选定连续的单元格区域。
- 按住Ctrl键配合鼠标操作，可选定不连续的单元格或单元格区域。

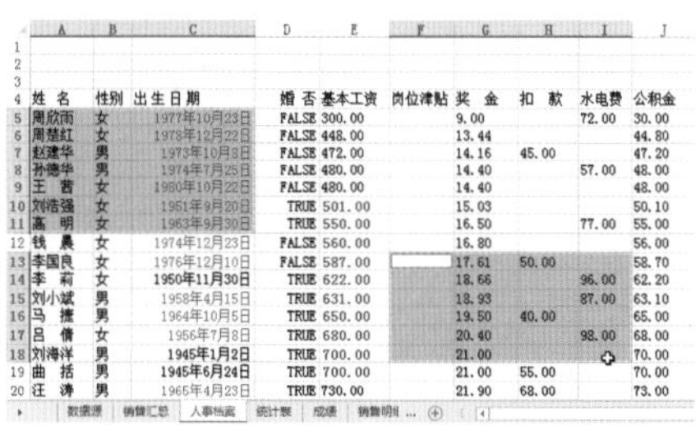

单击工作表中的行号，可选定整行；单击工作表中的列标，可选定整列；单击工作表左上角行号和列标的交叉处，即全选按钮，可选定整个工作表。

5.4.2 合并和拆分单元格

在编辑表格的过程中，有时需要对单元格进行合并或拆分操作，以方便用户对单元格进行编辑。

1 合并单元格

要合并单元格，需要先将要合并的单元格选定，然后打开【开始】选项卡，在【对齐方式】组中单击【合并单元格】按钮⊟即可。

【例5-4】合并表格中的单元格。

视频+素材 (光盘素材\第05章\例5-4)

01 启动Excel 2016，打开“考勤表”文档，然后选中表格中的A1：H2单元格区域。

02 选择【开始】选项卡，在【对齐方式】组中单击【合并后居中】按钮⊟，此时，选中的单元格区域将合并为一个单元格，其中的内容将自动居中。

03 选定B3:H3单元格区域，在【开始】选项卡的【对齐方式】组中单击【合并并居中】下拉按钮，从弹出的下拉菜单中选择【合并单元格】命令。

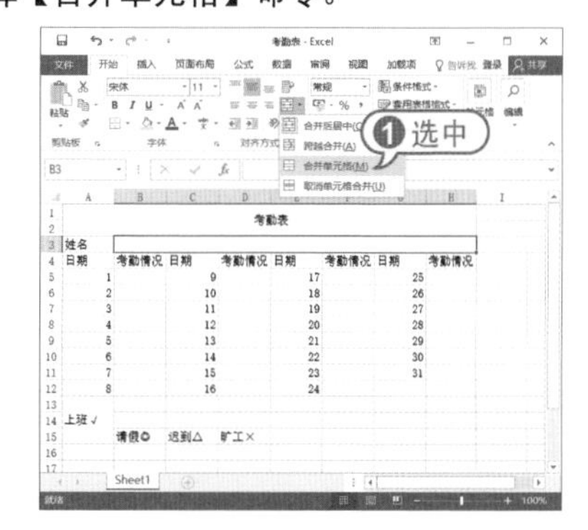

04 此时，即可将B3:H3单元格区域合并

为一个单元格。

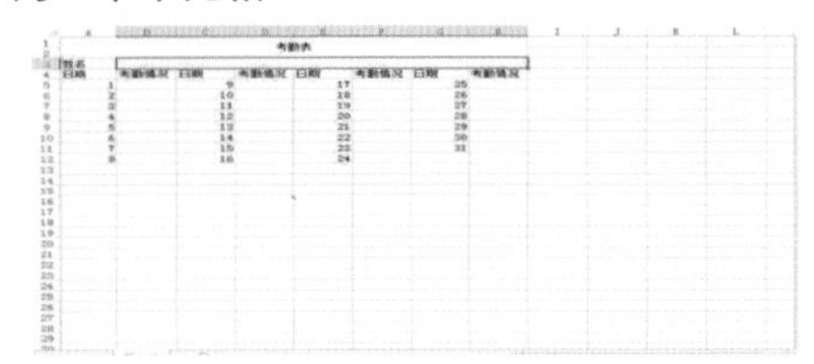

05 选定A13:A15单元格区域，在【开始】选项卡中单击【对齐方式】对话框启动器按钮，打开【设置单元格格式】对话框，在【对齐】选项卡中选中【合并单元格】复选框，单击【确定】按钮也可以将单元格合并。

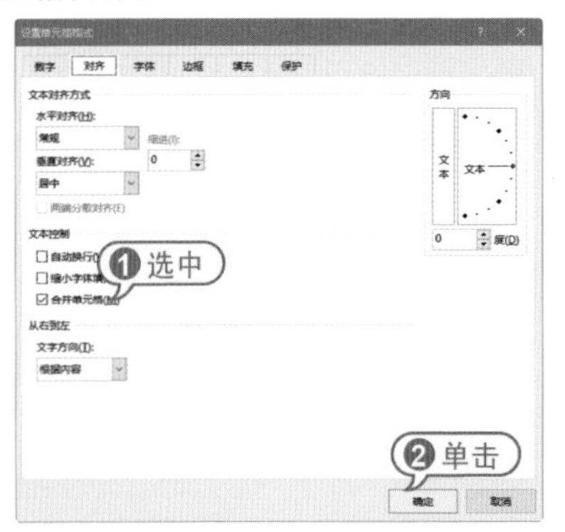

2 拆分单元格

拆分单元格是合并单元格的逆操作，只有合并后的单元格才能够进行拆分。

要拆分单元格，用户只需要选定要拆分的单元格，然后在【开始】选项卡的【对齐方式】组中再次单击【合并后居中】按钮，即可将已经合并的单元格拆分为合并前的状态，或者单击【合并后居中】下拉按钮，选择【取消单元格合并】命令。

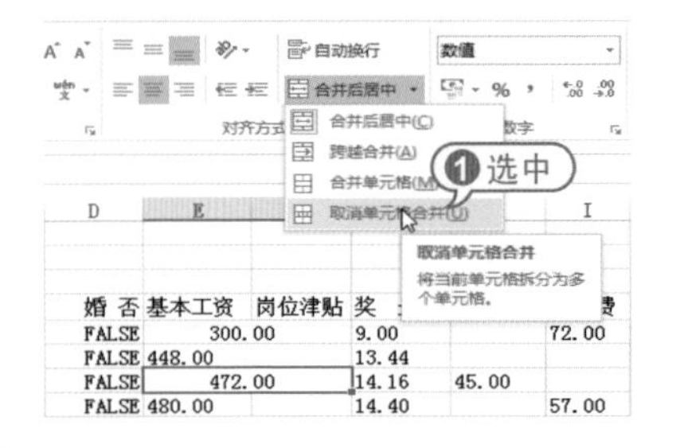

5.4.3 插入和删除单元格

在编辑工作表的过程中，经常需要进行单元格、行和列的插入或删除等编辑操作。

在工作表中选定要插入行、列或单元格的位置，在【开始】选项卡的【单元格】组中单击【插入】下拉按钮，从弹出的下拉菜单选择相应命令即可插入行、列和单元格。

用户还可以右击表格，在弹出的菜单中选中【插入】命令，如果当前选定的是单元格，会打开【插入】对话框，选中【整行】或【整列】单选按钮，单击【确定】按钮即可插入一行或一列。

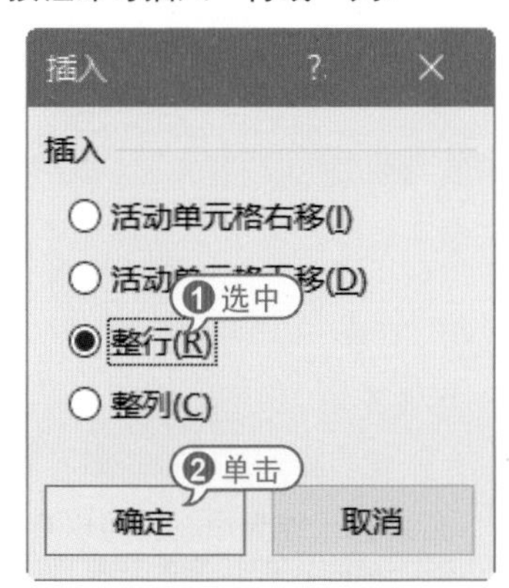

如果工作表的某些数据及其位置不再需要，可以使用【开始】选项卡的【单元格】组中的【删除】命令按钮，执行删除操作。单击【删除】下拉按钮，从弹出的菜单中选择【删除单元格】命令，会打开【删除】对话框。在其中可以删除单元格，或对其他位置的单元格进行移动。

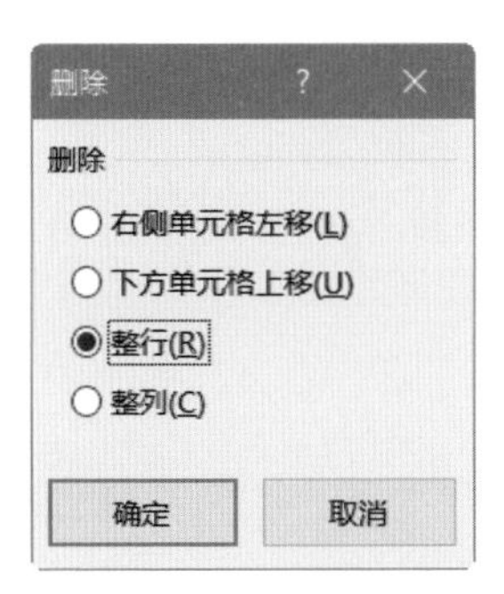

5.4.4 冻结窗格

在工作中对比复杂的表格时，经常需要在滚动浏览表格时，固定显示表头标题行。此时，使用“冻结窗格”命令可以方便地实现效果。

如果要在工作表滚动时保持行列标志或其他数据可见，可以通过冻结窗格功能来固定显示窗口的顶部和左侧区域。

【例5-5】冻结“货物管理表”工作簿中的第1和第2行。

视频+素材 (光盘素材\第05章\例5-5)

01 启动Excel 2016，打开“货物管理表”工作簿。

02 选择A3单元格，然后在【视图】选项卡的【窗口】组中单击【冻结窗格】下拉按钮，在弹出的快捷菜单中选择【冻结拆分窗格】命令。

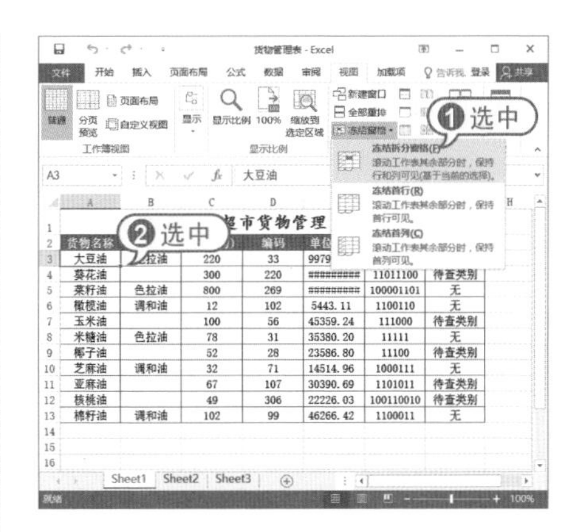

03 此时第1和第2行已经被冻结，当拖动水平或垂直滚动条时，表格的第1和第2行会始终显示。

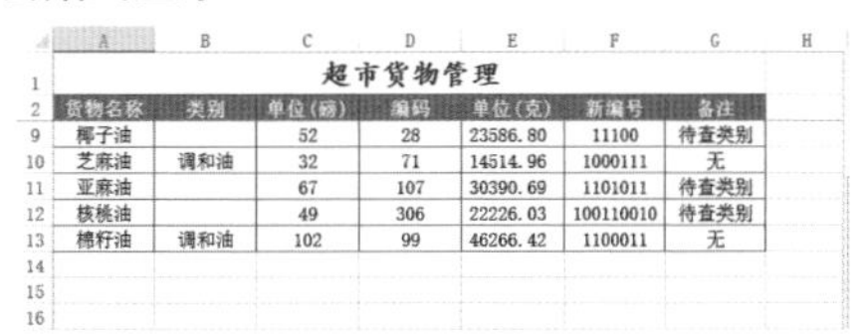

货物名称	类别	单位(磅)	编码	单位(克)	新编号	备注
椰子油		52	28	23586.80	11100	待查类别
芝麻油	调和油	32	71	14514.96	1000111	无
亚麻油		67	107	30390.69	1101011	待查类别
核桃油		49	306	22226.03	100110010	待查类别
棉籽油	调和油	102	99	46266.42	1100011	无

04 如果要取消冻结窗格效果，可再次单击【冻结窗格】下拉按钮，在弹出的快捷菜单中选择【取消冻结窗格】命令即可。

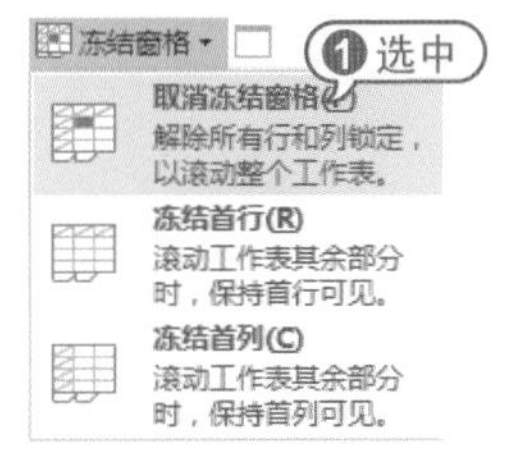

5.5 数据的输入和填充

创建完工作表后，就可以在工作表的单元格中输入数据。当需要在连续的单元格中输入相同或有规律的数据(等差或等比)时，可以使用Excel提供的数据填充功能来实现。

5.5.1 输入数据

用户可以像在Word文档中一样，在工作表中手动输入文本、数字以及一些特殊的表格数值。

1 输入文本、符号和数字

在Excel 2016中，文本型数据通常是指字符或者任何数字和字符的组合。输入到单元格中的任何字符集，只要不被系统解释成数字、公式、日期、时间或逻辑值，Excel 2016一律将其视为文本。

在表格中输入文本型数据的方法主要有以下3种：

- 在数据编辑栏中输入：选定要输入文本型数据的单元格，将鼠标光标移动到数据编辑栏处单击，将插入点定位到编辑栏中，然后输入内容。
- 在单元格中输入：双击要输入文本型数据的单元格，将插入点定位到该单元格内，然后输入内容。
- 选定单元格输入：选定要输入文本型数据的单元格，直接输入内容即可。

此外，用户可以在表格中输入特殊符号，一般在【符号】对话框中进行操作。

在Excel工作表中，数字型数据是最常见、最重要的数据类型。在Excel 2016中，数字型数据包括货币、日期与时间等类型。

【例5-6】制作一个“工资表”工作簿，在表格中输入数据。

视频+素材 (光盘素材\第05章\例5-6)

01 启动Excel 2016，新建一个名为“工资表”的工作簿，并输入文本数据。

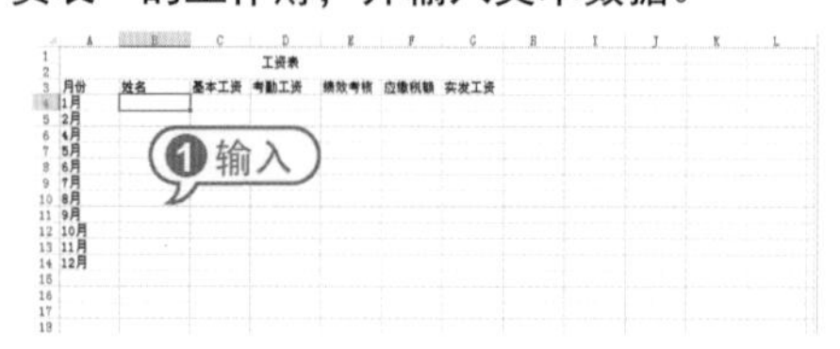

02 选定C4:G14单元格区域，在【开始】选项卡的【数字】选项区域单击其右下角的按钮。

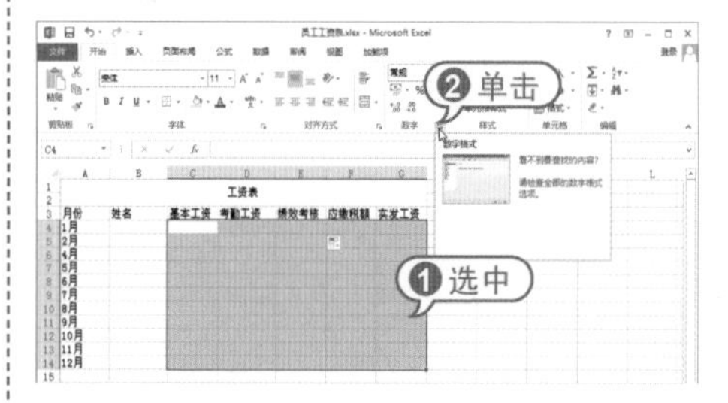

03 在打开的【设置单元格格式】对话框中选中【货币】选项，在右侧的【小数位数】微调框中设置数值为“2”，【货币符号】选择“￥”，在【负数】列表框中选择一种负数格式，单击【确定】按钮。

04 此时，当在C4:G14单元格区域输入数字后，系统会自动将其转换为货币型数据。

	A	B	C	D	E	F	G
1	工资表						
2							
3	月份	姓名	基本工资	考勤工资	绩效考核	应缴税额	实发工资
4	1月	刘大明	¥3,000.00	¥1,000.00	¥1,000.00	¥400.00	¥4,600.00
5	2月	刘大明	¥3,000.00	¥800.00	¥1,200.00	¥400.00	¥4,600.00
6	4月	刘大明	¥3,000.00	¥1,000.00	¥1,600.00	¥448.00	¥5,152.00
7	5月	刘大明	¥3,000.00	¥900.00	¥800.00	¥376.00	¥4,324.00
8	6月	刘大明	¥3,000.00	¥800.00	¥1,000.00	¥384.00	¥4,416.00
9	7月	刘大明	¥3,000.00	¥600.00	¥600.00	¥336.00	¥3,864.00
10	8月	刘大明	¥3,000.00	¥1,000.00	¥500.00	¥360.00	¥4,140.00
11	9月	刘大明	¥3,000.00	¥400.00	¥1,500.00	¥392.00	¥4,508.00
12	10月	刘大明	¥3,000.00	¥600.00	¥1,100.00	¥376.00	¥4,324.00
13	11月	刘大明	¥3,000.00	¥1,000.00	¥1,200.00	¥416.00	¥4,784.00
14	12月	刘大明	¥3,000.00	¥1,000.00	¥1,600.00	¥448.00	¥5,152.00
15							

2 在多个单元格中同时输入数据

当用户需要在多个单元格中同时输入相同的数据时，许多用户想到的办法就是在其中一个单元格中输入，然后复制到其他所有单元格中。对于这样的方法，如果用户能够熟练操作并且合理使用快捷键，也是一种高效的选择。

但还有一种操作方法，可以比复制/粘贴操作更加方便快捷：同时选中需要输入相同数据的多个单元格，输入所需要的数据，在输入结束时，按下Ctrl+Enter键确认输入。此时将会在选定的所有单元格中显示相同的输入内容。

3 输入指数上标

在工程和数学等应用领域，经常需要输入一些带有指数上标的数字或符号单位，如10^2、M^2等。在Word软件中，用户可以使用上标工具来实现操作，但在Excel中没有这样的功能。用户需要通过设置单元格格式的方法来实现指数在单元格中的显示，具体方法如下：

01 若用户需要在单元格中输入M^{-10}，可先在单元格中输入“M-10”，然后激活单元格编辑模式，用鼠标选中文本中的“-10”部分。

02 按下Ctrl+1键，打开【设置单元格格式】对话框，选中【上标】复选框后，单击【确定】按钮即可。

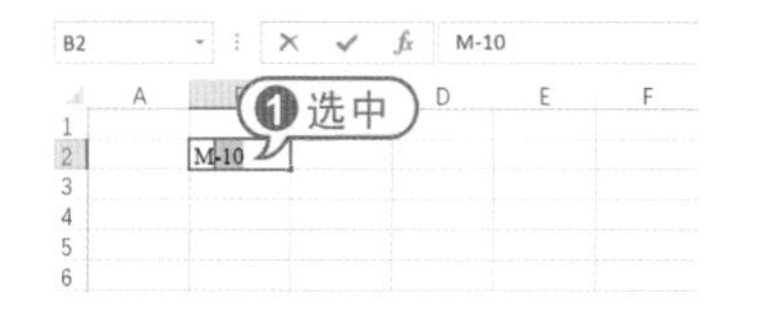

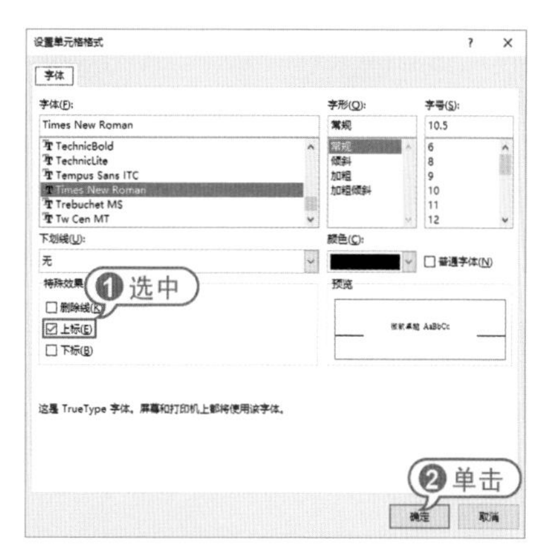

03 此时，在单元格中将数据显示为“M^{-10}”，但在编辑栏中数据仍旧显示为“M-10”。

4 自动输入小数点

有一些数据处理方面的应用（如财务报表、工程计算等），经常需要用户在单元格中大量输入数值数据。如果这些数据需要保留的最大小数位数是相同的，用户可以参考下面介绍的方法，设置在Excel中输入数据时免去小数点“.”的输入操作，从而提高输入效率。

01 以输入数据最大保留3位小数为例，打开【Excel选项】对话框后，选择【高级】选项卡，选中【自动插入小数点】复选框，并在复选框下方的微调框中输入3。

02 单击【确定】按钮，在单元格中输入“11111”，将自动添加小数。

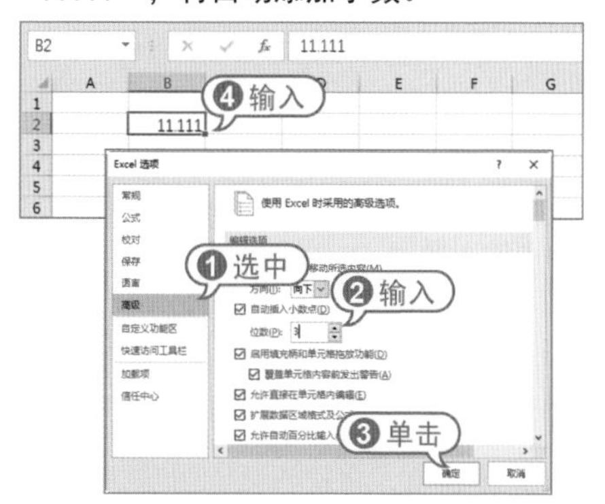

5 记忆式键入

有时用户在表格中输入的数据会包含较多的重复文字，例如在建立公司员工档案信息时，在输入部门时，总会用到很多相同的部门名称。如果希望简化此类输入，可参考下面介绍的方法。

01 打开【Excel选项】对话框，选择【高级】选项卡，选中【为单元格值启用记忆式键入】复选框后，单击【确定】按钮。

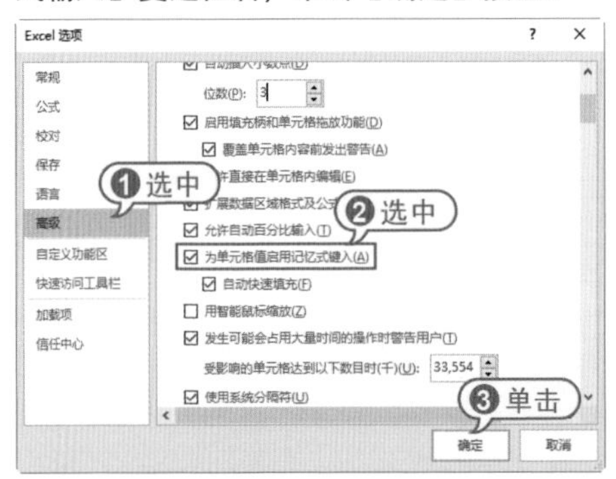

02 启动以上功能后，当用户在同一列中输入相同的信息时，就可以利用“记忆式键入”来简化输入。例如，用户在下图所示的A2单元格中输入“华东区分店营业一部”后按下Enter键，在A3单元格中输入“华东区”，Excel即会自动输入“分店营业一部”。

	A	B	C
1	部门		
2	华东区分店营业一部		
3	华东区分店营业一部		
4			
5			

5.5.2 编辑数据

如果在Excel 2016的单元格中输入数据时发生了错误，或者要改变单元格中的数据，则需要对数据进行编辑。

1 更改数据

当单击单元格使其处于活动状态时，单元格中的数据会被自动选取，一旦开始输入，单元格中原来的数据就会被新输入的数据所取代。

如果单元格中包含大量的字符或复杂的公式，而用户只想修改其中的一部分，那么可以按以下两种方法进行编辑：

- 双击单元格，或者单击单元格后按F2键，在单元格中进行编辑。
- 单击激活单元格，然后单击编辑框，在编辑框中进行编辑。

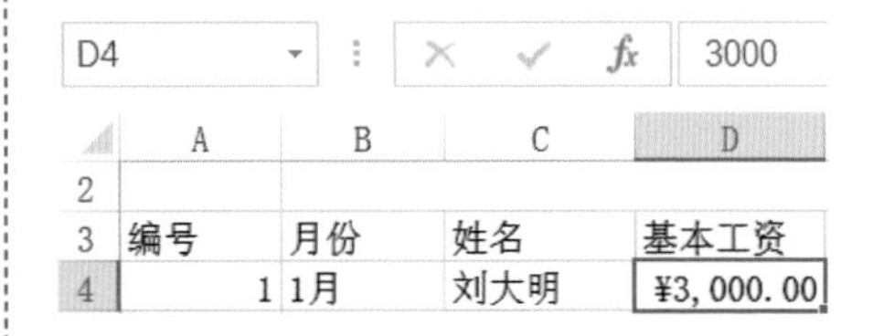

2 删除数据

要删除单元格中的数据，可以先选中该单元格，然后按Delete键即可；要删除多个单元格中的数据，可同时选定多个单元格，然后按Delete键。

如果想要完全地控制对单元格的删除操作，只使用Delete键是不够的。在【开始】选项卡的【编辑】组中，单击【清除】下拉按钮，在弹出的快捷菜单中选择相应的命令，即可删除单元格中的相应内容。

3 移动和复制数据

移动和复制数据基本上与移动和复制单元格的操作一样。

此外还可以使用鼠标拖动法来移动或复制单元格内容。要移动单元格中的数据，应首先单击要移动的单元格或选定单元格区域，然后将光标移至单元格区域边缘，当光标变为箭头形状后，拖动光标到指定位置并释放鼠标即可。

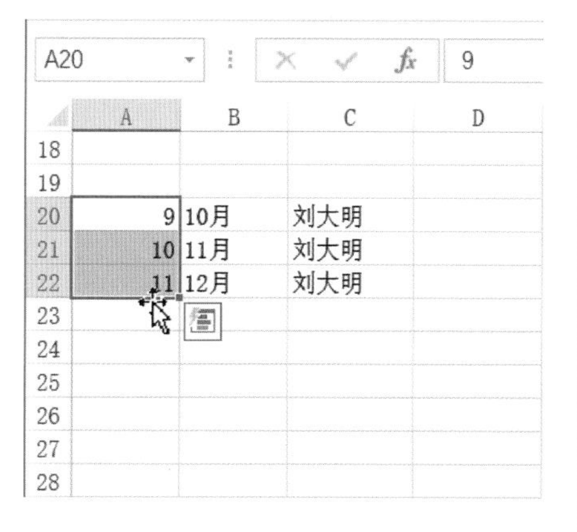

5.5.3 填充数据

当需要在连续的单元格中输入相同或有规律的数据(等差或等比)时，可以使用Excel提供的数据填充功能来实现。

1 使用控制柄

选定单元格或单元格区域时会出现一个带黑色边框的选区，此时选区右下角会出现一个控制柄，将鼠标光标移动置它的上方时会变成✚形状，通过拖动该控制柄可实现数据的快速填充。

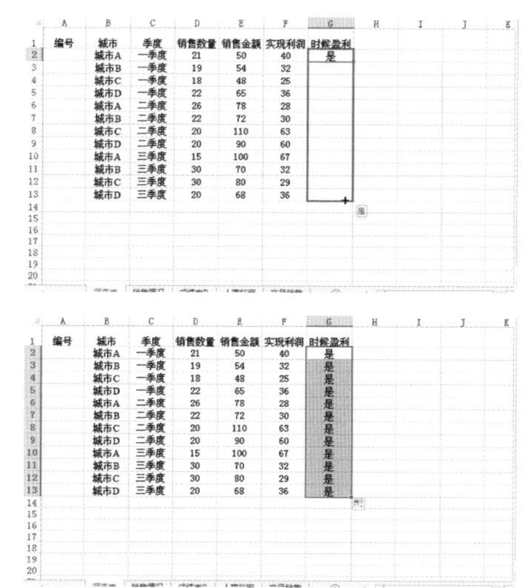

填充有规律数据的方法为：在起始单元格中输入起始数据，在第二个单元格中输入第二个数据，然后选择这两个单元格，将鼠标光标移动到选区右下角的控制柄上，拖动鼠标左键至所需位置，最后释放鼠标即可根据第一个单元格和第二个单元格中数据间的关系自动填充数据。

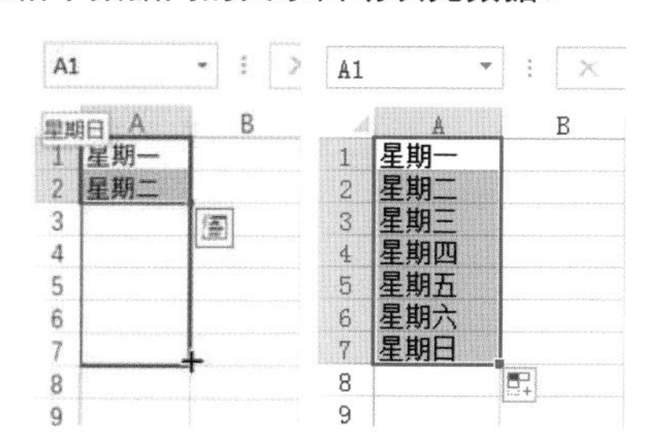

2 使用【序列】对话框

在【开始】选项卡的【编辑】组中，单击【填充】按钮旁的倒三角按钮，在弹出的快捷菜单中选择【序列】命令，打开【序列】对话框，在其中设置选项进行填充。【序列】对话框中各选项的功能如下：

- 【序列产生在】选项区域：该选项区域可以确定序列是按选定行还是按选定列来填充。在选定区域的每行或每列中，第一个单元格或单元格区域的内容将作为序列的初始值。

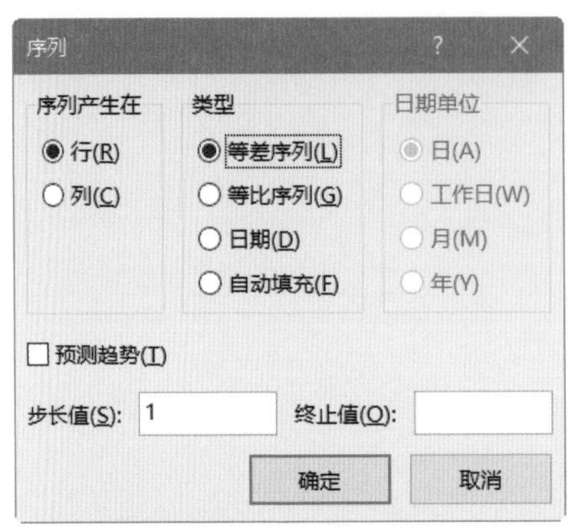

- 【类型】选项区域：该选项区域可以选择需要填充的序列类型。
- 【等差序列】：创建等差序列或最佳线性趋势。如果取消选中【预测趋势】复选框，线性序列将通过逐步递加【步长值】文本框中的数值来产生；如果选中【预测趋势】复选框，将忽略【步长值】文本框中的值，线性趋势将在所选数值的基础上计算产生。所选初始值将被符合趋势的数值代替。
- 【等比序列】：创建等比序列或几何增长趋势。
- 【日期】：用日期填充序列。日期序列的增长取决于用户在【日期单位】选项区域选择的选项。如果在【日期单位】选项区域选中【日】单选按钮，那么日期序列将按天增长。
- 【自动填充】：根据包含在所选区域中的数值，用数据序列填充区域中的空白单元格，该选项与通过拖动填充柄来填充序列的效果一样。【步长值】文本框中的值与用户在【日期单位】选项区域选择的选项都将被忽略。
- 【日期单位】选项区域：在该选项区域，可以指定日期序列是按天、按工作日、按月还是按年增长。只有在创建日期序列时此选项区域才有效。
- 【预测趋势】复选框：对于等差序列，计算最佳直线；对于等比序列，计算最佳几何曲线。趋势的步长值取决于选定区域左侧或顶部的原有数值。如果选中此复选框，则【步长值】文本框中的任何值都将被忽略。
- 【步长值】文本框：输入一个正值或负值来指定序列每次增加或减少的值。
- 【终止值】文本框：在该文本框中输入一个正值或负值来指定序列的终止值。

【例5-7】在“工资表”文档中使用【序列】对话框快速填充数据。
视频+素材 (光盘素材\第05章\例5-7)

01 启动Excel 2016，打开“工资表”工作簿，选择A列，右击，在打开的快捷菜单中选择【插入】命令，插入一个新列。在A3单元格中输入“编号”，在A4单元格中输入“1”。

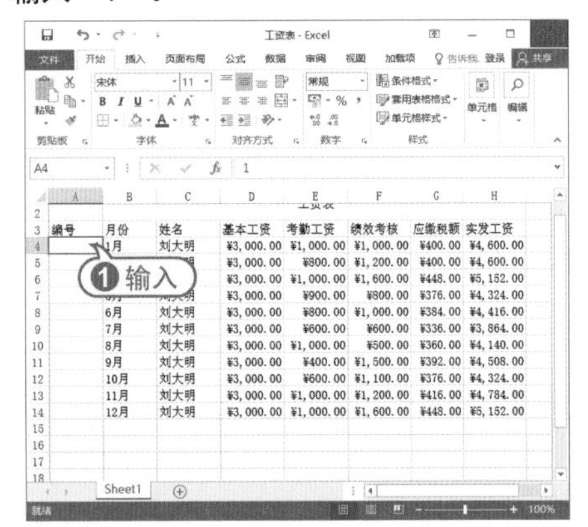

02 选定A4:A14单元格区域，选择【开始】选项卡，在【编辑】选项组中单击【填充】下拉按钮，在弹出的菜单中选择【序列】命令。

03 打开【序列】对话框，在【序列产生在】选项区域选中【列】单选按钮；在

【类型】选项区域选中【等差序列】单选按钮；在【步长值】文本框中输入1，单击【确定】按钮。

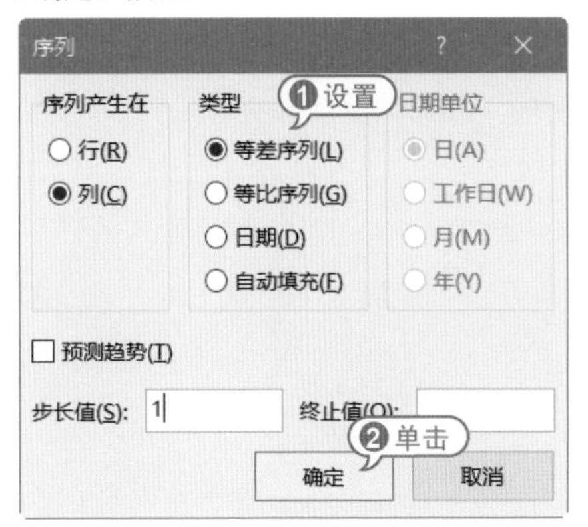

04 此时表格内自动填充步长为1的数据。

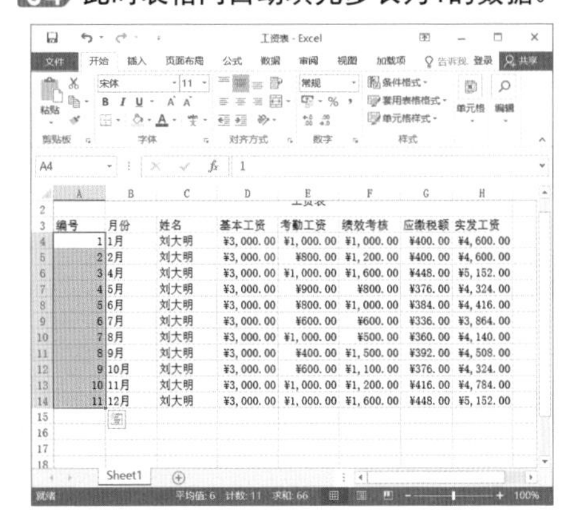

5.6 设置表格格式

在Excel 2016中，为了使工作表中的某些数据醒目和突出，也为了使整个版面更为丰富，通常需要对不同的单元格和数据设置不同的格式。

5.6.1 设置对齐

打开【设置单元格格式】对话框，选中【对齐】选项卡，该选项卡主要用于设置单元格文本的对齐方式，此外还可以对文本方向、文字方向以及文本控制等内容进行相关的设置。

1 文本方向和文字方向

当用户需要将单元格中的文本以一定倾斜角度进行显示时，可以通过【对齐】选项卡中的【方向】文本格式设置来实现。

- 设置倾斜文本角度：在【对齐】选项卡右倾的【方向】半圆形表盘显示框中，用户可以通过鼠标操作指针直接选择倾斜角度，或通过下方的微调框来设置文本的倾斜角度，改变文本的显示方向。文本倾斜角度设置范围为-90°至90°。如右图所示为从左到右依次展示了文本分别倾斜90°、45°、0°、-45°和-90°的效果。

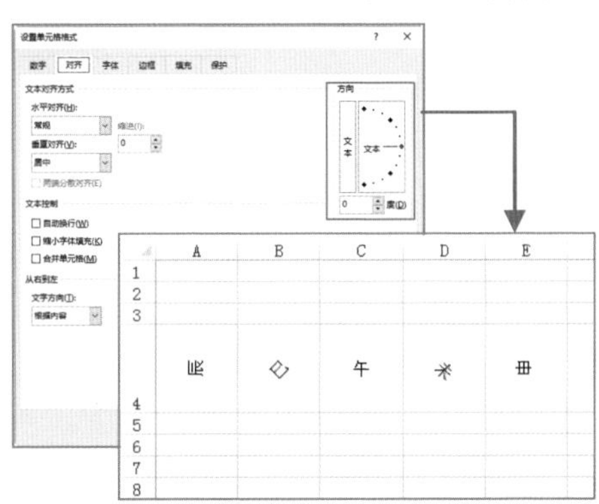

- 设置【竖排文本方向】：竖排文本方向指的是将文本由水平排列状态转为竖直排列状态，文本中的每一个字符仍保持水平显示。要设置竖排文本方向，在【开始】选项卡的【对齐方式】命令组中单击【方

向】下拉按钮，在弹出的下拉列表中选择【竖直方向】命令即可。

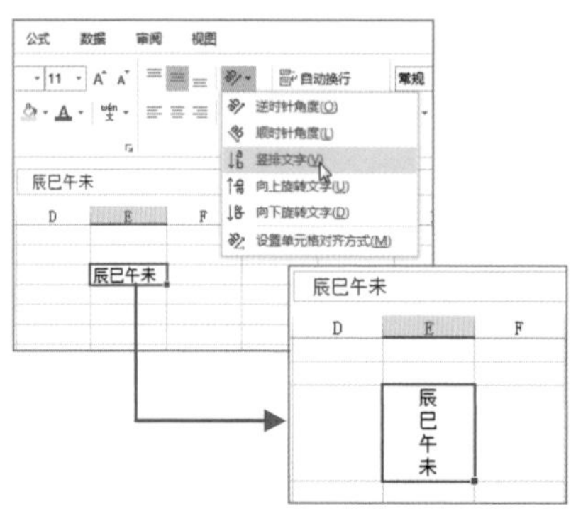

- 设置【垂直角度】：垂直角度文本指的是将文本按照字符的直线方向垂直旋转90°或-90°后形成的垂直显示文本，文本中的每一个字符均相应地旋转90°。要设置垂直角度文本，在【开始】选项卡的【对齐方式】命令组中单击【方向】下拉按钮，在弹出的下拉列表中选择【向上旋转文本】或【向下旋转文本】命令即可。

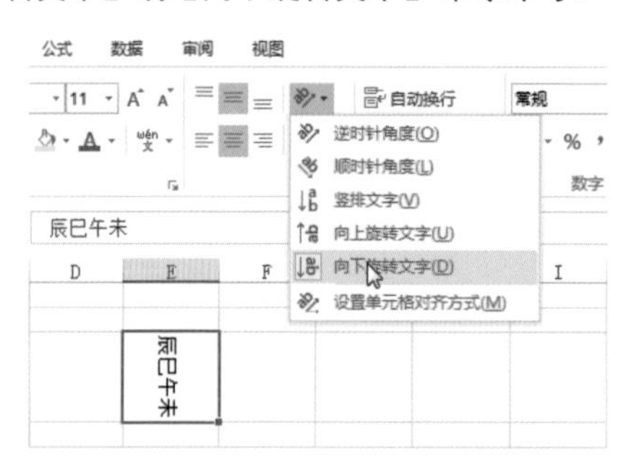

- 设置【文字方向】与【文本方向】：文字方向与文本方向在Excel中是两个不同的概念。【文字方向】指的是文字从左至右或者从右至左的书写和阅读方向，目前大多数语言都是从左到右书写和阅读，但也不少语言是从右到左书写和阅读，如阿拉伯语、希伯来语等。在使用相应的语言支持的Office版本后，可以在【对齐】选项卡中单击【文字方向】下拉按钮，将文字方向设置为【总是从右到左】，以便输入和阅读这些语言。

2 水平对齐

在Excel中设置水平对齐包括常规、靠左(缩进)、居中(缩进)、靠右、填充、两端对齐、跨列居中、分散对齐(缩进)8种对齐方式，各自的作用如下：

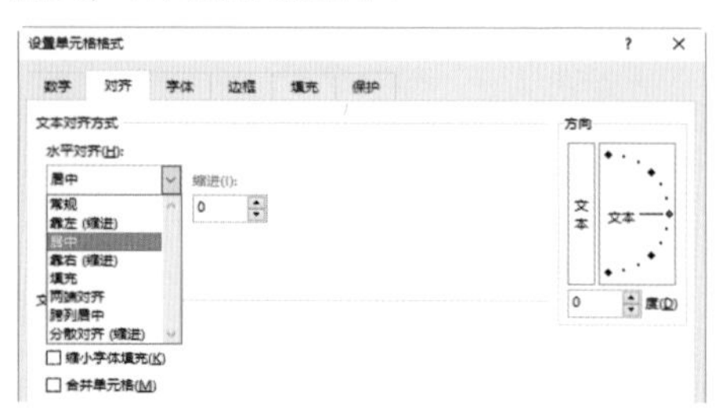

- 常规：Excel默认的单元格内容的对齐方式为——数值型数据靠右对齐、文本型数据靠左对齐、逻辑值和错误值居中。
- 靠左(缩进)：单元格内容靠左对齐，如果单元格内容长度大于单元格列宽，则内容会从右侧超出单元格边框显示。如果右侧单元格非空，则内容右侧超出部分不被显示。在【对齐】选项卡的【缩进】微调框中可以调整离单元格右侧边框的距离，可选缩进范围为0~15个字符。例如，如下图所示为以悬挂缩进方式设置分级文本。

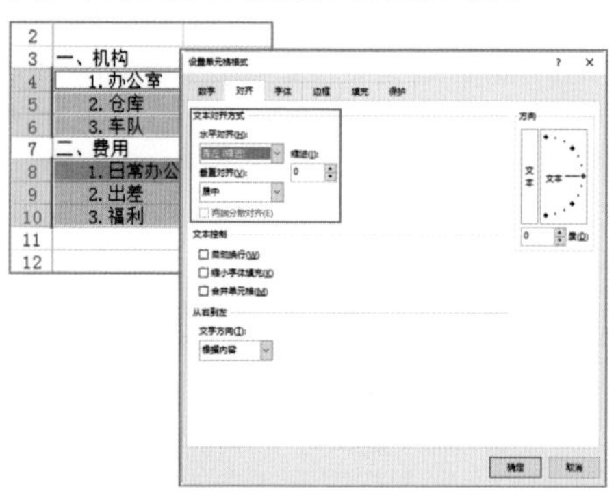

- 填充：重复单元格内容直到单元格的宽度被填满。如果单元格列宽不足以重复显示文本的整数倍数，则文本只显示整数倍次数，其余部分不再显示出来。

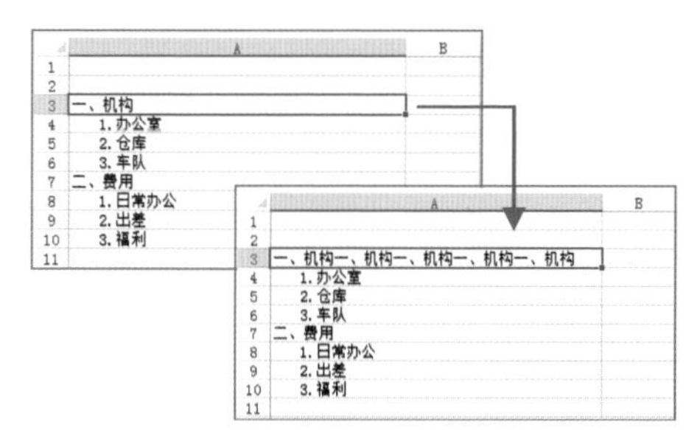

- 居中：单元格内容居中，如果单元格内容长度大于单元格列宽，则内容会从两侧超出单元格边框显示。如果两侧单元格非空，则内容超出部分不被显示。
- 靠右（缩进）：单元格内容靠右对齐，如果单元格内容长度大于单元格列宽，则内容会从左侧超出单元格边框显示。如果左侧单元格非空，则内容左侧超出部分不被显示。可以在【缩进】微调框内调整距离单元格左侧边框的距离，可选缩进范围为0~15个字符。
- 两端对齐(缩进)：使文本两端对齐。单行文本以类似【靠左(缩进)】方式对齐，如果文本过长，超过列宽，文本内容会自动换行显示。

- 跨列居中：单元格内容在选定的同一行的连续多个单元格中居中显示。此对齐方式常用于在不需要合并单元格的情况下，居中显示表格标题。

学生成绩表				
学生姓名	测试成绩A	Excel实务	英语	第8次综合考评
陈纯	108	107	105	190
陈小磊	113	108	110	192
陈妤	102	119	116	171
陈子晖	117	114	104	176
杜琴庆	117	108	102	147
冯文博	98	120	116	182
高凌敏	114	123	116	163

- 分散对齐：对于中文字符，包括空格间隔的英文单词等，在单元格内平均分布并充满整个单元格宽度，并且两端靠近单元格边框。对于连续的数字或字母符号则不产生作用。可以使用【缩进】微调框调整距离单元格两侧边框的边距，可缩进范围为0~15个字符。应用【分散对齐】格式的单元格当内容过长时会自动换行显示。

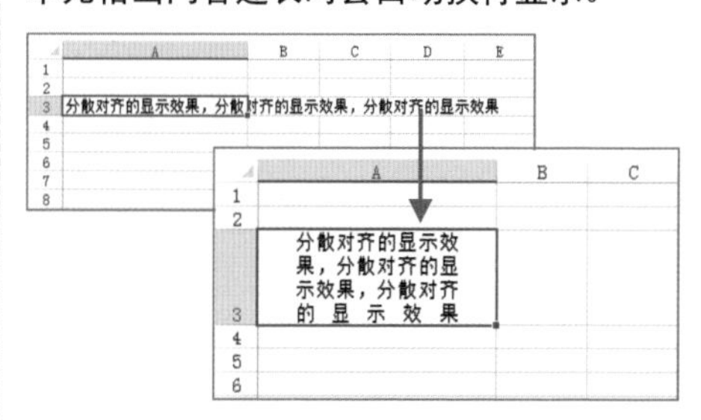

3 垂直对齐

垂直对齐包括靠上、居中、靠下、两端对齐、分散对齐等几种对齐方式。

- 靠上：又称为“顶端对齐”，单元格内的文字沿单元格顶端对齐。
- 居中：又称为“垂直居中”，单元格内的文字垂直居中，这是Excel默认的对齐方式。
- 靠下：又称为“底端对齐”，单元格内的文字靠下端对齐。
- 两端对齐：单元格的内容在垂直方向上两端对齐，并且在垂直距离上平均分布。应用了该格式的单元格当文本内容过长时会自动换行显示。

如果用户需要更改单元格内容的垂直对齐方式，除了可以通过【设置单元格格式】对话框中的【对齐】选项卡以外，还可以在【开始】选项卡的【对齐方式】命令组中单击【顶端对齐】按钮、【垂直对齐】按钮或【底端对齐】按钮。

5.6.2 设置字体

单元格字体格式包括字体、字号、颜色、背景图案等。Excel中文版的默认设置为：字体为【宋体】、字号为11号。用户可以按下Ctrl+1键，打开【单元格格式】对话框，选择【字体】选项卡，通过更改相应的设置来调整单元格中内容的格式。

【字体】选项卡中各个选项的功能说明如下：

- 字体：在该列表框中显示了Windows系统提供的各种字体。
- 字形：在该列表框中提供了包括常规、倾斜、加粗、加粗倾斜4种字形。
- 字号：字号指的是文字显示大小，用户可以在【字号】列表框中选择字号，也可以直接在文本框中输入字号的磅数（范围为1~409）。
- 下画线：在该下拉列表中可以为单元格内容设置下画线，默认设置为无。Excel中可设置的下画线类型包括单下画线、双下画线、会计用单下画线、会计用双下画线4种（会计用下画线相比普通下画线离单元格内容更靠下一些，并且会填充整个单元格宽度）。
- 颜色：单击该按钮将弹出【颜色】下拉调色板，允许用户为字体设置颜色。
- 删除线：在单元格中显示横穿内容的直线，表示内容被删除。效果为~~删除内容~~。
- 上标：将文本内容显示为上标形式，例如K^3。
- 下标：将文本内容显示为下标形式，例如K_3。

除了可以对整个单元格的内容设置字体格式外，还可以对同一个单元格内的文本内容设置多种字体格式。用户只要选中单元格文本的某一部分，设置相应的字体格式即可。

5.6.3 设置边框

在Excel中，用户可以使用以下两种途径为表格设置边框。

1 通过功能区设置边框

在【开始】选项卡的【字体】命令组中，单击设置边框田 -下拉按钮，在弹出的下拉列表中提供了13种边框设置方案，以及一些绘制及擦除边框的工具。

2 通过对话框设置边框

用户可以通过【设置单元格格式】对

话框中的【边框】选项卡来设置更多的边框效果。

【例5-8】使用Excel 2016为表格设置单斜线和双斜线表头的报表。
视频+素材 (光盘素材\第05章\例5-8)

01 打开下图所示的表格后，在B2单元格中输入表头标题“月份”和“部门”，通过插入空格调整“月份”、“部门”之间的间距。

02 在B2单元格中添加从左上至右下的对角边框线条。选中B2单元格后，打开【设置单元格格式】对话框，选择【边框】选项卡并单击▧按钮。

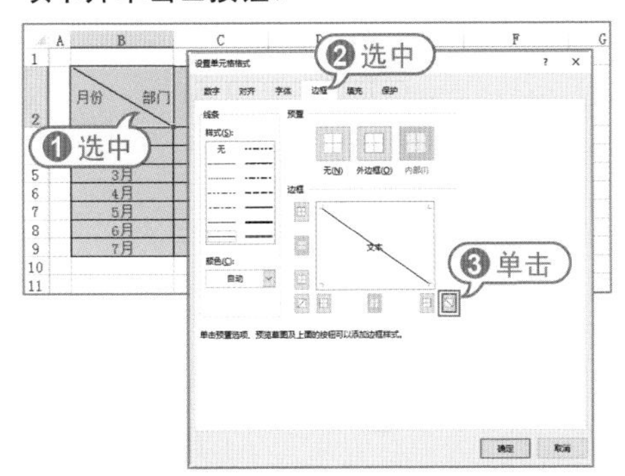

03 在B2单元格中输入表头标题“金额”、“部门”和“月份”，通过插入空格调整“金额”、“部门”之间的间距，在“月份”之前按下Alt+Enter键强制换行。

04 打开【设置单元格格式】对话框，选择【对齐】选项卡，设置B2单元格的水平对齐方式为【靠左（缩进）】，垂直对齐方式为【靠上】。

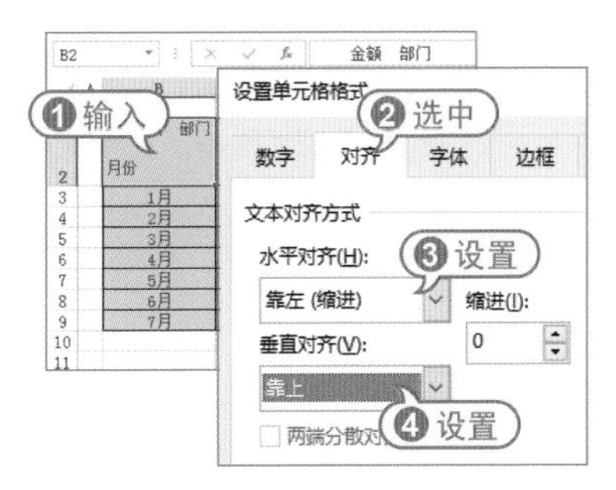

05 重复步骤01和02中的操作，在B2单元格中设置单斜线表头。

06 选择【插入】选项卡，在【插图】命令组中单击【形状】下拉按钮，在弹出的菜单中选择【线条】命令，在B2单元格中添加如下图所示的直线。

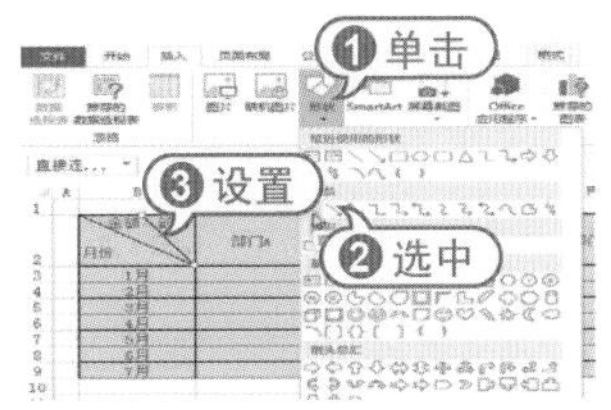

5.6.4 设置填充

用户可以通过【设置单元格格式】对话框中的【填充】选项卡，对单元格的底色进行填充修饰。在【背景色】区域中选择多种填充颜色，或单击【填充效果】按钮，在【填充效果】对话框中设置渐变色。此外，用户还可以在【图案样式】下拉列表中选择单元格图案填充，并可以单击【图案颜色】按钮设置填充图案的颜色。

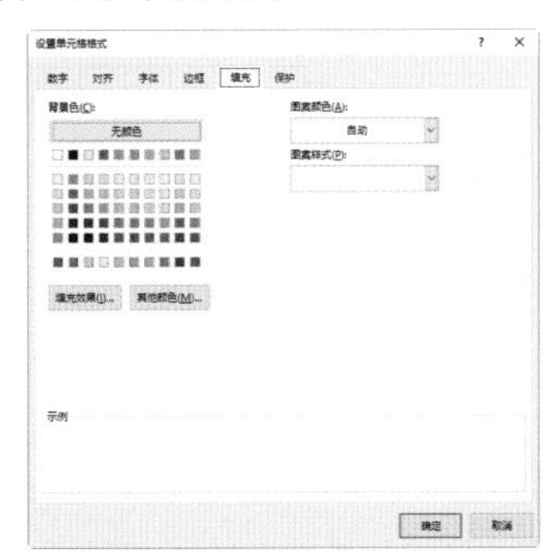

5.6.5 复制格式

在日常办公中，如果用户需要将现有的单元格格式复制到其他单元格区域中，可以使用以下几种方法：

1 复制和粘贴单元格

直接将现有的单元格复制和粘贴到目标单元格，这样在复制单元格格式的同时，单元格内原有的数据也将被复制。

2 仅复制和粘贴格式

复制现有的单元格，在【开始】选项卡的【剪贴板】命令组中单击【粘贴】下拉按钮，在弹出的下拉列表中选择【格式】命令。

3 利用【格式刷】复制单元格格式

用户也可以使用【格式刷】工具快速复制单元格格式，具体方法如下：

01 选中需要复制的单元格区域，在【开始】选项卡的【剪贴板】命令组中单击【格式刷】按钮。

02 移动光标到目标单元格区域，此时光标变为图形，单击鼠标将格式复制到目标单元格区域即可。

如果用户需要将现有单元格区域的格式复制到更大的单元格区域，可以在步骤02中，在目标单元格左上角单元格位置单击并按住左键，并向下拖动至合适的位置，释放鼠标即可。

如果在【剪贴板】命令组中双击【格式刷】按钮，将进入重复使用模式，在该模式中用户可以将现有单元格中的格式复制到多个单元格，直到再次单击【格式刷】按钮或按下Esc键才结束。

5.6.6 套用表格格式

Excel 2016的【套用表格格式】功能提供了几十种表格格式，为用户格式化表格提供了丰富的选择方案。

【例5-9】在Excel 2016中使用【套用表格格式】功能快速格式化表格。

视频+素材 (光盘素材\第05章\例5-9)

01 选中数据表中的任意单元格后，在【开始】选项卡的【样式】命令组中单击【套用表格格式】下拉按钮。

02 在展开的下拉列表中，单击需要的表格格式，打开【套用表格格式】对话框。

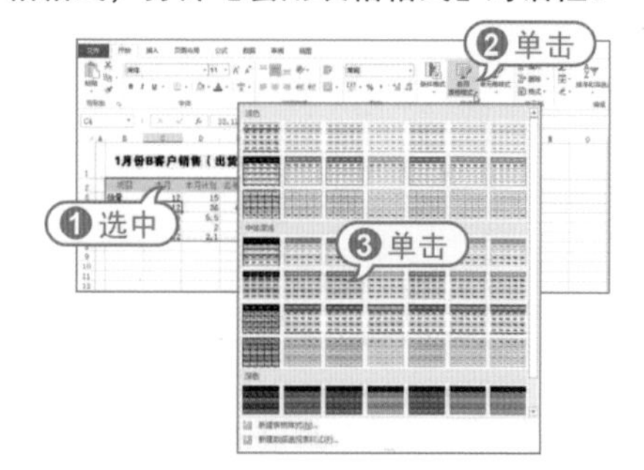

03 在【创建表】对话框中确认引用范围，单击【确定】按钮，数据表被创建为表格并应用格式。

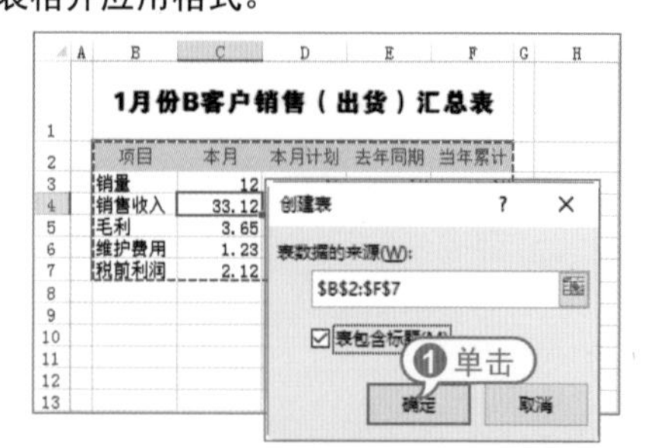

04 在【设计】选项卡的【工具】命令组中单击【转换为区域】按钮，在打开的对话框中单击【确定】按钮，将表格转换为普通数据，但格式仍被保留。

1月份B客户销售（出货）汇总表

项目	本月	本月计划	去年同期	当年累计
销量	12	15	18	12
销售收入	33.12	36	41.72	33.12
毛利	3.65	5.5	34.8	3.65
维护费用	1.23	2	1.8	1.23
税前利润	2.12	2.1	2.34	2.12

5.6.7 应用内置样式

Excel 2016内置了一些典型的样式，用户可以直接套用这些样式来快速设置单元格格式，具体操作步骤如下：

01 选中单元格或单元格区域，在【开始】选项卡的【样式】命令组中，单击【单元格样式】下拉按钮。

02 将鼠标光标移动至单元格样式列表中的某一项样式，目标单元格将立即显示应用该样式的效果，单击样式即可应用。

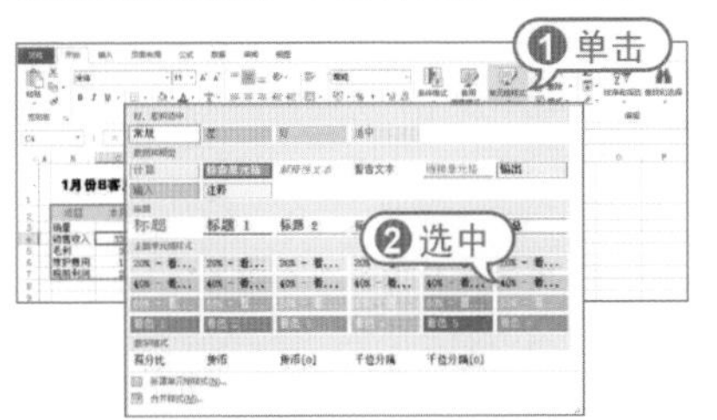

如果用户需要修改Excel中的某个内置样式，可以在该样式上右击鼠标，在弹出的菜单中选择【修改】命令，打开【样式】对话框。根据需要对相应样式的【数字】、【对齐】、【字体】、【边框】、【填充】、【保护】等单元格格式进行修改。

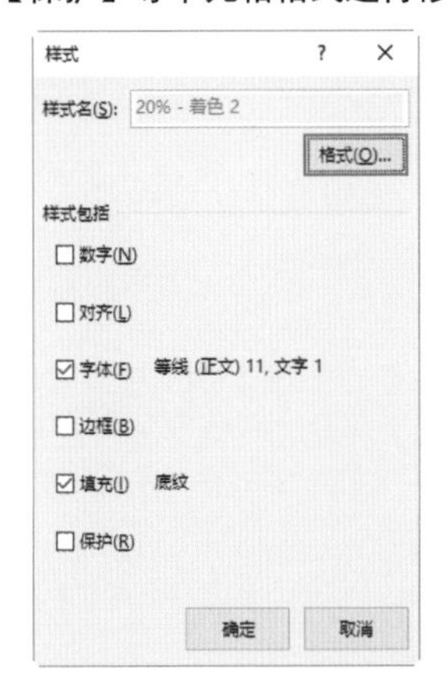

5.6.8 创建自定义样式

当Excel中的内置样式无法满足表格设计的需求时，用户可以参考下面介绍的方法，自定义单元格样式。

【例5-10】在工作表中创建自定义样式，要求如下：

- 表格标题采用Excel内置的【标题3】样式。
- 表格列标题采用字体为【微软雅黑】10号字，水平、垂直两个方向上均为居中。
- 【项目】列数据采用字体为【微软雅黑】10号字，水平、垂直两个方向上均为居中，单元格填充色为绿色。
- 【本月】、【本月计划】、【去年同期】和【当年累计】列数据采用字体为Arial Unicode MS 10号字，保留3位小数。

视频+素材 (光盘素材\第05章\例5-10)

01 打开工作表后，在【开始】选项卡的【样式】命令组中单击【单元格样式】下拉按钮，在打开的下拉列表中选择【新建单元格样式】命令，打开【样式】对话框。

02 在【样式】对话框中的【样式名】文本框中输入样式的名称“列标题”，然后单击【格式】按钮。

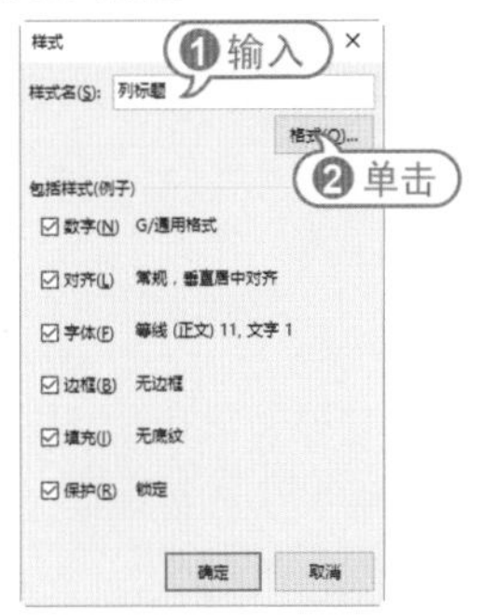

03 打开【设置单元格格式】对话框，选择【字体】选项卡，设置字体为【微软雅黑】，字体为10号字；选择【对齐】选项卡，设置【水平对齐】和【垂直对齐】为【居中】，如下图所示，然后单击【确定】按钮。

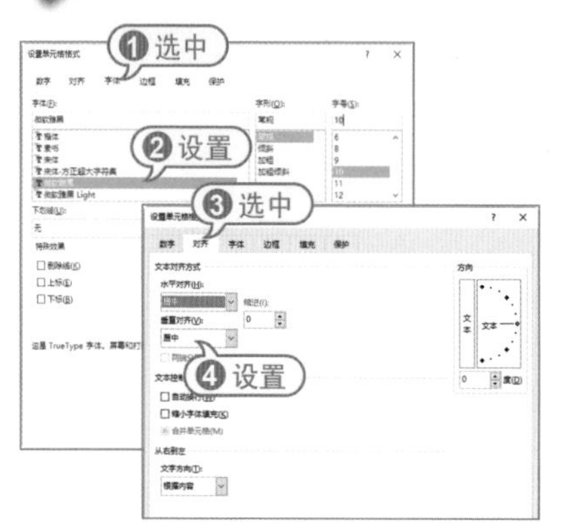

04 返回【样式】对话框，在【包括样式】选项区域选中【对齐】和【字体】复选框，然后单击【确定】按钮。

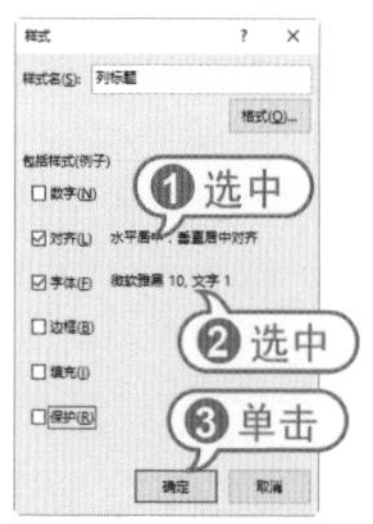

05 重复步骤**01**～**04**中的操作，新建【项目列数据】和【内容数据】样式。

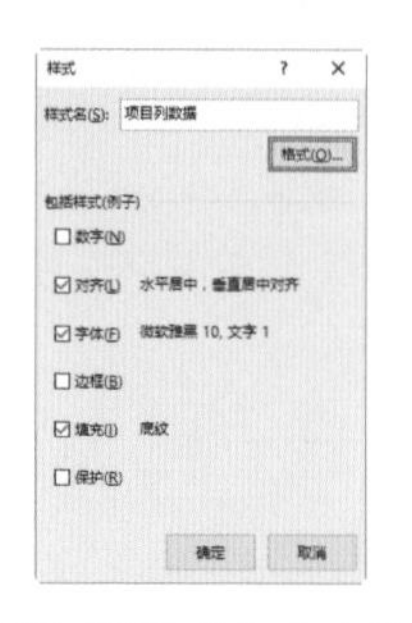

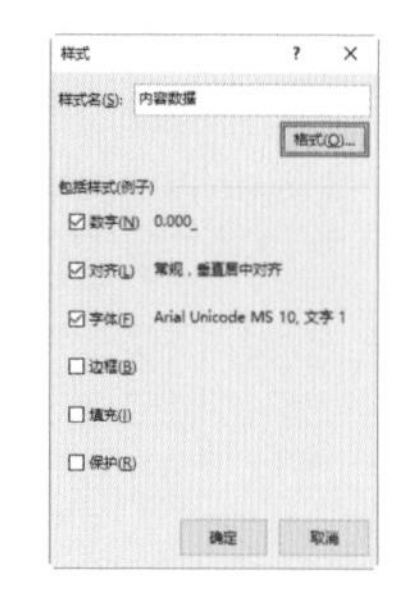

06 新建【自定义】样式区后，在样式列表上方将显示【自定义】样式区。

07 分别选中数据表格中的【标题】、【列标题】、【项目列数据】和【内容数据】单元格区域，应用样式分别进行格式化。

1月份B客户销售（出货）汇总表

项目	本月	本月计划	去年同期	当年累计
销量	12.000	15.000	18.000	12.000
销售收入	33.120	36.000	41.720	33.120
毛利	3.650	5.500	34.800	3.650
维护费用	1.230	2.000	1.800	1.230
税前利润	2.120	2.100	2.340	2.120

5.7 进阶实战

本章的进阶实战部分为设置表格数据这个综合实例操作，用户通过练习从而巩固本章所学知识。

【例5-11】新建“员工工资汇总”文档，在“员工工资表”工作表中输入数据，并设置数据格式。

视频+素材(光盘素材\第05章\例5-11)

01 启动Excel 2016，新建一个名为“员工工资汇总”的工作簿，将【Sheet1】工作表改名为“员工工资表”，并输入表格数据。

02 选中A1单元格，在【字体】组的【字体】下拉列表框中选择【隶书】选项，在【字号】下拉列表框中选择20选项，在【字体颜色】面板中选择【橙色，个性色2，深色25%】色块，并且单击【加粗】按钮。

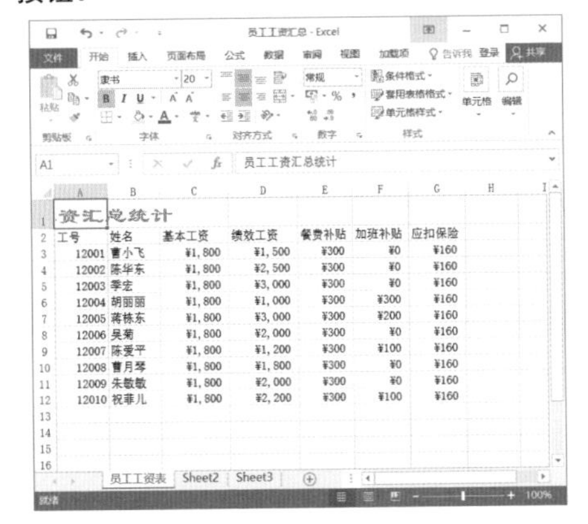

03 选取单元格区域A1:G1，在【对齐方式】组中单击【合并后居中】按钮，即可居中对齐标题并合并。

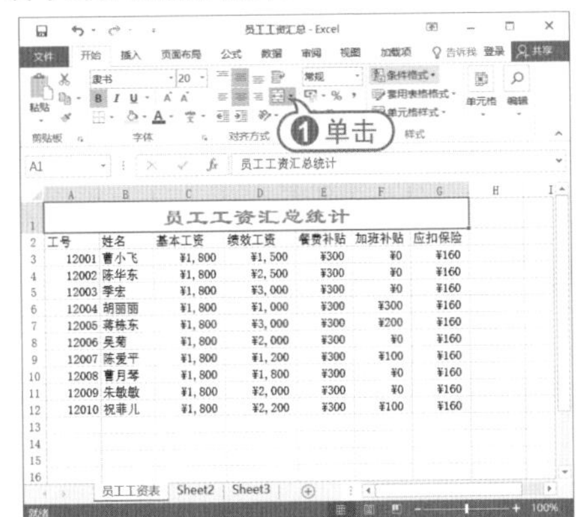

04 选定A2:G2单元格，在【字体】组中单击对话框启动器按钮，打开【设置单元格格式】对话框，打开【字体】选项卡，在【字体】列表框中选择【黑体】选项，在【字号】列表框中选择12选项，在【下划线】下拉列表框中选择【会计用单下画线】选项，在【颜色】面板中选择【深蓝，个性色2，深色25%】色块。

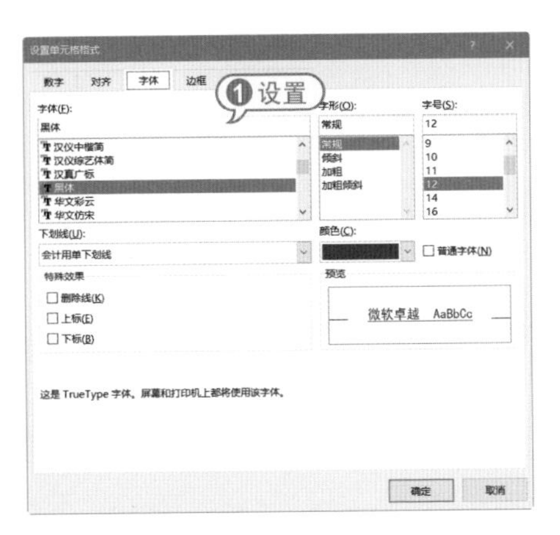

05 打开【对齐】选项卡，在【水平对齐】下拉列表中选择【居中】选项，单击【确定】按钮。

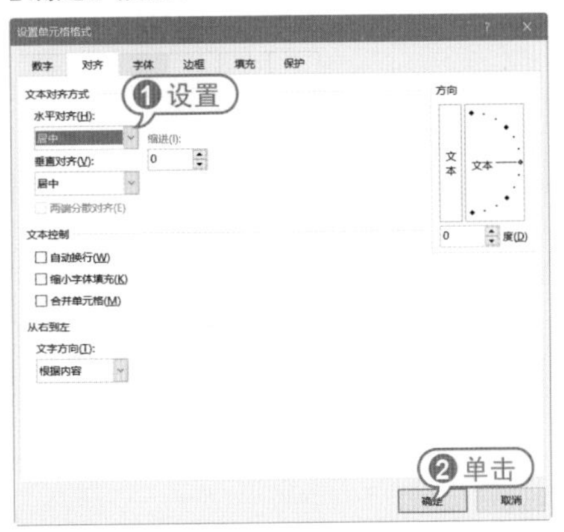

06 完成设置，标题格式的显示效果如下图所示。

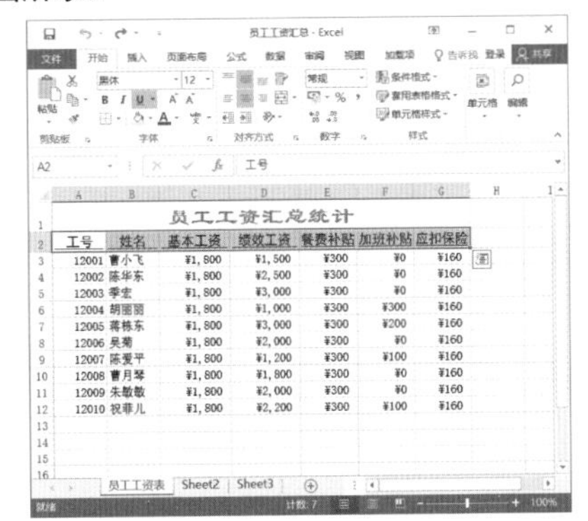

5.8 疑点解答

问：如何应用Excel中的主题？

答：Excel中的主题是一组格式选项的组合，包括主题颜色、主题字体和主题效果等。Excel中主题的三要素包括颜色、字体和效果。在【页面布局】选项卡的【主题】命令组中，单击【主题】下拉按钮，在展开的下拉列表中，Excel内置了一些主题供用户选择。在主题下拉列表中选择一种Excel内置主题后，用户可以分别单击【颜色】、【字体】和【效果】下拉按钮，修改选中主题的颜色、字体和效果。

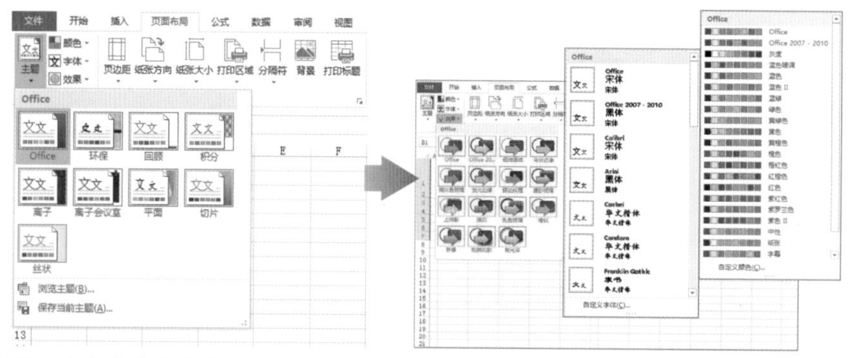

问：如何在表格中输入分数？

答：要在单元格中输入分数，正确的输入方式是——整数部分+空格+分子+斜杠+分母，整数部分为零时还要输入“0”进行占位。比如要输入分数1/4，可以在单元格中输入“0 1/4”。输入完毕后，按Enter键或单击其他单元格， Excel自动显示为“1/4”。Excel会自动对分数进行分子、分母的约分，比如输入“2 5/10”，将会自动转换为“2 1/2”。如果用户输入的分数的分子大于分母，Excel会自动进位转算。比如输入“0 17/4”，将会显示为“4 1/4”。

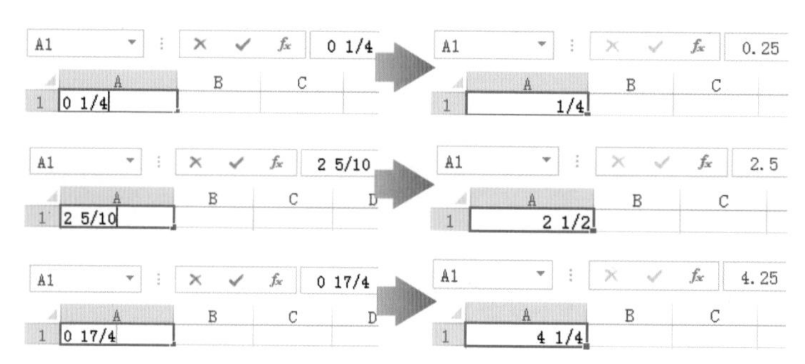

第6章

管理与分析表格数据

在Excel 2016中经常需要对Excel中的数据进行管理与分析，将数据按照一定的规律排序、筛选、分类汇总等，帮助用户更容易地整理电子表格中的数据。本章将介绍在Excel 2016中管理电子表格数据的各种方法和技巧。

例6-1 单一条件排序数据
例6-2 多条件排序数据
例6-3 自定义排序数据
例6-4 自动筛选数据
例6-5 高级筛选数据
例6-6 模糊筛选数据

例6-7 创建分类汇总
例6-8 多重分类汇总
例6-9 创建图表
例6-10 创建组合图表
例6-11 制作数据透视表
本章其他视频文件参见配套光盘

6.1 数据的排序

在实际工作中，用户经常需要将工作簿中的数据按照一定顺序排列，以便查阅（例如，按照升序或降序排列名次）。在Excel中，排序主要分为按单一条件排序、按多个条件排序和自定义条件排序等几种方式。

6.1.1 单一条件排序数据

在数据量相对较少（或排序要求简单）的工作簿中，用户可以设置一个条件来对数据进行排序处理。

Excel 2016默认根据单元格中的数据进行升序或降序排序。这种排序方式就是单条件排序。比如在按升序排序时，Excel 2016自动按如下顺序进行排列：

- 数值从最小的负数到最大的正数顺序排列。
- 逻辑值FALSE在前，TRUE在后。
- 空格排在最后。

【例6-1】在“公司情况表”工作簿的“人事档案”工作表中按单一条件排序表格数据。

视频+素材 (光盘素材\第06章\例6-1)

01 启动Excel 2016程序，打开“公司情况表”工作簿后，选中如下图所示的“人事档案”工作表。

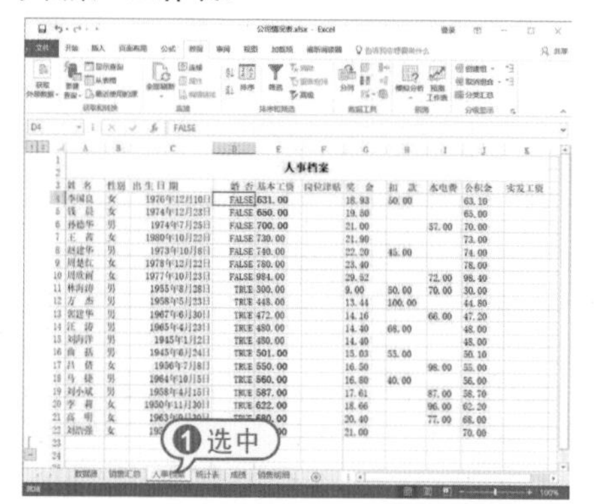

02 选中工作表中的E4:E22单元格区域，然后选择【数据】选项卡，在【排序和筛选】组中单击【升序】按钮。

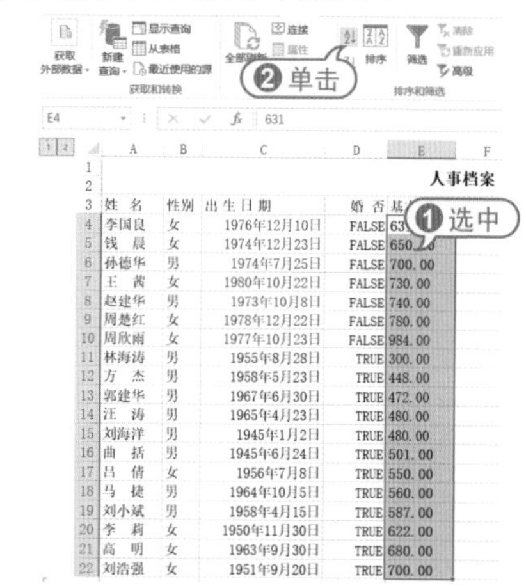

03 在打开的【排序提醒】对话框中选中【扩展选定区域】单选按钮，然后单击【排序】按钮。

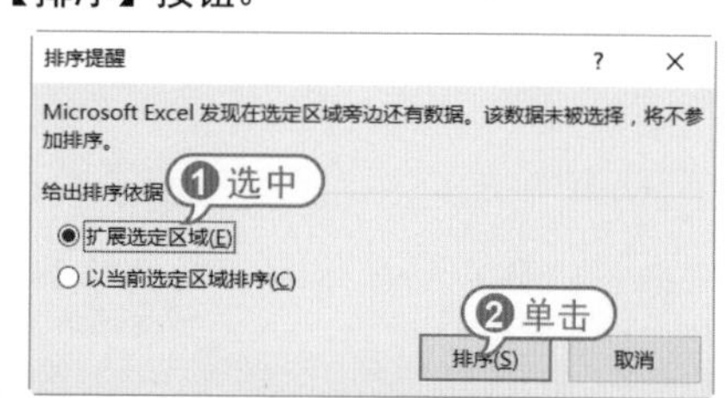

04 此时，在工作表中显示排序后的数据，即从低到高的顺序重新排列。

6.1.2 多条件排序数据

多条件排序是依据多列的数据规则对工作表中的数据进行排序操作。如果使用快速排序，只能使用一个排序条件，因此当使用快速排序后，表格中的数据可能仍然没有达到用户的排序要求。这时，用户可以设置多个排序条件进行排序。

【例6-2】在“公司情况表”工作簿的“人事档案”工作表中按多个条件排序表格数据。

视频+素材 (光盘素材\第06章\例6-2)

01 启动Excel 2016程序，打开“公司情况表”工作簿后，选择“成绩”工作表，然后选中该工作表中的B2:E18单元格区域。

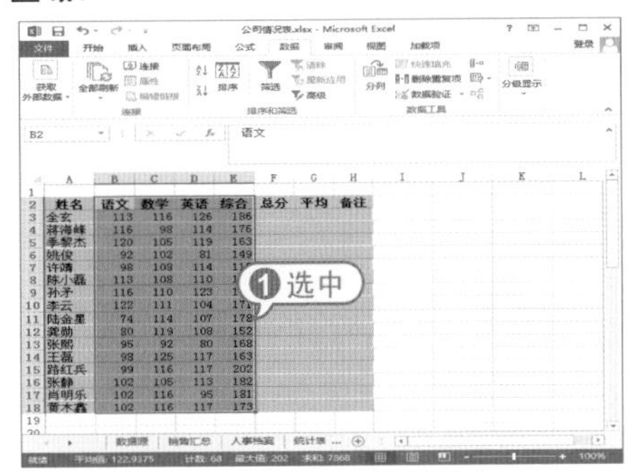

02 选择【数据】选项卡，然后单击【排序和筛选】组中的【排序】按钮。

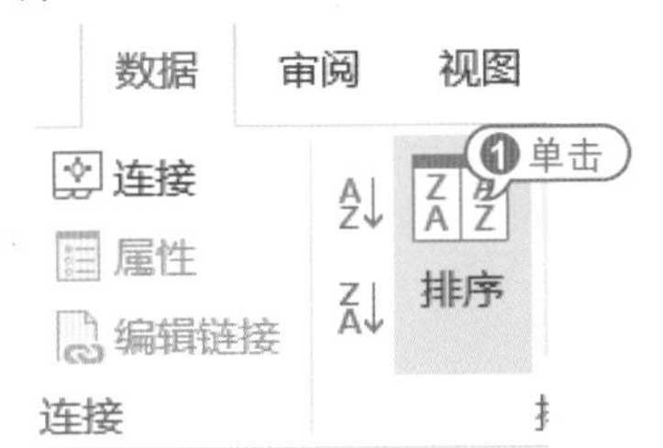

03 在打开的【排序】对话框中单击【主要关键字】下拉列表按钮，在弹出的下拉列表中选中【语文】选项；单击【排序依据】下拉列表按钮，在弹出的下拉列表中选中【数值】选项；单击【次序】下拉列表按钮，在弹出的下拉列表中选中【升序】选项，然后单击【添加条件】按钮，添加次要关键字。

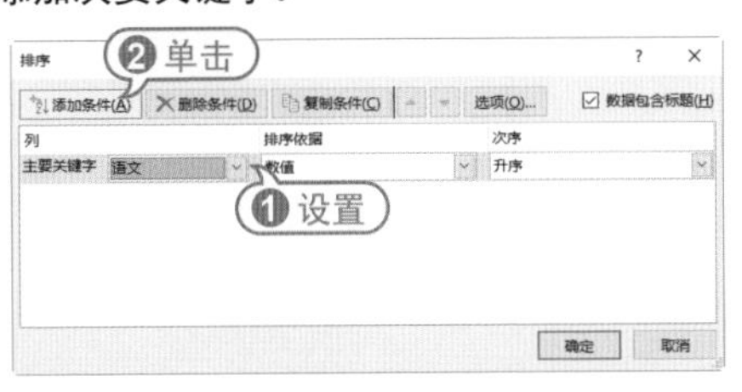

04 单击【次要关键字】下拉列表按钮，在弹出的下拉列表中选中【数学】选项；单击【排序依据】下拉列表按钮，在弹出的下拉列表中选中【数值】选项；单击【次序】下拉列表按钮，在弹出的下拉列表中选中【升序】选项，单击【确定】按钮。

05 此时，即可按照“语文”和“数学”成绩的“升序”条件排序工作表中选定的数据。

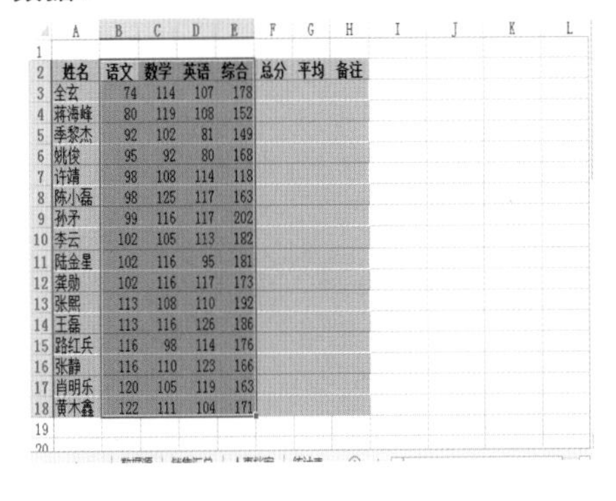

姓名	语文	数学	英语	综合	总分	平均	备注
全玄	74	114	107	178			
蒋海峰	80	119	108	152			
季黎杰	92	102	81	149			
姚俊	95	92	80	168			
许靖	98	108	114	118			
陈小磊	98	125	117	163			
孙矛	99	116	117	202			
李云	102	105	113	182			
陆金星	102	116	95	181			
龚勋	102	116	117	173			
张熙	113	108	110	192			
王磊	113	116	126	186			
路红兵	116	98	114	176			
张静	116	110	123	166			
肖明乐	120	105	119	163			
黄木鑫	122	111	104	171			

6.1.3 自定义排序数据

在Excel中，用户除了可以按单一或多

个条件排序数据外，还可以根据需要自行设置排序的条件，即自定义条件排序。

【例6-3】在“公司情况表”工作簿的“人事档案”工作表中自定义排序“性别”列数据。

视频+素材 (光盘素材\第06章\例6-3)

01 启动Excel 2016程序，打开“公司情况表”工作簿后，选择“人事档案”工作表，然后选中B3:B22单元格区域。

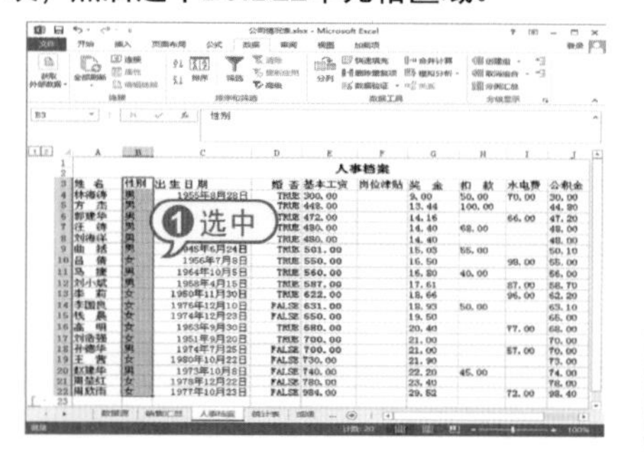

02 选择【数据】选项卡，然后单击【排序和筛选】组中的【排序】按钮，在打开的【排序提醒】对话框中单击【排序】按钮。

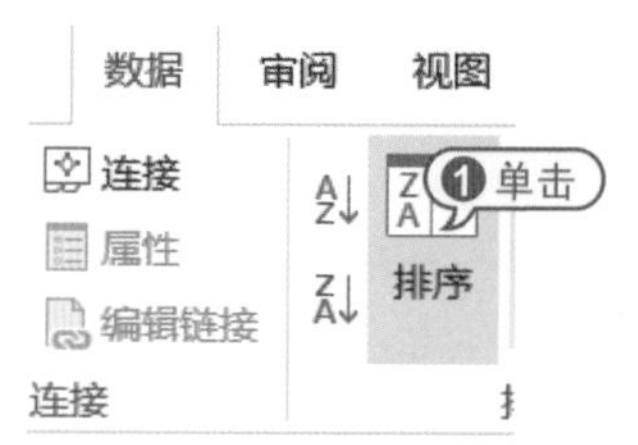

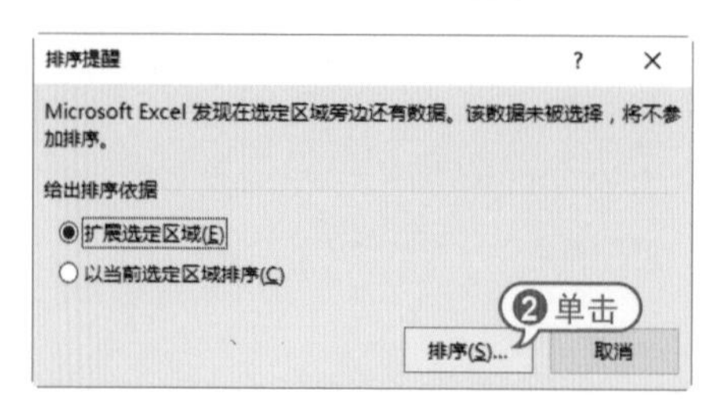

03 在打开的【排序】对话框中单击【主要关键字】下拉列表按钮，在弹出的下拉列表中选中【性别】选项；单击【次序】下拉列表按钮，在弹出的下拉列表中选中【自定义序列】选项。

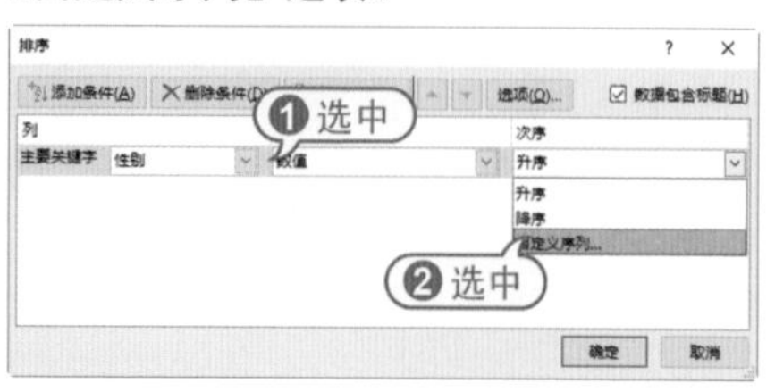

04 在打开的【自定义序列】对话框的【输入序列】文本框中输入自定义排序条件“男，女”后，单击【添加】按钮，然后单击【确定】按钮。

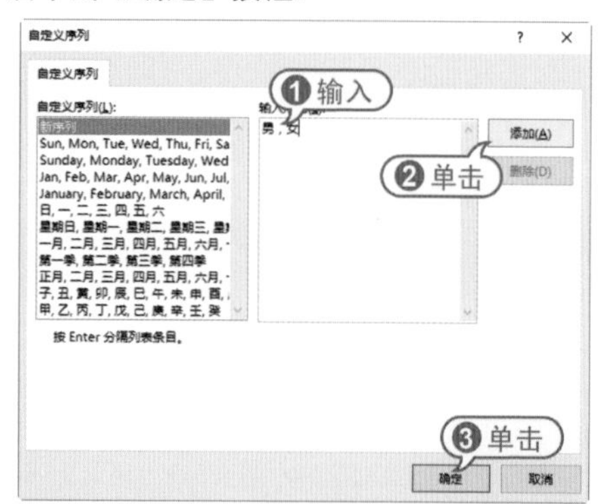

05 返回【排序】对话框后，在该对话框中单击【确定】按钮，即可完成自定义排序操作，效果如下图所示。

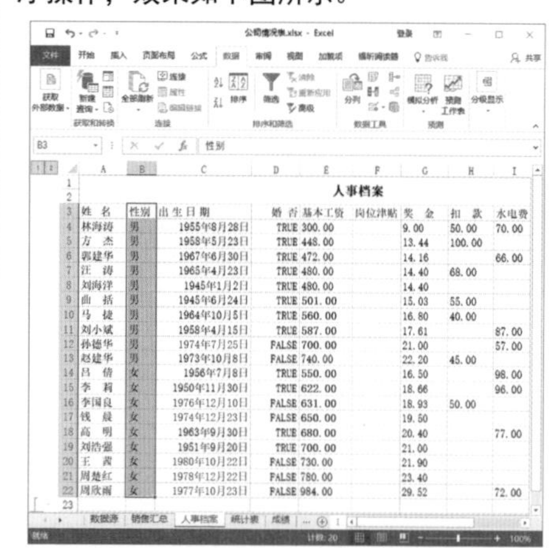

6.2 数据的筛选

数据筛选功能是一种用于查找特定数据的快速方法。经过筛选后的数据只显示包含指定条件的数据行，以供用户浏览和分析。筛选数据分为自动筛选、高级筛选、模糊筛选等几种情况。

6.2.1 自动筛选数据

使用Excel 2016自带的筛选功能，可以快速筛选表格中的数据。筛选为用户提供了从具有大量记录的数据清单中快速查找符合某种条件的记录的功能。使用筛选功能筛选数据时，字段名称将变成一个下拉列表框的框名。

【例6-4】在“公司情况表”工作簿的“人事档案”工作表中自动筛选出奖金最高的3条记录。

视频+素材 (光盘素材\第06章\例6-4)

01 启动Excel 2016程序，打开“公司情况表”工作簿后，选择“人事档案”工作表，然后选中G3:G22单元格区域。

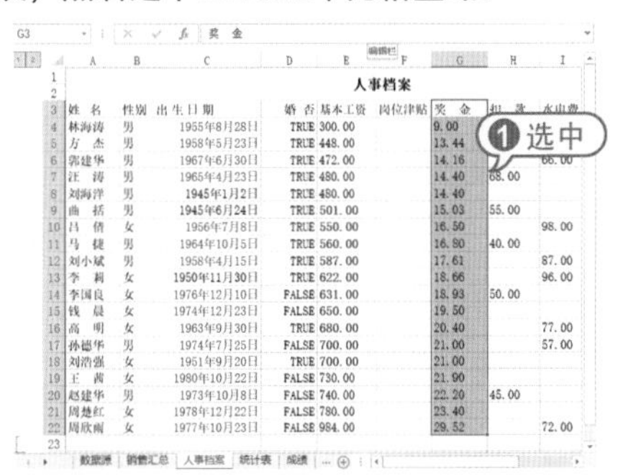

02 单击【数据】选项卡的【排序和筛选】组中的【筛选】按钮，进入筛选模式，在G3单元格中显示筛选条件按钮。

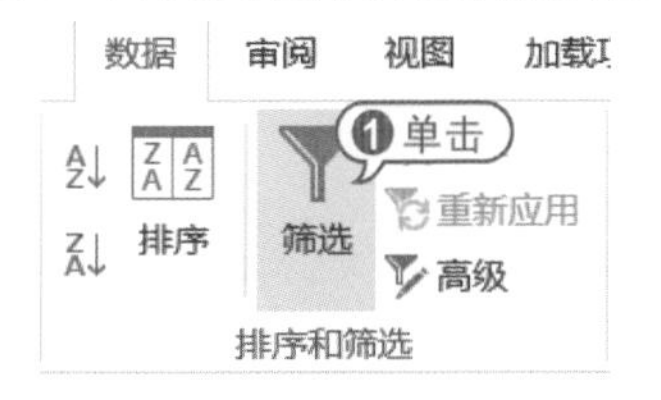

03 单击G3单元格中的筛选条件按钮，在弹出的菜单中选中【数字筛选】|【前10项】命令。

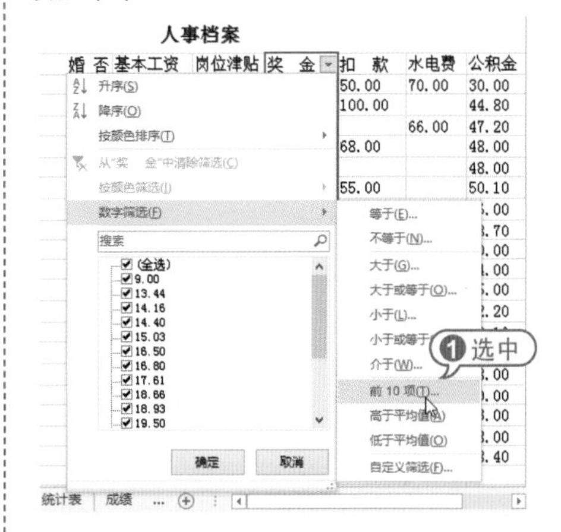

04 在打开的【自动筛选前10个】对话框中单击【显示】下拉列表按钮，在弹出的下拉列表中选中【最大】选项，然后在其后的微调框中输入参数3。

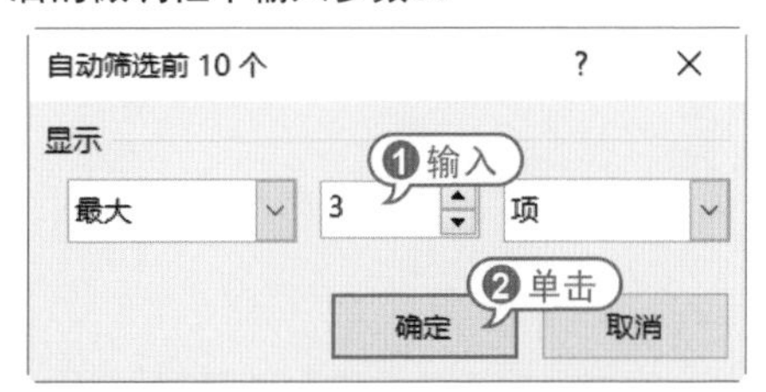

05 完成以上设置后，在【自动筛选前10个】对话框中单击【确定】按钮，即可筛选出“奖金”列中数值最大的3条数据记录，效果如下图所示。

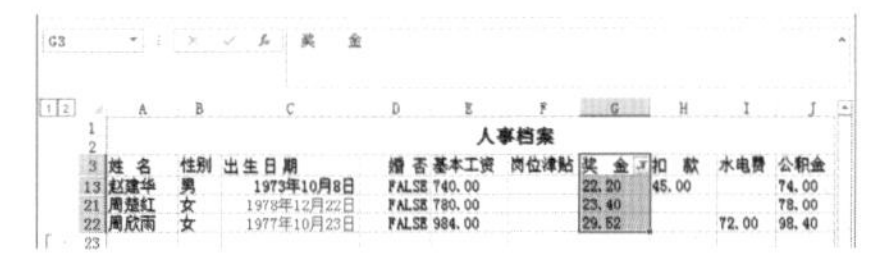

6.2.2 高级筛选数据

对于筛选条件较多的情况，可以使用高级筛选功能来处理。

使用高级筛选功能，必须先建立一个条件区域，用来指定筛选的数据所需满足的条件。条件区域的第一行是所有作为筛选条件的字段名，这些字段名与数据清单中的字段名必须完全一致。条件区域的其他行则是筛选条件。需要注意的是，条件区域和数据清单不能连接，必须用一个空行将其隔开。

【例6-5】在“公司情况表”工作簿的“成绩”工作表中筛选出语文成绩大于100分，数学成绩大于110分的数据记录。

视频+素材 (光盘素材\第06章\例6-5)

01 启动Excel 2016程序，打开“公司情况表”工作簿，选择“成绩”工作表，然后选中A2:E18单元格区域。

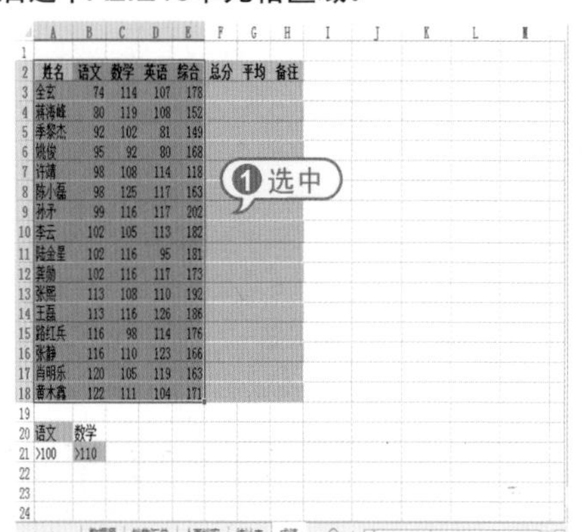

姓名	语文	数学	英语	综合	总分	平均	备注
全玄	74	114	107	178			
蒋海峰	80	119	108	152			
季黎杰	92	102	81	149			
姚俊	95	92	80	168			
许靖	98	108	114	118			
陈小磊	98	125	117	163			
孙矛	99	116	117	202			
李云	102	105	113	182			
陆金星	102	116	95	181			
龚勋	102	116	117	173			
张熙	113	108	110	192			
王磊	113	116	126	186			
路红兵	116	98	114	176			
张静	116	110	123	166			
肖明乐	120	105	119	163			
曹木鑫	122	111	104	171			

语文	数学
>100	>110

02 选择【数据】选项卡，然后单击【排序和筛选】组中的【高级】按钮。

03 在打开的【高级筛选】对话框中单击【条件区域】文本框后的按钮。

04 在工作表中选中A20:B21单元格区域，然后单击按钮。

05 返回【高级筛选】对话框后，单击该对话框中的【确定】按钮，即可筛选出表格中“语文”成绩大于100分，“数学”成绩大于110分的数据记录。

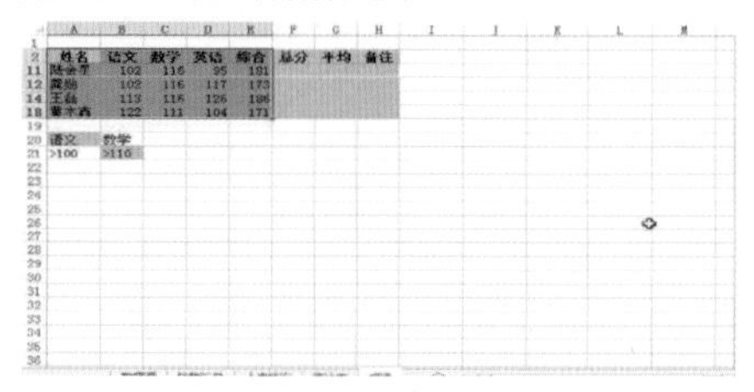

进阶技巧

对电子表格中的数据进行筛选或排序操作后，如果要清除操作，重新显示电子表格的全部内容，在【数据】选项卡的【排序和筛选】组中单击【清除】按钮即可。

6.2.3 模糊筛选数据

有时筛选数据的条件可能不够精确，

只知道其中某个字或内容。用户可以用通配符来模糊筛选表格内的数据。

Excel通配符为*和？，*代表0到任意多个连续字符，？仅代表一个字符。通配符只能用于文本型数据，对数值和日期型数据无效。

【例6-6】在“公司情况表”工作簿的“人事档案”工作表中筛选出姓“刘”且名字是3个汉字的数据记录。

视频+素材 (光盘素材\第06章\例6-6)

01 启动Excel 2016程序，打开“公司情况表”工作簿后，选择“人事档案”工作表，选中 A3:A22单元格区域，单击【数据】选项卡中的【筛选】按钮，使表格进入筛选模式。

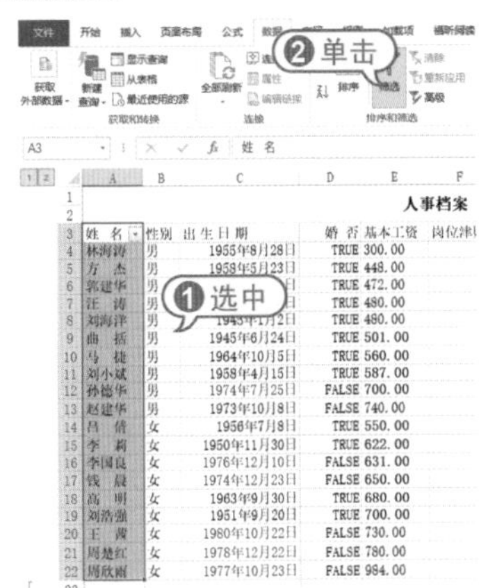

02 单击A3单元格里的下拉按钮，在弹出的菜单中选择【文本筛选】|【自定义筛选】命令。

03 打开【自定义自动筛选方式】对话框，选择条件类型为“等于”，并在其后的文本框内输入“刘??”，然后单击【确定】按钮。

04 此时，筛选出姓“刘”且名字是3个汉字的数据记录。

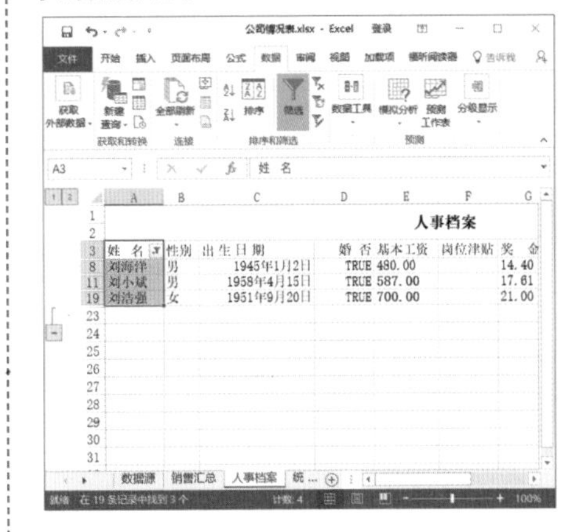

6.3 数据的分类汇总

分类汇总数据，即在按某一条件对数据进行分类的同时，对同一类别中的数据进行统计运算。分类汇总被广泛应用于财务、统计等领域。

6.3.1 创建分类汇总

Excel 2016可以在数据清单中自动计算分类汇总及总计值。用户只需要指定需要进行分类汇总的数据项、待汇总的数值和用于计算的函数(例如，求和函数)即可。如果使用自动分类汇总，工作表必须组织成具有列标志的数据清单。在创建分类汇总之前，用户必须先根据需要进行分类汇总的数据列对数据清单排序。

【例6-7】在“模拟考试成绩汇总”工作簿中，将表中的数据按班级排序后分类，并汇总各班级的平均成绩。

视频+素材 (光盘素材\第06章\例6-7)

01 启动Excel 2016，打开“模拟考试成绩汇总”工作簿的Sheet1工作表。

02 选定“班级”列，选择【数据】选项卡，在【排序和筛选】组中单击【升序】按钮。打开【排序提醒】对话框，保持默认设置，单击【排序】按钮，对工作表按“班级”升序进行分类排序。

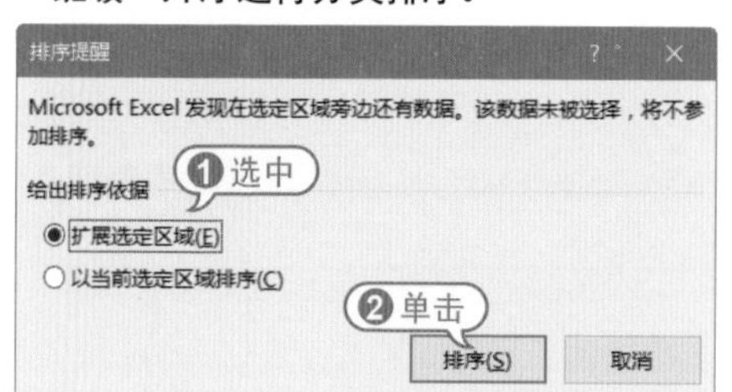

03 选定任意一个单元格，选择【数据】选项卡，在【分级显示】组中单击【分类汇总】按钮，打开【分类汇总】对话框，在【分类字段】下拉列表框中选择【班级】选项；在【汇总方式】下拉列表框中选择【平均值】选项；在【选定汇总项】列表框中选中【成绩】复选框；分别选中【替换当前分类汇总】与【汇总结果显示在数据下方】复选框，最后单击【确定】按钮。

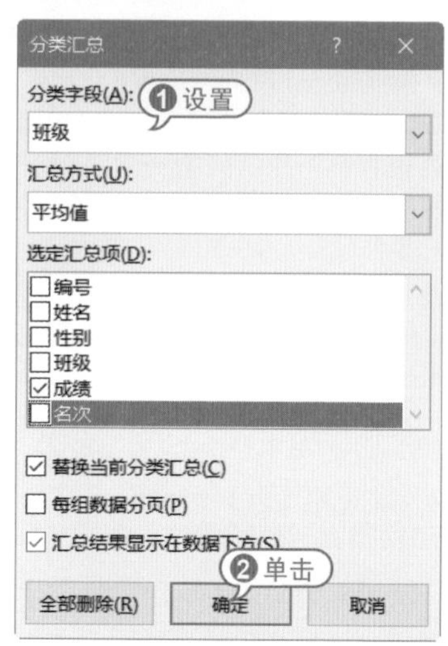

04 返回工作簿窗口，表中的数据按班级分类，并汇总各班级的平均成绩。

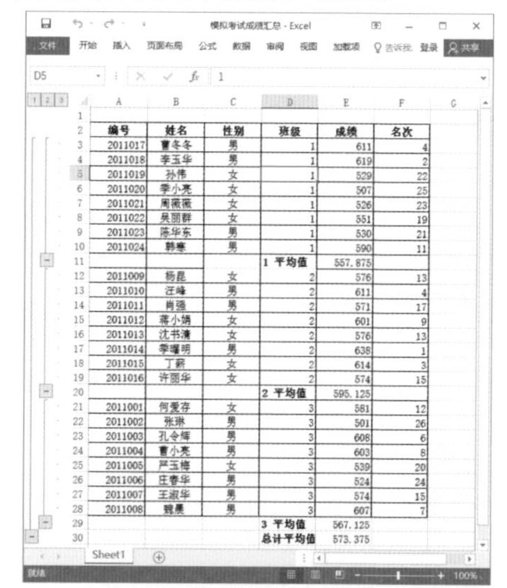

编号	姓名	性别	班级	成绩	名次
2011017	曹冬冬	男	1	611	4
2011018	李玉华	男	1	619	2
2011019	孙伟	女	1	529	22
2011020	季小亮	女	1	507	25
2011021	周薇薇	女	1	526	23
2011022	吴丽群	女	1	551	19
2011023	陈华东	男	1	530	21
2011024	韩寒	男	1	590	11
			1 平均值	557.875	
2011009	杨昆	女	2	576	13
2011010	汪峰	男	2	611	4
2011011	肖强	男	2	571	17
2011012	蒋小娟	女	2	601	9
2011013	沈书清	女	2	576	13
2011014	季曙明	男	2	638	1
2011015	丁薪	女	2	614	3
2011016	许丽华	女	2	574	15
			2 平均值	595.125	
2011001	何爱存	女	3	581	12
2011002	张琳	男	3	501	26
2011003	孔令辉	男	3	608	6
2011004	曹小亮	男	3	603	8
2011005	严玉梅	女	3	539	20
2011006	庄春华	男	3	524	24
2011007	王淑华	男	3	574	15
2011008	魏晨	男	3	607	7
			3 平均值	567.125	
			总计平均值	573.375	

进阶技巧

在创建分类汇总前，用户必须先根据需要进行分类汇总的数据列对数据清单排序，使得分类字段的同类数据排列在一起，否则在执行分类汇总操作后，Excel只会对连续相同的数据进行汇总。

6.3.2 多重分类汇总

Excel 2016有时需要同时按照多个分类项来对表格数据进行汇总计算。此时的多重分类汇总需要遵循以下3条原则：

- 先按分类项的优先级顺序对表格中的相关字段排序。
- 按分类项的优先级顺序多次执行【分类汇总】命令，并设置详细参数。
- 从第二次执行【分类汇总】命令开始，需要取消选中【分类汇总】对话框中的【替换当前分类汇总】复选框。

【例6-8】在“模拟考试成绩汇总”工作簿中，对每个班级的男女成绩进行汇总。
视频+素材 (光盘素材\第06章\例6-8)

01 启动Excel 2016，打开“模拟考试成绩汇总”工作簿的Sheet1工作表。

02 选中任意一个单元格，在【数据】选项卡中单击【排序】按钮，在弹出的【排序】对话框中，选中【主要关键字】为【班级】，然后单击【添加条件】按钮。

03 在【次要关键字】下拉列表框中选择【性别】选项，然后单击【确定】按钮，完成排序。

04 单击【数据】选项卡中的【分类汇总】按钮，打开【分类汇总】对话框，选择【分类字段】为【班级】，【汇总方式】为【求和】，选中【选定汇总项】的【成绩】复选框，然后单击【确定】按钮。

分类汇总
分类字段(A):
①设置
班级
汇总方式(U):
求和
选定汇总项(D):
编号
姓名
性别
班级
成绩
名次
替换当前分类汇总(C)
每组数据分页(P)
汇总结果显示在数据下方(S)
②单击
全部删除(R)
确定
取消

05 此时，完成第一次分类汇总。

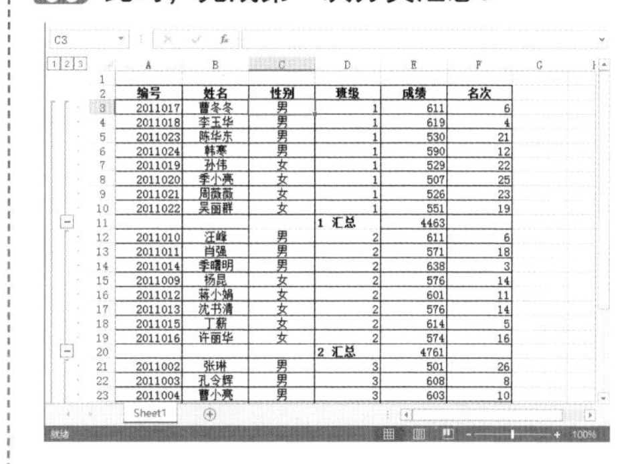

	编号	姓名	性别	班级	成绩	名次
3	2011017	曹冬冬	男	1	611	6
4	2011018	李玉华	男	1	619	4
5	2011023	陈华东	男	1	530	21
6	2011024	韩寒	男	1	590	12
7	2011019	孙伟	女	1	529	22
8	2011020	季小亮	女	1	507	25
9	2011021	周薇薇	女	1	526	23
10	2011022	吴丽群	女	1	551	19
11				1 汇总	4463	
12	2011010	汪峰	男	2	611	6
13	2011011	肖强	男	2	571	18
14	2011014	季曙明	男	2	638	3
15	2011009	杨昆	女	2	576	14
16	2011012	蒋小娟	女	2	601	11
17	2011013	沈书清	女	2	576	14
18	2011015	丁薪	女	2	614	5
19	2011016	许丽华	女	2	574	16
20				2 汇总	4761	
21	2011002	张琳	男	3	501	26
22	2011003	孔令辉	男	3	608	8
23	2011004	曹小亮	男	3	603	10

06 再次单击【数据】选项卡中的【分类汇总】按钮，打开【分类汇总】对话框，选择【分类字段】为【性别】，汇总方式为【求和】，选中【选定汇总项】的【成绩】复选框，取消选中【替换当前分类汇总】复选框，然后单击【确定】按钮。

分类汇总
分类字段(A):
❶设置
性别
汇总方式(U):
求和
选定汇总项(D):
编号
姓名
性别
班级
成绩
名次
替换当前分类汇总(C)
每组数据分页(P)
汇总结果显示在数据下
❷单击
全部删除(R) 确定 取消

07 此时表格同时根据“班级”和“性别”两个分类字段进行了汇总，单击“分级显示控制按钮”中的“3”，即可得到各个班级的男女成绩汇总。

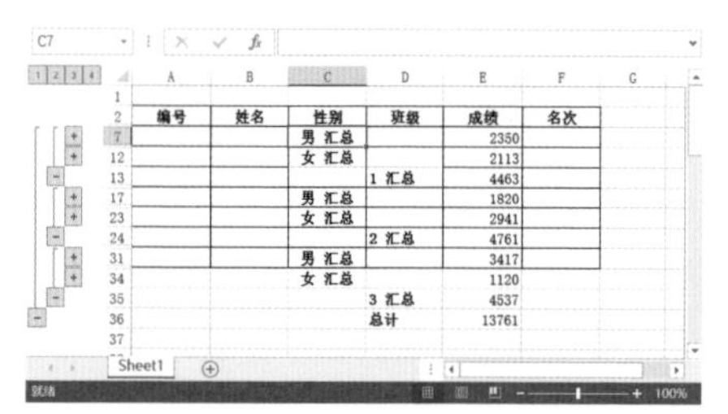

	编号	姓名	性别	班级	成绩	名次
7			男 汇总		2350	
12			女 汇总		2113	
13				1 汇总	4463	
17			男 汇总		1820	
23			女 汇总		2941	
24				2 汇总	4761	
31			男 汇总		3417	
34			女 汇总		1120	
35				3 汇总	4537	
36				总计	13761	

6.3.3 隐藏和删除分类汇总

为了方便查看数据，可将分类汇总后暂时不需要使用的数据隐藏，减小界面的占用空间。当需要查看时，再将其显示。

选中一个分类数据单元格，选择【数据】选项卡，在【分级显示】组中单击【隐藏明细数据】按钮，即可隐藏该分类数据记录。单击【显示明细数据】按钮，即可重新显示该分类数据记录。

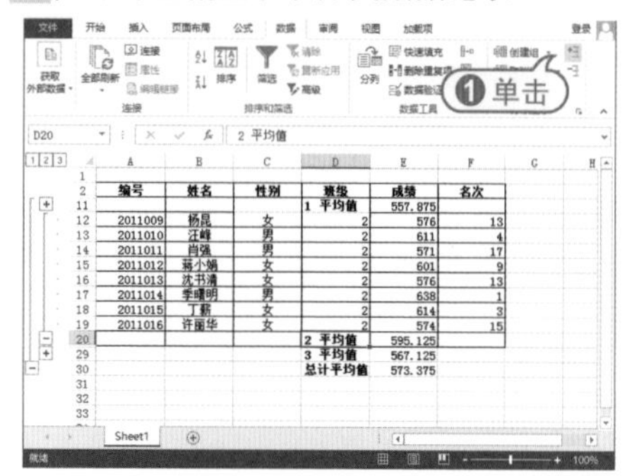

	编号	姓名	性别	班级	成绩	名次
11				1 平均值	557.875	
12	2011009	杨昆	女	2	576	13
13	2011010	汪峰	男	2	611	4
14	2011011	肖强	男	2	571	17
15	2011012	蒋小娟	女	2	601	9
16	2011013	沈书清	女	2	576	13
17	2011014	季曙明	男	2	638	1
18	2011015	丁薪	女	2	614	3
19	2011016	许丽华	女	2	574	15
20				2 平均值	595.125	
29				3 平均值	567.125	
30				总计平均值	573.375	

查看完分类汇总，当用户不再需要分类汇总表格中的数据时，可以删除分类汇总，将电子表格返回至原来的工作状态

用户可以在【数据】选项卡的【分级显示】组中单击【分类汇总】按钮，打开【分类汇总】对话框，单击【全部删除】按钮，然后单击【确定】按钮。

分类汇总
分类字段(A):
性别
汇总方式(U):
求和
选定汇总项(D):
编号
姓名
性别
班级
成绩
名次
替换当前分类汇总(C)
每组数据分页(P)
汇总结果显示在数据下方(S)
❶单击
❷单击
全部删除(R) 确定 取消

6.4 制作图表

在Excel电子表格中，通过插入图表可以更直观地表现表格中数据的发展趋势或分布状况，用户可以创建、编辑和修改各种图表来分析表格内的数据。

6.4.1 创建图表

图表的基本结构包括：图表区、绘图区、图表标题、数据系列、网格线、图例等，如下图所示。

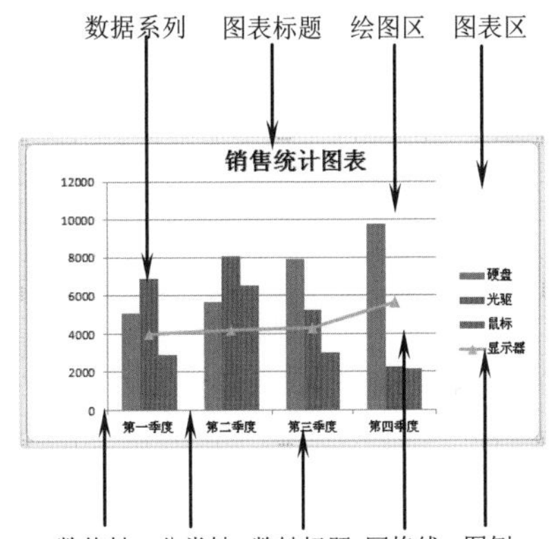

使用Excel 2016提供的图表向导，可以方便、快速地建立一个标准类型或自定义类型的图表。

【例6-9】在“成绩统计”工作簿中，使用图表向导创建图表。

视频+素材 (光盘素材\第06章\例6-9)

01 启动Excel 2016，打开“成绩统计”工作簿的Sheet1工作表。

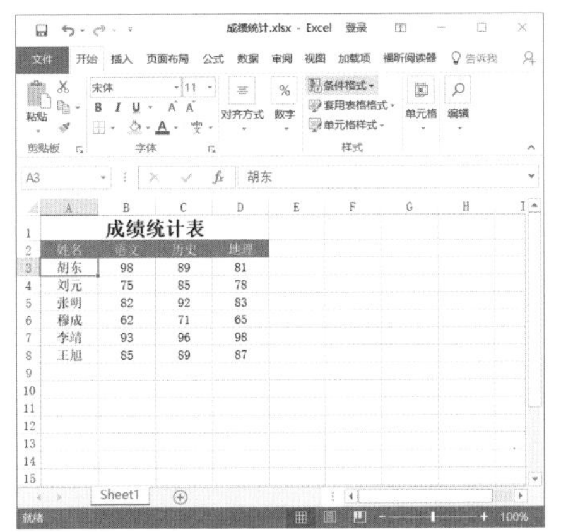

02 选择【插入】选项卡，在【图表】组中单击对话框启动器按钮。在打开的【插入图表】对话框的左侧窗格中选择图表类型，单击【确定】按钮。

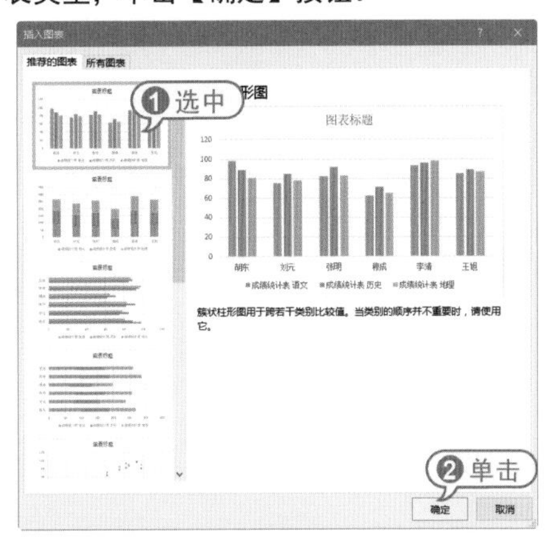

03 此时，在工作表中创建一个图表。选中在页面中插入的图表，按住左键拖动图表，可以调整图表在Excel工作区中的位置。

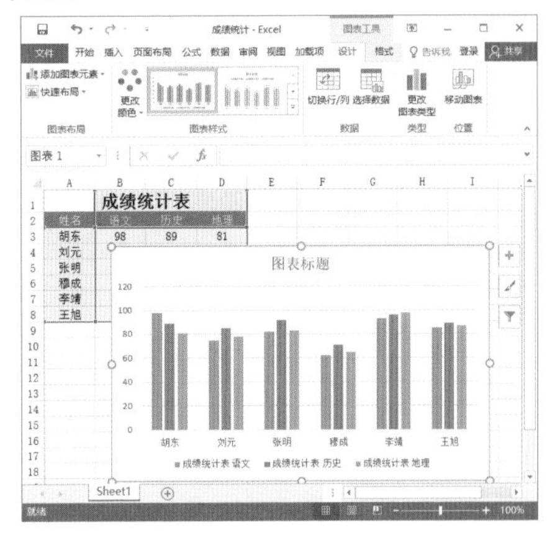

04 单击图表右侧的【图表筛选器】按钮，在打开的对话框中可以选择图表中显示的数据项，完成后单击【应用】按钮即可。单击图表右侧的【图表元素】按钮，在打开的对话框中可以设置图表中显示的图表元素。

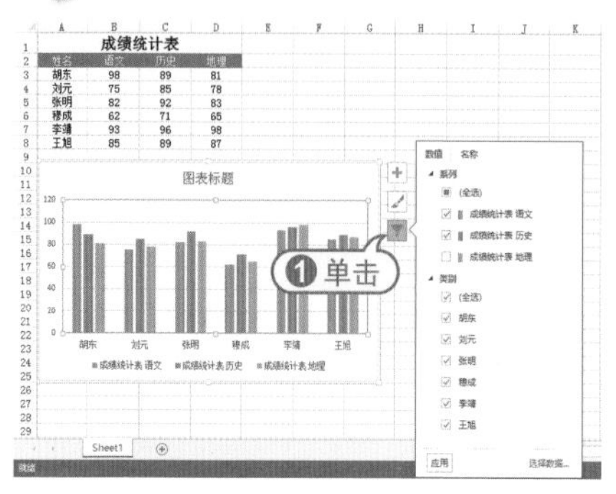

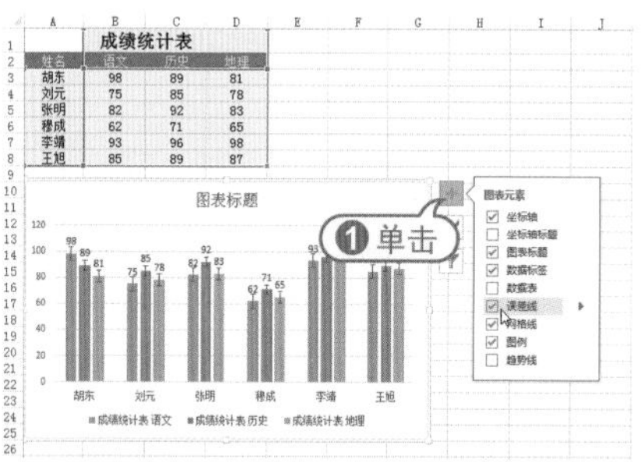

05 单击图表右侧的【图表样式】按钮，在打开的对话框中可以修改图表的样式。

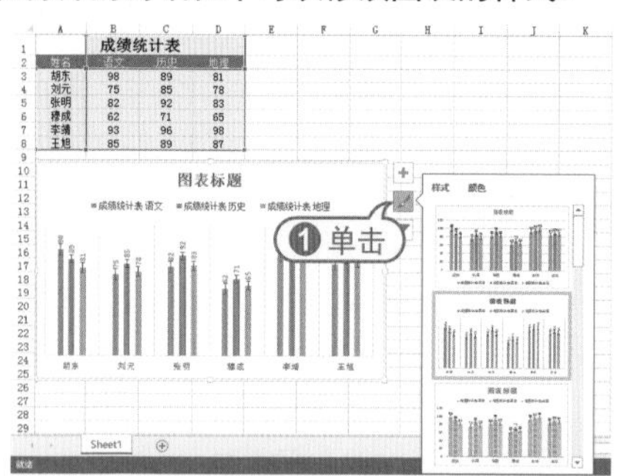

6.4.2 创建组合图表

有时在同一图表中需要同时使用两种图表类型，即为组合图表，比如由柱状图和折线图组成的线柱组合图表。

【例6-10】在“成绩统计”工作簿中，创建线柱组合图表。

视频+素材 (光盘素材\第06章\例6-10)

01 启动Excel 2016，打开“成绩统计”工作簿的Sheet1工作表。

02 单击图表中历史成绩的任意一个柱体，则会选中所有有关“历史成绩”的数据柱体，被选中数据柱体的4个角上显示小圆圈符号。

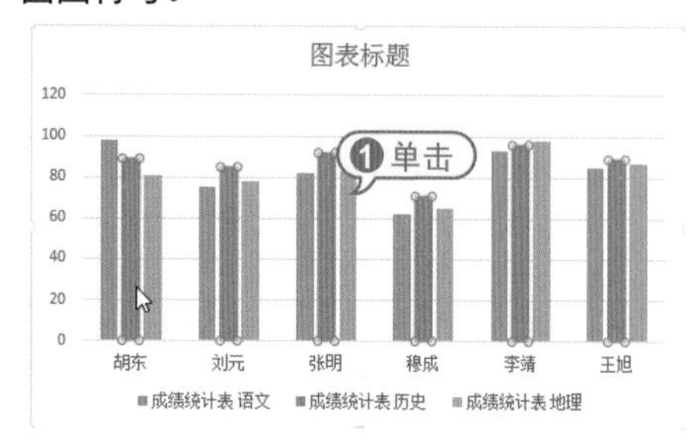

03 选择【设计】选项卡，然后单击该选项卡中的【更改图表类型】按钮。

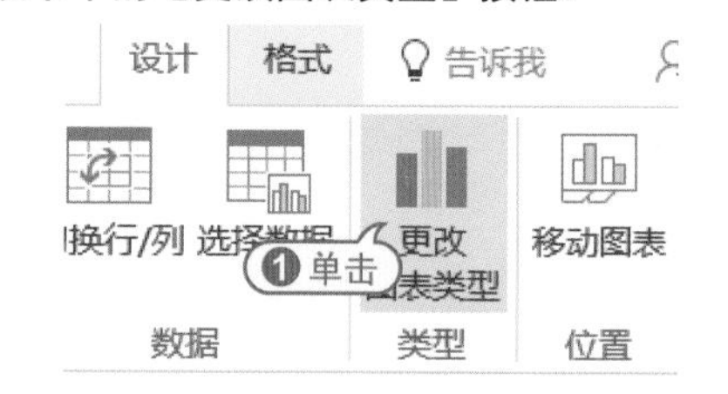

04 打开【更改图表类型】对话框，选择【组合】选项，然后在【为您的数据系列选择图标类型和轴】列表框中单击【成绩统计表 历史】下拉列表按钮，在弹出的下拉列表中选中【带数据标记的折线图】选项，单击【确定】按钮。

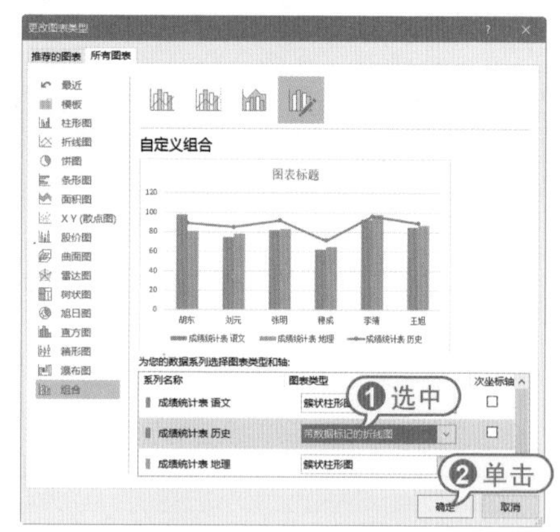

05 完成设置后，原来的历史成绩柱体变为折线，形成线柱组合图表。

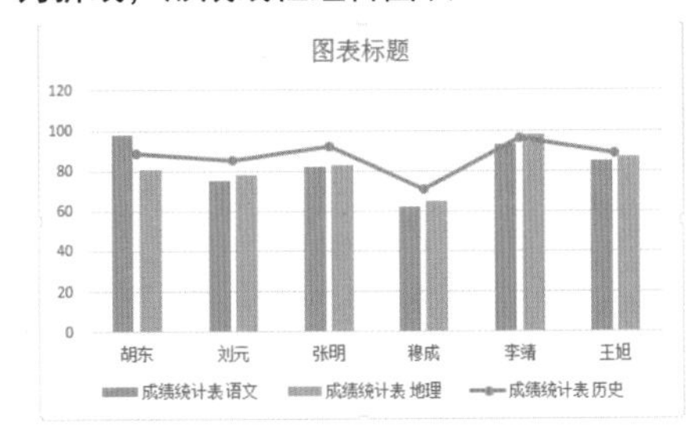

6.4.3 编辑图表

图表创建完成后，Excel 2016自动打开【图表工具】的【设计】和【格式】选项卡，在其中可以调整图表的位置和大小，还可以设置图表的样式和布局等。

1 调整图表的位置和大小

创建完图表后，可以调整图表的位置和大小。

选中图表后，在【格式】选项卡的【大小】组中可以精确设置图表的大小。

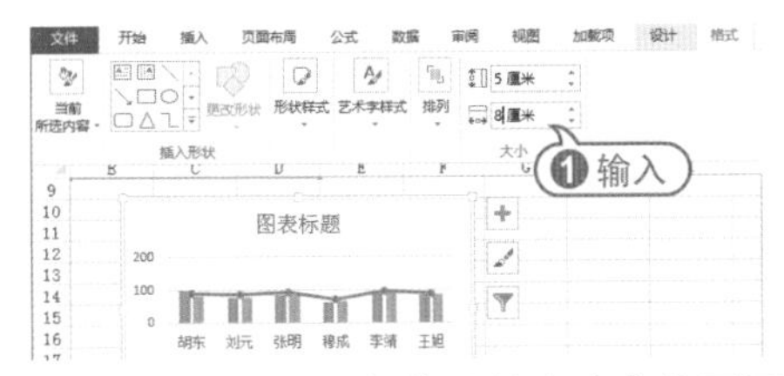

还可以通过鼠标拖动的方法来设置图表的大小。将光标移动至图表的右下角，当光标变成双向箭头形状时，按住鼠标左键，向左上角拖动表示缩小图表，向左下角拖动表示放大图表。

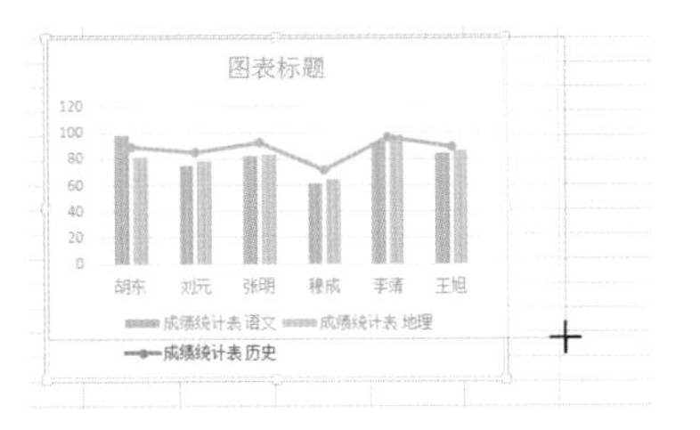

若要移动图表，选中图表后，将光标移动至图表区，当光标变成十字箭头形状时，按住鼠标左键，拖动到目标位置后释放鼠标，即可将图表移动至该位置。

2 套用图表布局样式

为了使图表更加美观，可以套用预设的布局样式和图表样式。

选中图表，在【设计】选项卡的【图表布局】组中单击【快速布局】下拉列表按钮，在弹出的下拉列表中选中布局选项。

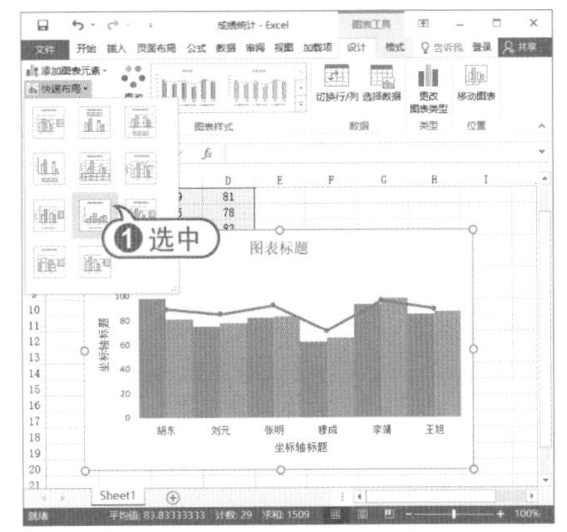

在【设计】选项卡中单击【图表样式】组中的【其他】下拉按钮，在弹出的下拉列表中选择一种样式，图表将自动套用该样式。

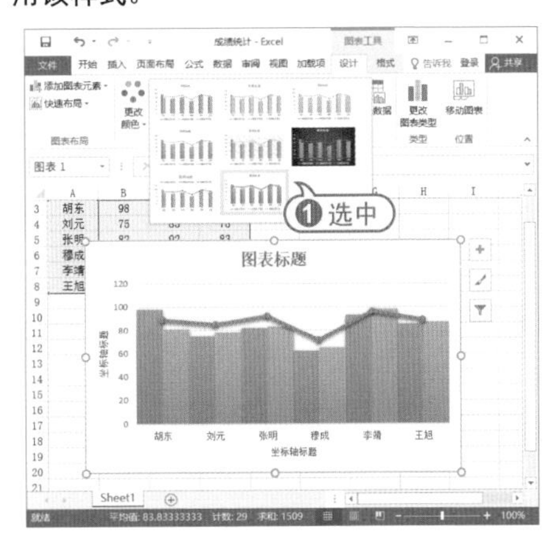

3 设置图表背景

在Excel 2016中，用户可以为图表设置背景，对于一些三维立体图表，还可以设置图表背景墙与基底背景。

选中图表的绘图区，打开【格式】选项卡，在【形状样式】组中单击【其他】下拉按钮，在弹出的下拉列表中可以设置绘图区的背景颜色。

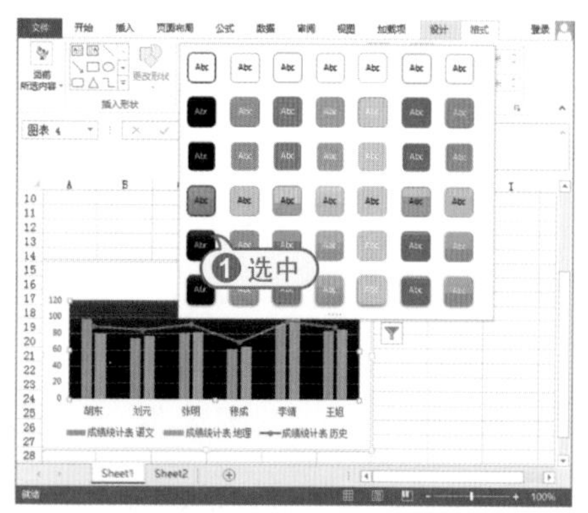

三维图表与二维图表相比多了一个面，因此在设置图表背景的时候需要分别设置图表的背景墙与基底背景。

比如在【格式】选项卡中单击【当前所选内容】组中的【图表区】下拉列表按钮，在弹出的下拉列表中选中【基底】选项。

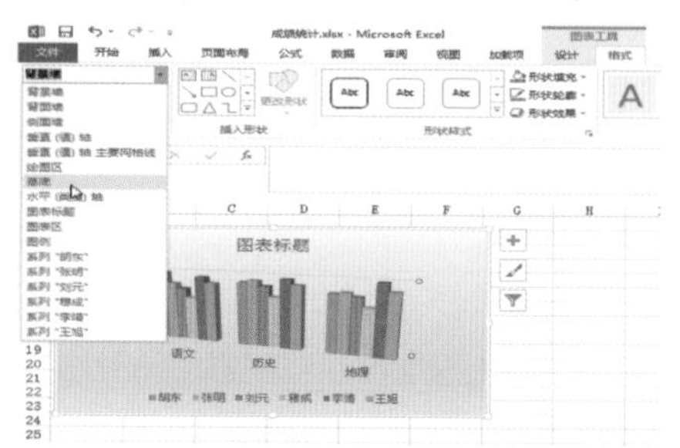

在【设置基底格式】窗格中选中【纯色填充】单选按钮，然后单击下拉按钮，在弹出的对话框中设置基底颜色。

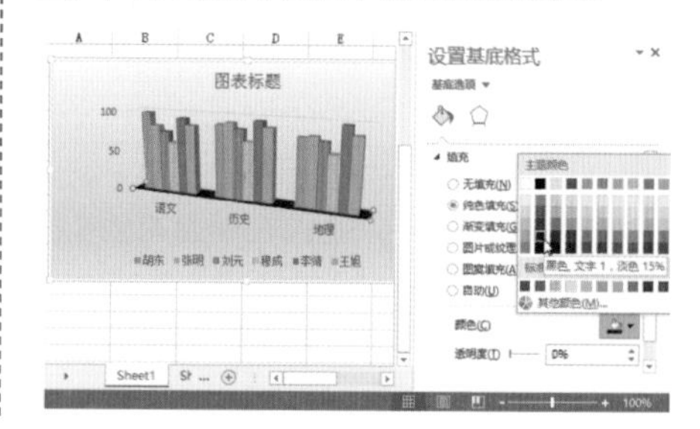

6.5 制作数据透视表和图

数据透视表是一种对大量数据快速汇总和建立交叉列表的交互式表格。数据透视图可以看作数据透视表和图表的结合，它以图形的形式表示数据透视表中的数据。

6.5.1 制作数据透视表

要创建数据透视表，必须连接一个数据源并输入报表的位置。数据透视表会自动将数据源中的数据按用户设置的布局进行分类，从而方便用户分析表中的数据。

【例6-11】在“模拟考试成绩汇总”工作簿中，创建并布局数据透视表。
视频+素材 (光盘素材\第06章\例6-11)

01 启动Excel 2016，打开“模拟考试成绩汇总”工作簿的Sheet1工作表。

02 选择【插入】选项卡，在【表格】组中单击【数据透视表】按钮，打开【创建数据透视表】对话框，在【请选择要分析的数据】选项区域选中【选择一个表或区域】单选按钮，然后单击按钮，选定A2:F26单元格区域；在【选择放置数据透视表的位置】选项区域选中【新工作表】单选按钮，单击【确定】按钮。

03 此时，在工作簿中添加一个新的工作表，同时插入数据透视表，并将新工作表命名为“数据透视表”。

04 在【数据透视表字段】窗格的【选择要添加到报表的字段】列表框中分别选中【姓名】、【性别】、【班级】、【成绩】和【名次】字段前的复选框，此时，可以看到各字段已经添加到数据透视表中。

05 在【数据透视表字段】窗格的【值】列表框中单击【求和项：名次】下拉按钮，从弹出的菜单中选择【删除字段】命令，此时将在数据透视表中删除该字段。

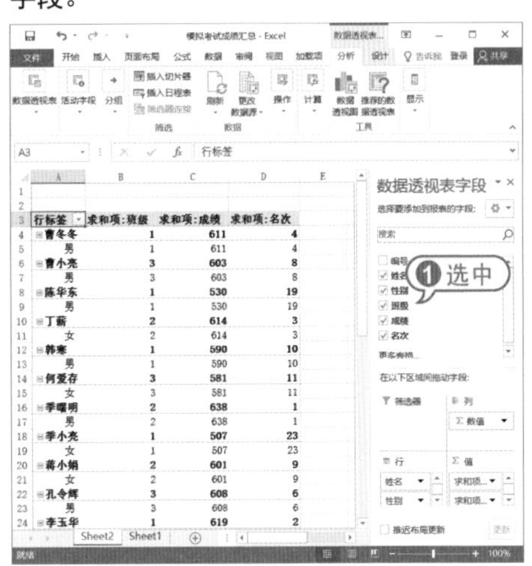

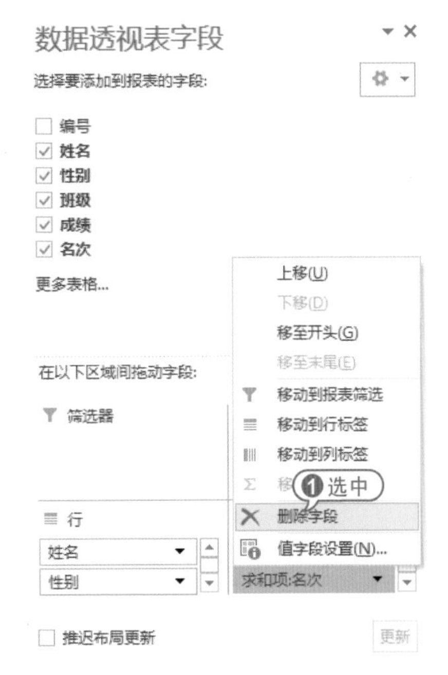

06 在【值】列表框中单击【求和项：班级】下拉按钮，从弹出的菜单中选择【移动到报表筛选】命令，此时会将该字段移动到【报表筛选】列表框中。

07 在【行】列表框中选择【性别】字段，按住鼠标左键拖动到【列标签】列表框中，释放鼠标，即可移动该字段。

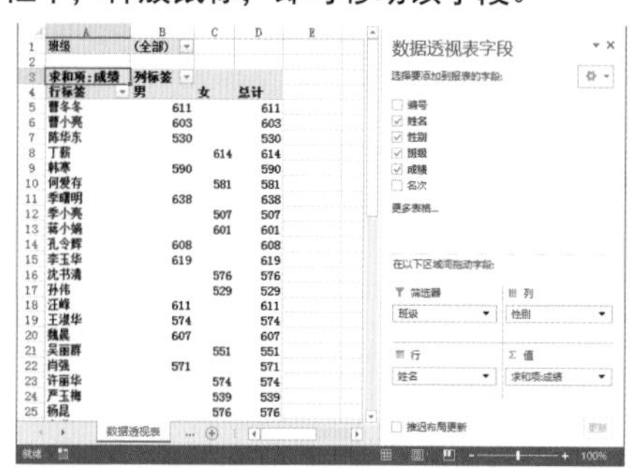

08 在【选择要添加到报表的字段】列表中右击【编号】字段，从弹出的菜单中选择【添加到行标签】命令。

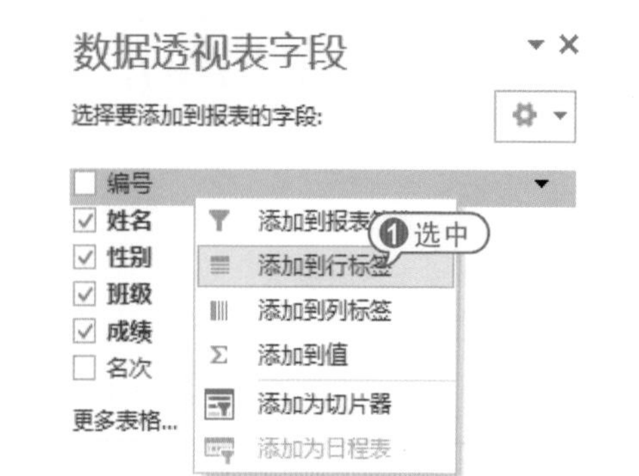

09 打开【数据透视表工具】的【设计】选项卡，在【布局】组中单击【报表布局】下拉按钮，从弹出的菜单中选择【以表格形式显示】命令。

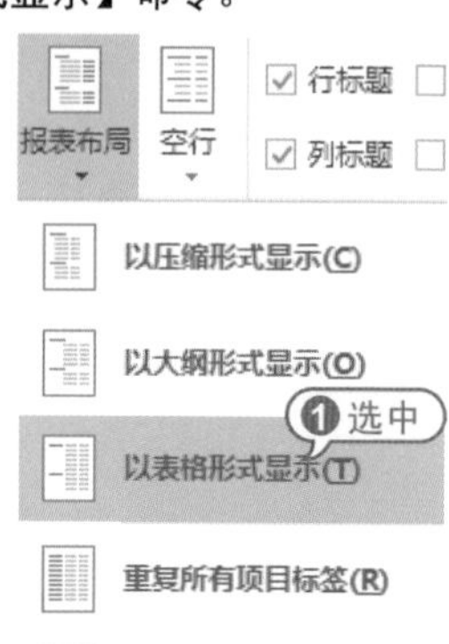

10 此时，数据透视表将以表格的形式显示在工作表中。

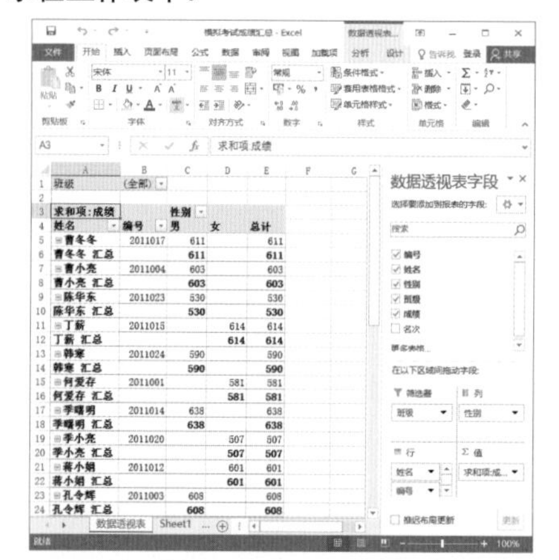

6.5.2 制作数据透视图

通过创建好的数据透视表，用户可以快速、简单地创建数据透视图。

【例6-12】在“模拟考试成绩汇总”工作簿中，根据数据透视表创建数据透视图。

视频+素材 (光盘素材\第06章\例6-12)

01 启动Excel 2016，打开“模拟考试成绩汇总”工作簿的Sheet1工作表。

02 选定数据透视表中的任意单元格，打开【数据透视表工具】的【分析】选项卡，在【工具】组中单击【数据透视图】按钮。

03 打开【插入图表】对话框，在【柱形图】选项卡里选择【三维簇状柱形图】选项，然后单击【确定】按钮。

04 此时，将在数据透视表中插入一个数据透视图。

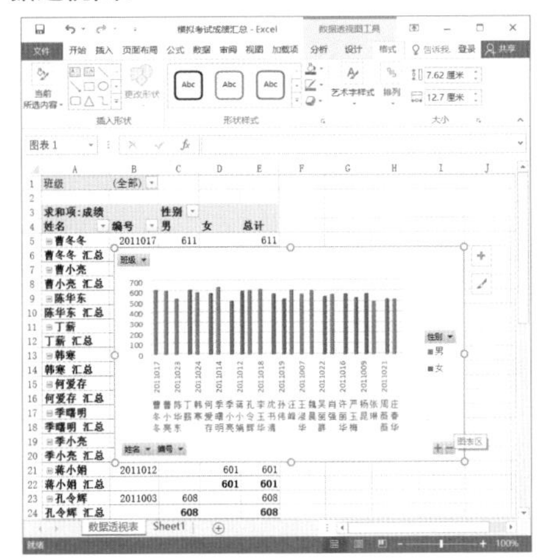

05 打开【数据透视图工具】的【设计】选项卡，在【位置】组中单击【移动图表】按钮。

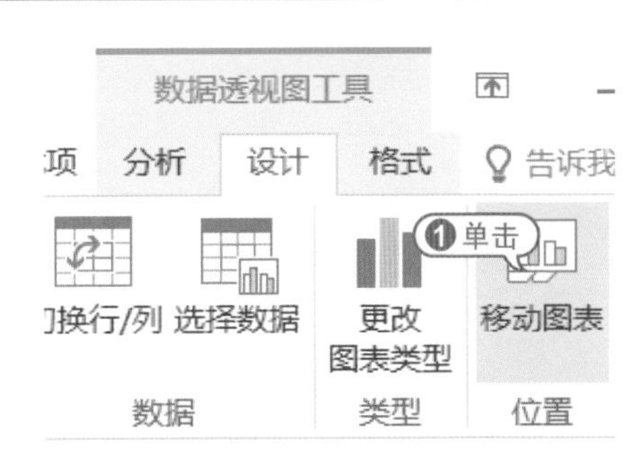

06 打开【移动图表】对话框。选中【新工作表】单选按钮，在后面的文本框中输入工作表的名称“数据透视图”，然后单击【确定】按钮。

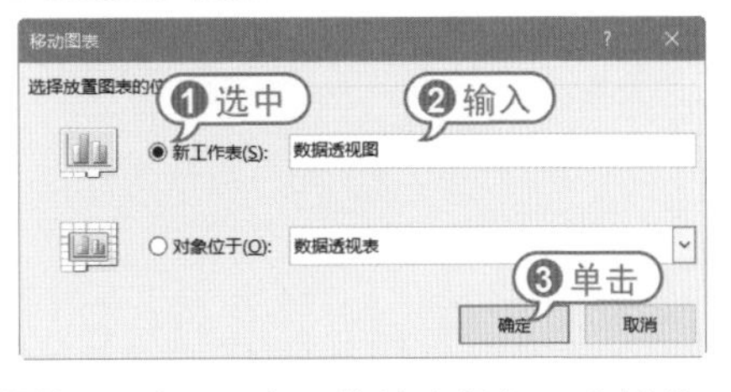

07 此时即可在工作簿中添加一个新的工作表，同时插入数据透视图。

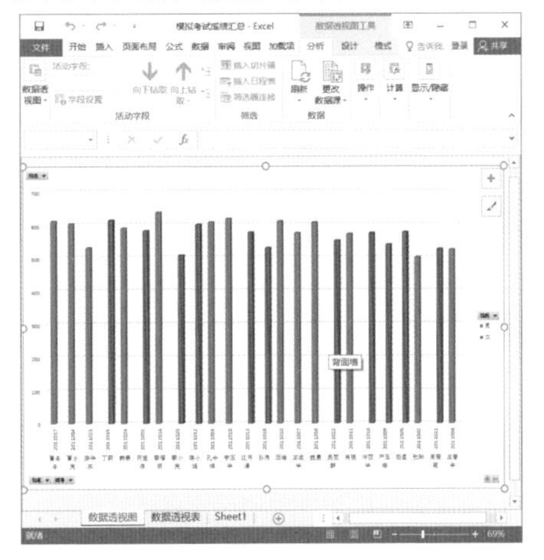

08 打开【数据透视图工具】的【设计】选项卡，在【图表布局】组中单击【快速布局】下拉按钮，从弹出的下拉列表中选择【布局9】样式，为数据透视图快速应用该样式。

09 修改图表标题、纵坐标标题和横坐标标题文本。

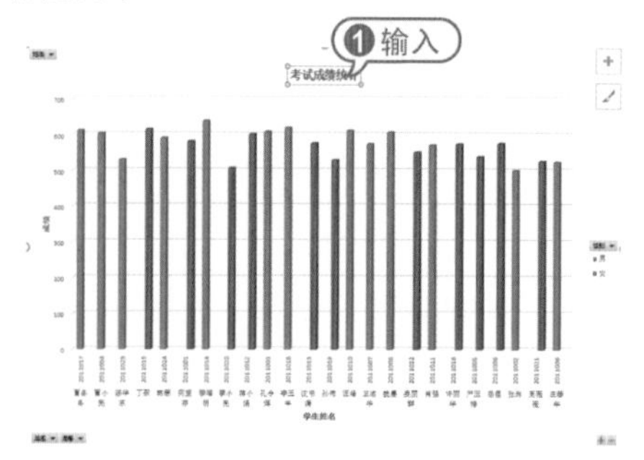

10 双击图表区中的背景墙，打开【设置背景墙格式】窗格，在【填充】选项区域选中【纯色填充】单选按钮，选择颜色为【浅绿】。

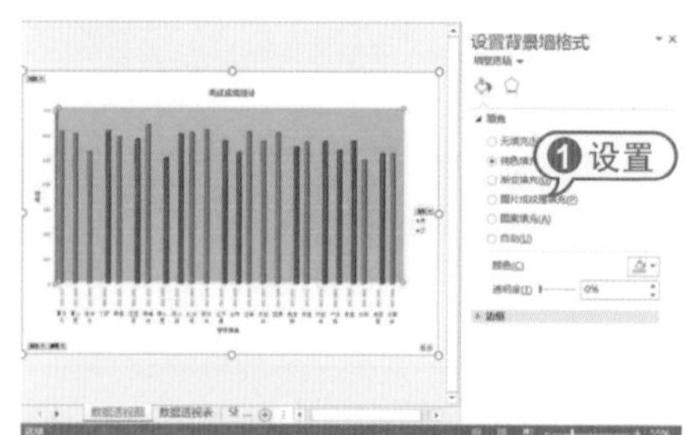

11 打开【数据透视图工具】的【分析】选项卡，在【显示/隐藏】组中分别单击【字段列表】和【字段按钮】按钮，将这两个按钮点亮，即可显示数据透视表的字段列表和字段按钮。

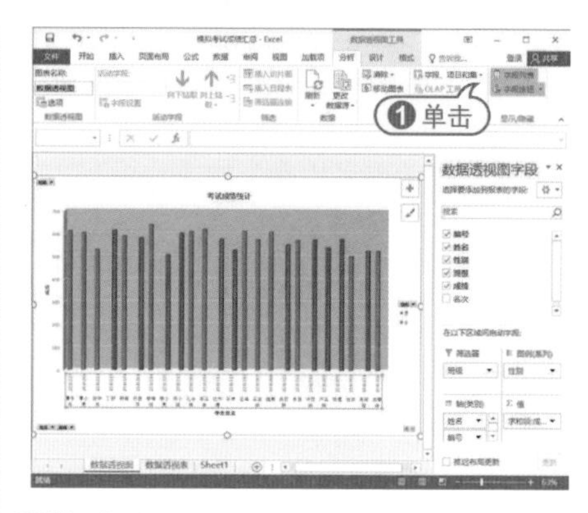

12 单击【班级】字段按钮，从弹出的列表中选择【1】选项，单击【确定】按钮，即可在数据透视图中显示1班学生的项目。

13 在【数据透视表字段】窗格的【选择要添加到报表的字段】列表框中单击【性别】右侧的下拉按钮，从弹出的列表中选中【男】复选框，然后单击【确定】按钮。

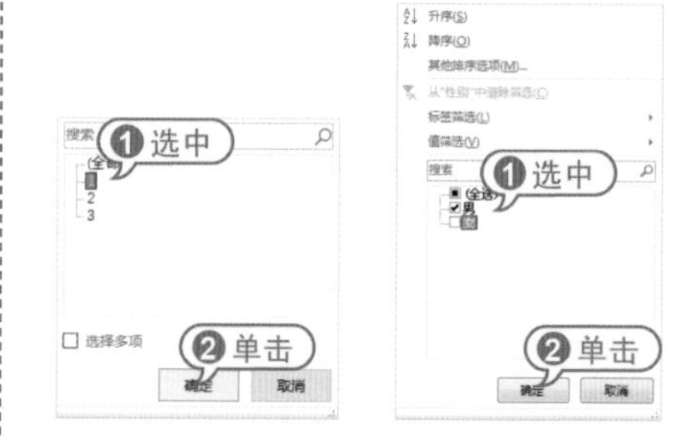

14 此时，在数据透视图中筛选出1班所有男同学的项目。

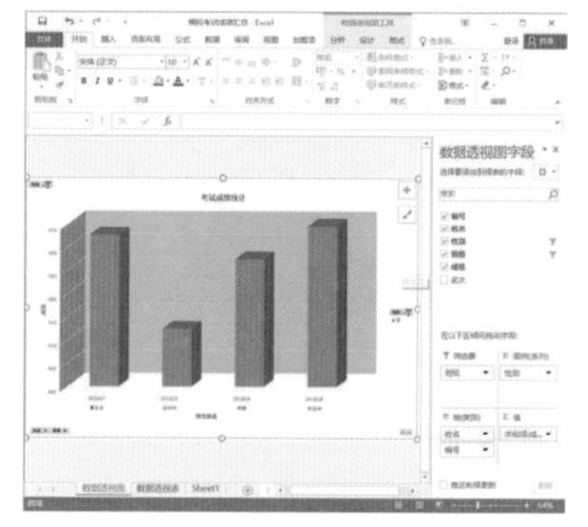

6.6 进阶实战

本章的进阶实战部分为设置表格数据这个综合实例操作，用户通过练习从而巩固本章所学知识。

使用Excel的合并计算功能，可以对来自一个或多个源区域的数据进行汇总，并建立合并计算表。如果每个数据字段的放置位置不同，此时用户可以使用按类别合并计算功能，对数据进行合并计算。

【例6-13】在“第二季度个人支出表”工作簿中，按类别合并计算第二季度各项支出的总金额。

视频+素材 (光盘素材\第06章\例6-13)

01 启动Excel 2016，打开“第二季度个人支出表”工作簿。

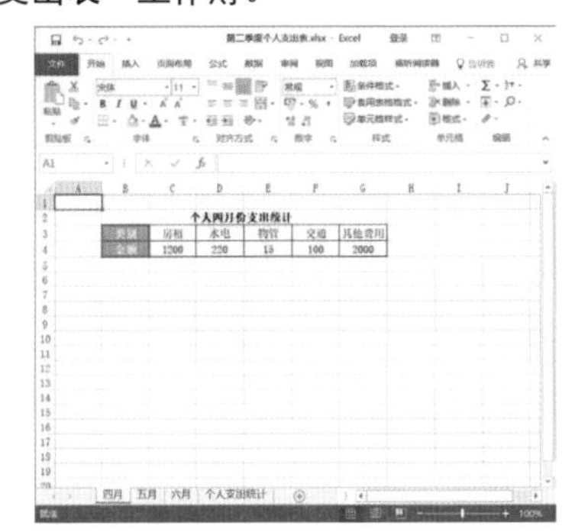

02 切换至“个人支出统计”工作表，选中B3单元格，选择【数据】选项卡，在【数据工具】组中单击【合并计算】按钮，打开【合并计算】对话框。单击【引用位置】文本框右侧的按钮。

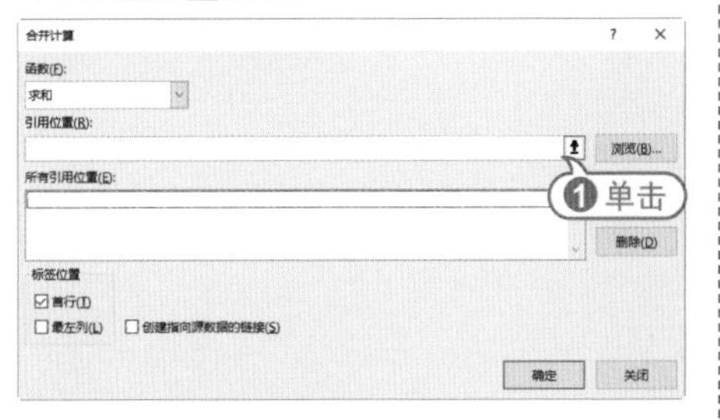

03 切换至“四月”工作表，拖到鼠标左键选取B3:G4单元格区域，此时，在对话框中可以看到引用的数据源区域，然后单击对话框中的按钮。

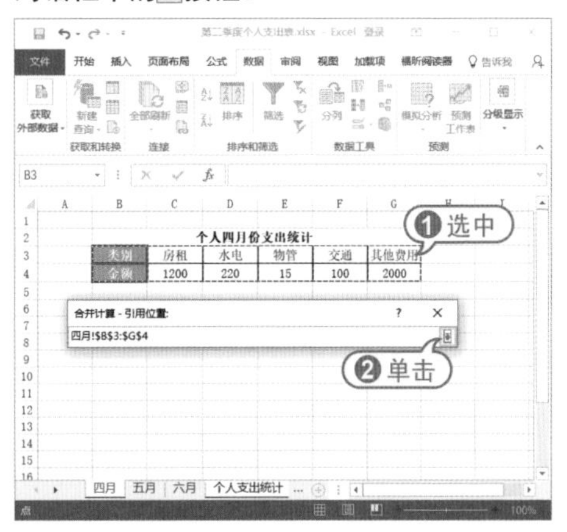

04 展开对话框，单击【添加】按钮，将引用的位置添加到【所有引用位置】列表框中。

合并计算
函数(F):
求和
引用位置(R):
四月!$B$3:$G$4
浏览(B)...
所有引用位置(E):
四月!$B$3:$G$4
❶ 单击
添加(A)
删除(D)
标签位置
首行(T)
最左列(L)
创建指向源数据的链接(S)
确定
关闭

05 使用同样的方法，将“五月”和“六月”工作表中的源区域添加到【所有引用位置】列表框中，在【标签位置】选项区域分别选中【首行】和【最左列】复选框，然后单击【确定】按钮。

06 此时，在“个人支出统计”工作表的B3:G4单元格区域中显示了按分类合并计算的结果。

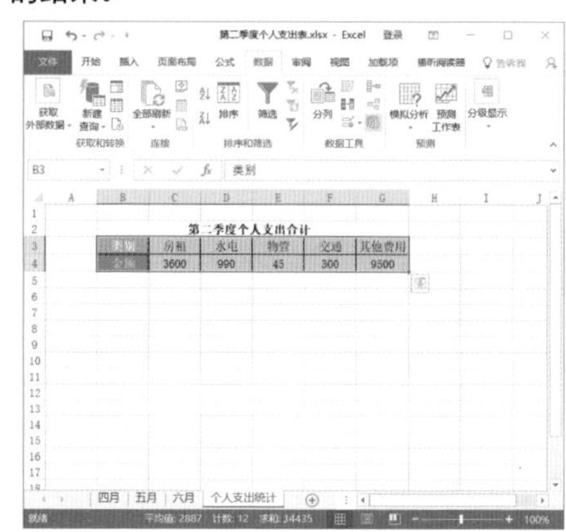

6.7 疑点解答

问：如何在数据透视表中插入切片器？

答：切片器不仅能够对数据透视表字段进行筛选操作，还可以直观地在切片器内查看该字段的数据项信息。选中数据透视表中的任意单元格，打开【数据透视表工具】的【分析】选项卡，在【筛选】组中单击【插入切片器】按钮，打开【插入切片器】对话框。选中字段前面的复选框，单击【确定】按钮，即可显示插入的切片器。

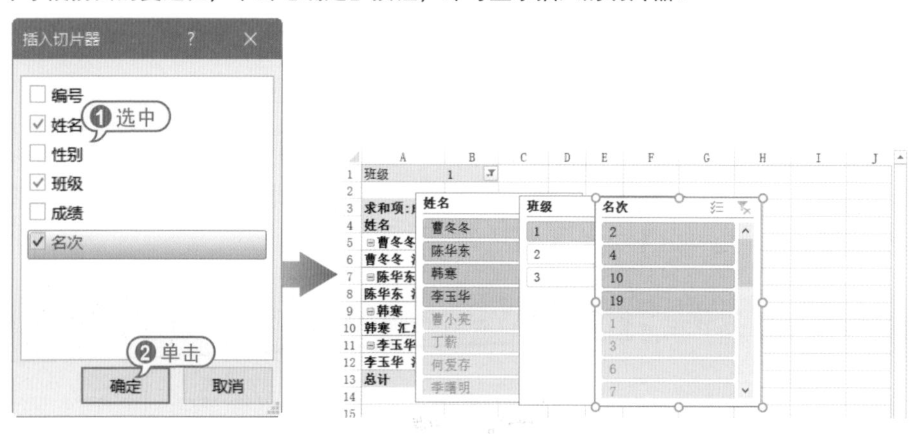

第7章

使用公式与函数

在Excel 2016中，绝大多数的数据运算、统计、分析都需要使用公式与函数来得出相应的结果。本章主要介绍公式与函数的操作内容和技巧。

例7-1 公式的输入
例7-2 删除公式
例7-3 引用公式
例7-4 插入函数
例7-5 函数的嵌套使用
例7-6 定义名称
例7-7 计算工资
例7-8 计算折旧值
例7-9 计算成绩
例7-10 逻辑筛选数据
例7-11 统计时间函数
本章其他视频文件参见配套光盘

7.1 认识公式和函数

Excel具有强大的数据计算功能，能够进行比较复杂的数学计算。要实现这些计算，就必然要用到公式和函数。

7.1.1 认识公式

在Excel中，公式是对工作表中的数据进行计算和操作的等式。

在输入公式之前，用户应了解公式的组成和意义。公式的特定语法或次序为：最前面是等号“=”，然后是公式的表达式。公式中可以包含运算符、数值或任意字符串、函数及其参数和单元格引用等元素。

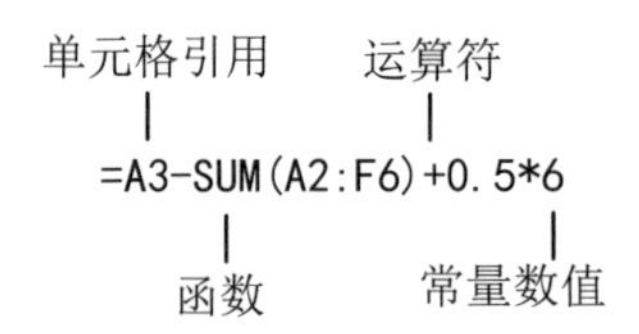

公式由以下几个元素构成：

- 运算符：是指对公式中的元素进行特定类型的运算，不同的运算符可以进行不同的运算，如加、减、乘、除等。
- 数值或任意字符串：包含数字或文本等各类数据。
- 函数及其参数：函数及其参数也是公式中的最基本元素之一，它们也用于计算数值。
- 单元格引用：指定要进行运算的单元格地址，可以是单个单元格或单元格区域，也可以是同一工作簿中其他工作表中的单元格或其他工作簿中某张工作表中的单元格。

7.1.2 认识函数

Excel中的函数实际上是一些预定义的公式，是运用一些称为参数的特定数据值按特定的顺序或结构进行计算的公式。

Excel提供了大量的内置函数，这些函数可以有一个或多个参数，并能够返回一个计算结果，函数中的参数可以是数字、文本、逻辑值、表达式、引用或其他函数。函数一般包含等号、函数名和参数3部分：

=函数名(参数1,参数2,参数3,…)

其中，函数名为需要执行运算的函数的名称。参数为函数使用的单元格或数值。例如，=SUM(A1:F10)，表示对A1:F10单元格区域内的所有数据求和。

Excel函数的参数可以是常量、逻辑值、数组、错误值、单元格引用或嵌套函数等（指定的参数都必须为有效参数值），各自的含义如下：

- 常量：指的是不进行计算且不会发生改变的值，如数字100与文本“家庭日常支出情况”都是常量。
- 逻辑值：逻辑值为TRUE（真值）或FALSE（假值）。
- 数组：数组用于建立可生成多个结果或可对在行和列中排列的一组参数进行计算的单个公式。
- 错误值：“#N/A”、“空值”或“_”等值。
- 单元格引用：用于表示单元格在工作表中所处位置的坐标集。
- 嵌套函数：嵌套函数就是将某个函数或公式作为另一个函数的参数使用。

函数与公式既有区别，又有联系。函数是公式的一种，是已预先定义计算过程的公式，函数的计算方式和内容已完全固定，用户只能通过改变函数参数的取值来更改函数的计算结果。用户也可以自定义计算过程和计算方式，或更改公式的所有元素来更改计算结果。函数与公式各有优缺点，在实际工作中，两者往往需要同时使用。

任何函数和公式都以“=”开头，输入“=”后，Excel会自动将其后的内容作为公式处理。函数以函数名称开始，其参数则以“(”开始，以“)”结束。每个函数必定对应一对括号。函数中还可以包含其他的函数，即函数可嵌套使用。在多层函数嵌套使用时，尤其要注意一个函数一定要对应一对括号。“,”用于在函数中将各个函数区分开。

Excel函数包括【自动求和】、【最近使用的函数】、【财务】、【逻辑】、【文本】、【日期和时间】、【查找与引用】、【数学和三角函数】以及【其他函数】这9大类的上百个具体函数，每个函数的应用各不相同。常用函数包括SUM(求和)、AVERAGE(计算算术平均数)、ISPMT、IF、HYPERLINK、COUNT、MAX、SIN、SUMIF、PMT等。

7.2 公式的运算符

在Excel中，公式遵循特定的语法或次序：最前面是等号“=”，后面是参与计算的数据对象和运算符。运算符用来连接需要运算的数据对象，并说明进行了哪种公式运算，本节将详细介绍公式运算符的类型与优先级。

7.2.1 运算符的类型

运算符对公式中的元素进行特定类型的运算。Excel 2016中包含了算术、比较、文本连接与引用这4种运算符类型。

1 算术运算符

如果要完成基本的数学运算，如加法、减法和乘法，连接数据和计算数据结果等，可以使用如下表所示的算术运算符。

算术运算符	含 义	示 例
+(加号)	加法运算	2+2
–(减号)	减法运算或负数	2–1或–1
*(星号)	乘法运算	2*2
/(正斜线)	除法运算	2/2
%(百分号)	百分比	20%
^(插入符号)	乘幂运算	2^2

2 比较运算符

使用右上表所示的比较运算符可以比较两个值的大小。当用运算符比较两个值时，结果为逻辑值，比较成立则为TRUE，反之则为FALSE。

比较运算符	含 义	示 例
= (等号)	等于	A1=B1
>(大于号)	大于	A1>B1
<(小于号)	小于	A1<B1
>=(大于等于号)	大于或等于	A1>=B1
<=(小于等于号)	小于或等于	A1<=B1
<>(不等号)	不相等	A1<>B1

3 文本连接运算符

使用和号(&)可加入或连接一个或更多个文本字符串以产生一串新的文本，如下表所示。

运算符	含 义	示 例
&(和号)	将两个文本值连接或串联起来以产生一个连续的文本值	spuer&man

4 引用运算符

单元格引用是用于表示单元格在工作表中所处位置的坐标集。例如，显示在第

B列和第3行交叉处的单元格，引用形式为B3。使用如下表所示的引用运算符，可以将单元格区域合并计算。

引用运算符	含 义	示 例
:(冒号)	区域运算符，产生对包括在两个引用之间的所有单元格的引用	(A5:A15)
,(逗号)	联合运算符，将多个引用合并为一个引用	SUM(A5:A15, C5:C15)
(空格)	交叉运算符，产生对两个引用共有的单元格的引用	(B7:D7 C6:C8)

例如，对于A1=B1+C1+D1+E1+F1公式，如果使用引用运算符，就可以把这一公式写为：A1=SUM(B1:F1)。

7.2.2 运算符的优先级

如果公式中同时用到多个运算符，Excel 2016将会依照运算符的优先级来依次完成运算。如果公式中包含相同优先级的运算符，例如公式中同时包含乘法和除法运算符，Excel 2016将从左到右进行计算。运算符的优先级由高至低如下表所示。

符 号	运算符名称
:(冒号) (单个空格) ,(逗号)	引用运算符
–	负号
%	百分比
^	乘幂
* 和 /	乘和除
+ 和 –	加和减
&	连接两个文本字符串
= < > <= >= <>	比较运算符

7.3 使用公式

在电子表格中输入数据后，可通过Excel 2016中的公式对这些数据进行自动、精确、高速的运算处理，从而节省大量的时间。

7.3.1 公式的输入

在Excel中输入公式与输入数据的方法相似，具体步骤为：选择要输入公式的单元格，然后在编辑栏中直接输入“=”符号，然后输入公式内容，按Enter键即可将公式运算的结果显示在所选单元格中。

【例7-1】创建“热卖数码销售汇总”工作簿，并手动输入公式。

视频+素材 (光盘素材\第07章\例7-1)

01 启动Excel 2016，创建一个名为“热卖数码销售汇总”的工作簿，并在Sheet1工作表中输入数据。

02 选定D3单元格，在单元格或编辑栏中输入公式“=B3*C3”。

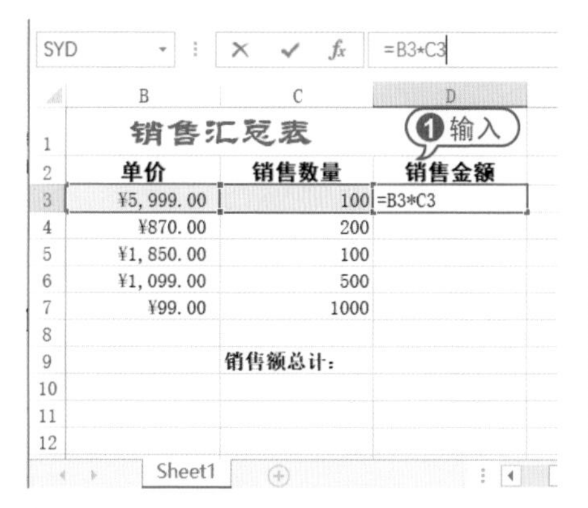

03 按Enter键或单击编辑栏中的【输入】按钮✓，即可在单元格中计算出结果。

D3　=B3*C3

	B	C	D
1	销售汇总表		
2	单价	销售数量	销售金额
3	¥5, 999. 00	100	¥599, 900. 00
4	¥870. 00	200	
5	¥1, 850. 00	100	
6	¥1, 099. 00	500	
7	¥99. 00	1000	
8			
9		销售额总计：	
10			
11			
12			

Sheet1

7.3.2 公式的编辑

在Excel 2016中，有时还需要对输入的公式进行编辑操作，如显示公式、修改公式、删除公式和复制公式等。

1 显示公式

默认设置下，在单元格中只显示公式计算的结果，而公式本身则只显示在编辑栏中。为了方便用户对公式进行检查，可以设置在单元格中显示公式。

用户可以在【公式】选项卡的【公式审核】组中单击【显示公式】按钮，即可设置在单元格中显示公式。如果再次单击【显示公式】按钮，即可将显示的公式隐藏。

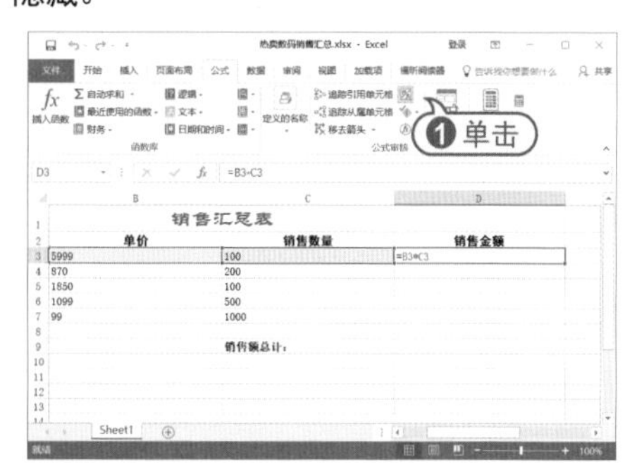

2 修改公式

修改公式是Excel最基本的公式编辑操作之一。修改公式的方法主要有以下三种：

- 双击单元格修改：双击需要修改的公式单元格，选中出错的公式后，重新输入新公式，按Enter键即可完成修改操作。
- 编辑栏修改：选定需要修改公式的单元格，此时在编辑栏中会显示公式，单击编辑栏，进入公式编辑状态后进行修改。
- F2键修改：选定需要修改公式的单元格，按F2键，进入公式编辑状态后进行修改。

3 删除公式

一些常用的电子表格需要使用公式，但在计算完成后，又不希望其他用户查看计算公式的内容，此时可以删除电子表格中的数据，并保留公式计算结果。

【例7-2】在“热卖数码销售汇总”工作簿中，将工作表的D3单元格中的公式删除，并保留公式计算结果。

视频+素材 (光盘素材\第07章\例7-2)

01 启动Excel 2016，打开“热卖数码销售汇总”工作簿的Sheet1工作表。

02 右击D3单元格，在弹出的快捷菜单中选择【复制】命令，复制单元格内容。

03 在【开始】选项卡的【剪贴板】选项组中单击【粘贴】按钮下方的倒三角按钮，在弹出的菜单中选择【选择性粘贴】命令。

04 打开【选择性粘贴】对话框，在【粘贴】选项区域选中【数值】单选按钮，然后单击【确定】按钮。

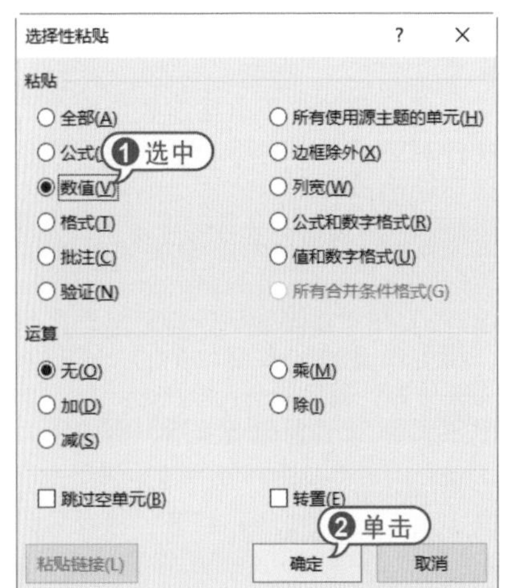

05 返回工作簿窗口，此时D3单元格中的公式已经被删除，但计算结果仍然保存在D3单元格中。

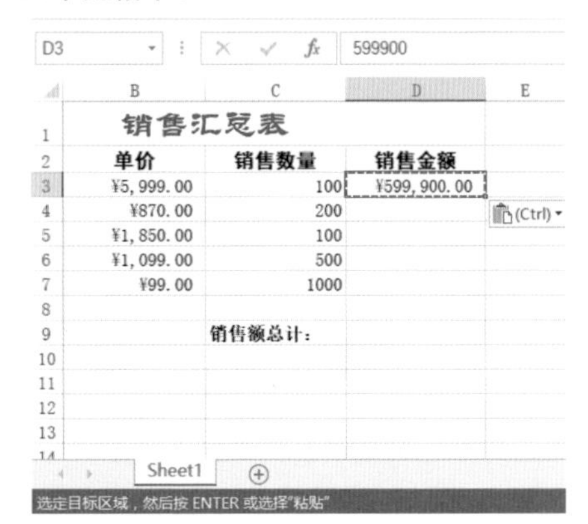

4 复制公式

复制公式的方法与复制数据的方法相似，右击公式所在的单元格，在弹出的菜单中选择【复制】命令，然后在选定目标单元格后，右击，在弹出的菜单中选择【粘贴选项】命令，在打开的选项区域中单击【粘贴】按钮，即可成功复制公式。

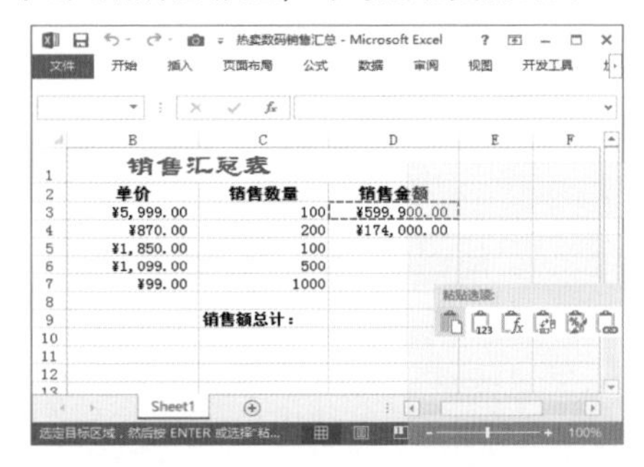

7.3.3 公式的引用

在Excel中，引用单元格包括绝对引用、相对引用、混合引用等。单元格中如果有公式和函数，也可以使用引用功能进行快速计算。

1 相对引用

相对引用是Excel中最常用的引用方

式，也是Excel的默认引用方式。在对单元格中的公式使用相对引用时，单元格的地址会随着公式位置的变化而变化。

例如，在下图中，C1单元格中的公式为“=A1+B1”，若选中C1单元格，然后拖动C1单元格右下角的填充柄至C4单元格中，则C2单元格中的公式会自动变为“=A2+B2”，C3单元格中的公式会自动变为“=A3+B3”。

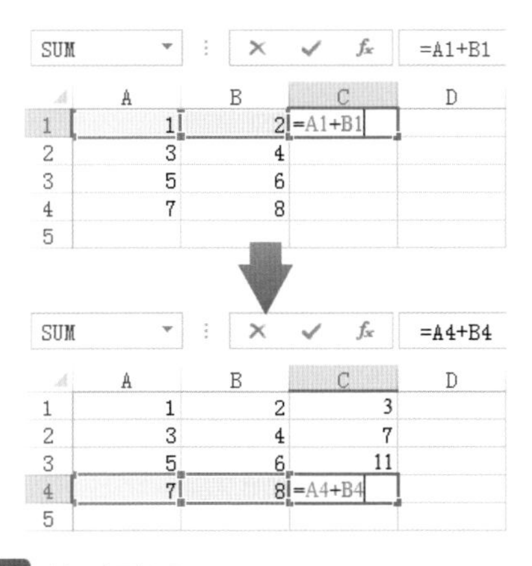

2 绝对引用

绝对引用，引用的是单元格的绝对地址。在对公式使用绝对引用时，单元格的地址不会随着公式位置的变化而变化。单元格的绝对引用格式需要为行号和列标加上“$”符号。

例如，在下图的C1单元格中输入“=$A$1＋$B$1”，将此公式使用自动填充的方法填充到C2、C3、C4单元格中时，公式依然会保持原貌，不会发生任何改变。

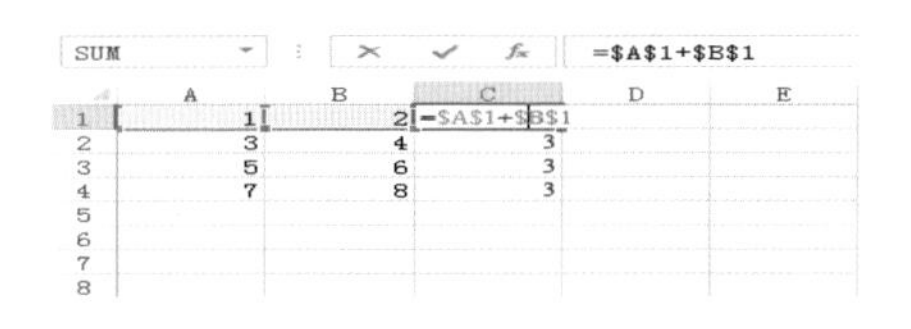

3 混合引用

混合引用指的是在单元格引用的行号或列标前加上“$”符号。例如：$A1表示在对公式进行引用时，列标不变，而行号相对会改变；A$1表示在对公式进行引用时，列标相对改变，而行号不变。

若将下图中C1单元格中的公式改为“=$A1+$B$1”，则使用自动填充的方法将该公式填充到C2、C3、C4单元格中时，C2单元格中的公式会变为“=$A2+$B$1”，C3单元格中的公式会变为“=$A3+$B$1”，C4单元格中的公式会变为“=$A4+$B$1”。

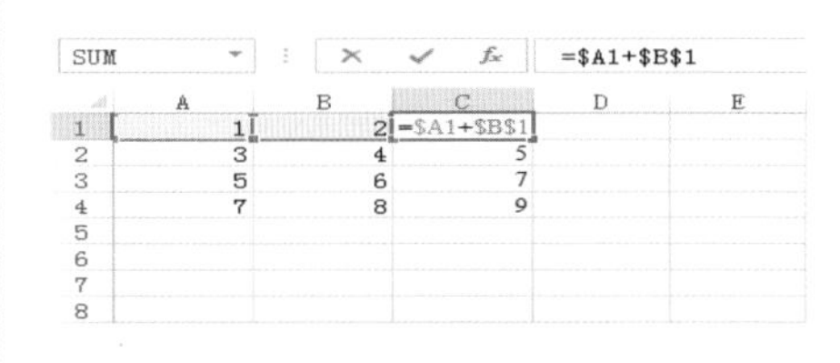

【例7-3】将工作表中F2单元格中的公式混合引用到F3:F7单元格区域中。

视频+素材 (光盘素材\第07章\例7-3)

01 启动Excel 2016，打开“统计表”工作簿的Sheet1工作表。选中F2单元格，并输入混合引用公式“=$B2+$C2+D$2+E$2”，按下Enter键后即可得到合计数值。

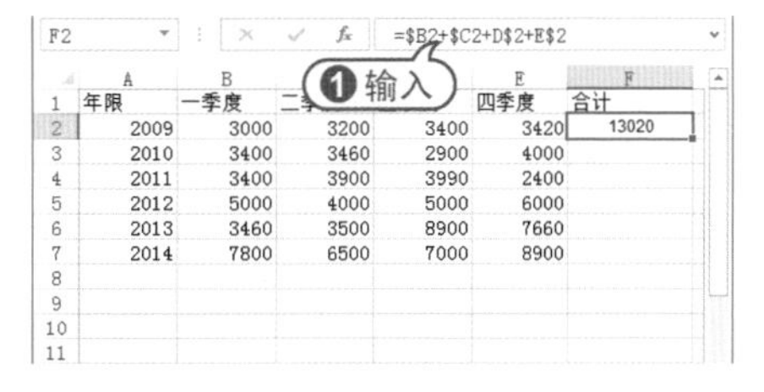

02 将鼠标光标移至单元格F2右下角，当鼠标光标呈十字状态后，按住左键并拖动选定F3：F7区域。释放鼠标，以混合引用填充公式，此时相对引用地址改变，而绝对引用地址不变。例如，将F2单元格中的公式填充到F3单元格中，公式将调整为“=$B3+$C3+D$2+E$2”。

F3 =$B3+$C3+D$2+E$2

	A	B	C	D	E	F
1	年限	一季度	二季度	三季度	四季度	合计
2	2009	3000	3200	3400	3420	13020
3	2010	3400	3460	2900	4000	13680
4	2011	3400	3900	3990	2400	14120
5	2012	5000	4000	5000	6000	15820
6	2013	3460	3500	8900	7660	13780
7	2014	7800	6500	7000	8900	21120

进阶技巧

其中的$B2、$C2是绝对列和相对行形式，D$2、E$2是绝对行和相对列形式。

7.4 使用函数

Excel 2016将具有特定功能的一组公式组合在一起形成函数。与直接使用公式进行计算相比，使用函数进行计算的速度更快，同时减少了错误发生的概率。

7.4.1 函数的类型

Excel 2016内置函数包括财务函数、日期与时间函数、数学与三角函数、统计函数、查找与引用函数、数据库函数、文本函数、逻辑函数、信息函数和工程函数等。

其中常用函数的语法和作用如下表所示。

语　法	说　明
SUM(number1，number2，…)	返回单元格区域中所有数值的和
ISPMT(Rate，Per，Nper，Pv)	返回普通(无担保)的利息偿还
AVERAGE(number1，number2，…)	计算参数的算术平均数；参数可以是数值或包含数值的名称、数组或引用
IF(Logical_test，Value_if_true，Value_if_false)	执行真假值判断，根据对指定条件进行逻辑评价的真假而返回不同的结果
HYPERLINK(Link_location，Friendly_name)	创建快捷方式，以便打开文档、网络驱动器或连接Internet
COUNT(value1，value2，…)	计算数字参数和包含数字的单元格的个数

7.4.2 插入函数

在Excel 2016中，用户可以使用Excel提供的内置函数。输入函数有两种较为常用的方法，一种是通过【插入函数】对话框插入，另一种是直接手动输入。

【例7-4】打开“热卖数码销售汇总”工作簿，在工作表的D9单元格中插入求和函数，计算销售总额。

视频+素材 (光盘素材\第07章\例7-4)

01 启动Excel 2016，打开“热卖数码销售汇总”工作簿的Sheet1工作表。

02 选定D9单元格，然后打开【公式】选项卡，在【函数库】组中单击【插入函数】按钮。

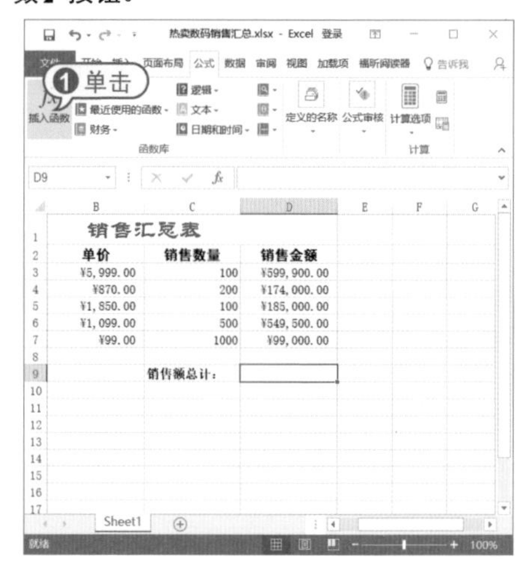

03 打开【插入函数】对话框，在【选择函数】列表框中选择SUM函数，单击【确定】按钮。

04 打开【函数参数】对话框，单击Number1文本框右侧的按钮。

05 返回到工作表中，选择要求和的单元格区域，这里选择D3:D7单元格区域，然后单击按钮。

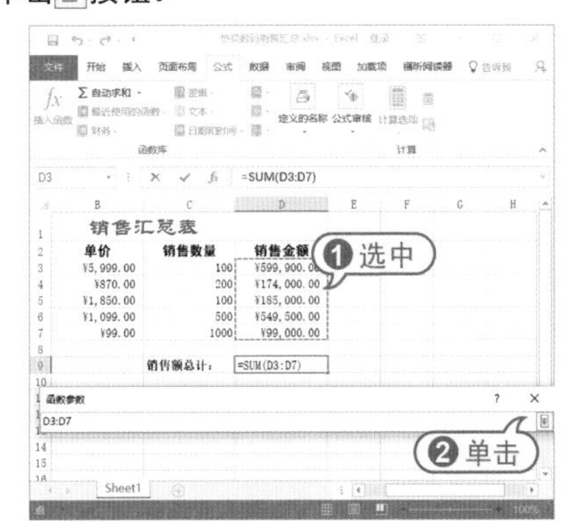

06 返回【函数参数】对话框，单击【确定】按钮。此时，利用求和函数计算出D3:D7单元格区域中所有数据的和，并显示在D9单元格中。

D9 =SUM(D3:D7)

	B	C	D
1	销售汇总表		
2	单价	销售数量	销售金额
3	¥5,999.00	100	¥599,900.00
4	¥870.00	200	¥174,000.00
5	¥1,850.00	100	¥185,000.00
6	¥1,099.00	500	¥549,500.00
7	¥99.00	1000	¥99,000.00
8			
9		销售额总计:	¥1,607,400.00
10			

Sheet1

进阶技巧

用户可以使用【插入函数】对话框的向导功能选择或搜索所需的函数。比如打开【插入函数】对话框，在【搜索函数】文本框中输入"平均"，单击【转到】按钮，在【选择函数】列表中将自动显示推荐的有关"平均"的函数，此时选择AVERAGEIF函数，单击【确定】按钮即可。

7.4.3 函数的嵌套使用

在某些情况下，可能需要将某个公式或函数的返回值作为另一个函数的参数来使用，这就是函数的嵌套使用。

【例7-5】对"热卖数码销售汇总"工作簿的D9单元格进行函数的嵌套使用，计算税后的销售额(增值税为4%)。

视频+素材 (光盘素材\第07章\例7-5)

01 启动Excel 2016，打开"热卖数码销售汇总"工作簿的Sheet1工作表。

02 选定D9单元格，在编辑栏中选中"=SMU(D3:D7)"，并将其中的参数修改为"=SUM(D3*(1-4%),D4*(1-4%),D5*

(1-4%),D6*(1-4%),D7*(1-4%))”，即可实现函数嵌套功能。

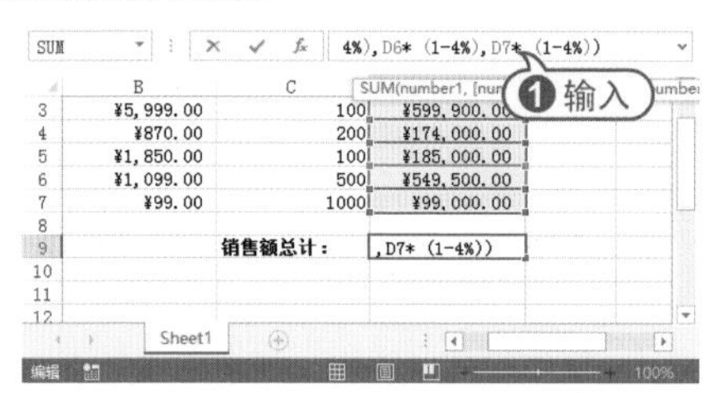

03 按Ctrl+Enter组合键，即可在D9单元格中显示计算结果，并在编辑栏中显示计算公式。

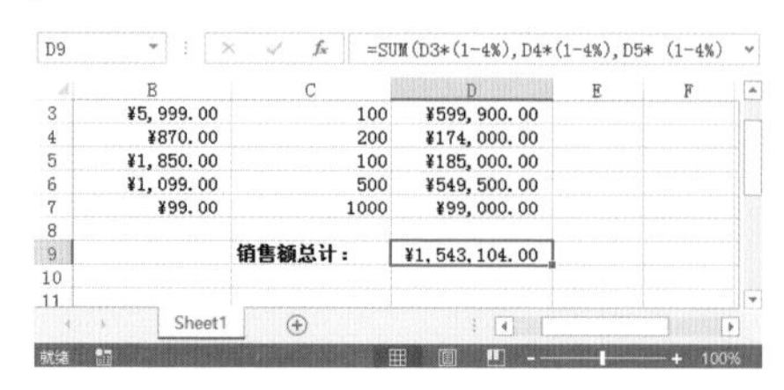

7.5 使用名称

名称是工作簿中某些项目或数据的标识符。在公式或函数中使用名称代替数据区域进行计算，可以使公式更为简洁，从而避免输入出错。

7.5.1 定义名称

为了方便处理Excel数据，可以将一些常用的单元格区域定义为特定的名称。

【例7-6】在“成绩表”工作簿中，定义单元格区域的名称。

视频+素材 (光盘素材\第07章\例7-6)

01 启动Excel 2016，打开“成绩表”工作簿的Sheet1工作表。

02 选定E2:E14单元格区域，打开【公式】选项卡，在【定义的名称】组中单击【定义名称】按钮。

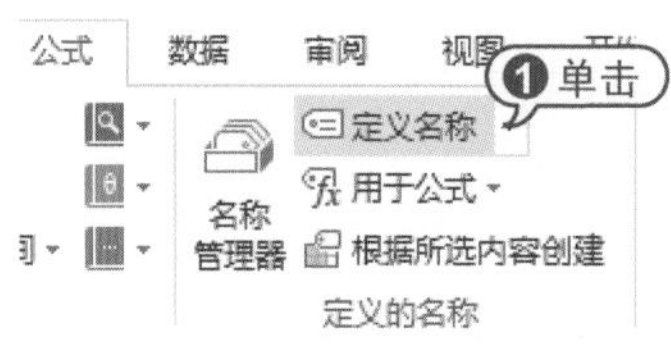

03 打开【新建名称】对话框，在【名称】文本框中输入单元格的新名称，在【引用位置】文本框中可以修改单元格区域名称，单击【确定】按钮，完成名称的定义。

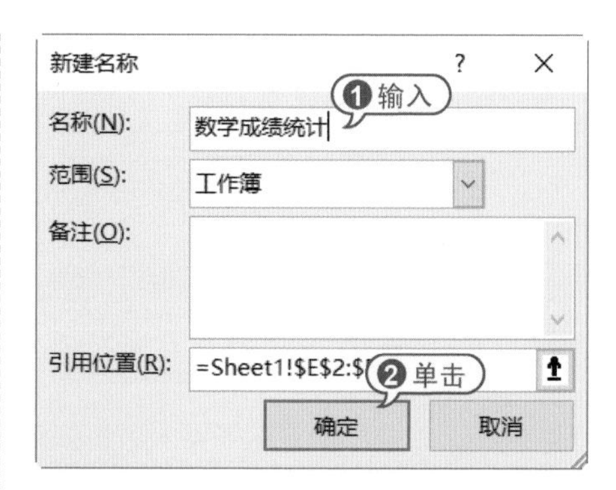

04 此时，即可在名称框中显示单元格区域的名称。

数学成绩统计　48

	A	B	C	D	E	F
1	班级	学号	姓名	性别	数学	英语
2	3班	11012	陈利	女	48	65
3	2班	11004	王磊	男	56	64
4	1班	11002	王晓峰	男	65	57
5	2班	11008	曹亮	男	65	75
6	2班	11003	季晓亮	女	68	66
7	1班	11006	李小霞	女	70	90
8	2班	11009	成军	男	78	48
9	3班	11013	黄亮	男	78	61
10	1班	11001	季玉华	男	85	92
11	2班	11007	庄春华	男	85	85
12	1班	11005	李阳	男	90	80
13	3班	11011	曹秋靓	女	95	83
14	3班	11010	曹小梦	女	96	85
15						

Sheet1

05 选定F2:F14单元格区域并右击，然后在弹出的快捷菜单中选择【定义名称】命令。打开【新建名称】对话框，在【名称】文本框中输入单元格的新名称并单击【确定】按钮，即可定义单元格区域的名称。

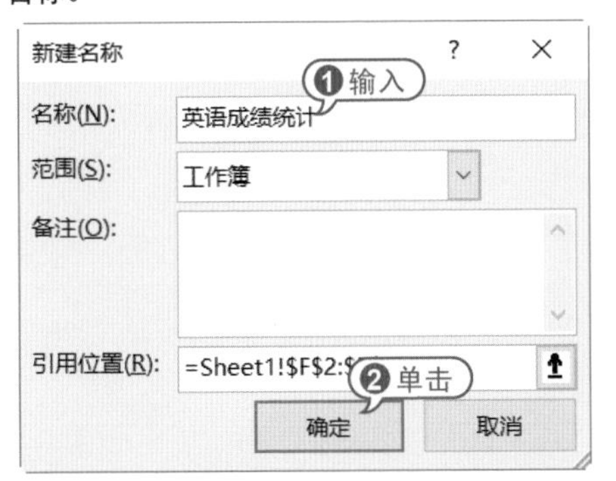

06 使用相同的方法，为G2:G14单元格区域新建名称“哲学成绩统计”，为E2:G14单元格区域新建名称achievement。打开【公式】选项卡，在【定义的名称】组中单击【名称管理器】按钮，打开【名称管理器】对话框，查看新建的名称。

7.5.2 使用名称计算

定义了单元格名称后，可以使用名称来代替单元格区域进行计算，以便用户进行输入。

01 启动Excel 2016，打开“成绩表”工作簿的Sheet1工作表。

02 选定A15:D15单元格区域，打开【开始】选项卡，在【对齐方式】组中单击【合并后居中】按钮，合并单元格，并在其中输入文本“每门功课的平均分”。

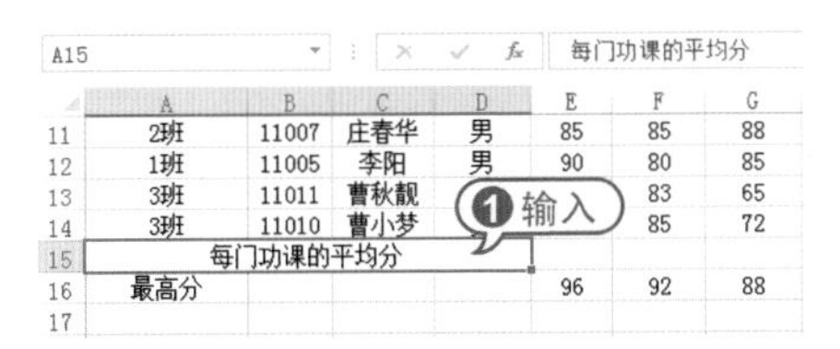

03 选定E15单元格，在编辑栏中输入公式“=AVERAGE(数学成绩统计)”，按Ctrl+Enter组合键，计算出数学成绩的平均分。

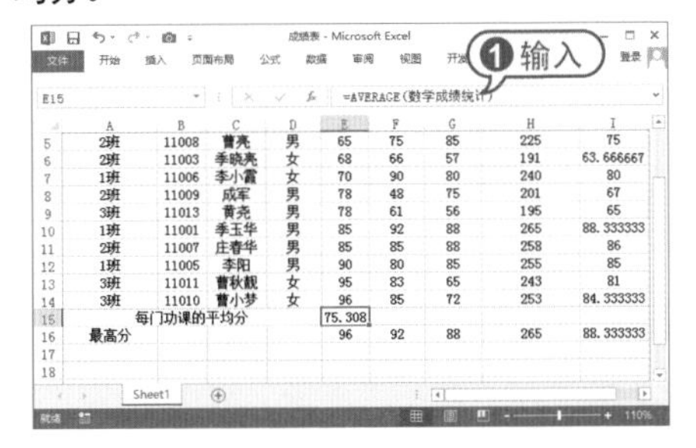

7.5.3 编辑名称

在使用名称的过程中，用户可以根据需要使用名称管理器，对名称进行重命名、更改单元格区域以及删除等操作。

1 名称的重命名

要重命名名称，用户可以在【公式】选项卡的【定义的名称】组中单击【名称管理器】按钮，打开【名称管理器】对话框。选择需要重命名的名称，然后单击【编辑】按钮

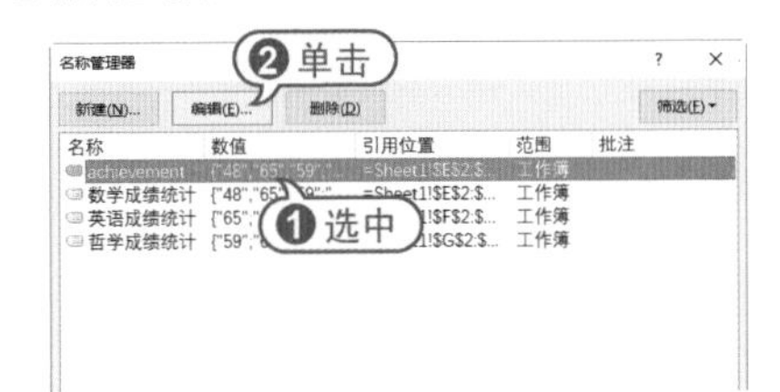

打开【编辑名称】对话框，在【名称】文本框中输入新的名称，单击【确定】按钮即可完成重命名操作。

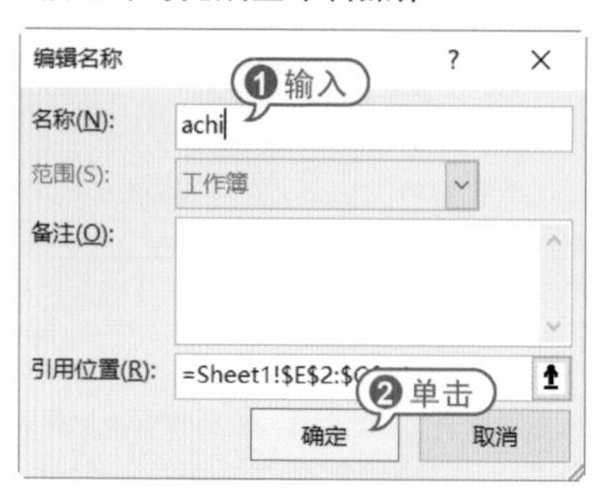

2 更改名称的单元格区域

若发现定义名称的单元格区域不正确，则需要使用名称管理器对其进行修改。

用户可以打开【名称管理器】对话框，选择要更改的名称，单击【引用位置】文本框右侧的按钮，返回至工作表中，重新选取单元格区域。

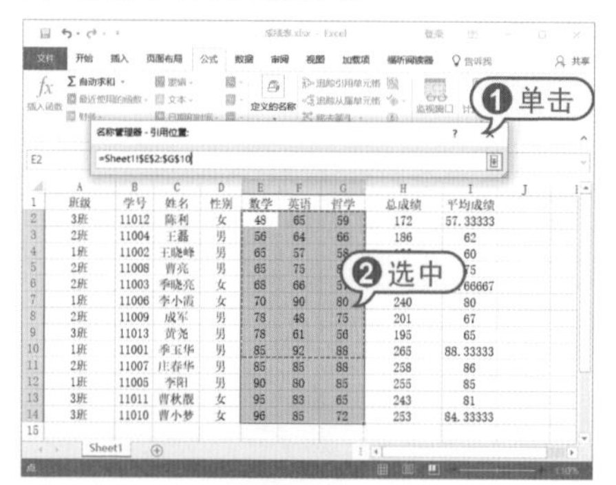

然后单击按钮，返回【名称管理器】对话框，此时，在【引用位置】文本框中显示更改后的单元格区域，单击✓按钮，单击【关闭】按钮，关闭对话框即可更改名称的单元格区域。

3 删除名称

通常情况下，可以对多余的或未使用过的名称进行删除。打开【名称管理器】对话框，选择要删除的名称，单击【删除】按钮，此时，系统会自动打开对话框，提示用户是否确定要删除该名称，单击【确定】按钮即可。

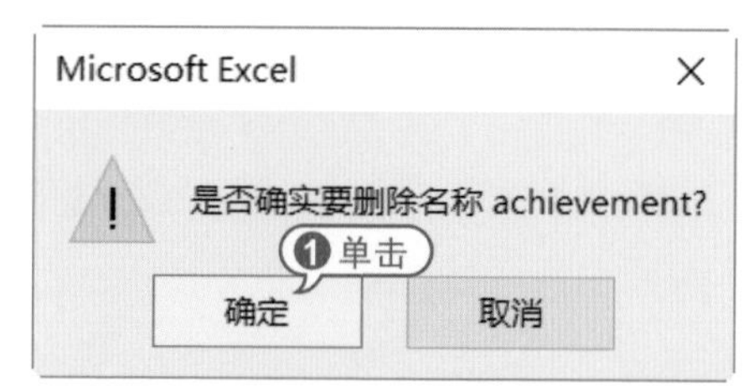

7.6 使用常用函数

Excel 2016提供了多种函数来进行计算和应用，比如数学和三角函数、财务函数、文本和逻辑函数等。

7.6.1 计算工资

为了便于用户掌握数学函数，下面将以常用函数中的SUM函数、INT函数和MOD函数为例，介绍数学函数的应用方法。

【例7-7】新建“员工工资领取”工作表，使用SUM函数、INT函数和MOD函数计算总工资以及工资实发情况。
视频+素材 (光盘素材\第07章\例7-7)

01 启动Excel 2016，新建一个名为“员工工资领取”的工作簿，并在其中输入数据。

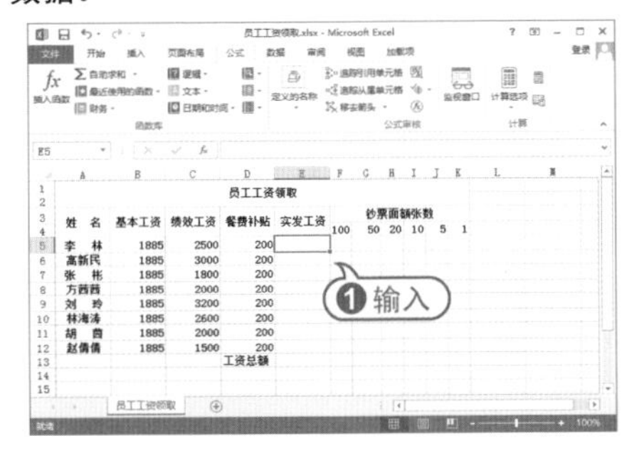

02 选中E5单元格，打开【公式】选项卡，在【函数库】组中单击【自动求和】按钮。

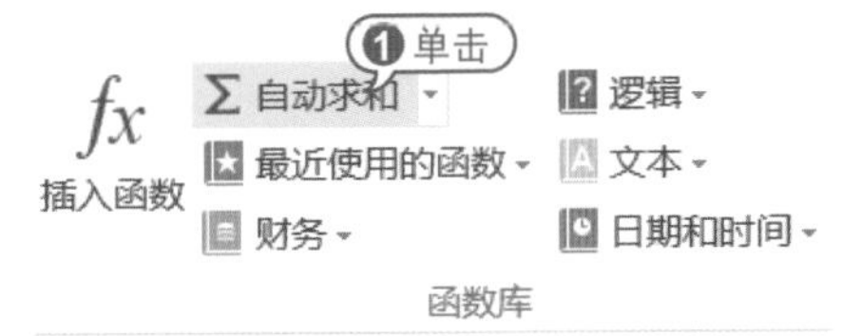

03 插入SUM函数，并自动添加函数参数，按Ctrl+Enter键，计算出员工“李林”的实发工资。

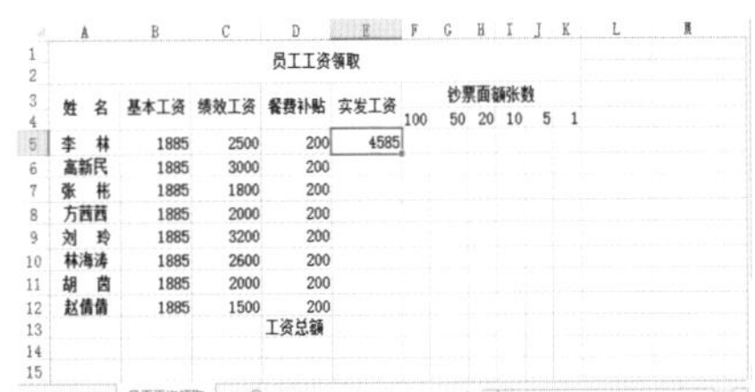

04 选中E5单元格，将光标移至E5单元格右下角，待光标变为十字箭头时，按住鼠标左键向下拖至E12单元格中，释放鼠标，进行公式的复制，计算出其他员工的实发工资。

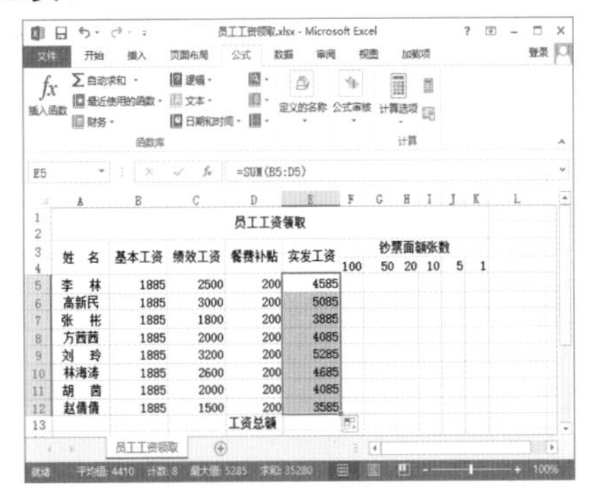

05 选中F5单元格，在编辑栏中使用INT函数输入以下公式：“=INT(E5/$F$4)”。

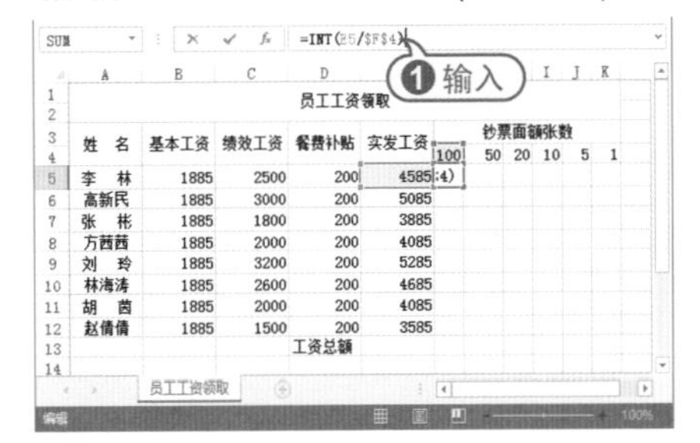

06 按下Ctrl+Enter组合键，即可计算出员工“李林”工资应发的100元面值人民币的张数。

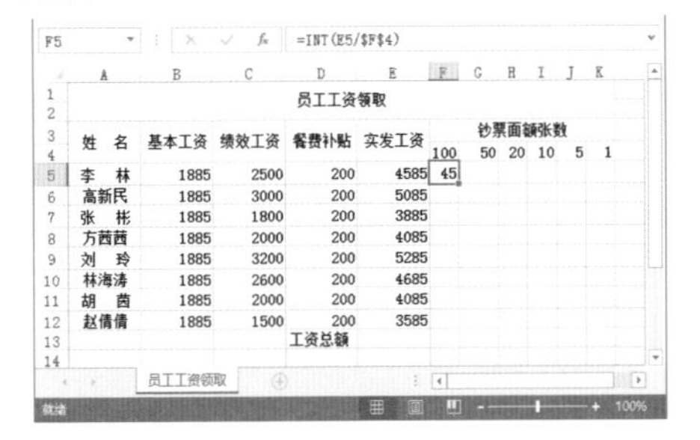

07 接下来，使用相对引用的方法，复制公式到F6:F12单元格区域，计算出其他员工工资应发的100元面值人民币的张数。

08 选中G5单元格，在编辑栏中使用INT函数和MOD函数输入公式：“=INT(MOD(E5,$F$4)/$G$4)”。

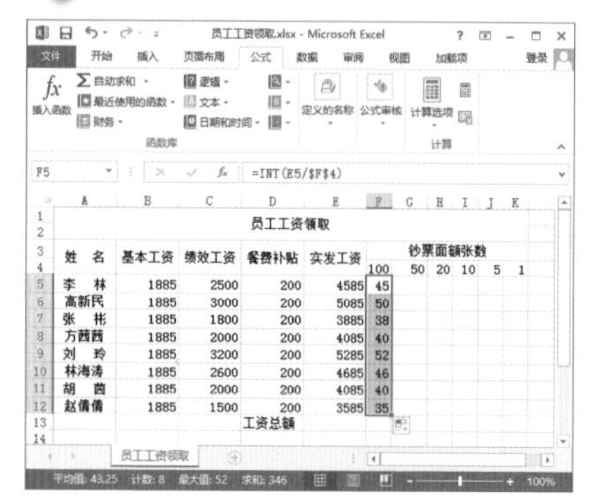

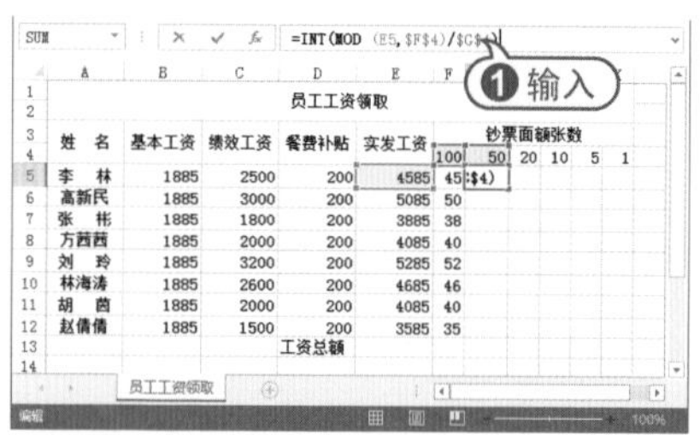

09 按Ctrl+Enter组合键，即可计算出员工“李林”工资的剩余部分应发的50元面值人民币的张数。接下来，使用相对引用的方法，复制公式到G5:G11单元格区域，计算出其他员工工资的剩余部分应发的50元面值人民币的张数。

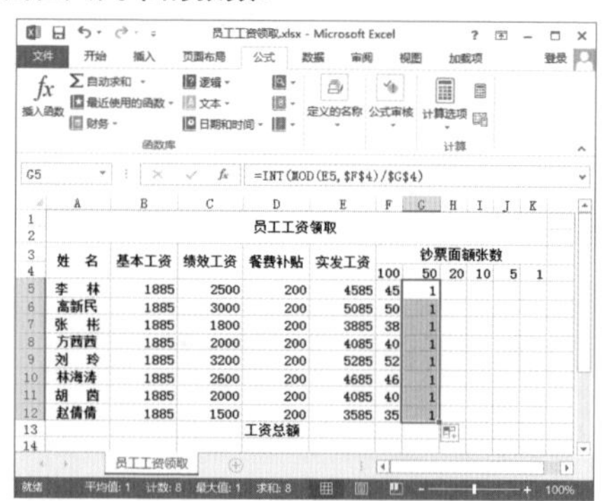

10 选中H5单元格，在编辑栏中输入以下公式：“=INT(MOD(MOD(E5,$F$4),$G$4)/$H$4)”。按Ctrl+Enter组合键，即可计算出员工“李林”工资的剩余部分应发的20元面值人民币的张数。接下来，使用相对引用的方法，复制公式到H5:H11单元格区域，计算出其他员工工资的剩余部分应发的20元面值人民币的张数。

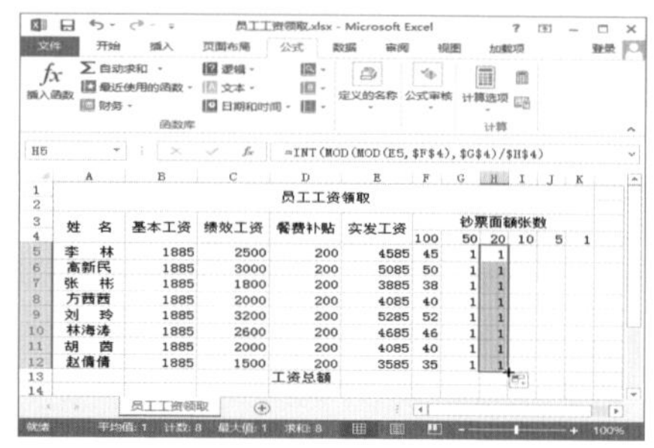

11 使用同样的方法，计算出员工工资的剩余部分应发的10元、5元和1元面值人民币的张数。

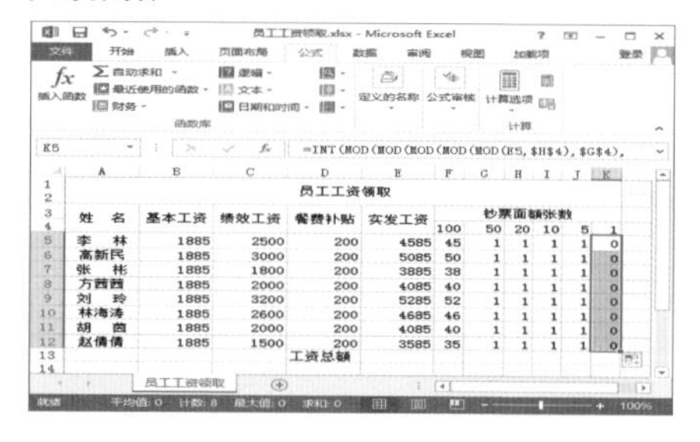

7.6.2 计算折旧值

为了便于用户掌握财务函数，下面以SLN函数和SYD函数为例，介绍财务函数的应用方法。

【例7-8】新建“公司设备折旧”工作簿，使用财务函数SYD和SLN计算设备每年、每月和每日的折旧值。

视频+素材 (光盘素材\第07章\例7-8)

01 启动Excel 2016，新建一个名为“公司设备折旧”的工作簿，并在Sheet1工作表中输入数据。

02 选中C5单元格，打开【公式】选项卡，在【函数库】组中单击【财务】按钮，从弹出的快捷菜单中选择SLN命令。

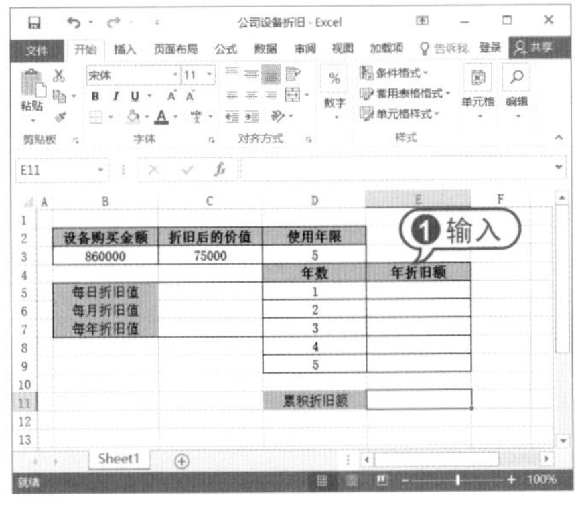

03 打开【函数参数】对话框，在Cost文本框中输入“B3”；在Salvage文本框中输入“C3”；在Life文本框中输入“D3*365”，然后单击【确定】按钮，使用线性折旧法计算设备每天的折旧值。

04 选中C6单元格，在编辑栏中输入公式“=SLN(B3,C3,D3*12)”，按Enter键，即可使用线性折旧法计算出每月的设备折旧值。

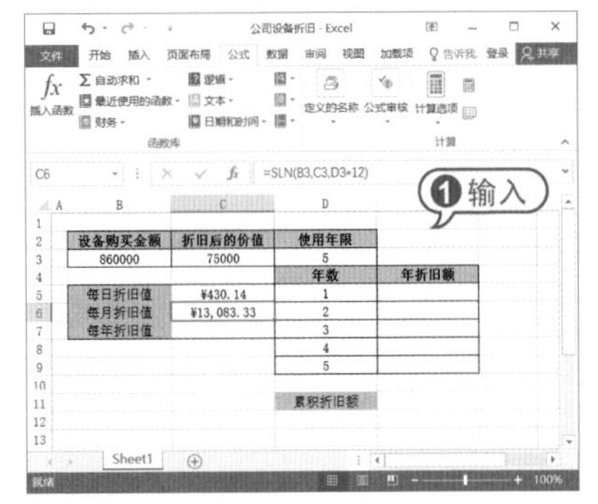

05 选中C7单元格，在编辑栏中输入公式“=SLN(B3,C3,D3)”，按Ctrl+Enter组合键，即可使用线性折旧法计算出设备每年的折旧值。

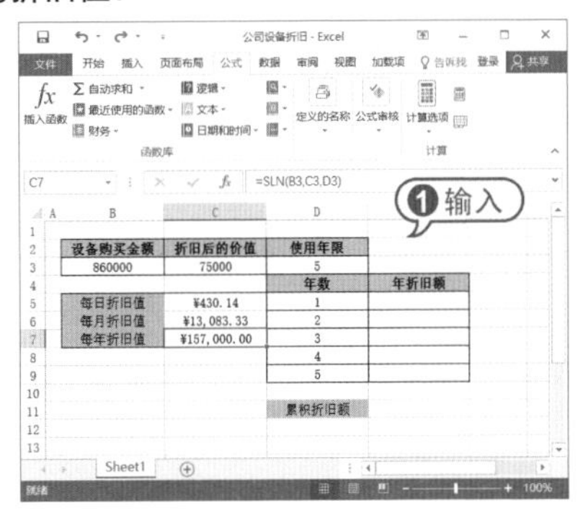

06 选中E5单元格，打开【公式】选项卡，在【函数库】组中单击【财务】按钮，从弹出的快捷菜单中选择SYD命令，打开【函数参数】对话框。在Cost文本框中输入“B3”；在Salvage文本框中输入“C3”；在Life文本框中输入“D3”；在Per文本框中输入“D5”，单击【确定】按钮，使用年限总和折旧法计算第1年的设备折旧额。

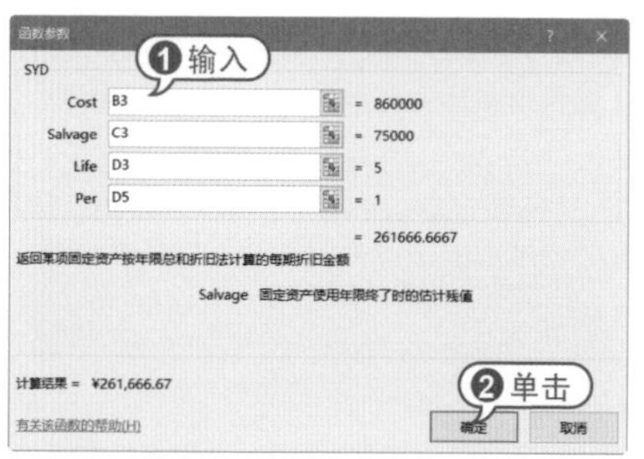

07 在编辑栏中将公式更改为“=SYD($B$3, $C$3,$D$3,D5)”，按Ctrl+Enter组合键，计算公式结果。

08 使用相对引用的方法复制公式至E6:E9单元格区域，计算出不同年限的折旧额。

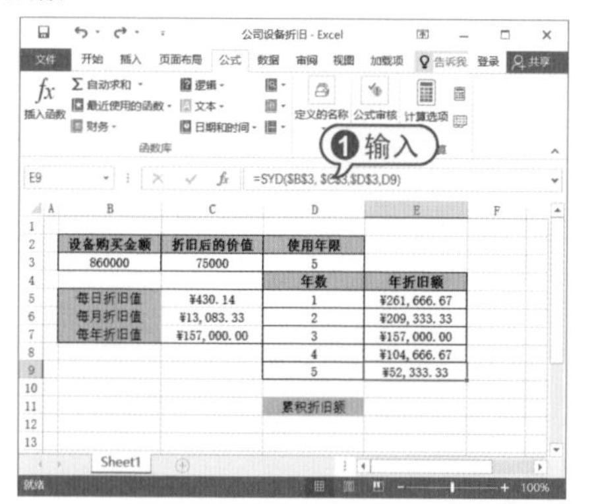

09 选中E11单元格，输入公式“=SUM(E5:E9)”，然后按Ctrl+Enter组合键，计算累积折旧额。

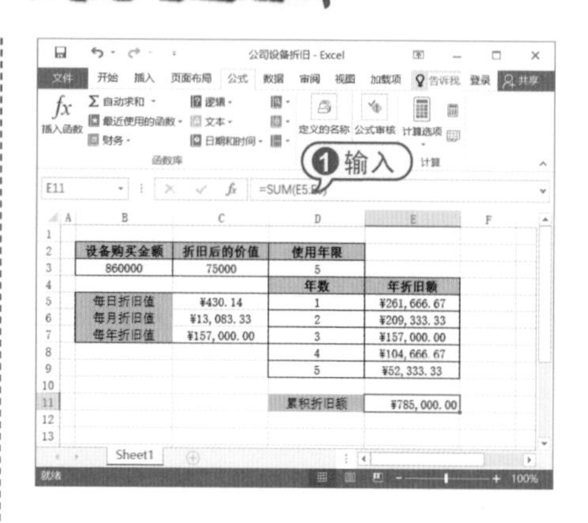

7.6.3 计算成绩

使用AVERAGE函数计算一组数据的平均值，使用MAX和 MIN函数计算一组数据中的最大值和最小值。

【例7-9】在“学生成绩统计”工作簿中求出第一学期各个学生的各科平均成绩。

视频+素材 (光盘素材\第07章\例7-9)

01 启动Excel 2016，打开“学生成绩统计”工作簿的Sheet1工作表。

02 选定H5单元格，在【公式】选项卡的【函数库】选项区域单击【插入函数】按钮。

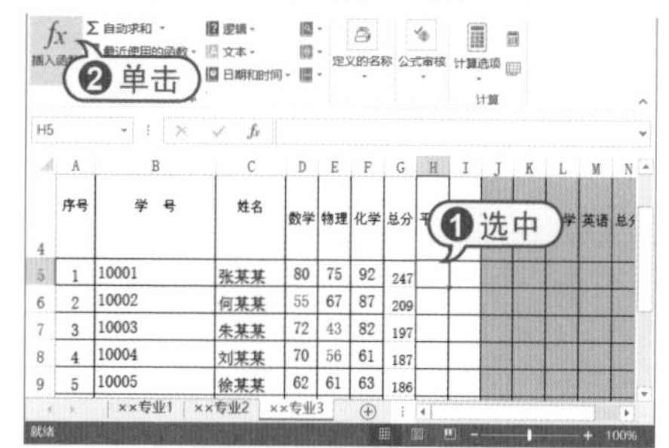

03 打开【插入函数】对话框，在【或选择类别】下拉列表框中选择【常用函数】选项，在【选择函数】列表框中选择AVERAGE选项。

04 在【插入函数】对话框中单击【确定】按钮，打开【函数参数】对话框，在Number1文本框中输入"D5:F5"，单击【确定】按钮。

05 系统即可自动计算学生"张某某"的各科平均成绩，并将结果显示在G5单元格中。

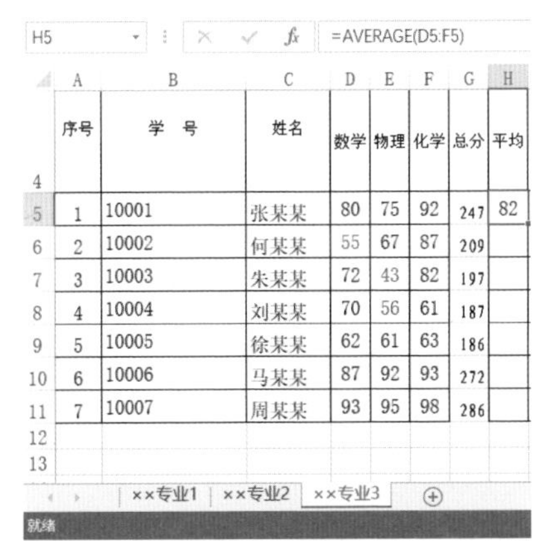

H5 =AVERAGE(D5:F5)

	A	B	C	D	E	F	G	H
4	序号	学　号	姓名	数学	物理	化学	总分	平均
5	1	10001	张某某	80	75	92	247	82
6	2	10002	何某某	55	67	87	209	
7	3	10003	朱某某	72	43	82	197	
8	4	10004	刘某某	70	56	61	187	
9	5	10005	徐某某	62	61	63	186	
10	6	10006	马某某	87	92	93	272	
11	7	10007	周某某	93	95	98	286	
12								
13								

××专业1 ××专业2 ××专业3 就绪

06 使用数据的自动填充功能，将该公式填充到G6:G11单元格区域中。

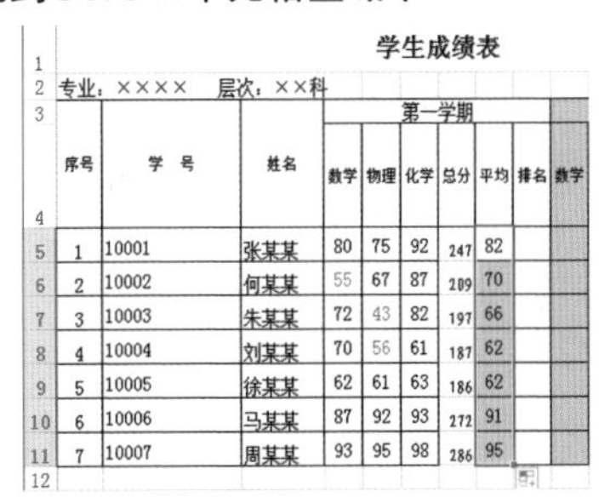

学生成绩表

专业：××××　层次：××科

序号	学　号	姓名	数学	物理	化学	总分	平均	排名	数学
			第一学期						
1	10001	张某某	80	75	92	247	82		
2	10002	何某某	55	67	87	209	70		
3	10003	朱某某	72	43	82	197	66		
4	10004	刘某某	70	56	61	187	62		
5	10005	徐某某	62	61	63	186	62		
6	10006	马某某	87	92	93	272	91		
7	10007	周某某	93	95	98	286	95		

07 选中D12单元格，并在该单元格中输入函数"=MAX(D5:D11)"。

9	5	10005	徐某某	62	61	63	186	62
10	6	10006	马某某	87	92			
11	7	10007	周某某	93	95			
12			最高分	=MAX(D5:D11)				
13			最低分					

❶ 输入

08 选定D13单元格，并在该单元格中输入函数"=Min(D5:D11)"。

8	4	10004	刘某某	70	56	61	187	62
9	5	10005	徐某某	62	61	63	186	62
10	6	10006	马某某	87	92	93	272	91
11	7	10007	周某某	93				
12			最高分	93				
13			最低分	=Min(D5:D11)				

❶ 输入

09 选定D12:D13单元格区域，将鼠标光标移至D13单元格右下角的小方块处，当鼠标光标变为"+"形状时，按住鼠标左键不放并拖动至H13单元格，然后释放鼠标左键，即可求出单科成绩和总成绩的最高分和最低分。

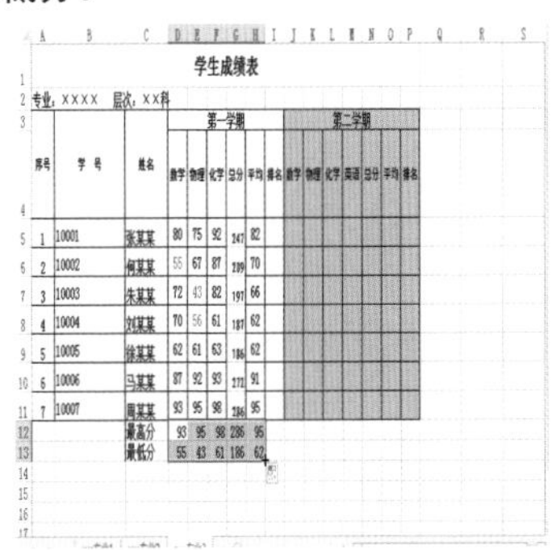

7.6.4 逻辑筛选数据

为了便于用户掌握逻辑函数，下面将以常用函数中的IF函数、NOT函数和AND函数为例，介绍逻辑函数的应用方法。

【例7-10】使用IF函数、NOT函数和OR函数考评和筛选数据。
视频+素材 (光盘素材\第07章\例7-10)

01 启动Excel 2016，新建一个名为“成绩统计”的工作簿，然后重命名Sheet1工作表为“考评和筛选”，并在其中创建数据。

02 选中F3单元格，在编辑栏中输入：“=IF(AND(C3>=80,D3>=80,E3>80),"达标","没有达标")”。

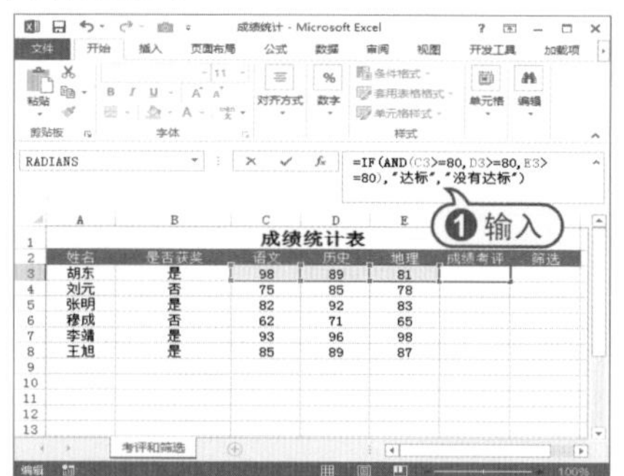

03 按Ctrl+Enter组合键，对胡东进行成绩考评，若满足考评条件，则考评结果为“达标”。

=IF(AND(C3>=80,D3>=80,E3>=80),"达标","没有达标")

成绩统计表

姓名	是否获奖	语文	历史	地理	成绩考评	筛选
胡东	是	98	89	81	达标	
刘元	否	75	85	78		
张明	是	82	92	83		
穆成	否	62	71	65		
李靖	是	93	96	98		
王旭	是	85	89	87		

04 将光标移至F3单元格右下角，当光标变为实心十字形时，按住鼠标左键向下拖至F8单元格，进行公式填充。公式填充后，如果有一门功课的成绩低于80，将返回运算结果“没有达标”。

成绩统计表

姓名	是否获奖	语文	历史	地理	成绩考评	筛选
胡东	是	98	89	81	达标	
刘元	否	75	85	78	没有达标	
张明	是	82	92	83	达标	
穆成	否	62	71	65	没有达标	
李靖	是	93	96	98	达标	
王旭	是	85	89	87	达标	

05 选中G3单元格，在编辑栏中输入以下公式：“=NOT(B3="否")”。按Ctrl+Enter组合键，返回结果为TRUE，筛选竞赛得奖者与未得奖者。

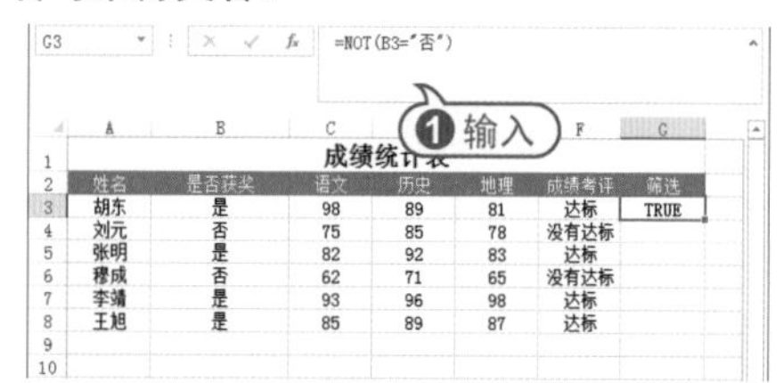

06 使用相对引用方式复制公式到G4:G8单元格区域，如果“是”竞赛得奖者，则返回结果TRUE；反之，则返回结果FALSE。

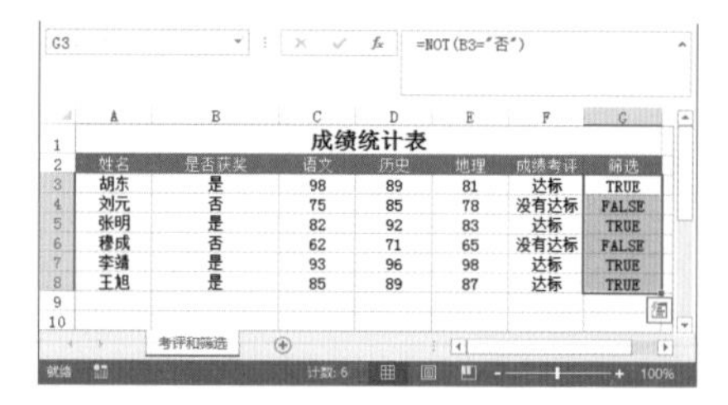

7.6.5 统计时间函数

为了便于用户掌握日期函数，下面将以几种常用的时间函数为例，介绍其在实际工作中的应用方法。

【例7-11】使用时间函数统计员工上班时间，计算员工迟到罚款金额。

视频+素材 (光盘素材\第07章\例7-11)

01 启动Excel 2016，新建一个名为“公司考勤表”的工作簿，并在其中创建数据和套用表格样式。

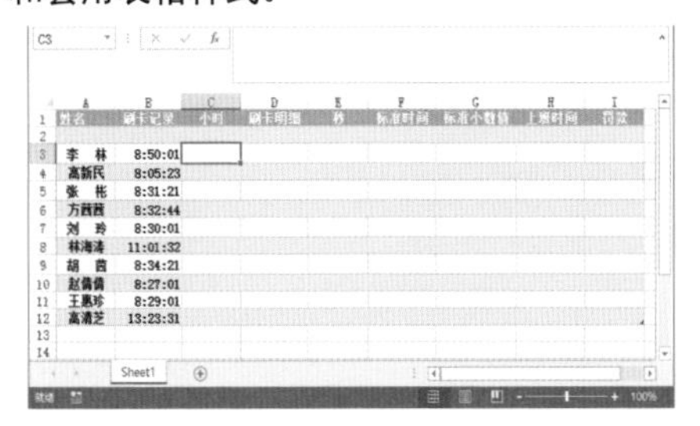

02 选中C3单元格，打开【公式】选项卡，在【函数库】组中单击【插入函数】按钮，打开【插入函数】对话框。然后在该对话框的【或选择类别】下拉列表框中选择【日期和时间】选项，在【选择函数】列表框中选择HOUR选项，并单击【确定】按钮。

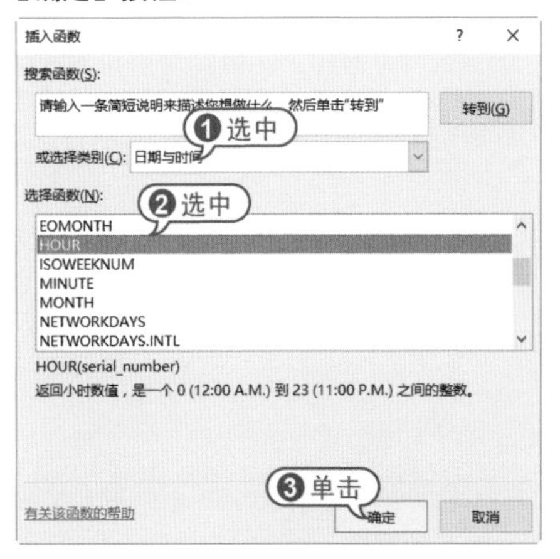

03 打开【函数参数】对话框，在Serial_number文本框中输入B3，单击【确定】按钮，统计出员工“李林”的刷卡小时数。

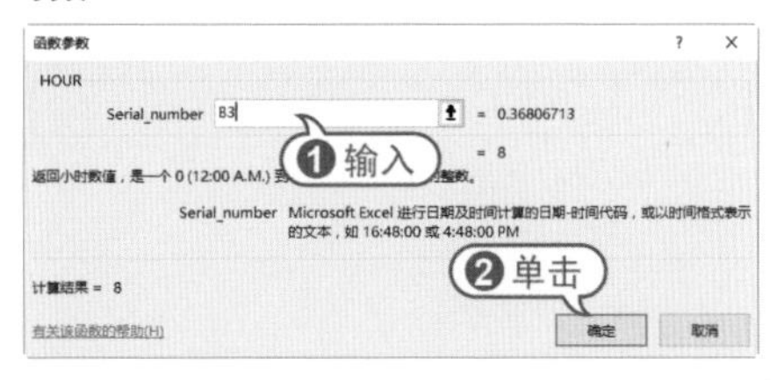

04 使用相对引用方式填充公式至D4:D12单元格区域，统计所有员工的刷卡小时数。

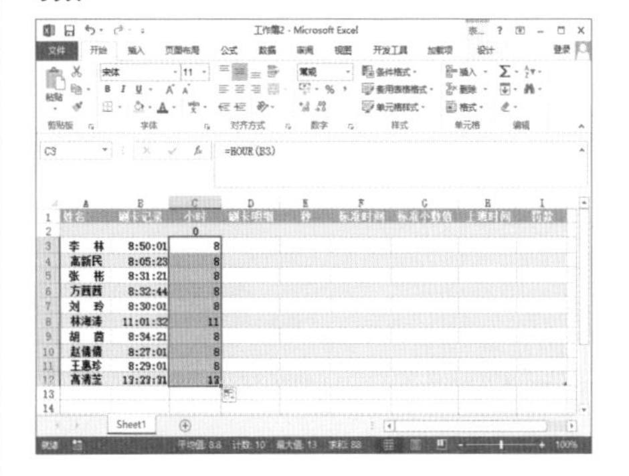

05 选中D3单元格，在编辑栏中输入公式：“=MINUTE(B3)”。按Ctrl+Enter组合键，统计出员工“李林”的刷卡分钟数。

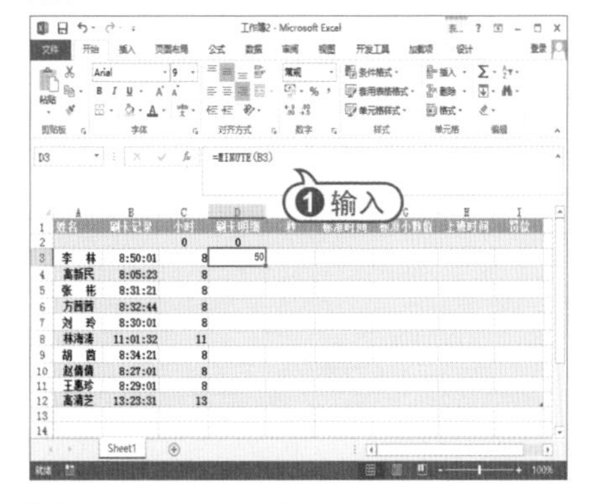

06 使用相对引用方式填充公式至D4:D12单元格区域，统计所有员工刷卡的分钟数。

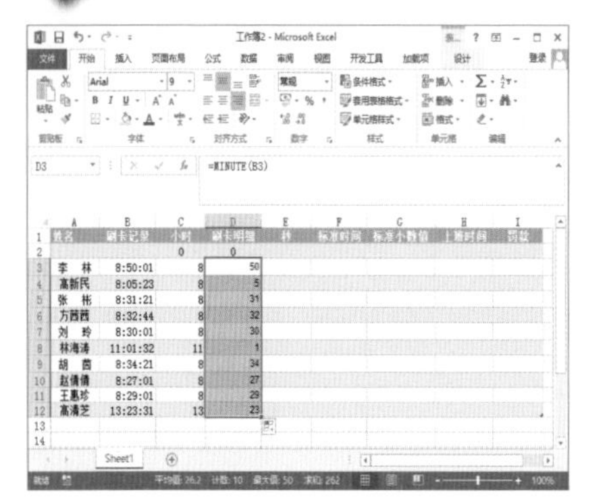

07 选中E3单元格，在编辑栏中输入以下公式："=SECOND(B3)"。按Ctrl+Enter组合键，统计出员工"李林"的刷卡秒数。使用相对引用方式填充公式至E4:E12单元格区域，统计所有员工刷卡的秒数。

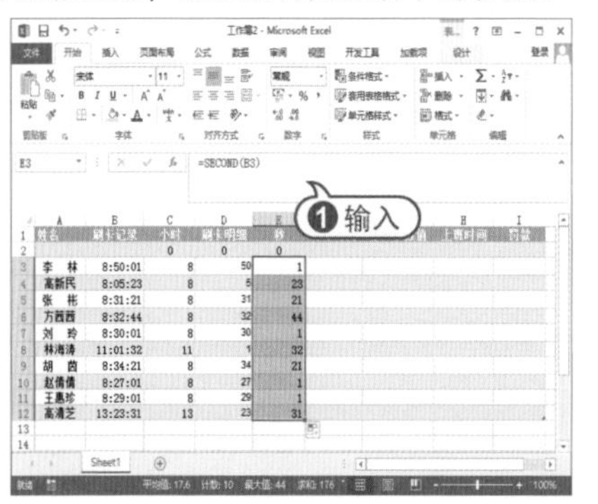

08 选中F3单元格，然后在编辑栏中输入以下公式："=TIME(C3,D3,E3)"。按下Ctrl+Enter组合键，即可将指定的数据转换为标准时间格式。使用相对引用方式填充公式到F4:F12单元格区域，将所有员工刷卡的时间转换为标准时间格式。

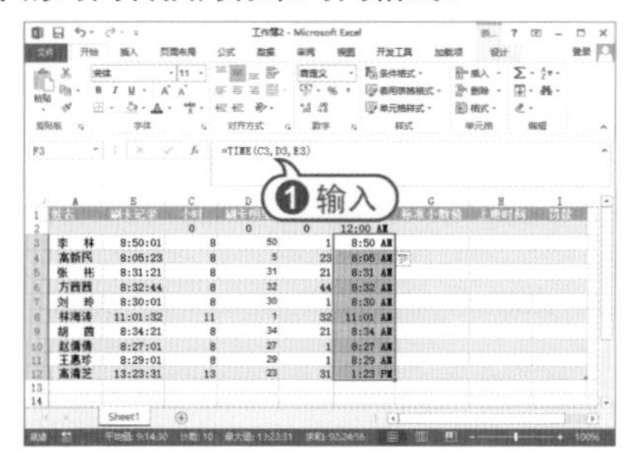

09 选中G3单元格，在编辑栏中输入以下公式："=TIMEVALUE("8:50:01")"。按Ctrl+Enter组合键，将员工"李林"的标准时间转换为小数值。

10 使用同样的方法，计算其他员工刷卡标准时间的小数值。

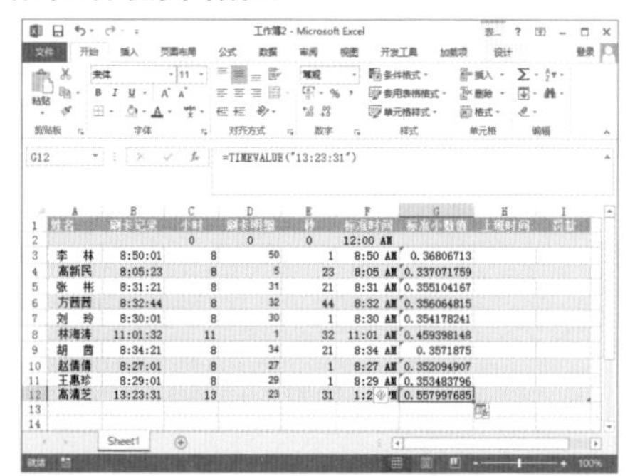

11 选中H3单元格，输入公式："=TIME(8,30,0)"。按Enter键，输入公司规定的上班时间为8:30:00 AM，此处的格式为标准时间格式。使用相对引用方式填充公式至H3:H12单元格区域，输入规定的标准时间格式的上班时间。

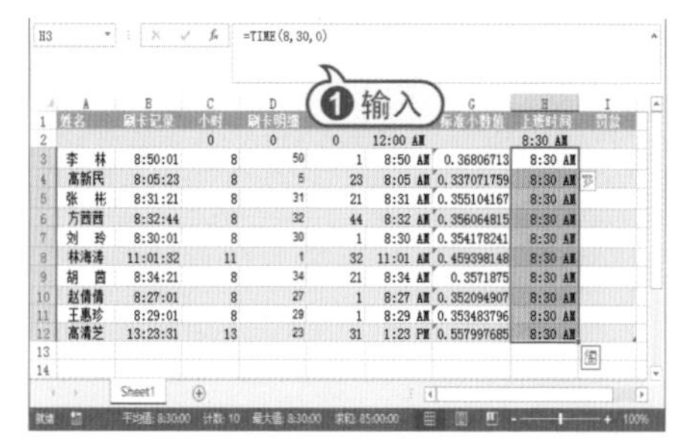

12 选中I3单元格，输入公式："=IF(F4<H4,"",IF(MINUTE(F4-H4)>30,"50元","20元"))"。按Ctrl+Enter组合键，计算员工"李林"的罚款金额，空值表示该员工未迟到。使用相对引用方式填充公式到I4:I12单元格区域中，计算出迟到员工的罚款金额。

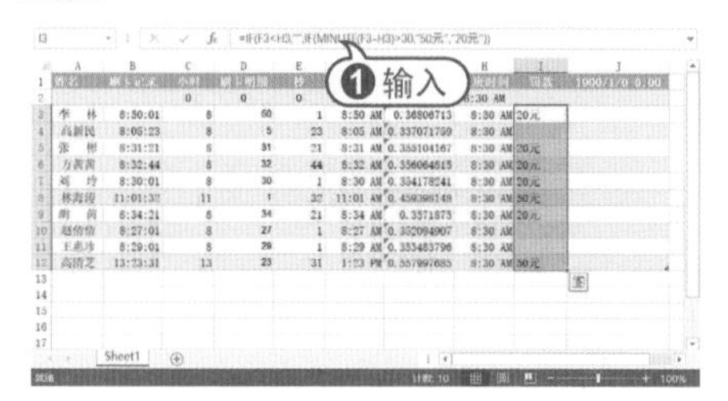

13 选中J2单元格，输入公式：=NOW()。按Ctrl+Enter组合键，返回当前系统的时间。

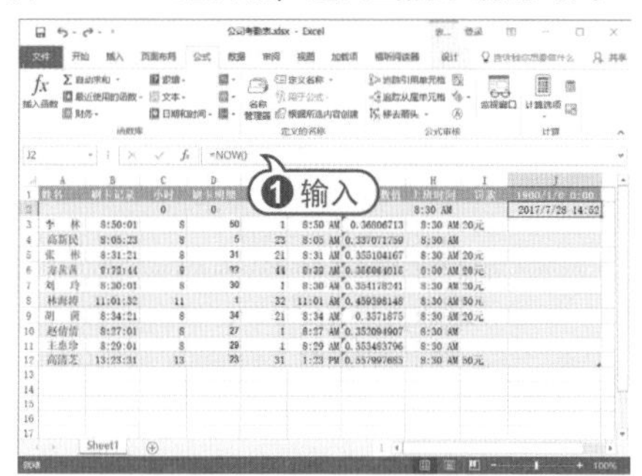

7.6.6 查找最佳成本方案

为了便于用户掌握查找函数，下面以在工作簿中查找最佳成本方案为例，介绍查找函数的应用方法。

【例7-12】创建"成本分析"工作簿，计算总成本和最佳成本，并使用MATCH函数查找最佳方案。

视频+素材 (光盘素材\第07章\例7-12)

01 启动Excel 2016，新建一个名为"成本分析"的工作簿，在Sheet1工作表中创建数据。

02 选择C8单元格，在编辑栏中输入公式"=SUM(C5:C7)"。按Ctrl+Enter组合键，计算出方案1的总成本。

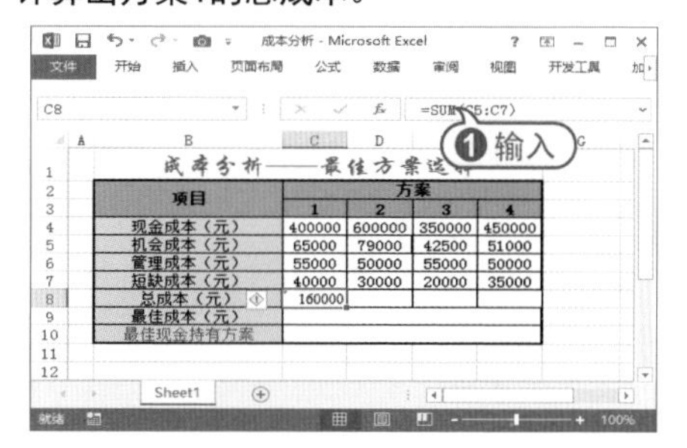

03 使用相对引用方式，复制公式至D8:F8单元格区域，计算出其他方案的总成本。

6	管理成本（元）	55000	50000	55000	50000
7	短缺成本（元）	40000	30000	20000	35000
8	总成本（元）	160000	159000	117500	136000
9	最佳成本（元）				

04 选中C9单元格，在编辑栏中输入公式"=MIN(C8:F8)"。按Ctrl+Enter组合键，即可计算出最佳成本数值。

05 选中C10单元格，打开【公式】选

项卡，在【函数库】组中单击【查找和引用函数】按钮，从弹出的快捷菜单中选择MATCH命令。

06 打开【函数参数】对话框，在Lookup_value文本框中输入“C9”；在Lookup_array文本框中输入“C8:F8”；在Match_type文本框中输入“0”，单击【确定】按钮，即可查找出最佳现金持有方案。

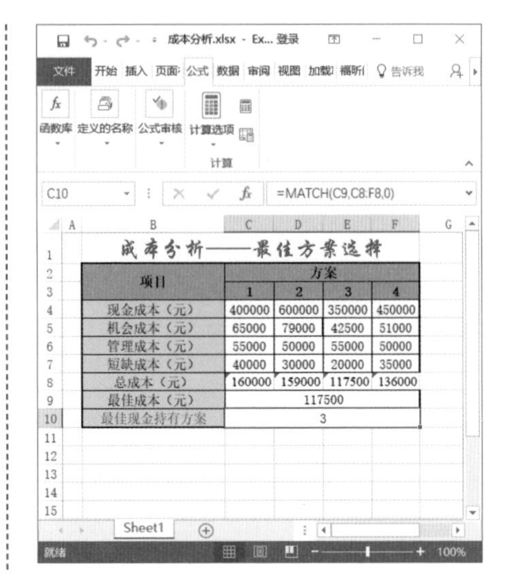

7.7　进阶实战

本章的进阶实战部分为检测车牌号码的奇偶这个综合实例操作，用户通过练习从而巩固本章所学知识。

【例7-13】创建“车牌号码检测”工作簿，使用ISODD函数检测车牌号码的奇偶性。

视频+素材 (光盘素材\第07章\例7-13)

01 启动Excel 2016，新建一个名为“车牌号码检测”的工作簿，在Sheet1工作表中输入数据。

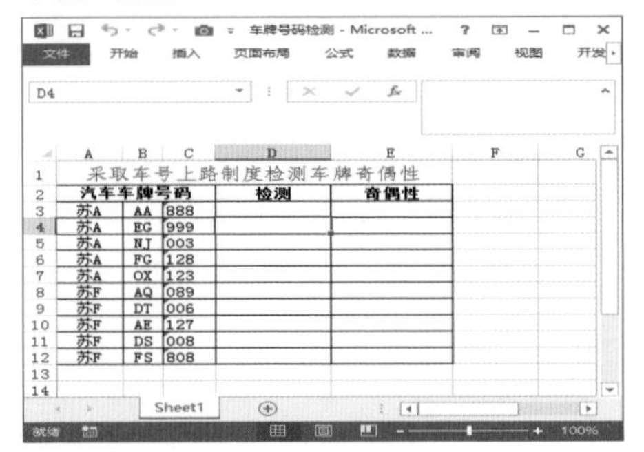

02 选中D3单元格，打开【公式】选项卡，在【函数库】中单击【插入函数】按钮，打开【插入函数】对话框。在【或选择类别】下拉列表框中选择【信息】选项；在【选择函数】列表框中选择ISODD函数，单击【确定】按钮。

03 打开【函数参数】对话框，在Number

文本框中输入“C3”，然后单击【确定】按钮。

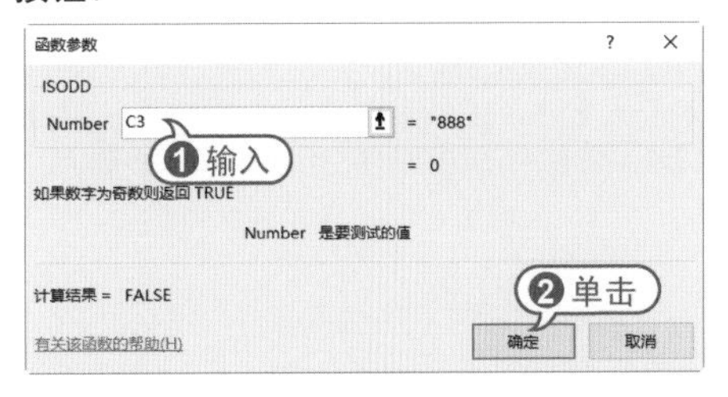

04 此时，在D3单元格中显示返回的检测结果，并在编辑栏中将显示运算公式“=ISODD(C3)”。

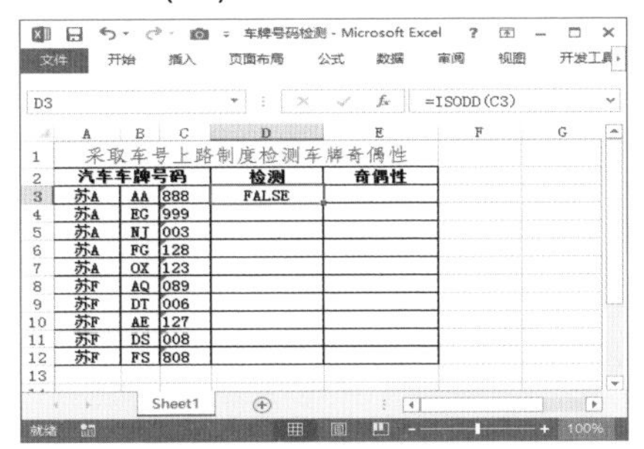

05 使用相对引用方式，复制公式到D4:D12单元格区域中，系统自动显示检测结果。

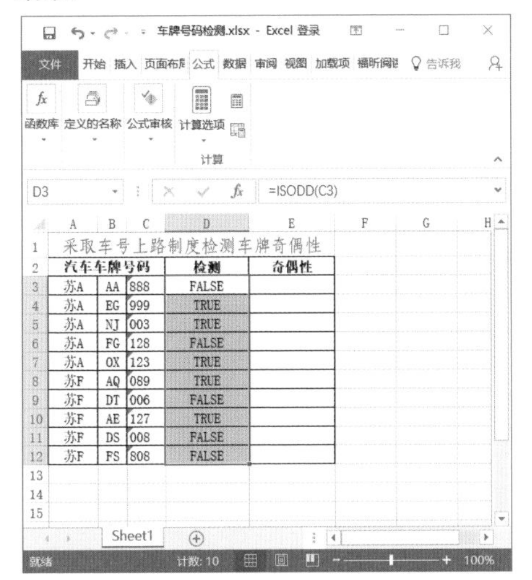

06 选中E3单元格，在编辑栏中输入公式“=IF(ISODD(C3), "奇数","偶数")”。

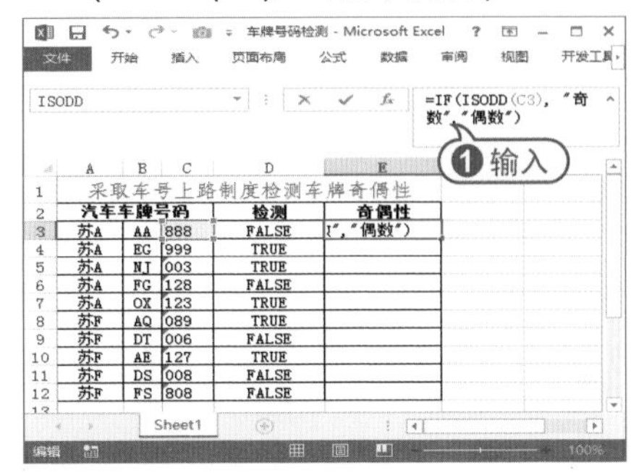

07 按Ctrl+Enter组合键，判断车牌号“苏AA888”的奇偶性。

08 使用相对引用方式，复制公式到E4:E12单元格区域中，检测出其他车牌号码的奇偶性。给定车牌号是奇数，函数返回TRUE，并显示结果为奇数；给定车牌号是偶数，函数返回FALSE，显示结果为偶数。

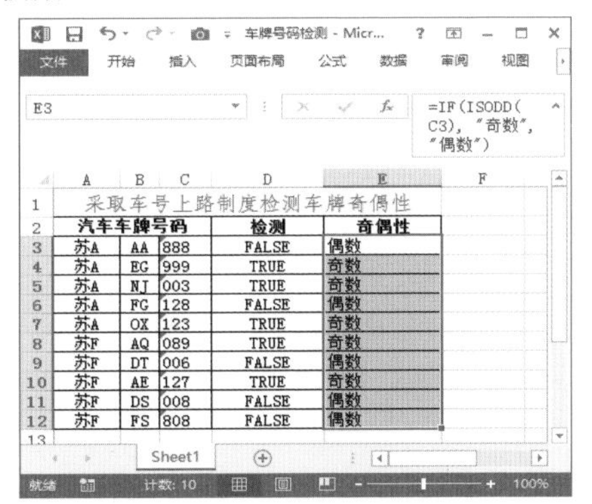

7.8 疑点解答

问：如何在Excel中使用没用过的函数？

答：如果在使用函数时不了解该函数，可以打开【插入函数】对话框，单击【有关该函数的帮助】链接，打开网页浏览器，并连接网络，查找出函数的语法、参数、使用方法和示例等信息。

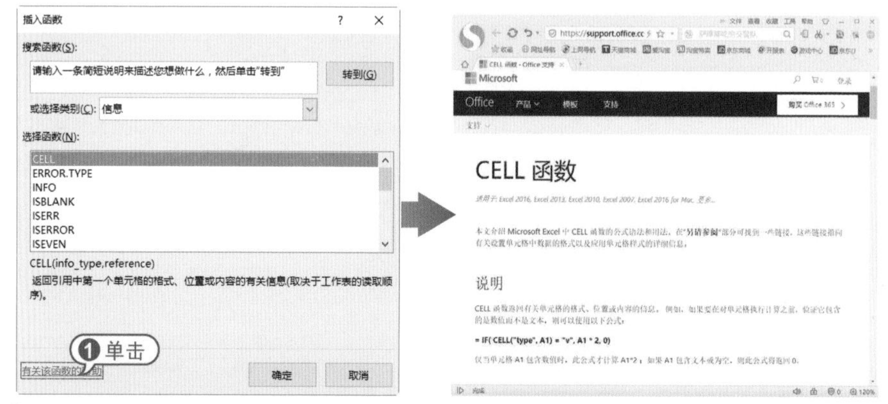

问：如何使用TEXT函数将数值转换为货币型文本？

答：在工作表中，在A1:A8单元格区域中输入要转换的数值，然后在B1单元格中输入公式"=TEXT(A1,"¥.00")"，按Enter键，即可在B1单元格中显示货币型数据。然后选中B1单元格，并将光标移至该单元格右下角，当光标变为实心十字形时，按住鼠标左键向下拖至B8单元格，释放鼠标，即可在B2:B8单元格区域中填充公式，显示转换后的货币型文本。

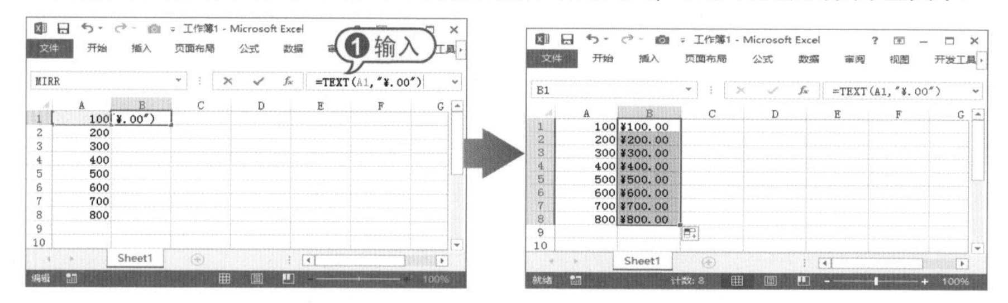

第8章

PowerPoint 2016幻灯片基础

PowerPoint 2016是Office组件中一款用来制作演示文稿的软件，用于大型环境下的多媒体演示，可以在演示过程中插入声音、视频、动画等多媒体资料。本章将介绍有关PowerPoint 2016的基础操作内容。

例8-1 输入幻灯片文本
例8-2 设置文本格式
例8-3 设置段落格式
例8-4 添加项目符号
例8-5 插入本机音频
例8-6 插入本机视频
例8-7 制作演示文稿

8.1 PowerPoint 2016的工作界面和视图模式

相比之前版本，PowerPoint 2016的工作界面更加整齐而简洁，也更便于操作。为了满足用户不同的需求，PowerPoint 2016提供了多种视图模式用来编辑、查看幻灯片。

8.1.1 PowerPoint的工作界面

PowerPoint 2016的工作界面主要由标题栏、功能区、预览窗格、幻灯片编辑窗口、备注栏、状态栏、快捷按钮和显示比例滑竿等元素组成。

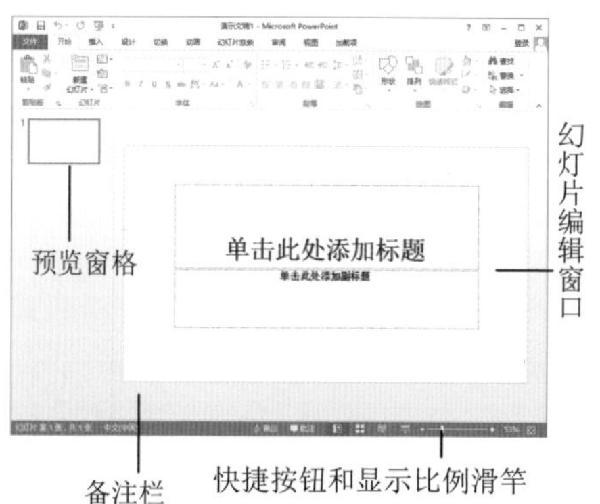

- 预览窗格：该窗格显示了幻灯片的缩略图，单击某个缩略图可在主编辑窗口中查看和编辑该幻灯片。

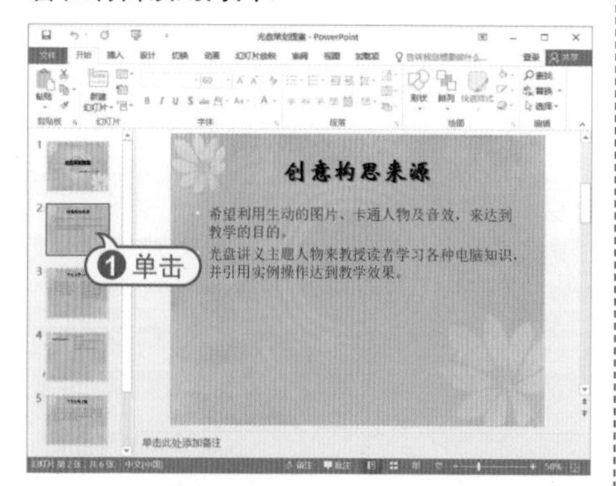

- 幻灯片编辑窗口：幻灯片编辑窗口是PowerPoint 2016的主要工作区域，用户对文本、图像等多媒体元素进行操作的结果都将显示在该区域。
- 备注栏：在备注栏中可分别为每张幻灯片添加备注文本。
- 快捷按钮和显示比例滑竿：该区域包括6个快捷按钮和一个【显示比例滑竿】，其中4个视图按钮，可快速切换视图模式；一个比例按钮，可快速设置幻灯片的显示比例；最右边的一个按钮可使幻灯片以合适比例显示在主编辑窗口中；另外，通过拖动【显示比例滑竿】中的滑块，可以直观地改变文档编辑区的大小。

8.1.2 PowerPoint的视图模式

PowerPoint 2016提供了普通视图、幻灯片浏览视图、备注页视图、幻灯片放映视图和阅读视图5种视图模式。

- 普通视图：PowerPoint普通视图又可以分为两种形式，主要区别在于PowerPoint工作界面最左边的预览窗格，分幻灯片和大纲两种形式来显示。用户可以通过在【视图】选项卡的【演示文稿视图】选项组中单击【大纲视图】按钮，进行视图切换，显示大纲视图形式。

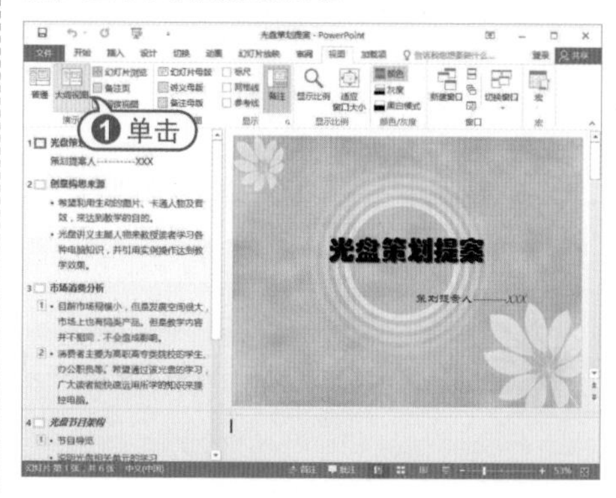

- 幻灯片浏览视图：使用幻灯片浏览视图，可以在屏幕上同时看到演示文稿中的所有幻灯片，这些幻灯片以缩略图方式显示在同一窗口中。

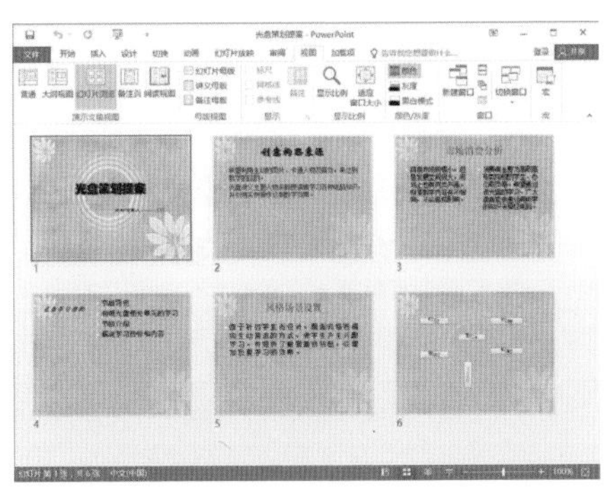

- 备注页视图：在备注页视图模式下，用户可以方便地添加和更改备注信息，也可以添加图形等信息。

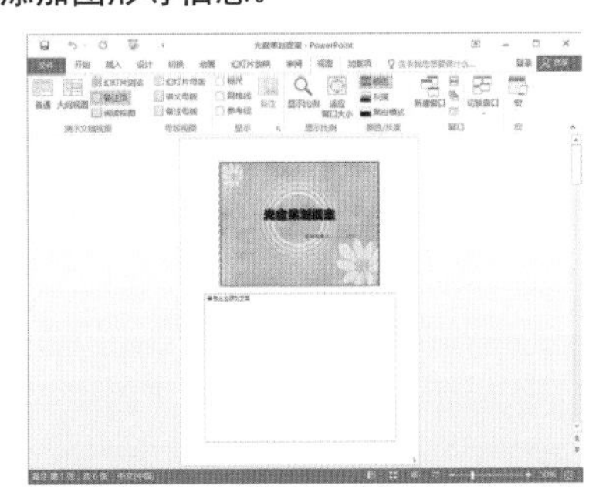

- 幻灯片放映视图：幻灯片放映视图是演示文稿的最终效果。在幻灯片放映视图下，用户可以看到幻灯片的最终效果。

- 阅读视图：如果用户希望在一个设有简单控件的审阅窗口中查看演示文稿，而不想使用全屏的幻灯片放映视图，可以在自己的电脑中使用阅读视图。

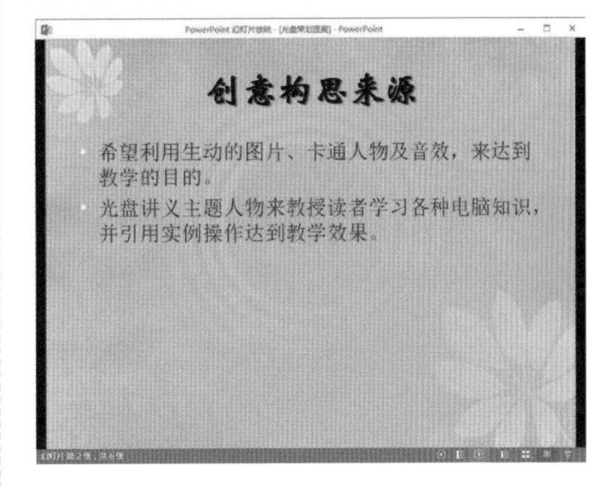

8.2 创建演示文稿

在PowerPoint 2016中，用户可以创建各种多媒体演示文稿。演示文稿中的每一页称为幻灯片，每张幻灯片都是演示文稿中既相互联系又相互独立的内容。本节将介绍多种创建演示文稿的方法。

8.2.1 创建空白演示文稿

空白演示文稿是一种形式最简单的演示文稿，没有应用模板设计、配色方案以及动画方案，可以自由设计。创建空白演示文稿的方法主要有以下两种：

- 在PowerPoint启动界面中创建空白演示文稿：启动PowerPoint 2016后，在打开的界面中选择【空白演示文稿】选项即可创建。
- 在【新建】界面中创建空白演示文稿：单击【文件】按钮，在打开的界面中选中【新建】选项，打开【新建】界面。接下来，在【新建】界面中选择【空白演示文

稿】选项。

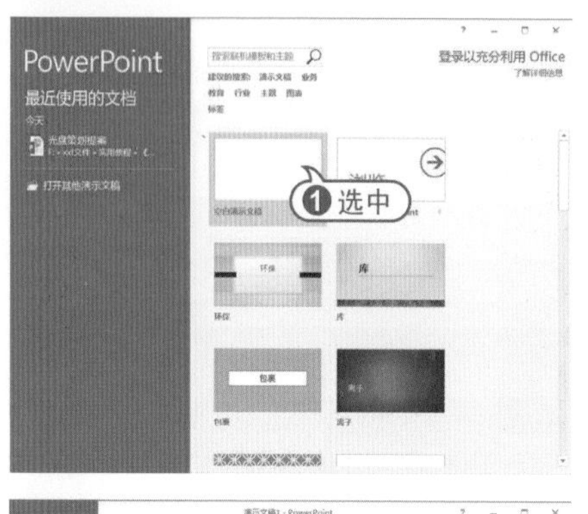

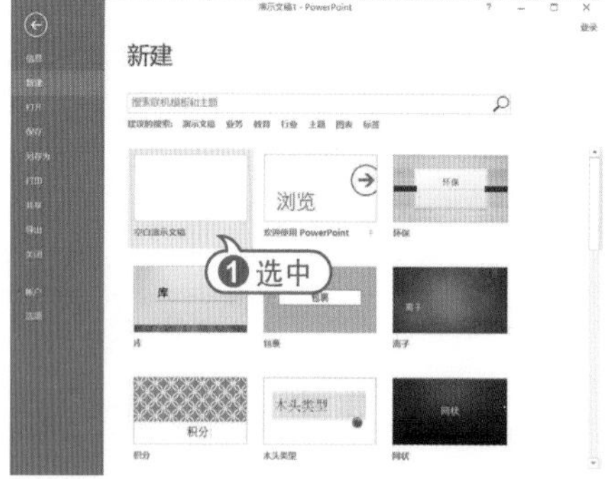

8.2.2 使用模板创建

PowerPoint除了创建最简单的空白演示文稿外，还可以根据自定义模板、现有内容和内置模板创建演示文稿。模板是一种以特殊格式保存的演示文稿，一旦应用了一种模板，幻灯片的背景图形、配色方案等就都已经确定，所以套用模板可以提高新建演示文稿的效率。

PowerPoint提供了许多美观的设计模板，这些设计模板将演示文稿的样式、风格，包括幻灯片的背景、装饰图案、文字布局及颜色、大小等均预先定义好。用户在设计演示文稿时可以先选择演示文稿的整体风格，然后再进行进一步的编辑和修改。

启动PowerPoint 2016后，在启动界面中选择【欢迎使用PowerPoint】选项，然后在打开的对话框中单击【创建】按钮。此时，【欢迎使用PowerPoint】模板将被应用于新建的演示文稿。

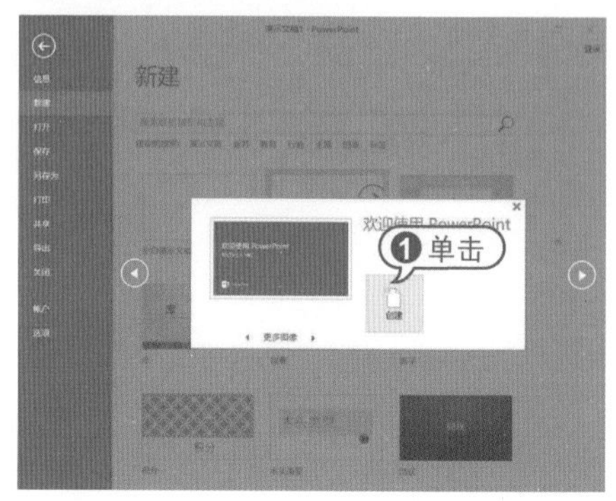

8.2.3 根据现有内容创建

如果用户想使用现有演示文稿中的一些内容或风格来设计其他的演示文稿，就可以使用PowerPoint的“现有内容”创建一个和现有演示文稿具有相同内容和风格的新演示文稿，用户只需要在原有的基础上进行适当修改即可。

01 启动PowerPoint 2016，打开一个空白演示文稿。

02 将光标定位到幻灯片的最后位置，在【插入】选项卡的【幻灯片】组中单击【新建幻灯片】按钮下方的下拉箭头，在弹出的菜单中选择【重用幻灯片】命令。

打开【重用幻灯片】任务窗格，单击【浏览】下拉按钮，在弹出的菜单中选择【浏览文件】命令。

03 打开【浏览】对话框，选择需要使用的现有演示文稿，单击【打开】按钮。

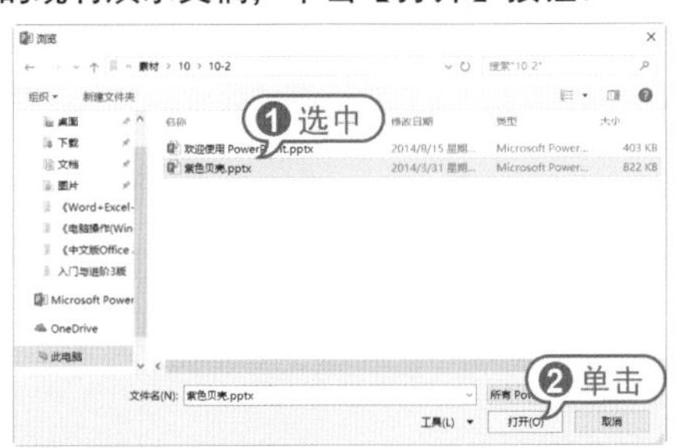

04 此时，【重用幻灯片】任务窗格中将显示现有演示文稿中所有可用的幻灯片。

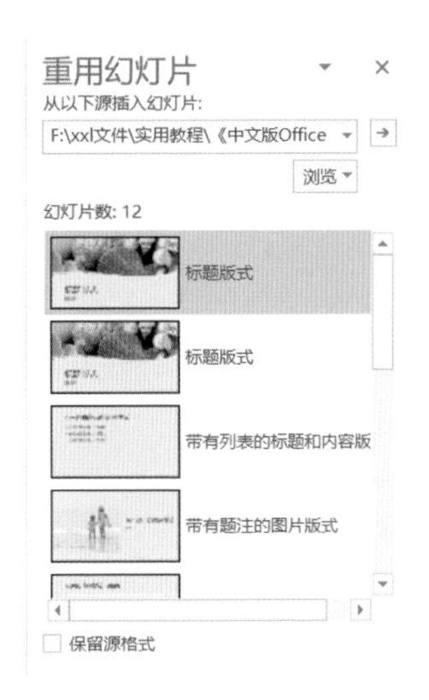

05 在幻灯片列表中单击需要的幻灯片，将其插入到指定位置。

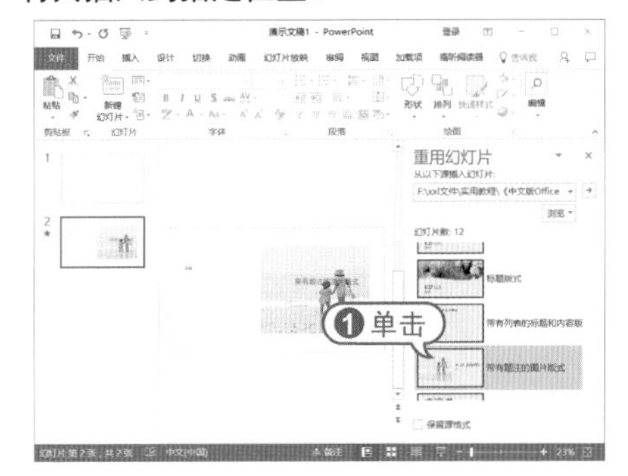

8.3 幻灯片基本操作

幻灯片是演示文稿的重要组成部分，因此在PowerPoint 2016中需要掌握幻灯片的一些基本操作，主要包括添加新幻灯片、选择幻灯片、移动与复制幻灯片、删除幻灯片等。

8.3.1 添加幻灯片

在启动PowerPoint 2016后，PowerPoint会自动建立一张新的幻灯片，随着制作过程的推进，需要在演示文稿中添加更多的幻灯片。以下将介绍3种插入幻灯片的方法：

- 通过【幻灯片】组插入：在幻灯片预览窗格中，选择一张幻灯片，打开【开始】选项卡，在功能区的【幻灯片】组中单击【新建幻灯片】按钮，即可插入一张默认版式的幻灯片。当需要应用其他版式时，单击【新建幻灯片】按钮右下方的下拉箭头，在弹出的版式菜单中选择【标题和内容】选项，即可插入该样式的幻灯片。

◖通过右击插入：在幻灯片预览窗格中，选择一张幻灯片，右击该幻灯片，从弹出的快捷菜单中选择【新建幻灯片】命令，即可在选择的幻灯片之后插入一张新的幻灯片。

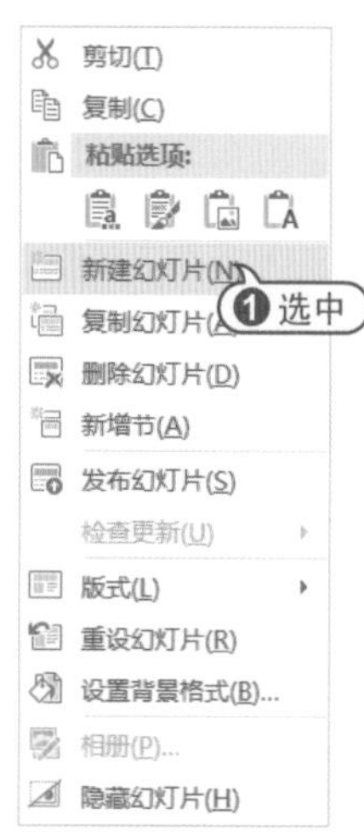

◖通过键盘操作插入：通过键盘操作插入幻灯片的方法是最为快捷的方法。在幻灯片预览窗格中，选择一张幻灯片，然后按Enter键，即可插入一张新的幻灯片。

8.3.2 选择幻灯片

在PowerPoint 2016中，用户可以选中一张或多张幻灯片，然后对选中的幻灯片进行操作，无论是在“大纲视图”、“普通视图”还是在“幻灯片浏览视图”中，选择幻灯片的方法都是非常类似的，以下是在普通视图中选择幻灯片的方法：

◖选择单张幻灯片：无论是在普通视图还是在幻灯片浏览视图下，只需要单击需要的幻灯片，即可选中该张幻灯片。

◖选择编号相连的多张幻灯片：首先单击起始编号的幻灯片，然后按住Shift键，单击结束编号的幻灯片，此时两张幻灯片之间的多张幻灯片被同时选中。

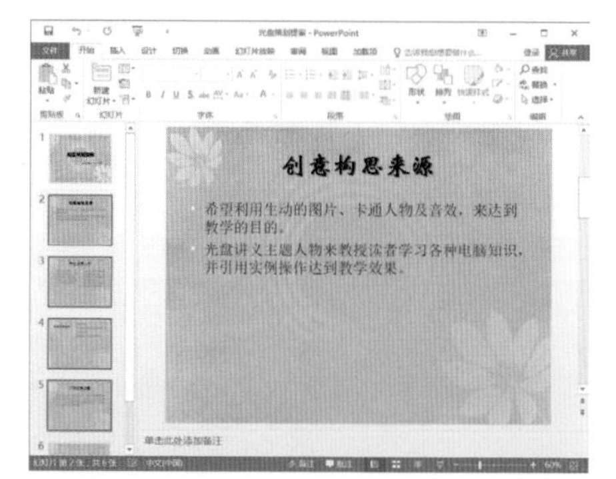

◖选择编号相连的多张幻灯片：首先单击起始编号的幻灯片，然后按住Shift键，单击结束编号的幻灯片，此时两张幻灯片之间的多张幻灯片被同时选中。

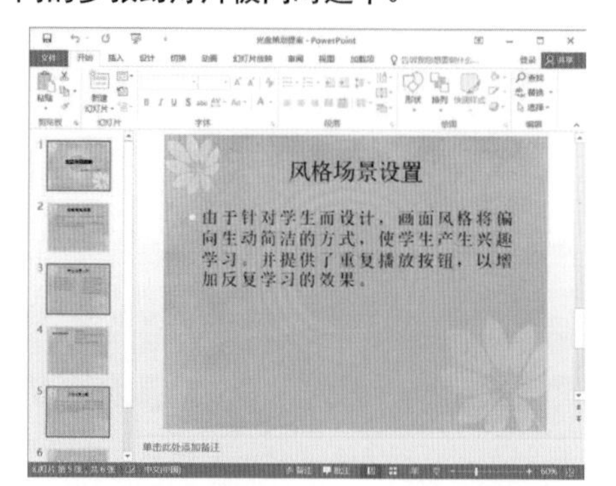

◖选择全部幻灯片：无论是在普通视图还是在幻灯片浏览视图下，按Ctrl+A组合键，即可选中当前演示文稿中的所有幻灯片。

8.3.3 移动和复制幻灯片

PowerPoint支持以幻灯片为对象的移

动和复制操作，可以对整张幻灯片及其内容进行移动或复制。

1 移动幻灯片

在制作演示文稿时，如果需要重新排列幻灯片的顺序，就需要移动幻灯片。

移动幻灯片的方法如下：选中需要移动的幻灯片，在【开始】选项卡的【剪贴板】选项组中单击【剪切】按钮。在需要移动的目标位置单击，然后在【开始】选项卡的【剪贴板】选项组中单击【粘贴】按钮。

在普通视图或幻灯片浏览视图中，直接用鼠标对幻灯片进行选择拖动，就可以实现幻灯片的移动。

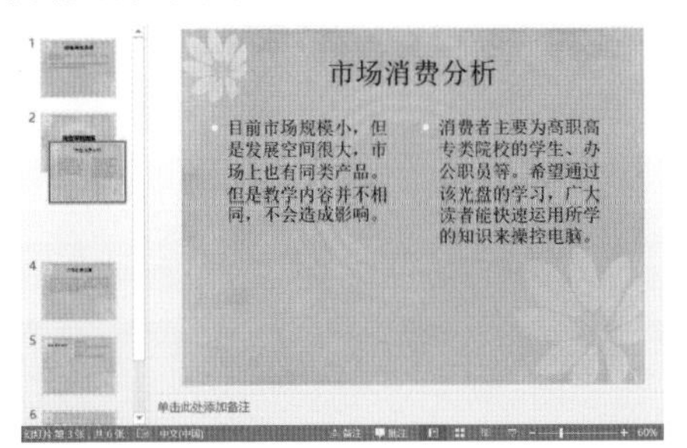

2 复制幻灯片

在制作演示文稿时，有时需要两张内容基本相同的幻灯片。此时，可以利用幻灯片的复制功能，复制出一张相同的幻灯片，然后对其进行适当的修改。复制幻灯片的方法如下：选中需要复制的幻灯片，在【开始】选项卡的【剪贴板】组中单击【复制】按钮，然后在需要插入幻灯片的位置单击，最后在【开始】选项卡的【剪贴板】组中单击【粘贴】按钮。

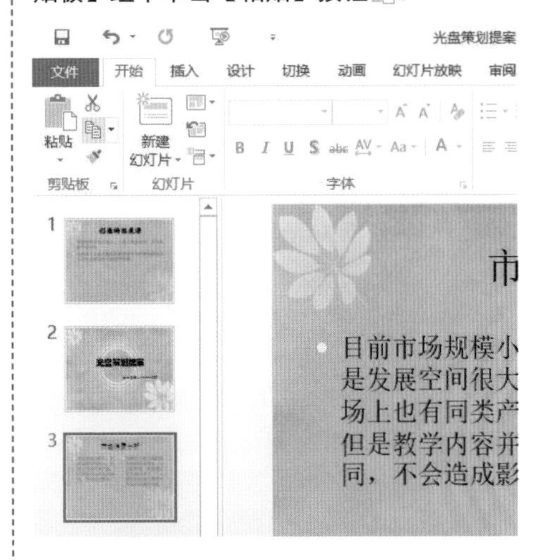

8.3.4 删除幻灯片

在演示文稿中删除多余幻灯片是清除大量冗余信息的有效方法。删除幻灯片的方法主要有以下几种：

- 选中需要删除的幻灯片，直接按下Delete键。
- 右击需要删除的幻灯片，从弹出的快捷菜单中选择【删除幻灯片】命令。
- 选中幻灯片，在【开始】选项卡的【剪贴板】组中单击【剪切】按钮。

8.4 制作幻灯片文本

幻灯片文本是演示文稿中至关重要的部分，它们对演示文稿中的主题、问题的说明与阐述具有其他方式不可替代的作用。

8.4.1 添加文本

在PowerPoint 2016中，不能直接在幻灯片中输入文字，只能通过占位符或文本框来添加文本。

大多数幻灯片的版式中都提供了文本占位符，这种占位符预设了文字的属性和样式，供用户添加标题文字、项目文字

等。占位符文本的输入主要在普通视图中进行。

使用文本框，可以在幻灯片中放置多个文字块，可以使文字按照不同的方向排列；也可以打破幻灯片版式的制约，在幻灯片中的任意位置添加文字信息。

【例8-1】创建“教案”演示文稿，输入幻灯片文本。

视频+素材 (光盘素材\第08章\例8-1)

01 启动PowerPoint 2016，打开一个空白演示文稿，单击【文件】按钮，在打开的界面中选择【新建】选项，选择【丝状】模板选项。

02 在打开的对话框中单击【创建】按钮。

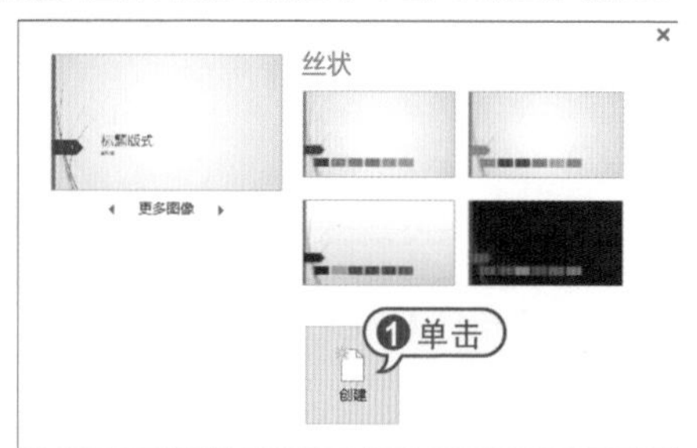

03 此时，将新建一个基于模板的演示文稿，并以“教案”为名进行保存，默认选中第1张幻灯片的缩略图。

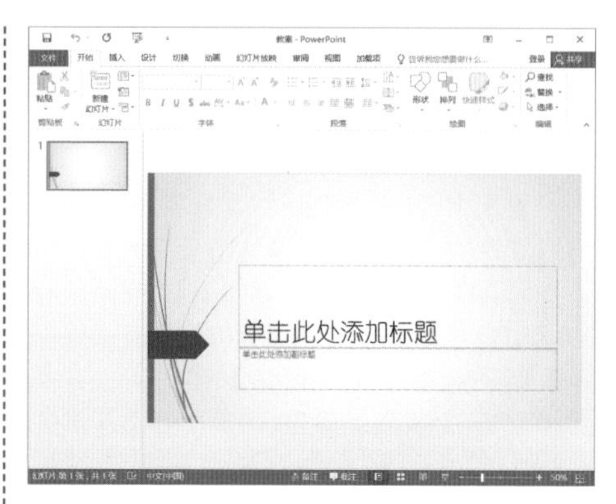

04 在幻灯片编辑窗口中单击【单击此处添加标题】占位符，输入标题文本；单击【单击此处添加副标题】占位符，输入副标题文本。

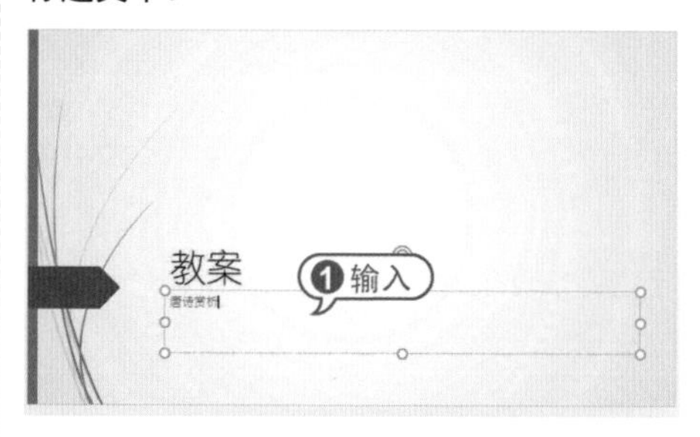

05 在【开始】选项卡中单击【新建幻灯片】下拉按钮，选择【标题和内容】选项。

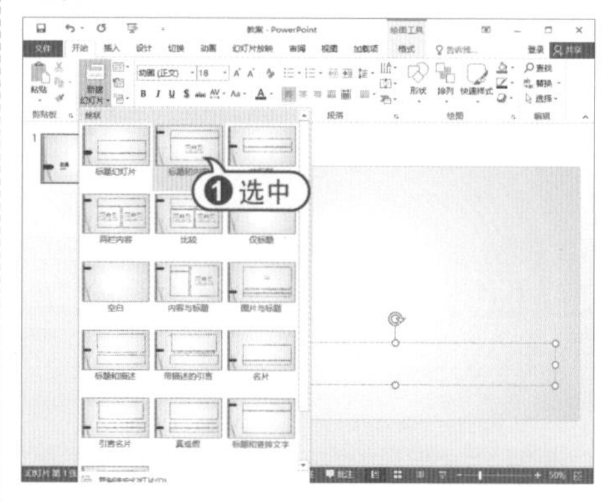

06 此时新建一张幻灯片，保留标题占位符，将内容占位符选中并删除。

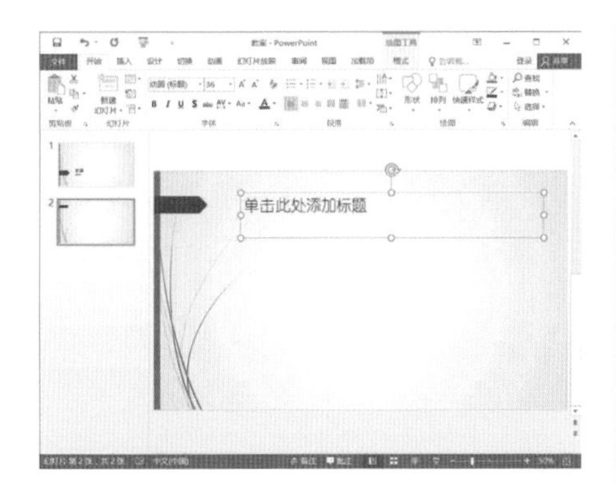

07 打开【插入】选项卡，在【文本】选项组中单击【文本框】下拉按钮，在弹出的下拉菜单中选择【横排文本框】命令。

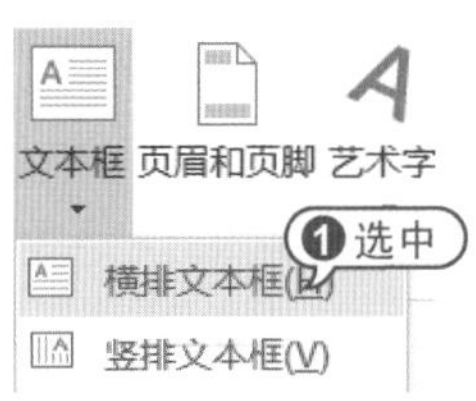

08 使用鼠标拖动绘制文本框，并输入文本。然后在标题占位符中输入标题文本。

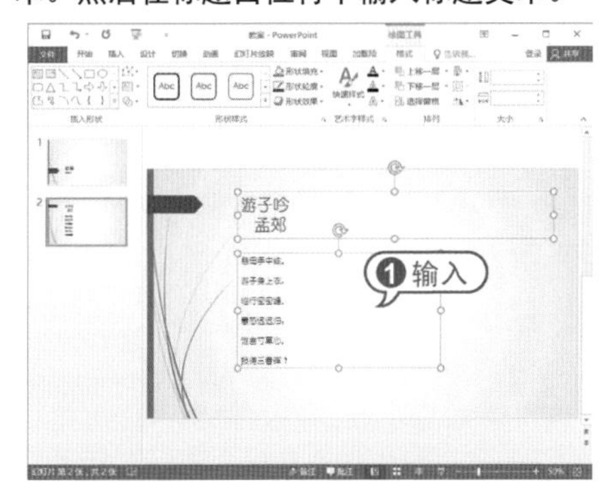

09 使用上述方法，创建第3张幻灯片，并输入文本。

10 在快速访问工具栏中单击【保存】按钮，保存“教案”演示文稿。

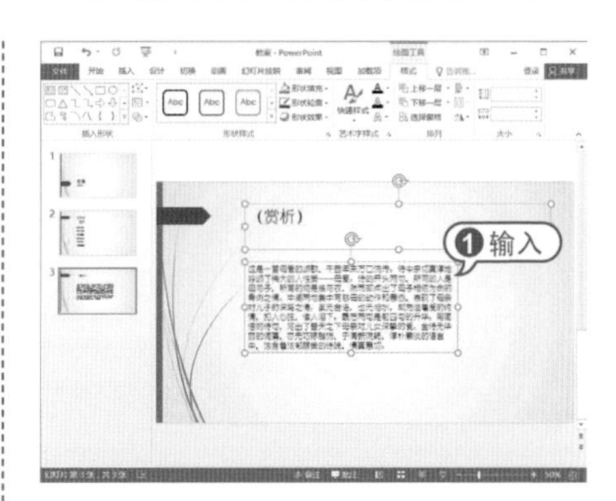

8.4.2 设置文本格式

为了使演示文稿更加美观、清晰，通常需要对文本属性进行设置。文本的基本属性包括字体、字形、字号及字体颜色等。

在PowerPoint中，虽然在为幻灯片应用了版式后，幻灯片中的文字也有了预先定义的属性，但在很多情况下，用户仍然需要对它们重新进行设置，可以单击【格式】工具栏中的相应按钮。

另外，在【字体】对话框中同样可以对字体、字形、字号及字体颜色等进行设置。

【例8-2】在“教案”演示文稿中，设置文本格式。

视频+素材 (光盘素材\第08章\例8-2)

01 启动PowerPoint 2016，打开“教案”演示文稿。

02 在第1张幻灯片中，选中正标题占位符，在【开始】选项卡的【字体】选项组中，设置【字体】为【华文隶书】选项，设置【字号】为72。

03 在【字体】选项组中单击【字体颜色】下拉按钮，从弹出的菜单中选择【蓝色】色块。

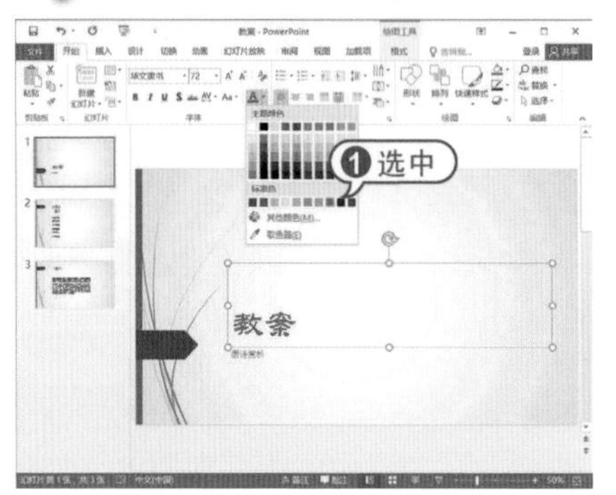

04 选中副标题占位符，单击【字体】组中的对话框启动器按钮，打开【字体】对话框，在【字体】下拉列表框中选择【华文新魏】选项；在【字号】下拉列表框中选择【40】；在【字体样式】下拉列表框中选择【加粗】，然后单击【确定】按钮。

字体

字体(N) 字符间距(R)

西文字体(F): 华文新魏 | 字体样式(Y): 加粗 | 大小(S): 40

中文字体(T): 华文新魏

所有文字

字体颜色(C) 下划线线型(U) (无) 下划线颜色(I)

效果

- 删除线(K)
- 双删除线(L)
- 上标(P) 偏移量(E): 0%
- 下标(B)
- 小型大写字母(M)
- 全部大写(A)
- 等高字符(Q)

这是一种 TrueType 字体，同时适用于屏幕和打印机。

确定 取消

①设置 ②单击

05 此时第1张幻灯片的文本设置完毕，如下图所示。

06 选择第2张幻灯片，使用同样的方法，设置标题占位符中的文本字体为【华文琥珀】，字号为40；设置文本框中的文本字体为【隶书】，字号为24。

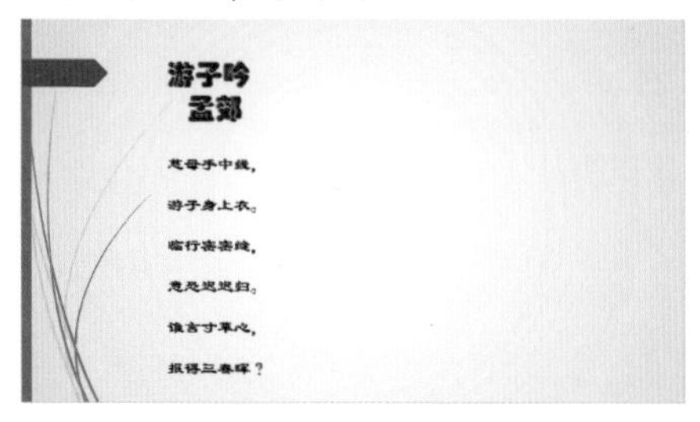

07 使用同样的方法设置第3张幻灯片中的标题占位符字体为【华文琥珀】，字号为40；设置文本框字体为【隶书】，字号为24。拖动鼠标调节其大小和位置。

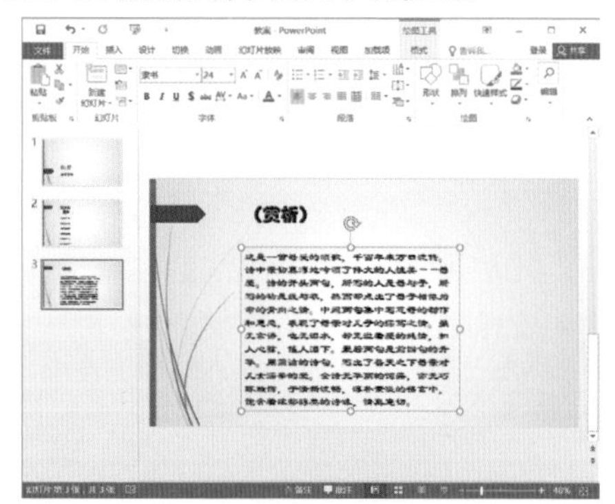

08 在快速访问工具栏中单击【保存】按钮，保存“教案”演示文稿。

8.4.3 设置段落格式

段落格式包括段落对齐及段落间距设置等。掌握了在幻灯片中编排段落格式后，即可轻松地设置与整个演示文稿风格相适应的段落格式。

【例8-3】在“教案”演示文稿中，设置段落格式。

视频+素材 (光盘素材\第08章\例8-3)

01 启动PowerPoint 2016，打开 “教案”演示文稿。

02 在幻灯片预览窗口中选择第2张幻灯片

的缩略图，将其显示在幻灯片编辑窗口中。

03 选中文本框中的文本，在【开始】选项卡的【段落】选项组中单击对话框启动器按钮，打开【段落】对话框的【缩进和间距】选项卡。在【行距】下拉列表框中选择【1.5倍行距】选项，单击【确定】按钮，为文本段落应用该格式。

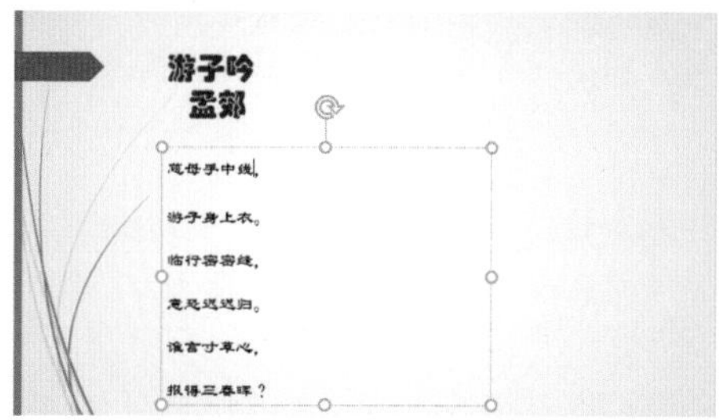

04 切换至第3张幻灯片，选中标题占位符，在【开始】选项卡的【段落】选项组中单击【居中】按钮，设置标题居中。

05 选中文本框中的文本，在【开始】选项卡的【段落】选项组中单击对话框启动器按钮，打开【段落】对话框的【缩进和间距】选项卡。在【特殊格式】下拉列表框中选择【首行缩进】选项，在其后的【度量值】微调框中输入“2厘米”，单击【确定】按钮。此时将为文本框段落应用缩进值。

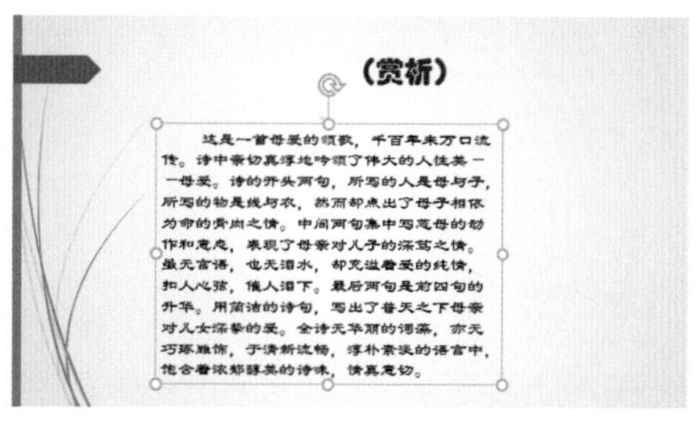

06 在快速访问工具栏中单击【保存】按钮，保存“教案”演示文稿。

8.4.4 添加项目符号和编号

在演示文稿中，为了使某些内容更为醒目，经常要用到项目符号和编号。这些项目符号和编号用于强调一些特别重要的观点或条目，从而使主题更加美观、突出、分明。

1 设置常用项目符号和编号

将光标定位到需要添加项目符号和编号的段落，或者同时选中多个段落，在【开始】选项卡的【段落】组中单击【项目符号】下拉按钮，从弹出的下拉菜单中选择【项目符号和编号】命令，打开【项目符号和编号】对话框。

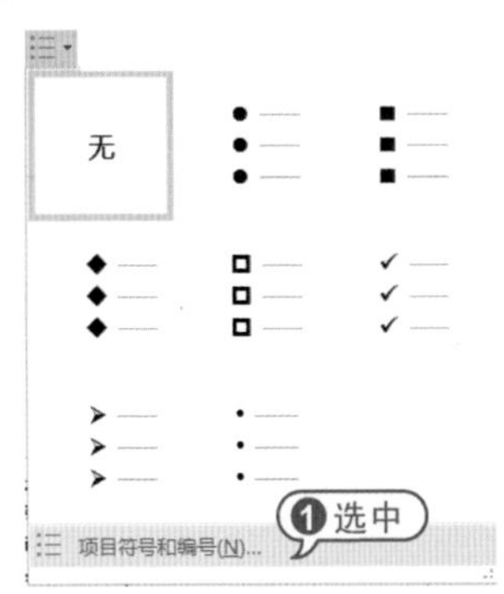

在【项目符号】选项卡中可以设置项目符号样式，在【编号】选项卡中可以设置编号样式。

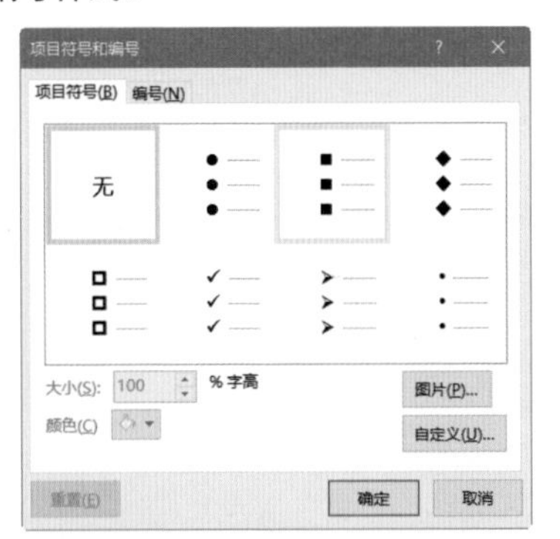

2 使用图片项目符号

PowerPoint允许用户将图片设置为项目符号，这样大大丰富了项目符号的形式。

在【项目符号和编号】对话框中单击右下角的【图片】按钮，将打开【插入图片】界面。单击【浏览】按钮，将在本机中查找图片作为项目符号。

3 使用自定义项目符号

用户还可以将系统符号库中的各种字符设置为项目符号。在【项目符号和编号】对话框中单击右下角的【自定义】按钮，打开【符号】对话框，在该对话框中可以自定义项目符号的样式。

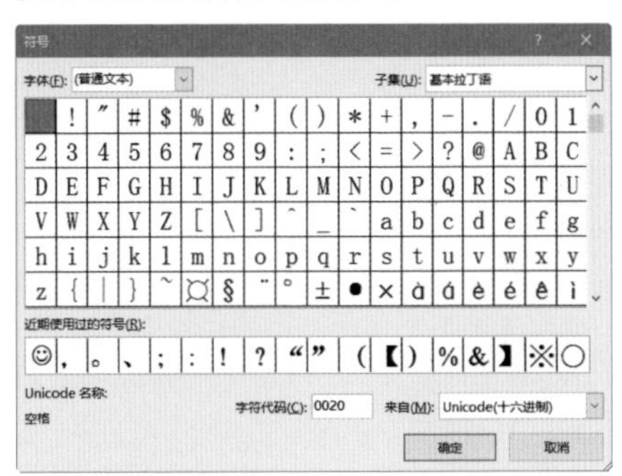

【例8-4】在“教案”演示文稿中，为文本段落添加项目符号。

视频+素材 (光盘素材\第08章\例8-4)

01 启动PowerPoint 2016，打开“教案”演示文稿。

02 在幻灯片预览窗口中选择第2张幻灯片的缩略图，将其显示在幻灯片编辑窗口中。

03 选中文本框中的文本，在【开始】选项卡的【段落】选项组中单击【项目符号】下拉按钮，从弹出的下拉菜单中选择【项目符号和编号】命令。

04 打开【项目符号和编号】对话框，在【项目符号】选项卡中单击【图片】按钮。

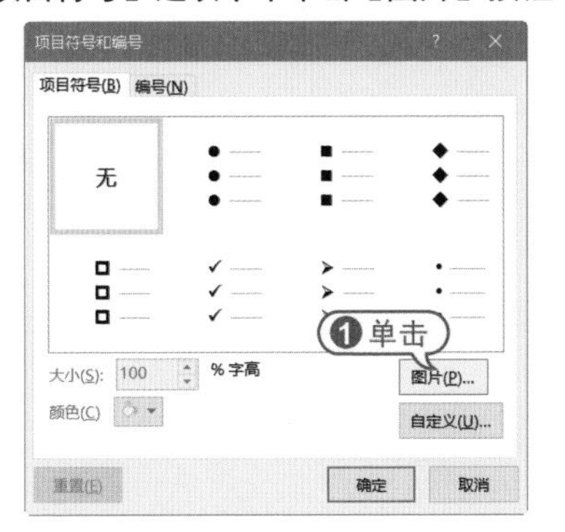

05 打开【插入图片】界面，单击【来自文件】后的【浏览】按钮。

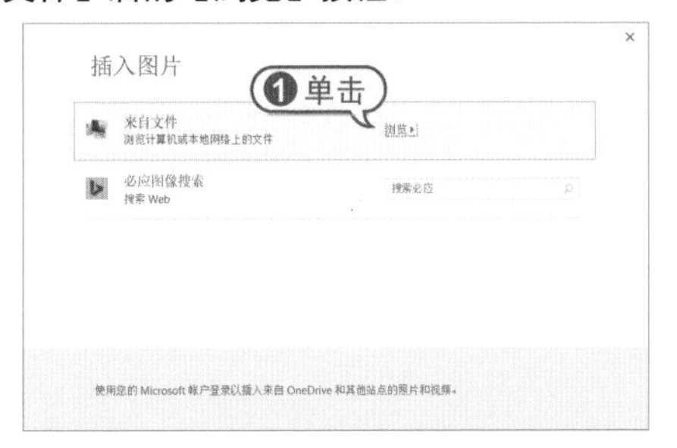

06 打开【插入图片】对话框，选择一张图片，单击【插入】按钮。

07 此时将为文本段应用图片项目符号，如下图所示。

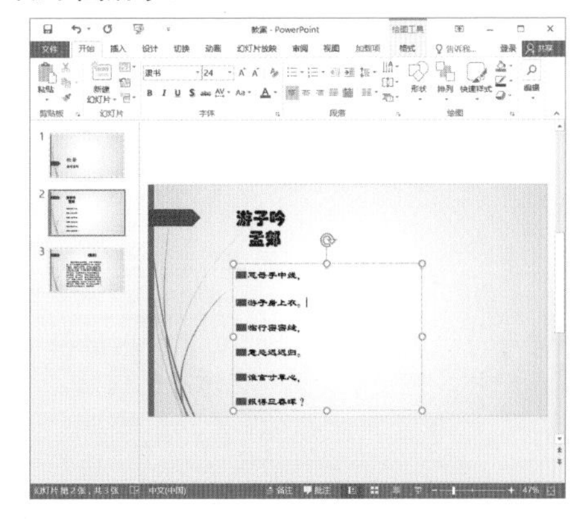

8.5 丰富幻灯片内容

幻灯片中只有文本未免显得单调，PowerPoint 2016支持在幻灯片中插入各种多媒体元素，包括艺术字、图片、声音和视频等，以丰富幻灯片的内容。

8.5.1 插入艺术字

艺术字是一种特殊的图形文字，常被用来表现幻灯片的标题文字。用户既可以像对普通文字一样设置字号、加粗、倾斜等效果，也可以像图形对象那样设置它们的边框、填充等属性。

在PowerPoint 2016中，打开【插入】选项框，在【文本】组中单击【艺术字】按钮，在弹出的下拉列表中选择需要的样式，可以在幻灯片中插入艺术字。

01 启动PowerPoint 2016，新建演示文稿。

02 删除【单击此处添加标题】占位符，在【插入】选项卡的【文本】组中单击【艺术字】按钮，从弹出的艺术字样式列表中选择其中一种样式，将其应用到幻灯片中。

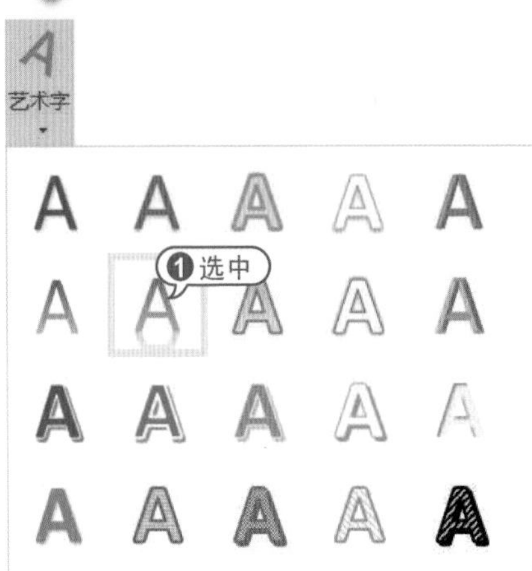

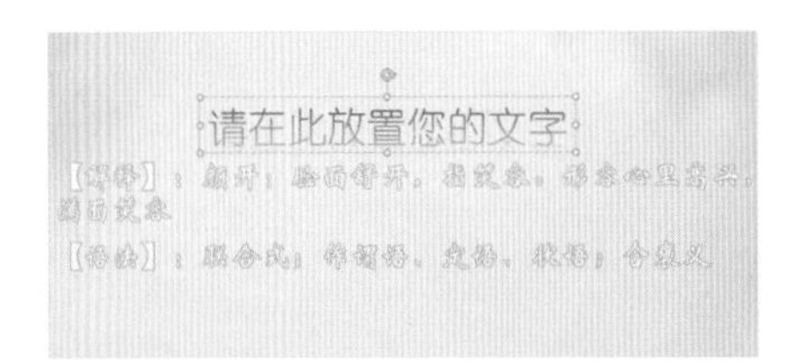

03 在【请在此放置您的文字】占位符中输入文字，拖动鼠标调整艺术字的位置。

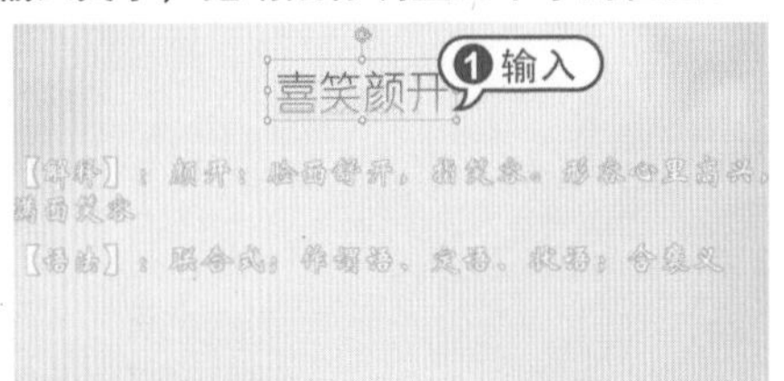

04 用户还可以将一般文本转换为艺术字。首先选中在占位符中需要转换的文本，在弹出的【格式】浮动工具栏中，将艺术字的字号改为40，在【格式】选项卡的【艺术字样式】组中单击【其他】按钮，从弹出的菜单中选择一个艺术字选项。

05 打开【绘图工具】的【格式】选项卡，在【形状样式】组中单击【形状效果】下拉按钮，从弹出的菜单中选择【棱台】|【松散嵌入】效果。

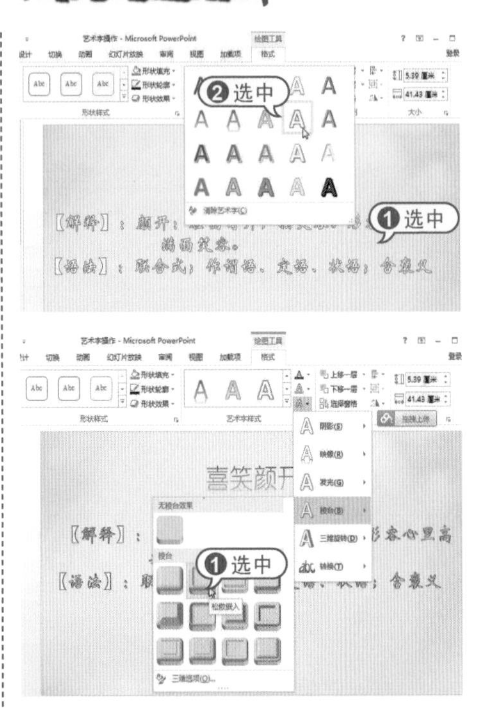

06 在【形状样式】组中单击【文本轮廓】按钮，从弹出的【主题颜色】菜单中选择【浅绿】色块，更改艺术字的颜色。

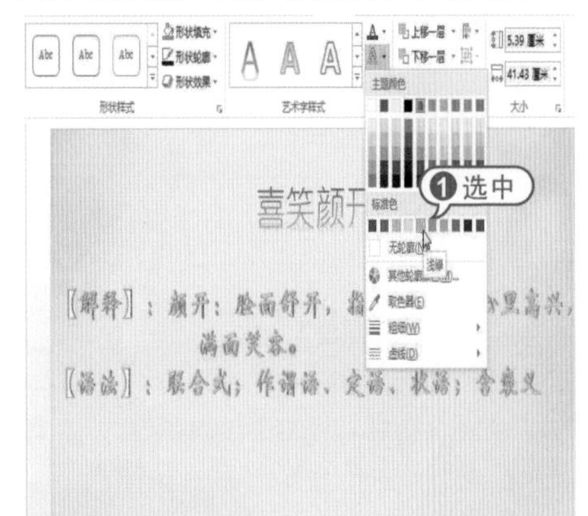

8.5.2 插入图片

在PowerPoint中，可以方便地插入各种来源的图片文件，如PowerPoint自带的剪贴画、利用其他软件制作的图片、从Internet下载的或通过扫描仪及数码相机输入的图片等。

1 插入剪贴画

PowerPoint 2016附带的剪贴画库内容非常丰富，要插入剪贴画，在【插入】选项卡的【图像】组中单击【联机图片】按钮，打开【插入图片】界面，在【Office.com剪贴画】文本框中输入文字进行搜索，单击【搜索】按钮，选择图片后单击【插入】按钮即可插入剪贴画。

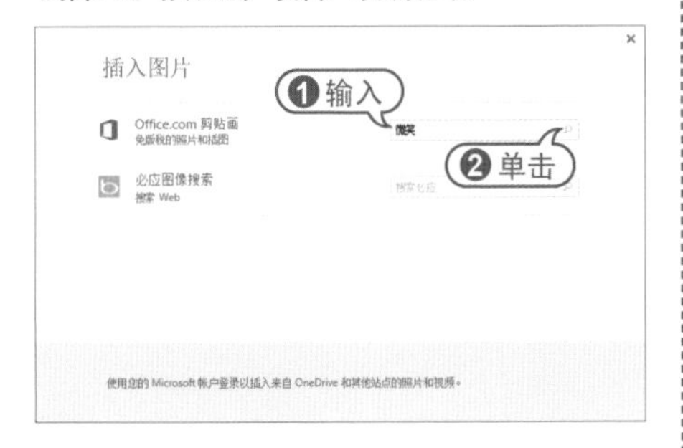

2 插入本机图片

在幻灯片中可以插入磁盘中的图片。这些图片可以是BMP位图，也可以是从Internet下载的或通过数码相机输入的图片等。

打开【插入】选项卡，在【图像】组中单击【图片】按钮，打开 【插入图片】对话框，选择需要的图片后，单击【插入】按钮即可。

此时，来自本机的图片将被插入到幻灯片中。

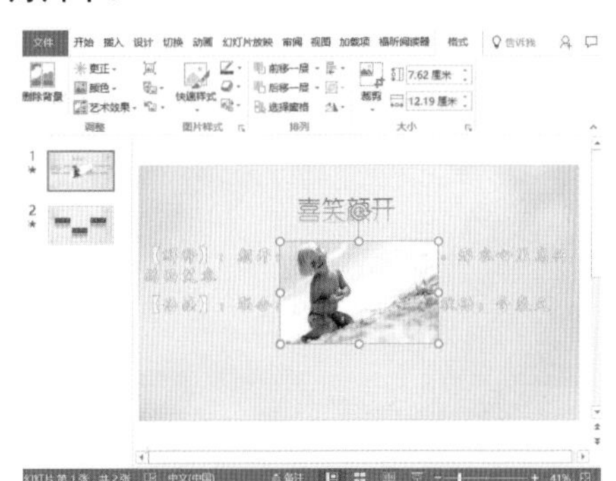

8.5.3 插入声音

声音是制作多媒体幻灯片的基本要素。在制作幻灯片时，用户可以根据需要插入声音，从而向观众增加传递信息的通道，增强演示文稿的感染力。

1 插入联机音频

剪贴管理器提供系统自带的几种声音文件，可以像插入图片一样将剪辑管理器中的声音插入到演示文稿中。

打开【插入】选项卡，在【媒体】组中单击【音频】按钮下方的下拉箭头，在弹出的下拉菜单中选择【联机音频】命令，此时PowerPoint将自动打开【插入音频】窗格，可以在该窗格的搜索框内输入关键字来查找相应的声音。

在【Office.com剪贴画】文本框中输入文本，单击【搜索】按钮，搜索剪贴画音频。

在下方的搜索结果列表中单击要插入的音频，即可将其插入到幻灯片中。插入声音后，PowerPoint会自动在当前幻灯片中显示声音图标。

将鼠标光标移到声音图标上方后，会自动弹出浮动控制条，单击【播放】按钮▶，即可试听声音。

2 插入本机音频

用户还可以插入本机音频，需要在【音频】下拉菜单中选择【PC上的音频】命令，打开【插入音频】对话框，从该对话框中选择需要插入的声音文件。

【例8-5】制作演示文稿“小桥流水”，在幻灯片中插入来自本机中的声音。
视频+素材 (光盘素材\第08章\例8-5)

01 启动PowerPoint 2016，打开一个空白演示文稿，单击【文件】按钮，从弹出的界面中选择【新建】命令，并在右边的窗格中选择【丝状】模板，在弹出的菜单中选择淡蓝色选项，单击【创建】按钮，将其以“小桥流水”为名保存。

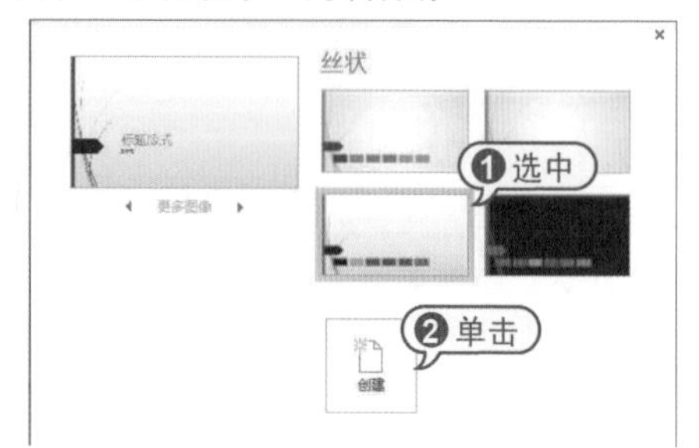

02 此时，将新建一个基于模板的演示文稿。在【单击此处添加标题】文本占位符中输入文字“夕阳下的景色”，设置其字体为【华文琥珀】，字形为【阴影】；在【单击此处添加副标题】文本占位符中输入文字“天净沙 秋思”，设置其字体为【幼圆】，字号为24，对齐方式为【居中】。

03 打开【插入】选项卡，在【媒体】组中单击【音频】下拉按钮，在弹出的命令列表中选择【PC上的音频】命令。

04 打开【插入声音】对话框，选择名为“流水声”的音频文件，单击【插入】按钮。

05 此时幻灯片中将出现声音图标，使用鼠标将其拖动到幻灯片的右上角。

06 添加一张新的幻灯片，输入文本。

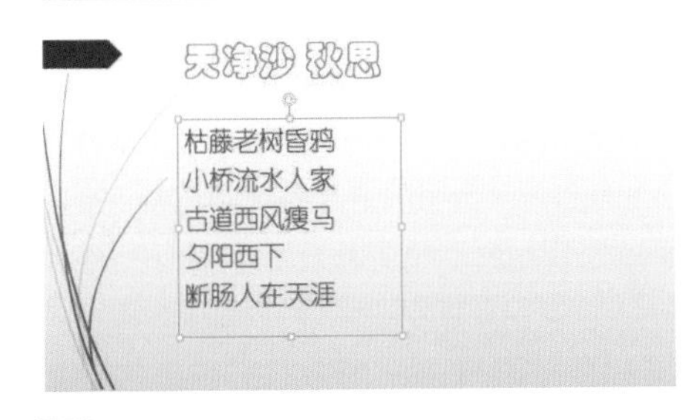

3 为幻灯片配音

在演示文稿中不仅可以插入既有的各种声音文件，还可以现场录制声音(即配音)，例如，为幻灯片配解说词等。这样在放映演示文稿时，制作者不必亲临现场也可以很好地将自己的观点表达出来。

使用PowerPoint 2016提供的录制声音功能，可以将自己的声音插入到幻灯片中。打开【插入】选项卡，在【媒体】组中单击【音频】按钮下方的下拉箭头，从弹出的下拉菜单中选择【录制音频】命令，打开【录音】对话框。

准备好麦克风后，在【名称】文本框中输入该段录音的名称，然后单击【录音】按钮，即可开始录音，单击【停止】按钮，可以结束此次录音；单击【播放】按钮，可以回放录制完毕的声音；单击【确定】按钮，可以将录制完毕的声音插入到当前幻灯片中。

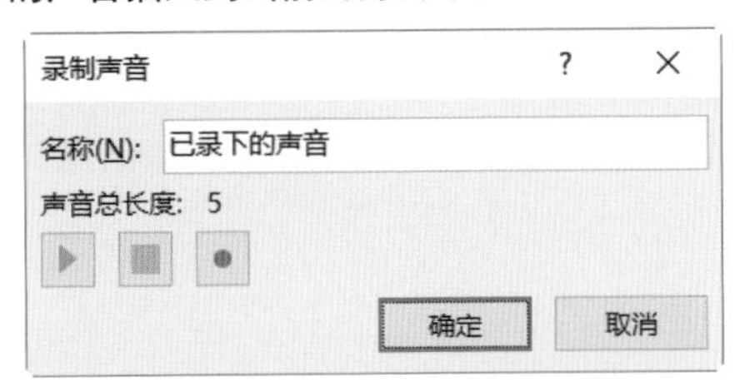

8.5.4 插入视频

PowerPoint中的影片包括视频和动画，用户可以在幻灯片中插入的视频格式有十几种，但可以插入的动画则主要是GIF动画。

打开【插入】选项卡，在【媒体】选项组中单击【视频】下拉按钮，在弹出的下拉菜单中选择【联机视频】命令，此时PowerPoint将打开【插入视频】窗格。在文本框中输入文本，单击【搜索】按钮，搜索网络上的联机视频。

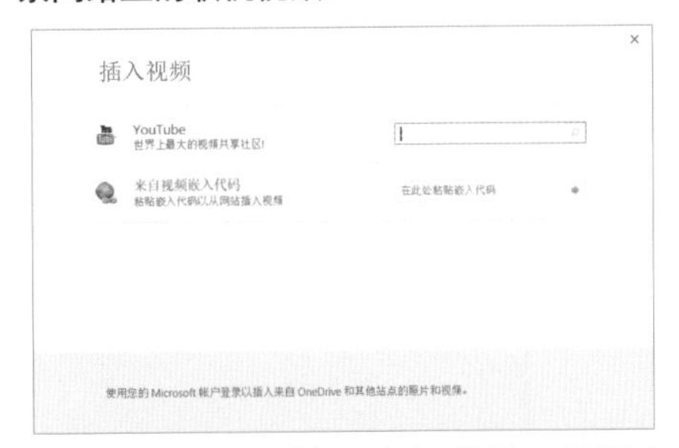

用户还可以插入本机视频，需要在【媒体】组中单击【视频】下拉按钮，从弹出的下拉菜单中选择【PC上的视频】命令。

打开【插入视频文件】对话框，打开文件的保存路径，选择视频文件，单击【插入】按钮。

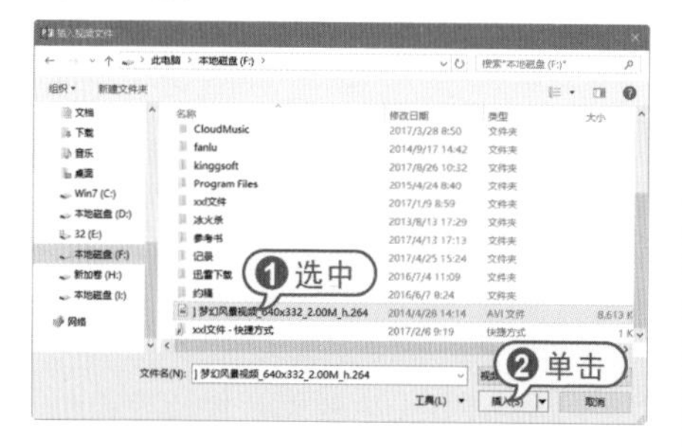

【例8-6】在“小桥流水”演示文稿中，插入本机视频文件。

视频+素材 (光盘素材\第08章\例8-6)

01 启动PowerPoint 2016，打开“小桥流水”演示文稿，在幻灯片预览窗口中选择第2张幻灯片的缩略图，将其显示在幻灯片编辑窗口中。

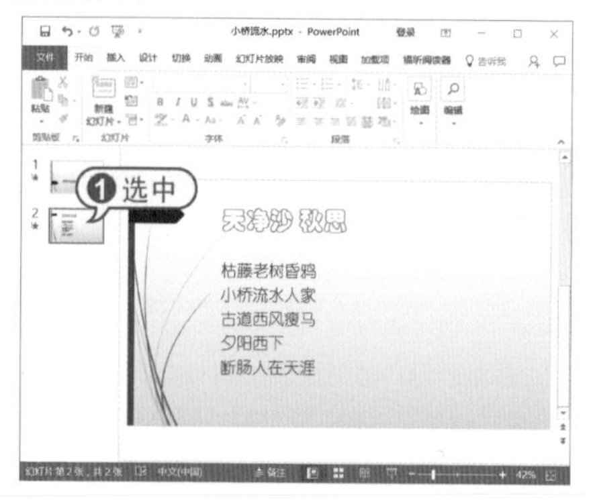

02 打开【插入】选项卡，在【媒体】组中单击【视频】下拉按钮，从弹出的下拉菜单中选择【PC上的视频】命令。

03 打开【插入视频文件】对话框，打开文件的保存路径，选择视频文件，单击【插入】按钮。

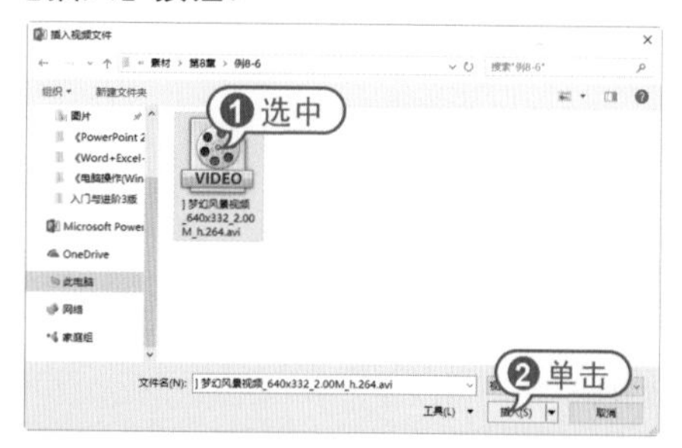

04 此时幻灯片中显示插入的影片文件，在幻灯片中调整其位置和大小。

05 选中影片，打开【视频工具】的【格式】选项卡，在【视频样式】组中单击

【其他】下拉按钮▾，从弹出的【强烈】菜单列表中选择【监视器,灰色】选项，为视频应用该视频样式。

06 在【视频样式】组中单击【视频边框】下拉按钮，在弹出的菜单中选择蓝色，设置蓝色视频边框。

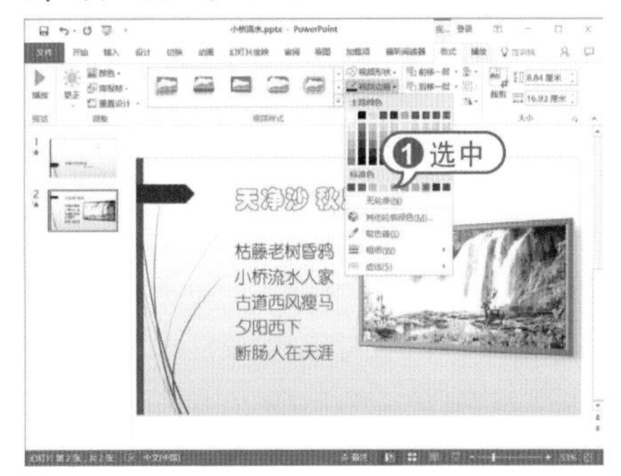

8.6 进阶实战

本章的进阶实战部分为制作“咖啡拉花技巧”演示文稿这个综合实例操作，用户通过练习从而巩固本章所学知识。

【例8-7】制作“咖啡拉花技巧”演示文稿，并插入声音和视频等元素。

视频+素材 (光盘素材\第08章\例8-7)

01 启动PowerPoint2016，选择基于模板新建一个名为“咖啡拉花技巧”的演示文稿。

02 在【标题】文本占位符中输入“咖啡拉花技巧”，设置其字体为【华文琥珀】，字号为48，字形为【阴影】，对齐方式为【居中】；在【副标题】文本占位符中输入文本，设置其字号为28，字形为【加粗】，字体颜色为【橙色，着色3，深色25%】，对齐方式为【右对齐】。

03 打开【插入】选项卡，在【媒体】组中单击【音频】下拉按钮，从弹出的下拉菜单中选择【PC上的音频】命令。

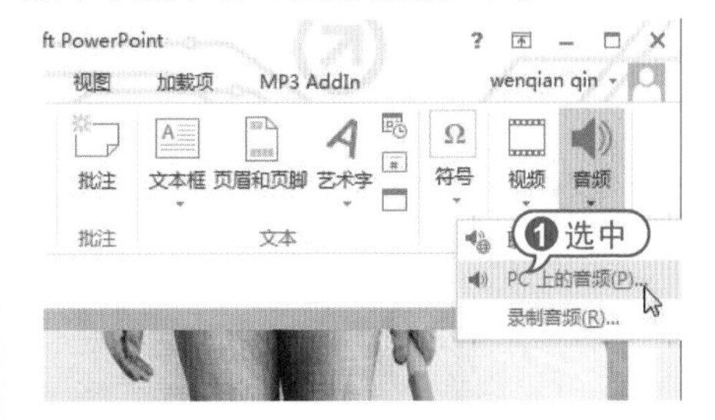

04 打开【插入音频】对话框，选择文

件路径，选择音频文件，单击【插入】按钮。

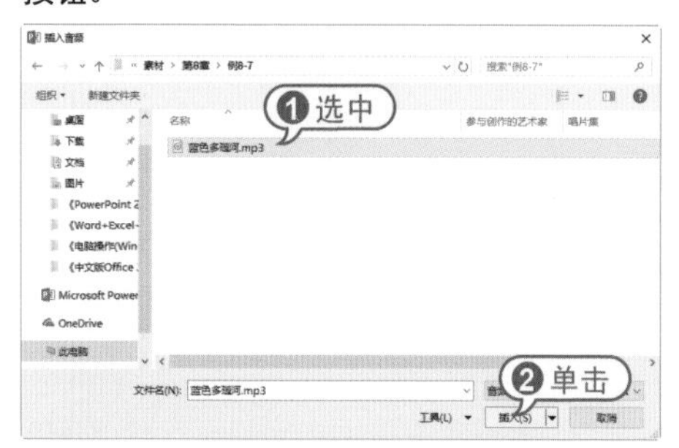

05 此时该音频文件将被插入到幻灯片中，拖动音频图标至合适的位置。

06 在幻灯片预览窗口中选择第2张幻灯片的缩略图，将其显示在幻灯片编辑窗口中。

07 在【单击此处添加标题】文本占位符中输入“拉花操作”，设置其字体为【华文琥珀】，字号为44，字形为【阴影】。

08 在【单击此处添加文本】占位符中单击【插入视频文件】按钮，打开【插入视频】对话框，单击【浏览】按钮。

09 在打开的【插入视频文件】对话框中，选择要插入的视频文件。单击【插入】按钮，将其插入到第2张幻灯片中。

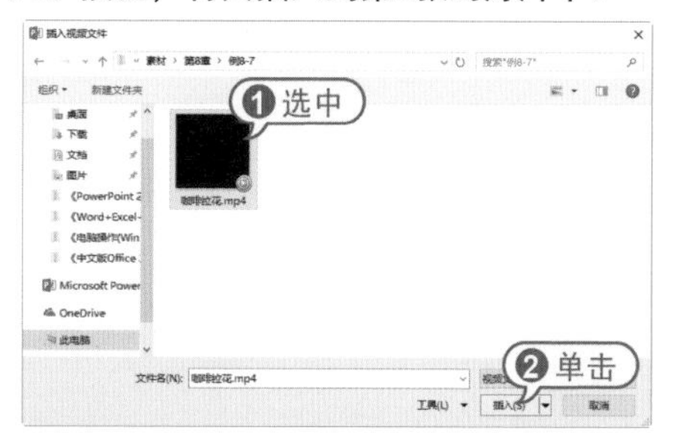

10 此时，插入了视频文件的幻灯片效果如下图所示。

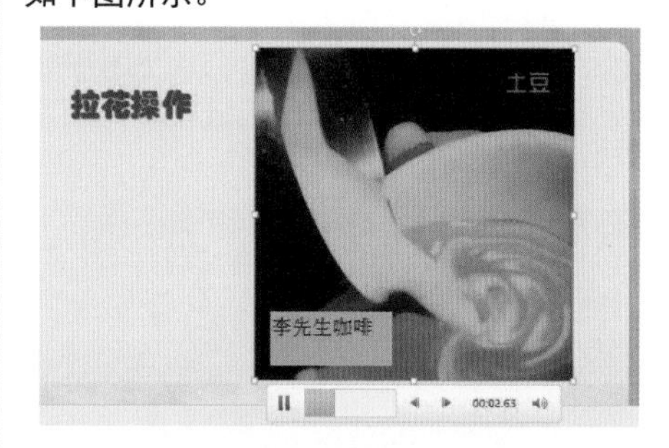

11 打开【视频工具】的【格式】选项卡，在【大小】组中单击【剪裁】按钮。

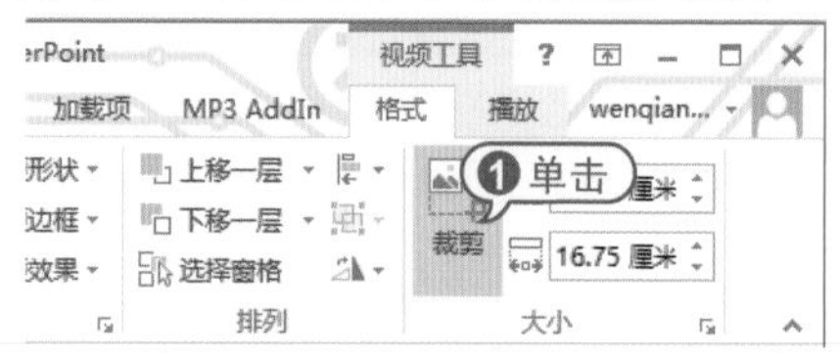

12 进入视频大小裁剪状态，拖动周边的

控制条裁剪视频画面。裁剪完毕后，在幻灯片任意处双击，退出裁剪状态，显示裁剪后的视频效果。

13 选中视频，在【格式】选项卡的【视频样式】组中单击【其他】下拉按钮，从弹出的列表中选择【棱台映像】选项，为视频快速应用该样式。

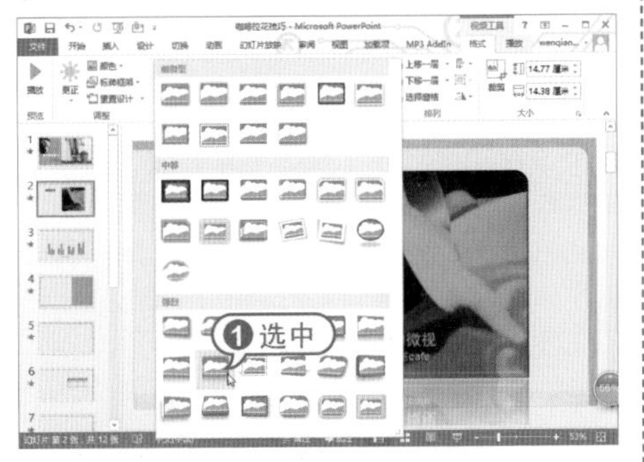

14 打开【视频工具】的【播放】选项卡，在【视频选项】组中单击【音量】下拉按钮，从弹出下拉菜单中选择【低】选项，选中【循环播放，直到停止】复选框。

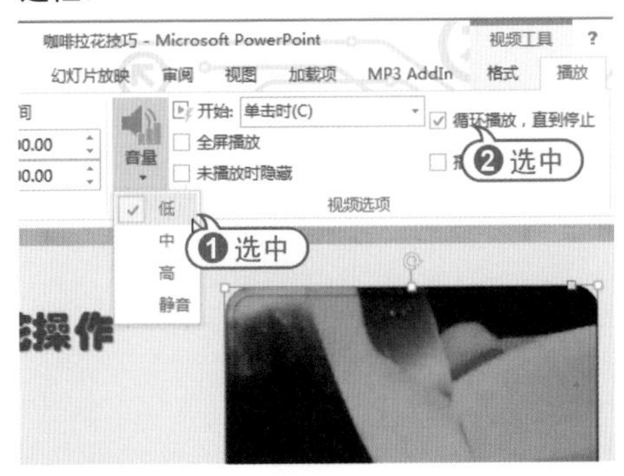

15 在幻灯片缩略图中选中第3张幻灯片，并将其显示在幻灯片编辑窗口中，删除图表占位符。在标题占位符中输入"主要技巧"，设置其字体为【华文琥珀】，字号为44，字形为【阴影】；在文本占位符中输入文本，设置其字号为32。

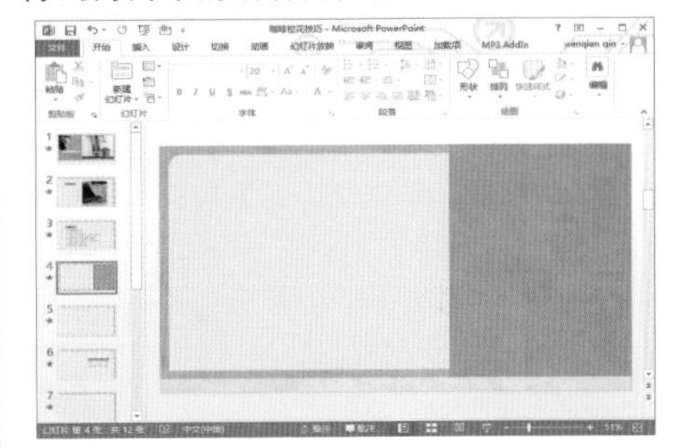

16 在幻灯片缩略图窗口中，选中第4张幻灯片，将其显示在幻灯片编辑窗口中，删除幻灯片中的所有占位符。

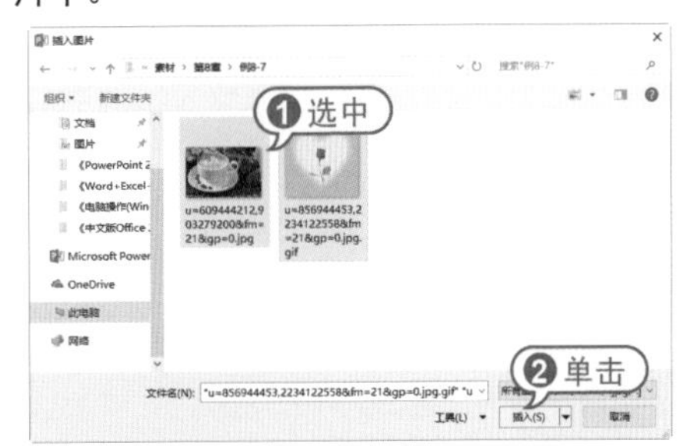

17 打开【插入】选项卡，在【图像】组中单击【图片】按钮，打开【插入图片】对话框。选中图片和GIF格式的动态图片，单击【插入】按钮，将其插入到幻灯片中。

18 调节两张图片的位置，选中GIF图片，打开【图片工具】的【格式】选项卡，在【排列】组中单击【后移一层】下拉按钮，从弹出的下拉菜单中选择【置于底层】命令，将其放置在最底层显示。

19 在演示文稿窗口的状态栏中单击【幻灯片浏览】按钮，切换至幻灯片浏览视图，以缩略图的方式查看制作好的幻灯片。

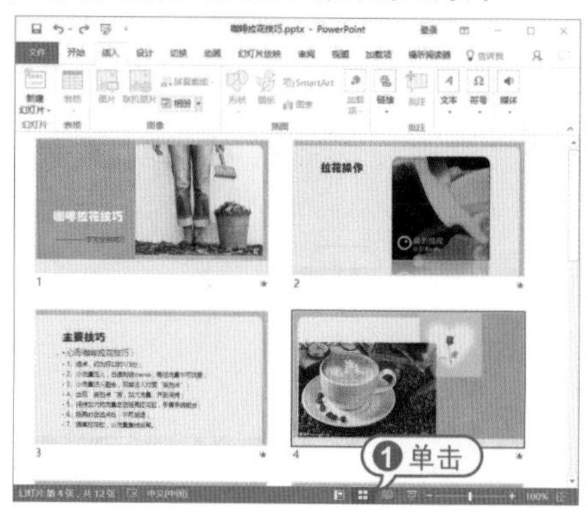

8.7 疑点解答

问：如何裁剪PowerPoint中插入视频的时长？

答：将视频文件插入到指定的幻灯片中，选中该视频，打开【视频工具】的【播放】选项卡，在【编辑】组中单击【裁剪视频】按钮，打开【裁剪视频】对话框，在其中拖动进度条中的绿色滑块设置影片的开始时间，拖动红色滑块设置影片的结束时间。确定剪裁的视频段落后，单击【确定】按钮，完成剪裁操作，此时自动将剪裁后的视频添加到演示文稿中。

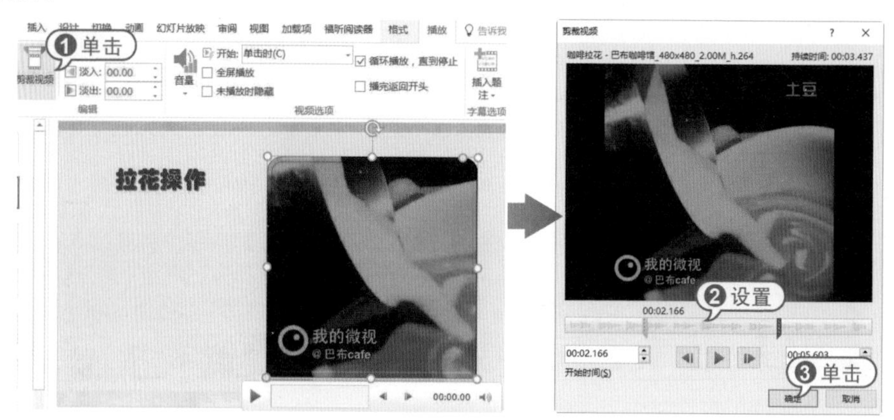

第9章

幻灯片版面和动画设计

在使用PowerPoint 2016制作幻灯片时，为幻灯片设置母版可使整个演示文稿保持统一的风格；为幻灯片添加动画效果，可使幻灯片更加生动形象。本章将详细介绍幻灯片版面设计和动画设计的相关操作。

例9-1 设置母版版式
例9-2 设置背景
例9-3 添加幻灯片切换动画
例9-4 添加进入动画效果
例9-5 添加强调动画效果
例9-6 添加退出动画效果
例9-7 添加动作路径动画效果
例9-8 设置动画触发器
例9-9 设置动画计时选项
例9-10 添加超链接
例9-11 添加动作按钮
例9-12 制作购物指南

9.1 设置幻灯片母版

幻灯片母版决定着幻灯片的外观，用于设置幻灯片的标题、正文文字等的样式，包括字体、字号、字体颜色和阴影等效果。

9.1.1 母版的类型

PowerPoint 中的母版类型分为幻灯片母版、讲义母版和备注母版3种类型，不同母版的作用和视图是不相同的。

1 幻灯片母版

幻灯片母版是存储模板信息的设计模板的一个元素。幻灯片母版中的信息包括字形、占位符大小和位置、背景设计和配色方案。用户通过更改这些信息，就可以更改整个演示文稿中幻灯片的外观。

打开【视图】选项卡，在【母版视图】组中单击【幻灯片母版】按钮，打开幻灯片母版视图，即可查看幻灯片母版。

在幻灯片母版视图下，可以看到所有区域，如标题占位符、副标题占位符以及母版下方的页脚占位符。这些占位符的位置及属性，决定了应用该母版后幻灯片的外观属性。

当用户将幻灯片切换到幻灯片母版视图时，功能区将自动打开【幻灯片母版】选项卡。单击功能区中的按钮，可以对母版进行编辑或更改操作。

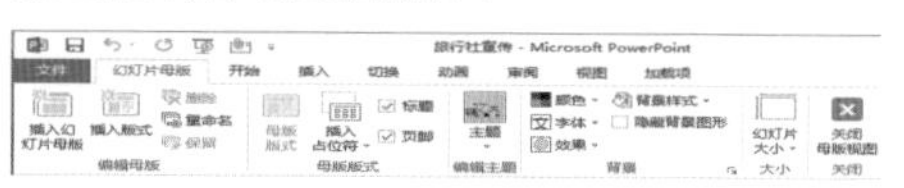

2 讲义母版

讲义母版是为制作讲义而准备的，通常需要打印输出，因此讲义母版的设置大多和打印页面有关。它允许设置一页讲义中包含几张幻灯片，设置页眉、页脚、页码等信息。在讲义母版中插入新的对象或者更改版式时，新的页面效果不会反映在其他母版视图中。

打开【视图】选项卡，在【母版视图】组中单击【讲义母版】按钮，打开讲义母版视图。此时功能区自动切换到【讲义母版】选项卡。

在讲义母版视图中，包含4个占位符，即页眉区、页脚区、日期区以及页码区。另外，页面上还包含很多虚线边框，这些边框表示的是每页所包含的幻灯片缩略图的数目。用户可以使用【讲义母版】选项卡，单击【页面设置】组中的【每页幻灯片数量】按钮，在弹出的菜单中选择幻灯片的数目选项。

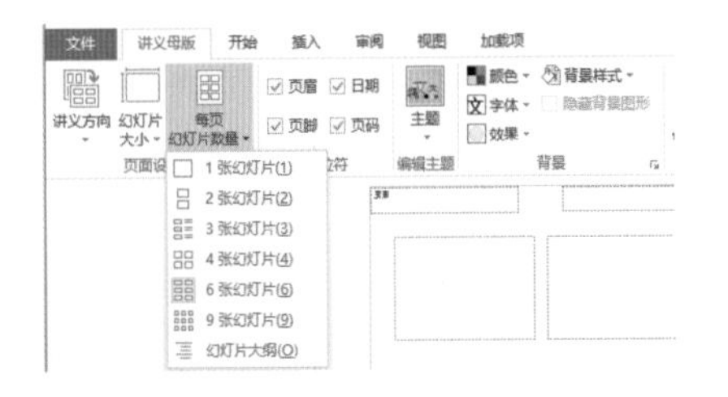

3 备注母版

备注相当于讲义，尤其当对某个幻灯片需要提供补充信息时很有用。使用备注对演讲者创建演讲注意事项是很重要的。备注母版主要用来设置幻灯片的备注格式，一般用来打印输出，因此备注母版的设置大多也和打印页面有关。

打开【视图】选项卡，在【母版视图】组中单击【备注母版】按钮，打开备注母版视图。备注页由单个幻灯片的图像和下方所属文本区域组成。

在备注母版视图中，用户可以设置或修改幻灯片内容、备注内容以及页眉和页脚内容在页面中的位置、比例及外观等属性。

单击备注母版上方的幻灯片内容区，其周围将出现8个白色的控制点，此时可以使用鼠标拖动幻灯片的内容区域来设置它在备注页中的位置；单击备注文本框的边框，此时该文本框的周围也将出现8个白色的控制点，拖动该占位符可调整备注文本在页面中的位置。

当用户退出备注母版视图时，对备注母版所做的修改将应用到演示文稿中的所有备注页上。只有在备注视图下，对备注母版所做的修改才能表现出来。

9.1.2 设置母版版式

在PowerPoint中创建的演示文稿都带有默认的版式，这些版式一方面决定了占位符、文本框、图片和图表等内容在幻灯片中的位置，另一方面也决定了幻灯片中文本的样式。在幻灯片母版视图中，用户可以按照自己的需求设置母版版式。

【例9-1】设置幻灯片母版中的字体格式，并调整母版中的背景图片样式。
视频+素材 (光盘素材\第09章\例9-1)

01 启动PowerPoint 2016，新建一个空白演示文稿，然后将其以“我的模板”为名保存。

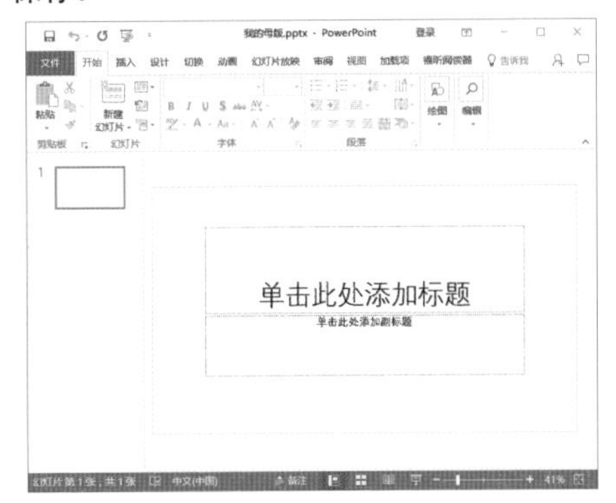

02 选中第一张幻灯片，按4次Enter键，插入4张新的幻灯片。

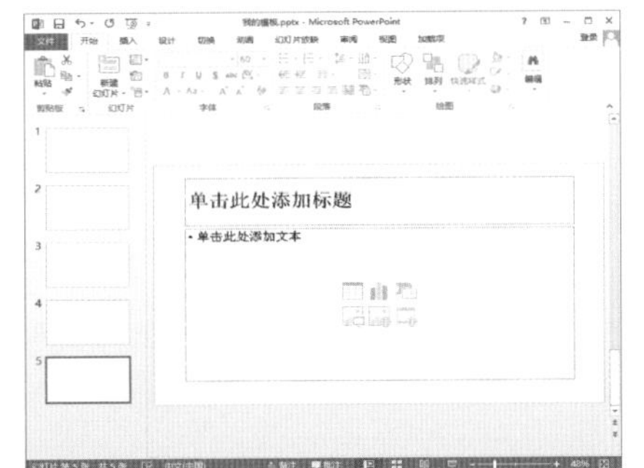

03 打开【视图】选项卡，在【母版视图】组中单击【幻灯片母版】按钮，切换到幻灯片母版视图。

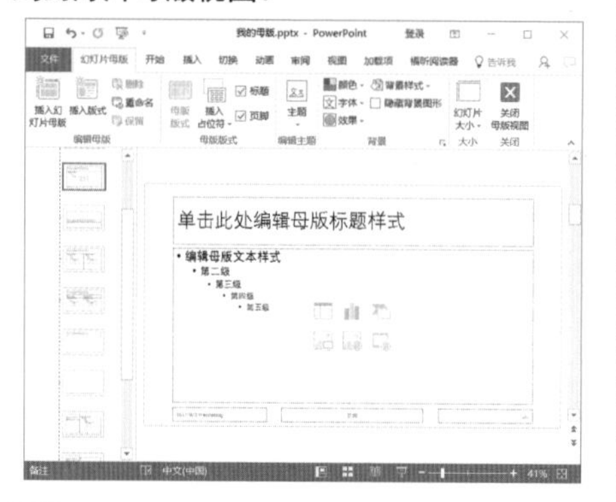

04 选中【单击此处编辑母版标题样式】占位符，选择【开始】选项卡，在【字体】组中设置字体格式为【华文行楷】，字号为60，字体颜色为【黑色】。

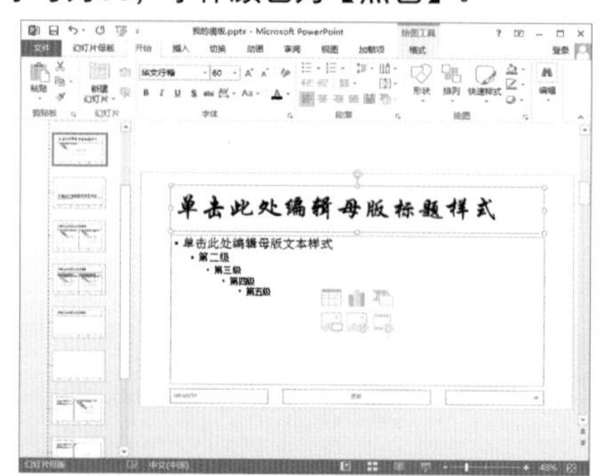

05 选中【单击此处编辑母版文本样式】占位符，选择【开始】选项卡，在【字体】组中设置字体格式为【宋体】，字号为28，字体颜色为【蓝色】。

06 在左侧预览窗格中选择第3张幻灯片，打开【插入】选项卡，在【图像】组中单击【图片】按钮，打开【插入图片】对话框，选择要插入幻灯片中的图片后，单击【插入】按钮。

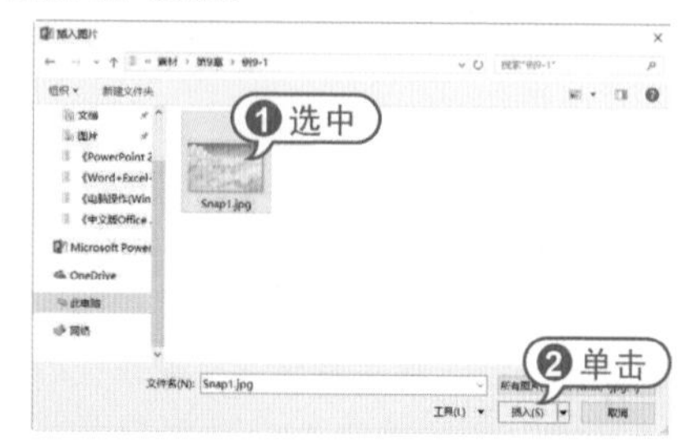

07 插入图片后，打开【图片工具】的【格式】选项卡，调整图片的大小和位置，然后在【排列】组中单击【后移一层】下拉按钮，选择【置于底层】命令。

08 打开【幻灯片母版】选项卡，在【关闭】组中单击【关闭母版视图】按钮，返回到普通视图模式。

09 此时，除第1张幻灯片外，其他幻灯片中都自动带有添加的图片。

9.1.3 设置页眉和页脚

在制作幻灯片时，使用PowerPoint提供的页眉和页脚功能，可以为每张幻灯片添加相对固定的信息。要插入页眉和页脚，只需要在【插入】选项卡的【文本】组中单击【页眉和页脚】按钮，打开【页眉和页脚】对话框，在其中进行相关操作即可。

01 打开“我的模板”演示文稿，打开【插入】选项卡，在【文本】组中单击【页眉和页脚】按钮。

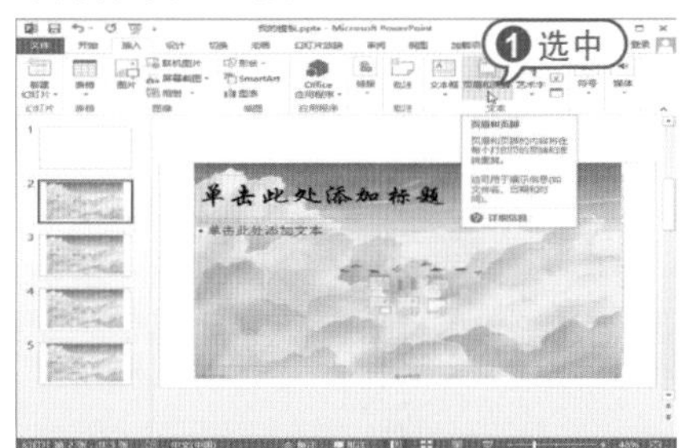

02 打开【页眉和页脚】对话框，选中【日期和时间】、【幻灯片编号】、【页脚】、【标题幻灯片中不显示】复选框，并在【页脚】文本框中输入“由XXL制作”，单击【全部应用】按钮，为除第1张幻灯片以外的幻灯片添加页脚。

03 打开【视图】选项卡，在【母版视图】组中单击【幻灯片母版】按钮，切换到幻灯片母版视图，在左侧预览窗格中选择第1张幻灯片，将其显示在编辑区域。选中所有的页脚文本框，设置字体为【黑体】，字号大小为20，字体颜色为【红色】。

04 打开【幻灯片母版】选项卡，在【关闭】组中单击【关闭母版视图】按钮，返回到普通视图模式。

9.2 设置主题和背景

PowerPoint 2016提供了多种主题颜色和背景样式，使用这些主题颜色和背景样式，可以使幻灯片具有丰富的色彩和良好的视觉效果。

9.2.1 设置主题

PowerPoint 2016提供了几十种内置主题，此外还可以自定义主题的颜色等选项。

1 使用内置主题

PowerPoint 2016提供了多种内置主题，使用这些内置主题，可以快速统一演示文稿的外观。

在同一个演示文稿中应用多个主题与应用单个主题的方法相同，打开【设计】选项卡，在【主题】组中单击【其他】下拉按钮，从弹出的下拉列表中选择一个主题，即可将其应用于单个演示文稿中。然后选择要应用另一主题的幻灯片，在【设计】选项卡的【主题】组中单击【其他】下拉按钮，从弹出的下拉列表中右击所需的主题，从弹出的快捷菜单中选择【应用于选定幻灯片】命令，此时便可将该主题应用于选中的幻灯片中。

2 设置主题颜色

PowerPoint为每种设计模板提供了几十种内置的主题颜色，用户可以根据需要选择不同的颜色来设计演示文稿。应用设计模板后，打开【设计】选项卡，单击【变体】组中的【颜色】按钮，将打开主题颜色菜单，用户可以选择内置主题颜色，或者自定义主题颜色。

01 启动PowerPoint 2016，使用【离子会议室】模板新建一个演示文稿。

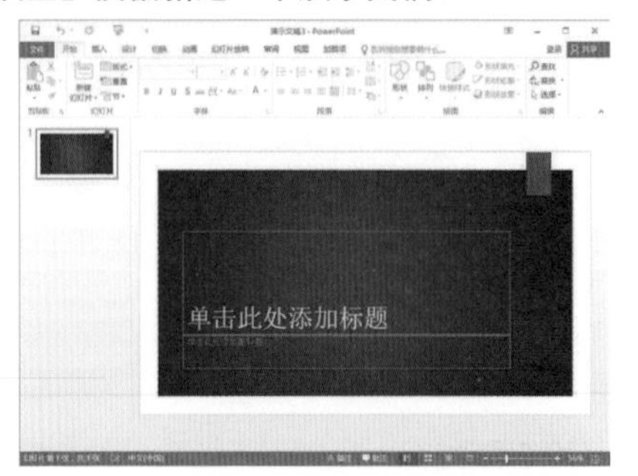

02 选择【设计】选项卡，在【变体】组中单击【颜色】下拉按钮，然后在弹出的主题颜色菜单中选择【橙色】选项，自动为幻灯片应用该主题颜色。

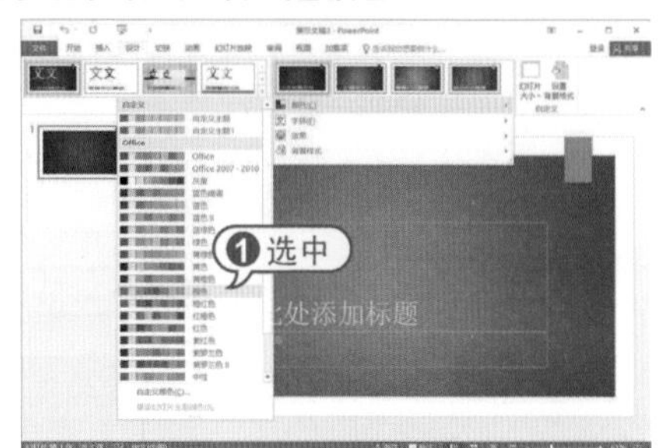

03 在【变体】组中单击【颜色】下拉按钮，在弹出的主题颜色菜单中选择【自定义颜色】选项，打开【新建主题颜色】对话框，设置主题的颜色参数，在【名称】文本框中输入“自定义主题颜色”，然后单击【保存】按钮。

04 设置的主题颜色将自动应用于当前幻灯片中。

> **进阶技巧**
> 在【变体】组中除了主题颜色，还可以设置主题的字体、效果、背景样式。

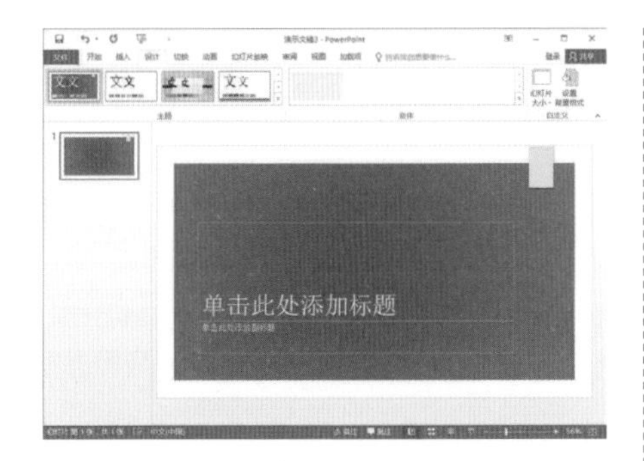

9.2.2 设置背景

用户除了在应用模板或改变主题颜色时更改幻灯片的背景外，还可以根据需要任意更改幻灯片的背景颜色和背景设计，如添加底纹、图案、纹理或图片等。

【例9-2】新建演示文稿，设置幻灯片背景填充和背景图片。

视频+素材 (光盘素材\第09章\例9-2)

01 启动PowerPoint 2016，新建名为“设置背景”的演示文稿。

02 打开【设计】选项卡，在【自定义】组中单击【设置背景格式】按钮，打开【设置背景格式】窗格。

03 在【设置背景格式】窗格的【填充】选项区域选中【图案填充】单选按钮，然后在【图案】选项区域选中一种图案，并单击【前景】下拉按钮，在弹出的颜色选择器中选择【蓝色】选项。

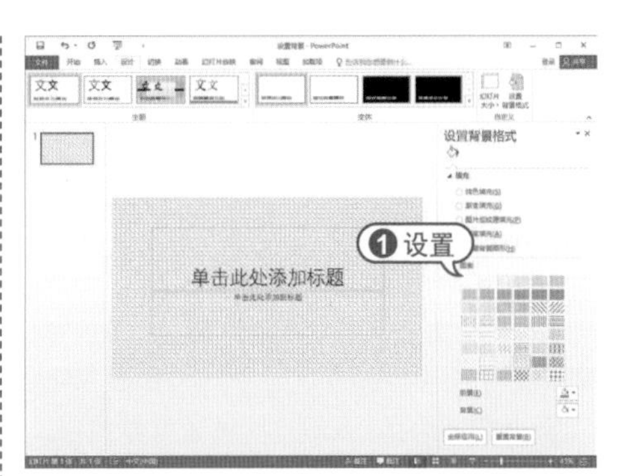

04 在窗口左侧的幻灯片预览窗格中选中第1张幻灯片，然后连续按下回车键，插入1张空白幻灯片。

05 选中第2张幻灯片，然后在【设置背景格式】窗格中选中【图片或纹理填充】单选按钮，并在显示的选项区域单击【文件】按钮。

06 打开【插入图片】对话框，选择一张图片，单击【插入】按钮，将图片插入到选中的幻灯片中。

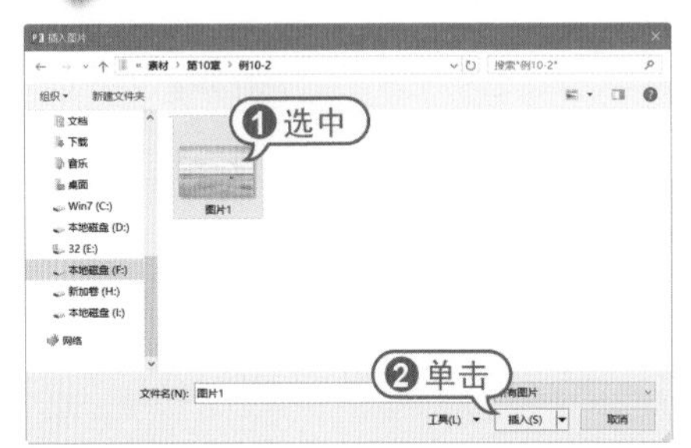

07 此时将为第2张幻灯片设置背景效果，在快速访问工具栏中单击【保存】按钮，保存演示文稿。

9.3 设计幻灯片切换动画

幻灯片切换动画效果是指一张幻灯片如何从屏幕上消失，以及另一张幻灯片如何在屏幕上显示。在PowerPoint中，可以为一组幻灯片设置同一种切换方式，也可以为每张幻灯片设置不同的切换方式。

9.3.1 添加幻灯片切换动画

要为幻灯片添加切换动画，可以打开【切换】选项卡，在【切换到此幻灯片】组中进行设置。在该组中单击按钮，将打开幻灯片动画效果列表，当鼠标光标指向某个选项时，幻灯片将应用该效果，供用户预览，单击即可使用该动画效果。

【例9-3】在“我的相册”演示文稿中，为幻灯片添加切换动画。

视频+素材 (光盘素材\第09章\例9-3)

01 启动PowerPoint 2016，打开“我的相册”演示文稿，选择【切换】选项卡，在【切换到此幻灯片】组中单击【其他】下拉按钮，在弹出的切换效果列表中选择【帘式】选项。

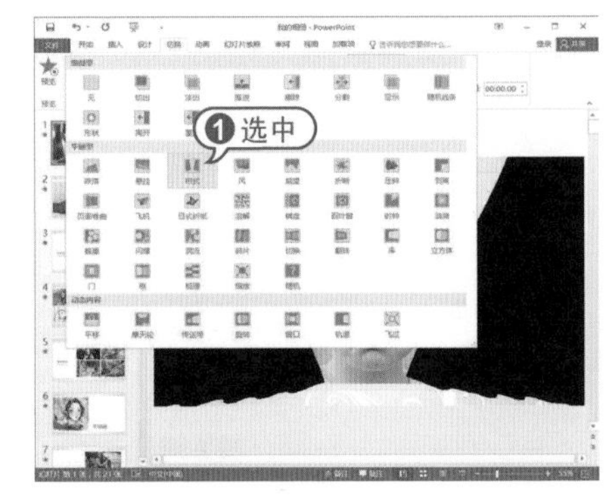

02 此时，动画效果将应用到第1张幻灯片中，并可预览动画切换效果。

03 在窗口左侧的幻灯片预览窗格中选中第2至第11张幻灯片，然后在【切换到此

幻灯片】组中为这些幻灯片添加“跌落”效果。

04 在【切换到此幻灯片】组中单击【效果选项】下拉按钮，在弹出的下拉列表中选择【向右】选项。此时，第2至第11张幻灯片将添加如下图所示的“向右”动画效果。

9.3.2 设置切换动画

添加切换动画后，还可以对切换动画进行设置，如设置切换动画时出现的声音效果、持续时间和换片方式等，从而使幻灯片的切换效果更为逼真。

比如要设置切换动画的声音和持续时间，可以先打开演示文稿，选择【切换】选项卡，在【计时】选项组中单击【声音】下拉按钮，从弹出的下拉菜单中选择【收款机】选项，在【计时】组的【持续时间】微调框中输入“01.00”，为幻灯片设置动画切换效果的持续时间，单击【全部应用】按钮即可完成设置。

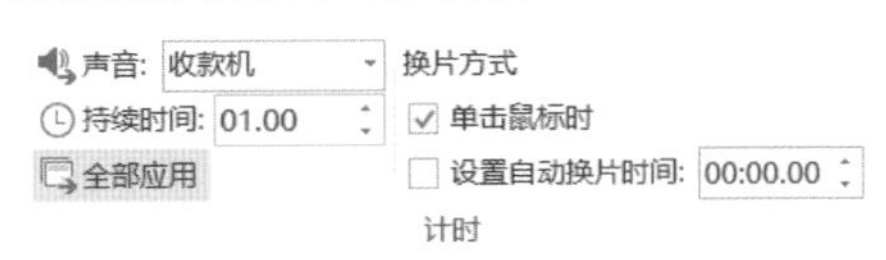

进阶技巧

在【计时】组的【换片方式】区域选中【单击鼠标时】复选框，表示在播放幻灯片时，需要在幻灯片中单击鼠标左键来换片；而取消选中该复选框，选中【设置自动换片时间】复选框，表示在播放幻灯片时，经过所设置的时间后会自动切换至下一张幻灯片，无须单击鼠标。

9.4 添加对象动画效果

在PowerPoint中，可以设置幻灯片的动画效果。所谓动画效果，是指为幻灯片内部各个对象设置的动画效果。用户可以对幻灯片中的文字、图形、表格等对象添加不同的动画效果，如进入动画、强调动画、退出动画和动作路径动画等。

9.4.1 添加进入动画效果

进入动画是为了设置文本或其他对象以多种动画效果进入放映屏幕。在添加该动画效果之前需要选中对象。对于占位符或文本框来说，选中占位符、文本框，以及在它们进入文本编辑状态时，都可以为它们添加该动画效果。

选中对象后，打开【动画】选项卡，单击【动画】组中的【其他】下拉按钮，在弹出的【进入】列表中选择一种进入效果，即可为对象添加该动画效果。

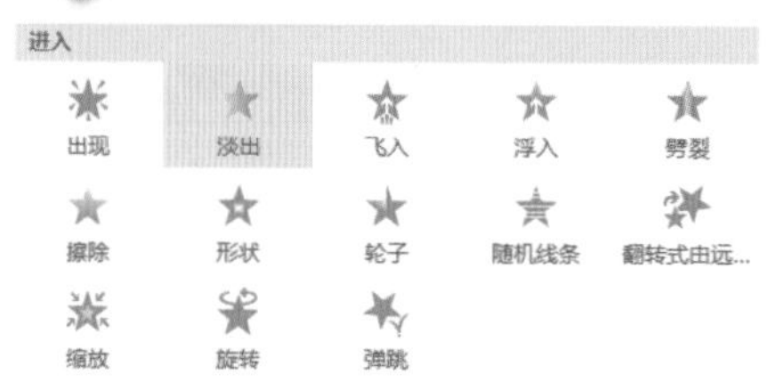

另外，在【高级动画】组中单击【添加动画】按钮，同样可以在弹出的【进入】列表中选择内置的进入动画效果。若选择【更多进入效果】命令，则打开【添加进入效果】对话框，在该对话框中同样可以选择更多的进入动画效果。

【例9-4】为“我的相册”演示文稿中的对象设置进入动画。

视频+素材 (光盘素材\第09章\例9-4)

01 启动PowerPoint 2016，打开“我的相册”演示文稿，在打开的第1张幻灯片中选中标题“我的相册”，打开【动画】选项卡，单击【动画】组中的【其他】下拉按钮，从弹出的【进入】列表中选择【弹跳】选项。

02 此时为标题文字应用【弹跳】进入效果，同时预览进入效果。

03 选中图片对象，在【高级动画】组中单击【添加动画】下拉按钮，从弹出的菜单中选择【更多进入效果】命令。

04 打开【添加进入效果】对话框，在【温和型】选项区域选择【下浮】选项，单击【确定】按钮，为图片应用【下浮】进入效果。

05 设置完第1张幻灯片中对象的进入动画后，在幻灯片编辑窗口中以编号显示标记对象。

06 在【动画】选项卡的【预览】组中单击【预览】按钮，即可查看在第1张幻灯片中应用的所有进入效果。

9.4.2 添加强调动画效果

强调动画是为了突出幻灯片中的某部分内容而设置的特殊动画效果。添加强调动画的过程和添加进入效果大体相同。选择对象后，在【动画】组中单击【其他】下拉按钮，在弹出的【强调】列表中选择一种强调效果，即可为对象添加该动画效果。

在【高级动画】组中单击【添加动画】下拉按钮，同样可以在弹出的【强调】列表中选择内置的强调动画效果。若选择【更多强调效果】命令，则打开【添加强调效果】对话框，在该对话框中同样可以选择更多的强调动画效果。

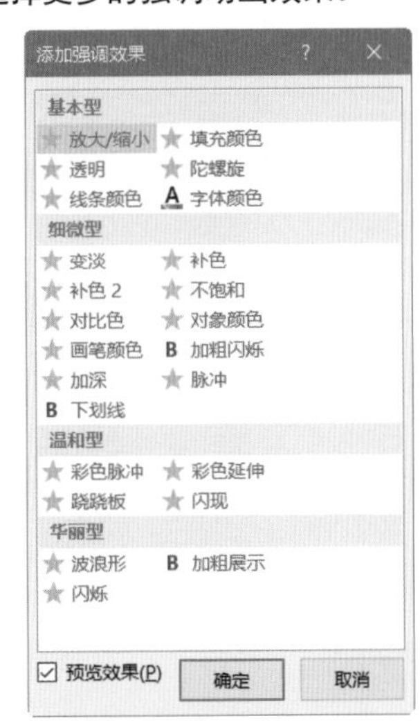

【例9-5】为“我的相册”演示文稿中的对象设置强调动画。
视频+素材 (光盘素材\第09章\例9-5)

01 启动PowerPoint 2016，打开“我的相册”演示文稿。

02 在幻灯片缩略图窗口中选中第2张幻灯片，选中“时装”标题占位符，在【动画】组中单击【其他】下拉按钮，在弹出的【强调】列表中选择【画笔颜色】选项，为文本添加该强调效果。

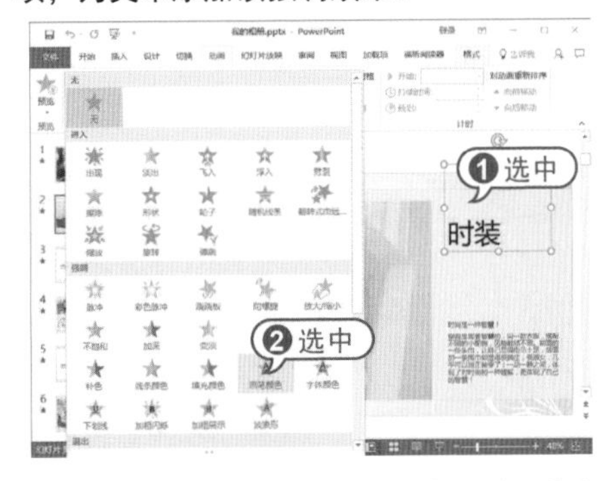

03 选中文本占位符，在【高级动画】组中单击【添加动画】下拉按钮，在弹出的菜单中选择【更多强调效果】命令，打开

【添加强调效果】对话框。在【细微型】选项区域选择【补色】选项，单击【确定】按钮，完成强调效果的添加。

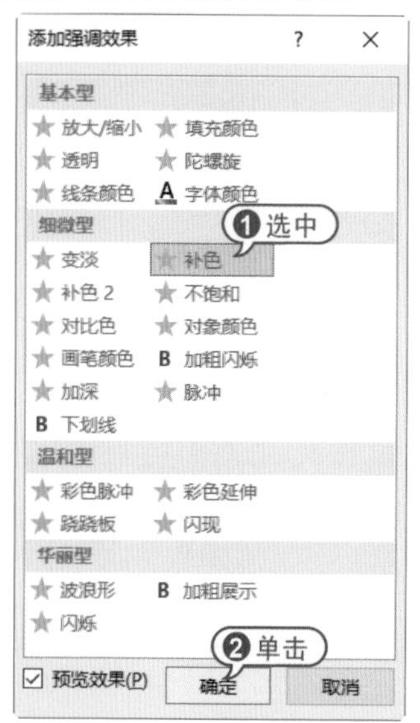

04 此时在幻灯片编辑窗口中以编号显示标记对象。

9.4.3 添加退出动画效果

退出动画是为了设置幻灯片中的对象退出屏幕的效果。添加退出动画的过程和添加进入、强调动画基本相同。

选择对象后，在【动画】组中单击【其他】下拉按钮，在弹出的【退出】列表中选择一种退出效果，即可为对象添加该动画效果。

在【高级动画】组中单击【添加动画】下拉按钮，同样可以在弹出的【退出】列表中选择内置的退出动画效果。若选择【更多退出效果】命令，则打开【添加退出效果】对话框，在该对话框中同样可以选择更多的退出动画效果。

【例9-6】为“我的相册”演示文稿中的对象设置退出动画。

视频+素材 (光盘素材\第09章\例9-6)

01 启动PowerPoint 2016，打开“我的相册”演示文稿。

02 在幻灯片缩略图窗口中选中第3张幻灯片，选中图片，在【动画】组中单击【其他】下拉按钮，在弹出的菜单中选择【更多退出效果】命令。

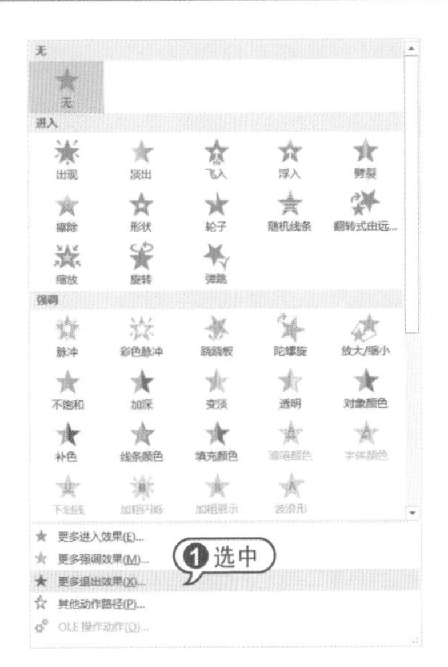

03 打开【更改退出效果】对话框，在【华丽型】选项区域选择【飞旋】选项，单击【确定】按钮。

04 返回至幻灯片编辑窗口中，此时在图形前显示数字编号。

05 在【动画】选项卡的【预览】组中单击【预览】按钮，查看在幻灯片中应用的动画效果。

9.4.4 添加动作路径动画效果

动作路径动画又称为路径动画，可以指定文本等对象沿着预定的路径运动。PowerPoint 2016不仅提供了大量预设路径效果，还可以由用户自定义路径动画。

添加动作路径效果的步骤与添加进入动画的步骤基本相同，在【动画】组中单击【其他】下拉按钮，在弹出的【动作路径】列表中选择一种动作路径效果，即可为对象添加该动画效果。

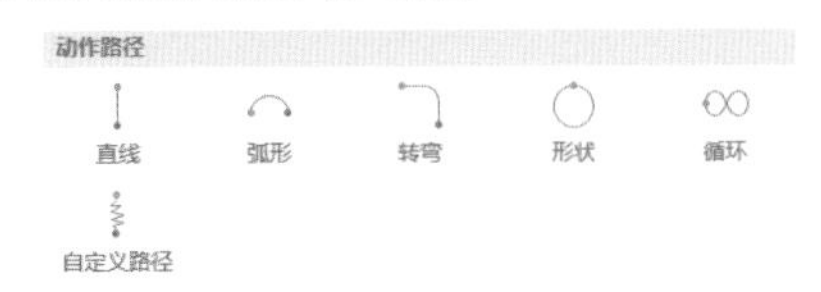

在【高级动画】组中单击【添加动画】下拉按钮，在弹出的【动作路径】列表中同样可以选择一种动作路径效果；选择【更多动作路径】命令，打开【添加动作路径】对话框，可以选择更多的动作路径。

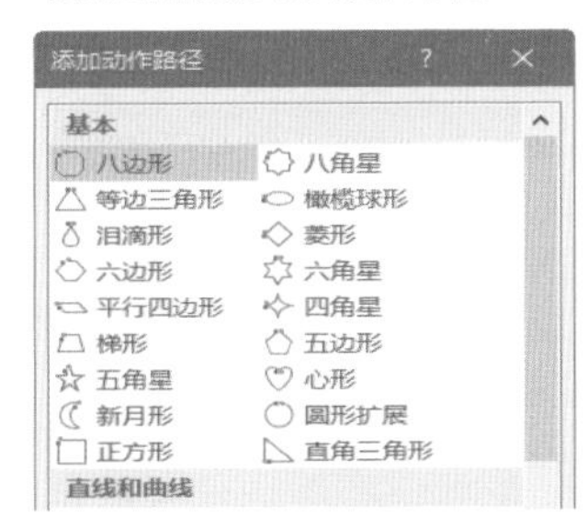

当PowerPoint 2016提供的动作路径不能满足用户需求时，用户可以自己绘制动作路径。在【动作路径】菜单中选择【自定义路径】选项，即可在幻灯片中拖动鼠标绘制出需要的图形，当双击鼠标时，结束绘制，动作路径出现在幻灯片中。

进阶技巧

绘制完的动作路径的起始端将显示一个绿色的▷标志，结束端将显示一个红色的▷标志，两个标志以一条虚线连接。当需要改变动作路径的位置时，只需要单击该路径拖动即可。拖动路径周围的控制点，可以改变路径的大小。

【例9-7】为“我的相册”演示文稿中的对象设置动作路径动画。

视频+素材 (光盘素材\第09章\例9-7)

01 启动PowerPoint 2016，打开“我的相册”演示文稿。

02 在幻灯片缩略图窗口中选中第6张幻灯片，选中图片，在【动画】组中单击【其他】下拉按钮，在弹出的菜单中选择【自定义路径】选项。

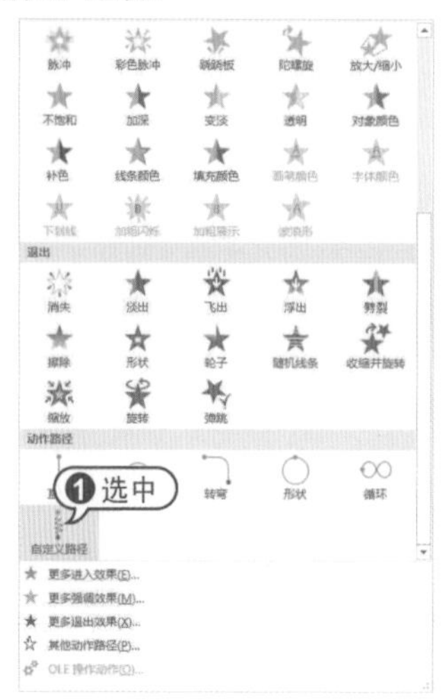

03 此时，鼠标光标变成十字形状，将鼠标光标移动到图片上，拖动鼠标绘制一条曲线。

04 双击完成曲线的绘制，此时即可查看图片的动作路径。

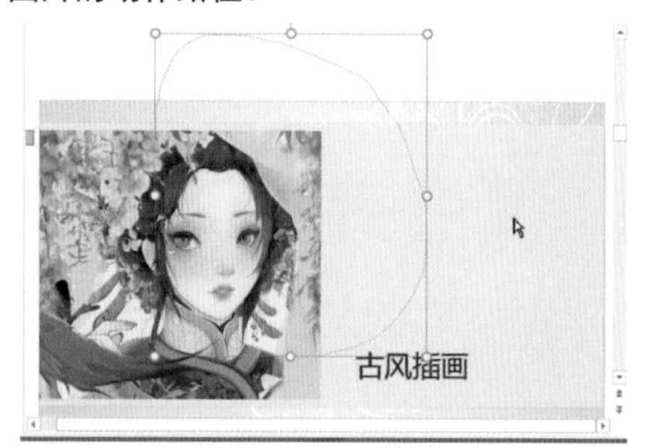

05 选中右侧的文本，在【高级动画】组中单击【添加动画】下拉按钮，在弹出的菜单中选择【其他动作路径】命令。

06 打开【更改动作路径】对话框，选择【螺旋向右】选项，单击【确定】按钮。

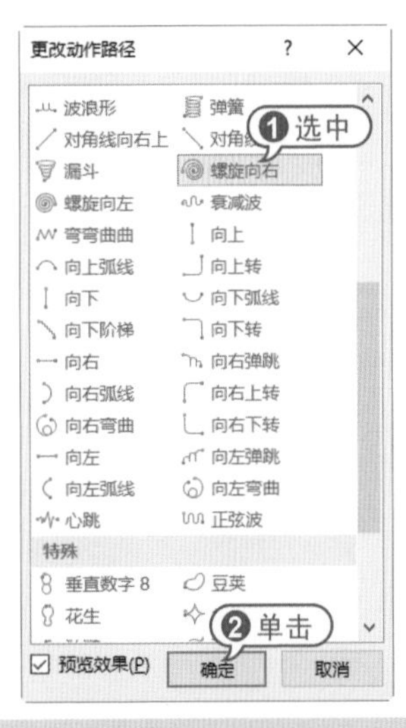

07 此时即可查看文字的动作路径以及动画编号。

08 在【动画】选项卡的【预览】组中单击【预览】按钮，查看在幻灯片中应用的动画效果。

9.5 动画效果高级设置

PowerPoint 2016具备动画效果高级设置功能，如设置动画触发器、设置动画计时选项、重新排序动画等。使用这些功能，可以使整个演示文稿更为美观。

9.5.1 设置动画触发器

放映幻灯片时，使用触发器，可以在单击幻灯片中的对象后显示动画效果。

【例9-8】在“绘画欣赏”演示文稿中设置动画触发器。

视频+素材 (光盘素材\第09章\例9-8)

01 启动PowerPoint 2016，打开“绘画欣赏”演示文稿。

02 打开【动画】选项卡，在【高级动画】组中单击【动画窗格】按钮，打开【动画窗格】。

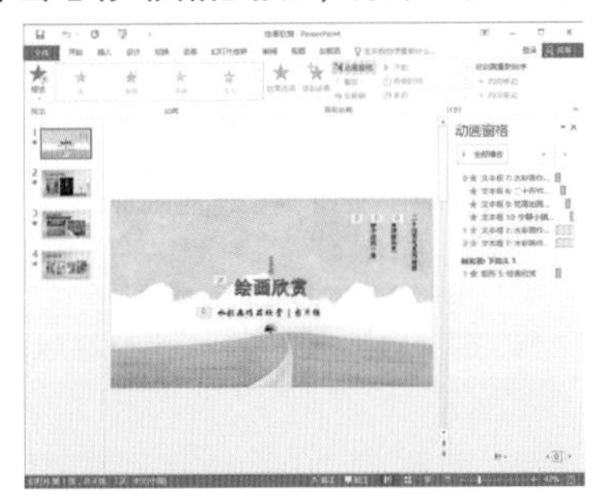

03 在打开的【动画窗格】中选中编号为1的动画效果，在【高级动画】组中单击【触发】下拉按钮 触发，从弹出的菜单中选择【单击】|【下箭头1】选项。

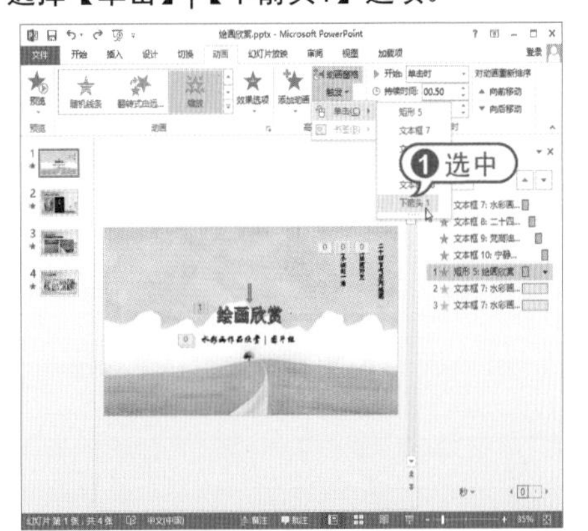

04 此时，“下箭头”对象上产生动画的触发器，并在任务窗格中显示所设置的触发器。当播放幻灯片时，将鼠标光标指向该触发器并单击，将显示既定的动画效果。

动画窗格
播放自
0 ★ 文本框 7: 水彩画...
★ 文本框 8: 二十四...
★ 文本框 9: 梵高油...
★ 文本框 10: 宁静...
1 ★ 文本框 7: 水彩画...
2 ★ 文本框 7: 水彩画...
触发器: 下箭头 1
1 ★ 矩形 5: 绘画欣赏

9.5.2 设置动画计时选项

为对象添加了动画效果后，还需要设置动画计时选项，如开始时间、持续时间、延迟时间等。

【例9-9】在“绘画欣赏”演示文稿中设置动画计时。
视频+素材 (光盘素材\第09章\例9-9)

01 启动PowerPoint 2016，打开“绘画欣赏”演示文稿。

02 打开【动画】选项卡，在【高级动画】组中单击【动画窗格】按钮，打开【动画窗格】。

03 在【动画窗格】中选中编号为2的动画效果，在【计时】选项组中单击【开始】下拉按钮，从弹出的快捷菜单中选择【上一动画之后】选项。

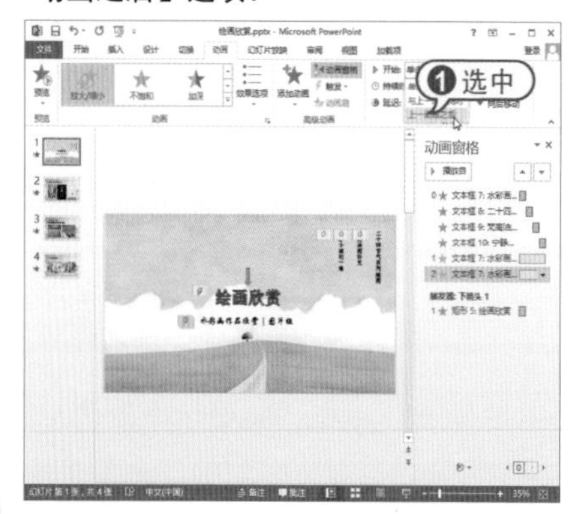

04 此时，两个动画将合并为一个效果，编号为2的动画将在编号为1的动画播放完后自动开始播放，无须单击鼠标。

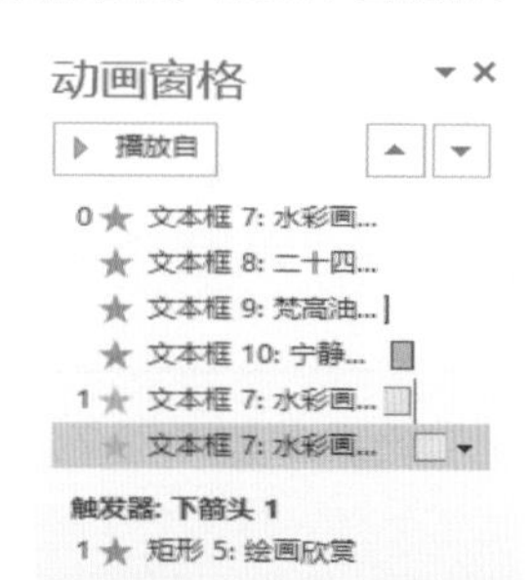

9.5.3 重新排序动画

当在一张幻灯片中设置了多个动画对象时，用户可以根据自己的需求重新排序动画，即调整各动画出现的顺序。

要重新排序动画，可打开【动画窗格】，单击选中要调整顺序的动画选项，然后在【动画】选项卡的【计时】组中单击【向前移动】按钮，可向前移动；单击【向后移动】按钮，可向后移动。

另外，在【动画窗格】中选中动画，单击▼按钮，即可将该动画向后移动一位；单击▲按钮，可将该动画向前移动一位。

9.6 制作交互式演示文稿

在PowerPoint中，可以为幻灯片中的文本、图像等对象添加超链接或动作按钮。当放映幻灯片时，可以在添加了超链接的文本或动作按钮上单击，程序将自动跳转到指定的页面，或者执行指定的程序。演示文稿不再遵循从头到尾播放的线形模式，而是具有一定的交互性。

9.6.1 添加超链接

超链接是指向特定位置或文件的一种链接方式，可以利用它指定程序的跳转位置。超链接只有在幻灯片放映时才有效。在PowerPoint中，超链接可以跳转到当前演示文稿中的特定幻灯片、其他演示文稿中特定的幻灯片、自定义放映、电子邮件地址、文件或Web页。

只有幻灯片中的对象才能添加超链接，备注、讲义等内容不能添加超链接。幻灯片中可以显示的对象几乎都可以作为超链接的载体。添加或修改超链接的操作一般在普通视图的幻灯片编辑窗口中进行。

【例9-10】为“踏青时节”演示文稿中的对象添加超链接。

视频+素材 (光盘素材\第09章\例9-9)

01 启动PowerPoint 2016，打开“踏青时节”演示文稿。在缩略图窗口中选中第2张幻灯片，将其显示在幻灯片编辑窗口中。

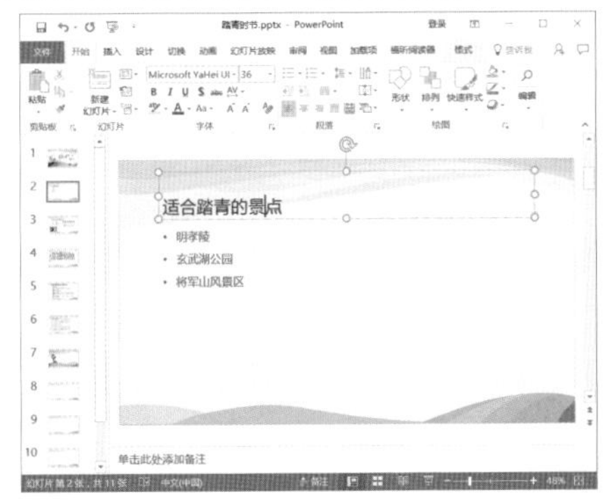

02 选中“明孝陵”文本，选择【插入】选项卡的【链接】组，单击【链接】按钮。

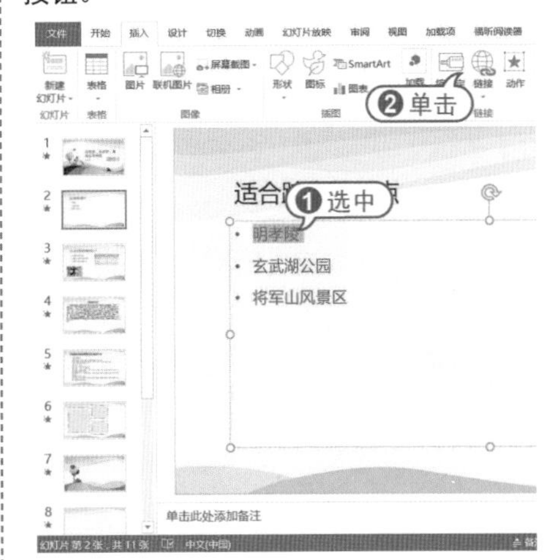

03 打开【插入超链接】对话框，在【链接到】列表框中单击【本文档中的位置】按钮，在【请选择文档中的位置】列表框中选择需要链接到的第4张幻灯片，单击【确定】按钮。

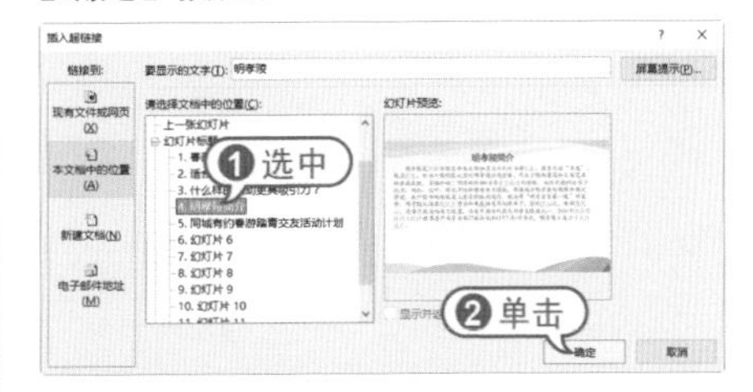

04 返回幻灯片编辑窗口，此时在第2张幻灯片中可以看到“明孝陵”文本的颜色变成了绿色，并且下方还增加了一条下画线，这就表示为该文本创建了超链接。在键盘上按下F5键放映幻灯片，当放映到第2张幻灯片时，将光标移动到“明孝陵”文

字上，此时光标变成手形，单击超链接，演示文稿将自动跳转到第4张幻灯片。

05 选中第3张幻灯片，选中左下角的图片，右击，在弹出的快捷菜单中选择【链接】命令。

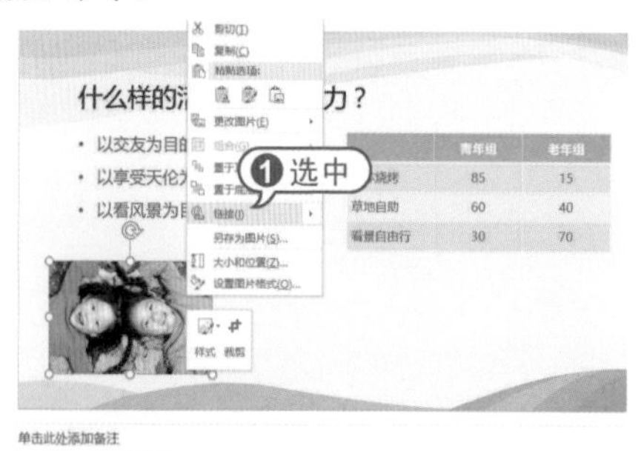

06 打开【插入超链接】对话框，在【链接到】列表框中单击【本文档中的位置】按钮，在【请选择文档中的位置】列表框中选择需要链接到的第5张幻灯片，单击【确定】按钮。

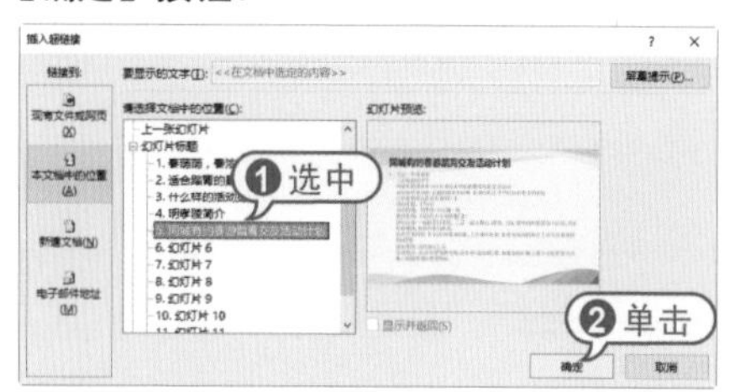

07 返回幻灯片编辑窗口，单击阅读视图按钮，进入阅读视图模式，单击图片，即可查看链接到的幻灯片。

08 在快速访问工具栏中单击【保存】按钮，保存“踏青时节”演示文稿。

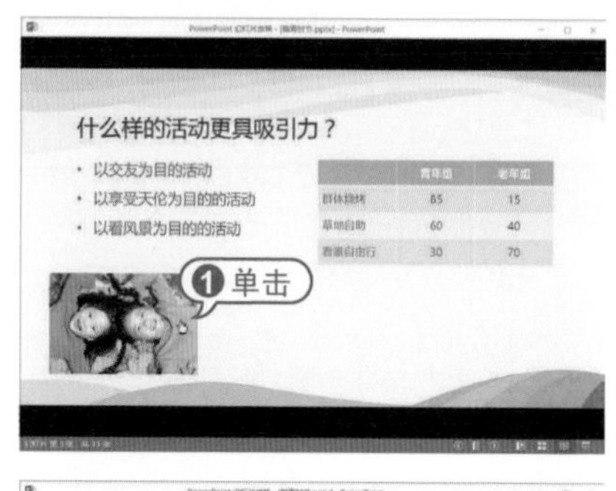

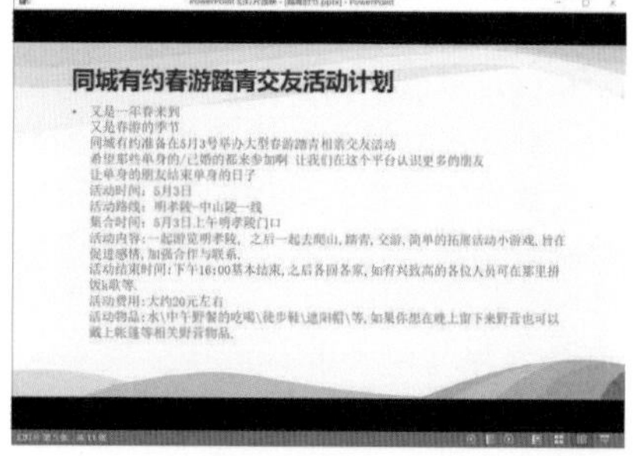

> **进阶技巧**
>
> 在PowerPoint 2016中除了可以将对象链接到当前演示文稿的其他幻灯片之外，还可以链接到其他对象，如其他演示文稿、电子邮件和网页等。

9.6.2 添加动作按钮

动作按钮是PowerPoint中预先设置好的一组带有特定动作的图形按钮，这些按钮被预先设置为指向前一张、后一张、第一张、最后一张幻灯片，以及播放声音及播放电影等链接，应用这些预置好的按钮，可以实现在放映幻灯片时跳转的目的。

【例9-11】为“踏青时节”演示文稿添加动作按钮。

视频+素材 (光盘素材\第09章\例9-11)

01 启动PowerPoint 2016，打开“踏青时节”演示文稿。在缩略图窗口中选中第1张幻灯片，将其显示在幻灯片编辑窗口中。

02 打开【插入】选项卡，在【插图】组中单击【形状】下拉按钮，在打开菜单的【动作按钮】选项区域选择【前进或后一项】命令▷，在幻灯片的右上角拖动鼠标绘制形状。

03 当释放鼠标时，系统将自动打开【操作设置】对话框，在【单击鼠标时的动作】选项区域选中【超链接到】单选按钮，在【超链接到】下拉列表框中选择【幻灯片】选项。

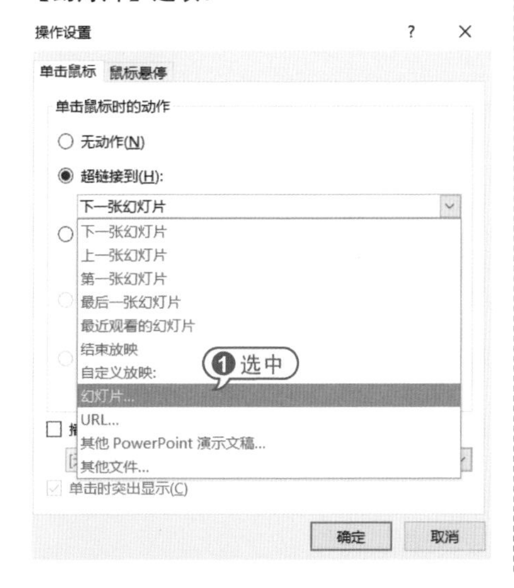

04 打开【超链接到幻灯片】对话框，在对话框中选择第5张幻灯片，单击【确定】按钮。

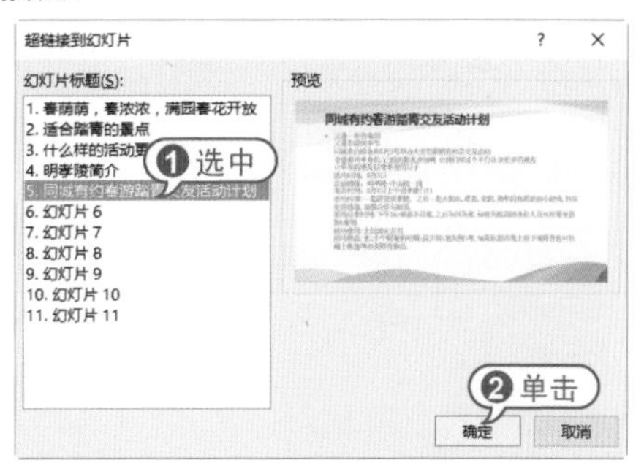

05 返回【操作设置】对话框，打开【单击鼠标】选项卡，在该选项卡中选中【播放声音】复选框，并在下方的下拉列表中选择【单击】选项，单击【确定】按钮。

06 右击自定义的动作按钮，在弹出的菜单中选择【编辑文字】命令。

07 在按钮上输入文本“跳到结尾”。单击阅读视图按钮，进入阅读视图模式，单击该动作按钮，即可跳转至结尾的幻灯片。

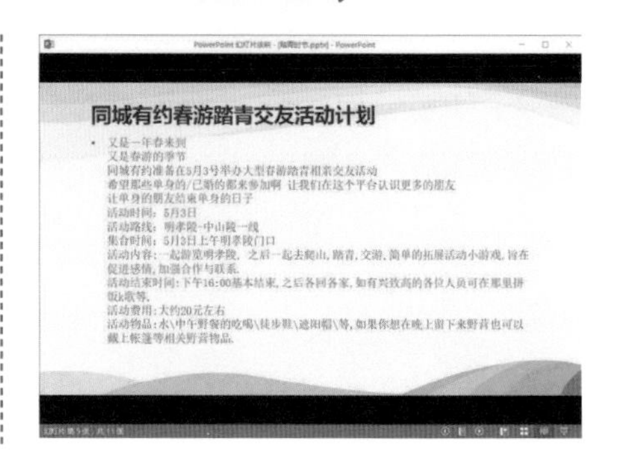

9.7 进阶实战

本章的进阶实战部分为制作购物指南这个综合实例操作，用户通过练习从而巩固本章所学知识。

【例9-12】制作“巨划算购物指南”演示文稿，为该演示文稿中的对象设置超链接。
视频+素材 (光盘素材\第09章\例9-12)

01 启动PowerPoint 2016，单击【文件】按钮，在弹出的界面中单击【新建】选项，选择合适的模板。单击【创建】按钮，新建一个演示文稿，将其以“巨划算购物指南”为名保存。

02 在【标题版式】文本占位符中输入标题文字“巨划算购物中心购物指南”，设置文字颜色为【黑色】，删除【副标题】文本占位符，并调整标题占位符的位置和大小。

①输入
巨划算购物中心购物指南

03 在幻灯片中插入两个横排文本框，并分别输入E-mail地址和购物中心简介，并将字体颜色设置为【黑色】。

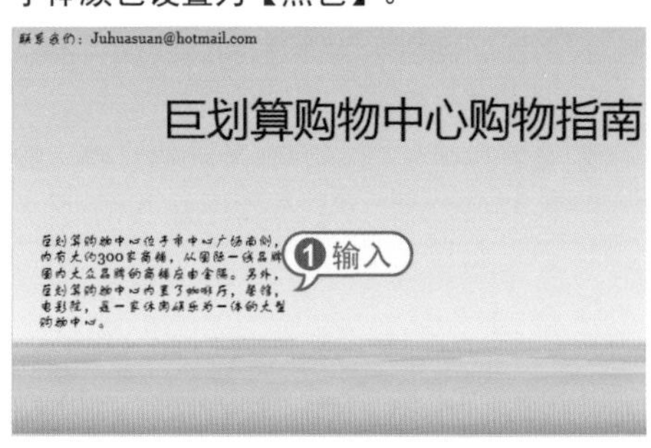

04 单击【形状】按钮，在弹出的菜单中选择【爆炸型2】图形，在幻灯片中插入该图形，右击该图形，在打开的快捷菜单中选择【编辑文字】命令，在其中输入文字。

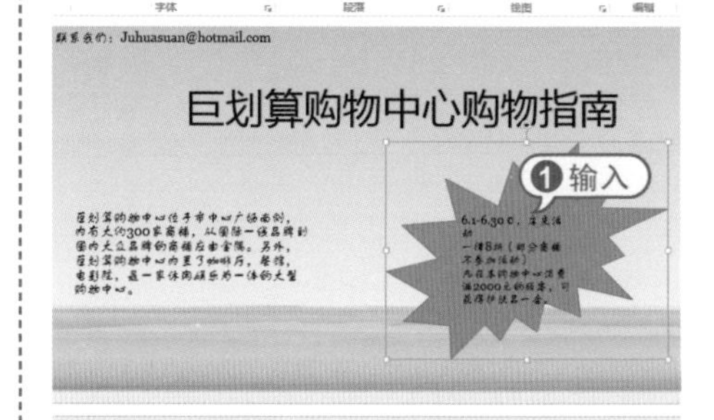

05 选中【爆炸型2】图形，设置该图形的边框颜色为【红色】，填充颜色为【黄色】。此时，第一张幻灯片的效果如下图所示。

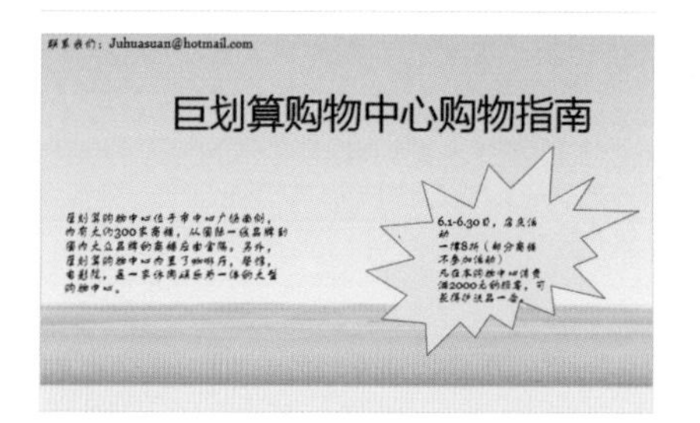

06 在幻灯片缩略图窗口中选择第2张图片，将其显示在幻灯片编辑窗口中，在幻灯片的两个文本占位符中分别输入文字。

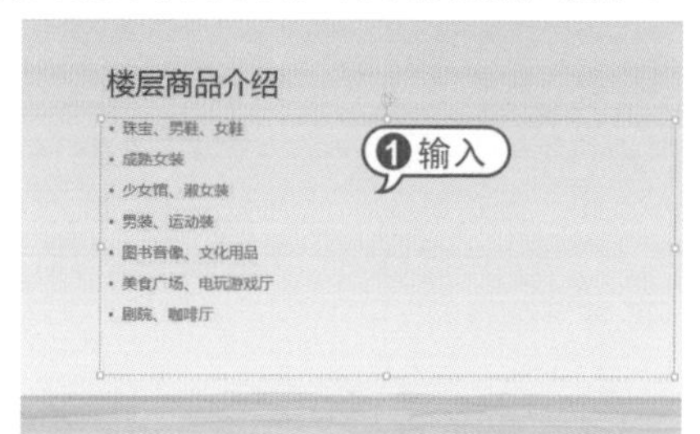

07 在幻灯片缩略窗口中选中第3张图片，将其显示在幻灯片编辑窗口中，在幻灯片中输入标题文字“商场一层”，设置文字字体为【华文琥珀】。

08 选择【插入】选项卡，在【插图】组中单击【形状】下拉按钮，在弹出的菜单中选择【卷形：水平】，将其内部颜色填充为【橙色】，并在其中输入说明文字，设置文字颜色为【深蓝】，字号为32。

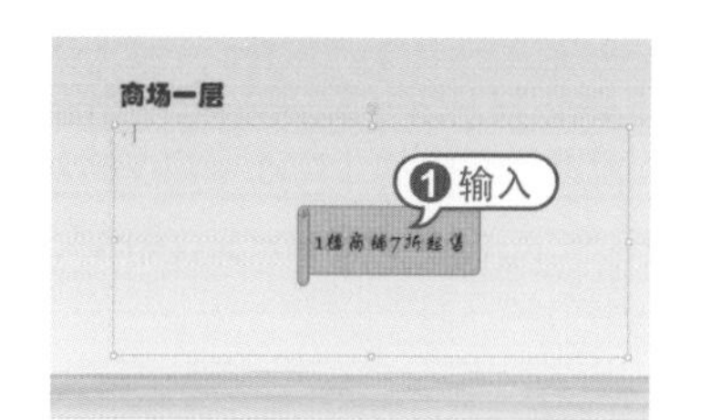

09 选择【插入】选项卡，在【图像】组中单击【图片】按钮，选择插入图片，调整插入图片的位置。

10 按照前面的步骤，添加并设置第4到第6张幻灯片。

11 在幻灯片缩略窗口中选择第2张幻灯片的缩略图，将其显示在幻灯片编辑窗口中，选中文本“珠宝、男鞋、女鞋”，选择【插入】选项卡，在【链接】组中单击【链接】按钮，打开【插入超链接】对话框。

12 在该对话框的【链接到】列表框中单

击【本文档中的位置】按钮，在【请选择文档中的位置】列表框中单击【幻灯片标题】，展开列表中的【商场一层】选项。

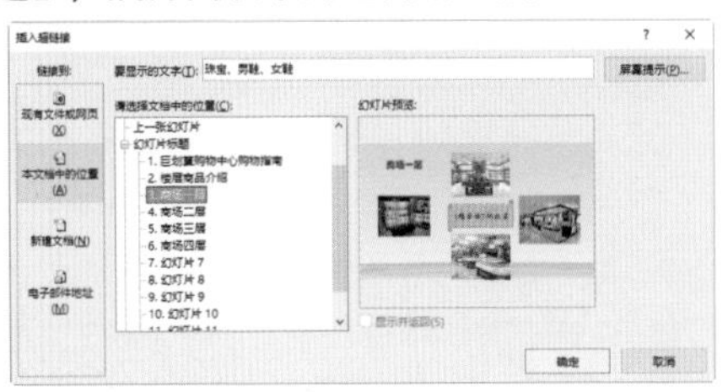

13 单击【确定】按钮，此时该文字变为绿色且下方出现横线，幻灯片放映时，如果单击该超链接，演示文稿将自动跳转到第3张幻灯片。

14 参照前面的步骤，为第2张幻灯片的第2至第4行文字添加超链接，使它们分别链接到幻灯片“商场二层”、“商场三层”和“商场四层”。

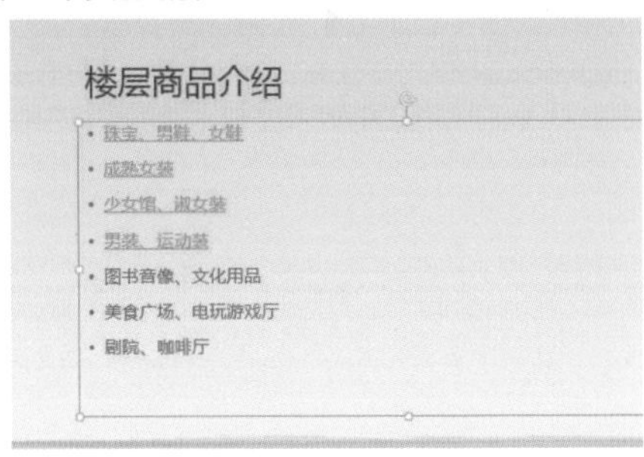

9.6 疑点解答

问：如何去除幻灯片中超链接的下画线，而文字不变色？

答：在幻灯片中绘制任意一个图形，并在其中输入需要创建超链接的文字，然后将该图形的形状填充和形状轮廓分别设置为“无填充色”和“无轮廓”。此时就只看到文字而看不到图形，然后再选择该图形并为其创建超链接，这样实际起链接作用的就是图形而不是文字了，所以就能让拥有超链接的文字不变色、不带下画线。

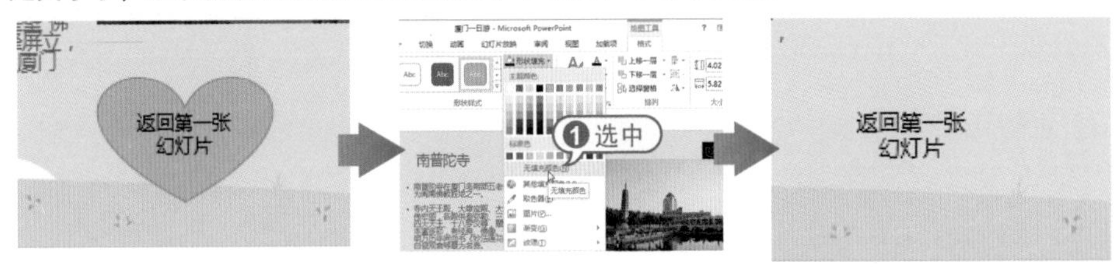

第10章

放映和发布幻灯片

在PowerPoint 2016中，用户可以选择最为理想的放映速度与放映方式，让幻灯片的放映过程更加清晰、明确。此外还可以对制作完成的演示文稿进行打包或发布，完成备份操作。本章主要介绍放映和发布幻灯片的操作方法与技巧。

例10-1 添加标记
例10-2 打包演示文稿
例10-3 发布演示文稿
例10-4 转换为PNG格式
例10-5 输出为PDF文档
例10-6 输出为视频
例10-7 设置打印页面
例10-8 发布并输出演示文稿

10.1 应用排练计时

制作完演示文稿后，用户需要进行放映前的准备工作。若演讲者为了专心演讲需要自动放映演示文稿，可以选择设置排练计时，从而使演示文稿自动播放。本节将介绍关于幻灯片排练设置的方法。

10.1.1 设置排练计时

排练计时的作用在于为演示文稿中的每张幻灯片计算好播放时间之后，在正式放映时放弃自行放映，演讲者从而可以专心进行演讲而不用去控制幻灯片的切换等操作。在放映幻灯片之前，演讲者可以运用PowerPoint的【排练计时】功能来排练整个演示文稿放映的时间，让每张幻灯片的放映时间和整个演示文稿的总放映时间了然于胸。当真正放映时，就可以做到从容不迫。

实现排练计时的方法为：选择【幻灯片放映】选项卡的【设置】组，在【设置】组中单击【排练计时】按钮，此时将进入排练计时状态，在打开的【录制】工具栏中将开始计时。

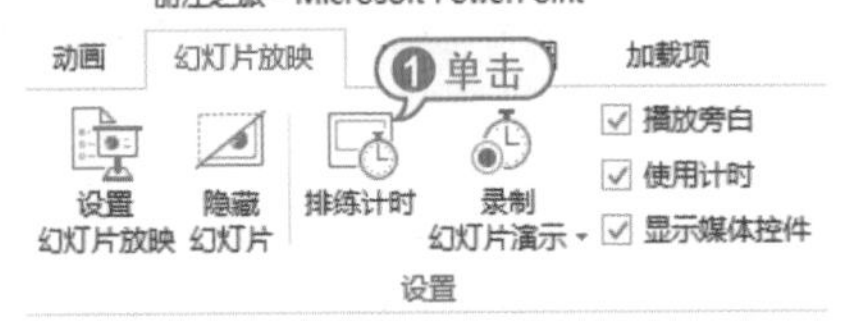

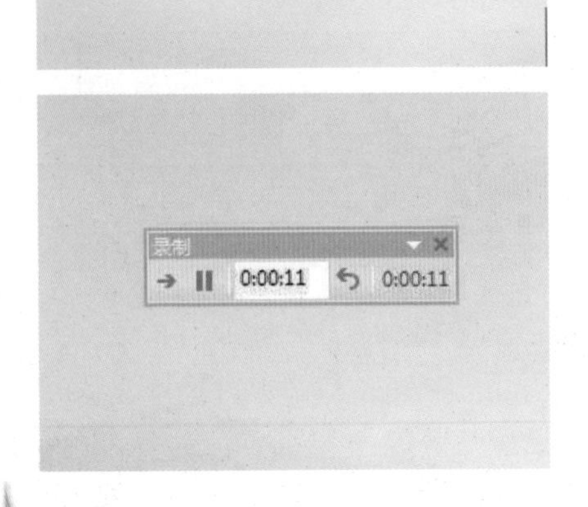

若当前幻灯片中的内容显示的时间足够，则可单击鼠标进入下一对象或下一张幻灯片的计时，以此类推。当所有内容完成计时后，将打开提示对话框，单击【是】按钮即可保留排练计时。

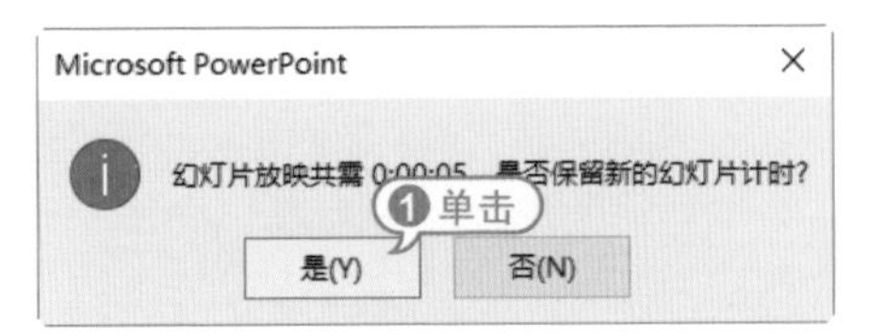

在幻灯片浏览视图中可以看到每张幻灯片下方均显示各自的排练时间。

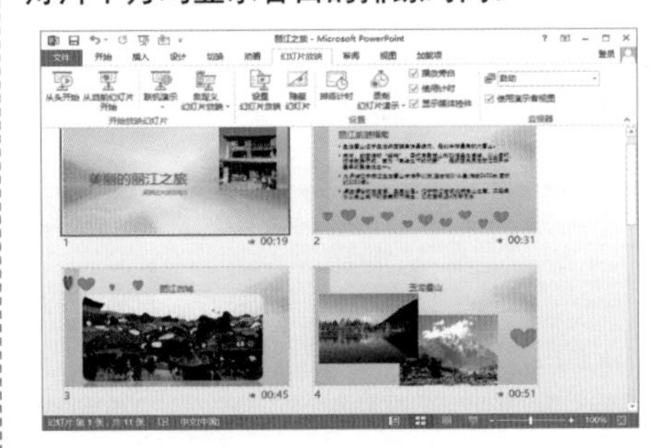

10.1.2 取消排练计时

为幻灯片设置了排练计时后，如果实际情况又需要演讲者手动控制幻灯片，那么就需要取消排练计时设置。

取消排练计时的方法为：选择【幻灯片放映】选项卡的【设置】组，单击【设置】组中的【设置幻灯片放映】按钮，打开【设置放映方式】对话框。在【换片方式】区域选中【手动】单选按钮，即可取消排练计时。

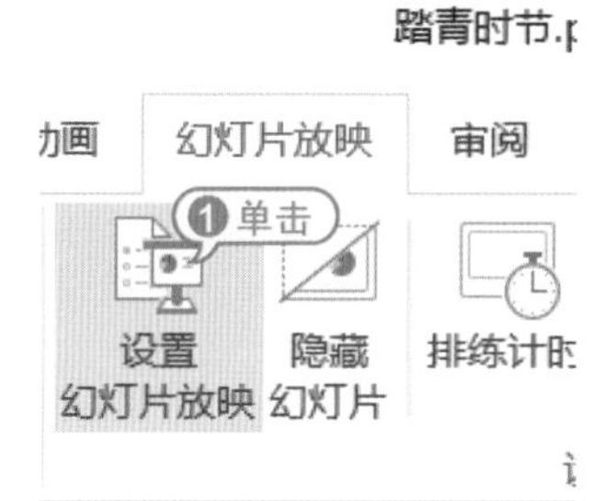

10.2 幻灯片放映设置

幻灯片切换动画效果是指一张幻灯片如何从屏幕上消失，以及另一张幻灯片如何在屏幕上显示。在PowerPoint中，可以为一组幻灯片设置同一种切换方式，也可以为每张幻灯片设置不同的切换方式。

10.2.1 设置放映类型

在【设置放映方式】对话框的【放映类型】选项区域可以设置幻灯片的放映模式。

- 【观众自行浏览(窗口)】模式：观众自行浏览是在标准Windows窗口中显示的放映形式，放映时的PowerPoint窗口具有菜单栏、Web工具栏，类似于浏览网页的效果，便于观众自行浏览。

- 【演讲者放映(全屏幕)】模式：该模式是系统默认的放映类型，也是最常见的全屏放映方式。在这种放映方式下，将以全屏状态放映演示文稿，演讲者现场控制演示节奏，具有放映的完全控制权。用户可以根据观众的反应随时调整放映速度或节奏，还可以暂停下来进行讨论或记录观众即席反应。一般用于召开会议时的大屏幕放映、联机会议或网络广播等。

- 【展台浏览】(全屏幕)模式：采用该放映类型，最主要的特点是不需要专人控制就可以自动运行。在使用该放映类型时，诸如超链接等的控制方法都失效。播放完最后一张幻灯片后，会自动从第一张重新开始播放，直至用户按下Esc键才会停止播放。

进阶技巧

使用【展台浏览(全屏幕)】模式放映演示文稿时，用户不能对放映过程进行干预，必须设置每张幻灯片的放映时间，或者预先设定演示文稿排练计时，否则可能会长时间停留在某张幻灯片上。

10.2.2 设置放映方式

PowerPoint 2016提供了演示文稿的多种放映方式，最常用的是幻灯片页面的演示控制，主要有幻灯片的定时放映、连续放映、循环放映和自定义放映。

1 定时放映

用户在设置幻灯片切换效果时，可以设置每张幻灯片在放映时停留的时间，在等到设定的时间后，幻灯片将自动向下放映。

打开【切换】选项卡，在【计时】组中选中【单击鼠标时】复选框，则用户单击鼠标或按下Enter键和空格键时，放映的演示文稿将切换到下一张幻灯片；选中【设置自动换片时间】复选框，并在右侧的文本框中输入时间(时间为秒)后，则在演示文稿放映时，在幻灯片等待设定的秒数之后，将自动切换到下一张幻灯片。

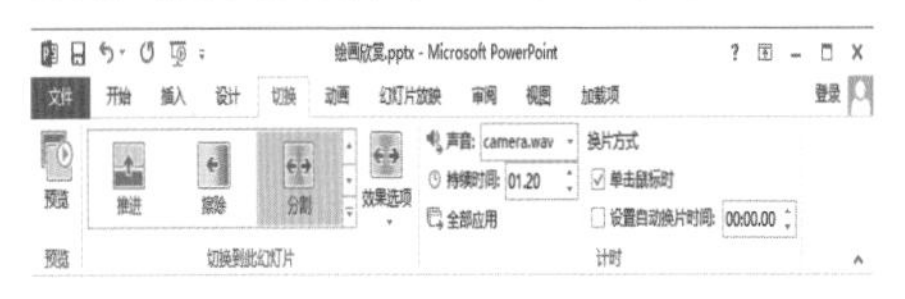

2 连续放映

在【切换】选项卡的【计时】组中选中【设置自动切换时间】复选框，并为当前选定的幻灯片设置自动切换时间，再单击【全部应用】按钮，为演示文稿中的每张幻灯片设定相同的切换时间，即可实现幻灯片的连续自动放映。

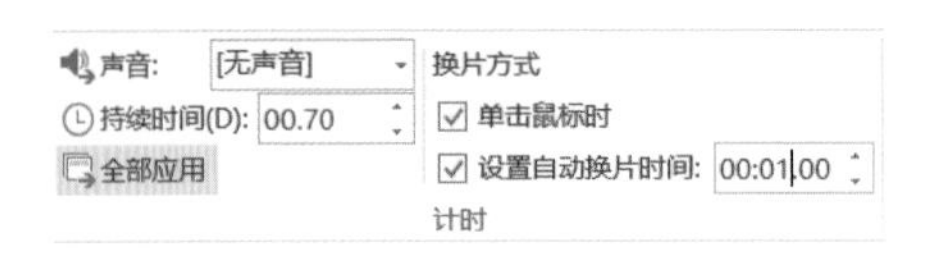

3 循环放映

用户将制作好的演示文稿设置为循环放映，可以应用于诸如展览会场的展台等场合，让演示文稿自动运行并循环播放。

打开【幻灯片放映】选项卡，在【设置】组中单击【设置幻灯片放映】按钮，打开【设置放映方式】对话框。在对话框的【放映选项】选项区域选中【循环放映，按ESC键终止】复选框，则在播放完最后一张幻灯片后，会自动跳转到第1张幻灯片，而不是结束放映，直到用户按Esc键退出放映状态。

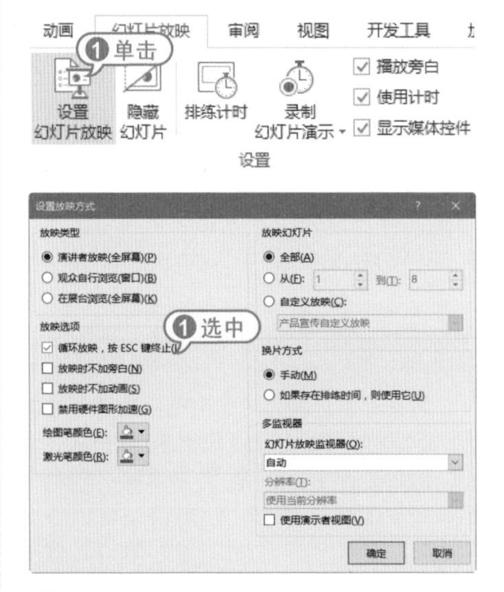

4 自定义放映

自定义放映是指用户可以自定义演示文稿放映的张数，使一个演示文稿适用于多种观众，即可以对一个演示文稿中的多张幻灯片进行分组，以便特定的观众放映演示文稿中的特定部分。用户可以用超链接分别指向演示文稿中的各个自定义放映，也可以在放映整个演示文稿时只放映其中的某个自定义放映。

打开【幻灯片放映】选项卡，单击【开始放映幻灯片】组中的【自定义幻灯片放映】下拉按钮，在弹出的菜单中选择【自定义放映】命令，打开如下图所示的【自定义放映】对话框，单击【新建】按钮。

可以打开【定义自定义放映】对话框，在该对话框中用户可以进行相关的自定义放映设置。

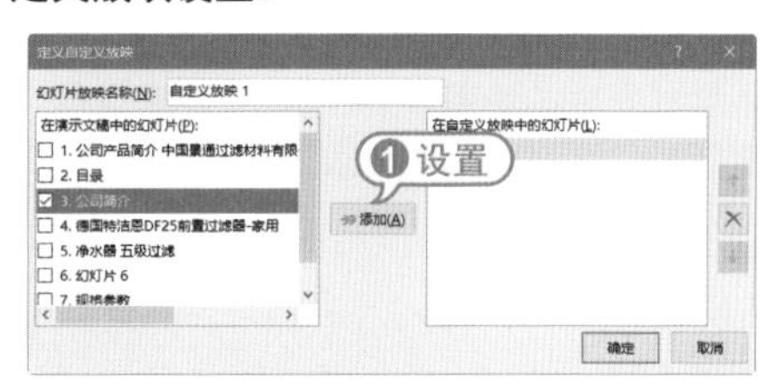

10.3 放映幻灯片

完成准备工作后，就可以开始放映已设计好的演示文稿。在放映的过程中，可以使用激光笔等工具对幻灯片进行标记等操作。

10.3.1 开始放映幻灯片

完成放映前的准备工作后就可以开始放映幻灯片了。常用的放映方法为从头开始放映、从当前幻灯片开始放映、联机演示幻灯片等。

- 从头开始放映：按下F5键，或者在【幻灯片放映】选项卡的【开始放映幻灯片】组中单击【从头开始】按钮。
- 从当前幻灯片开始放映：在状态栏的幻灯片视图切换按钮区域单击【幻灯片放映】按钮，或者在【幻灯片放映】选项卡的【开始放映幻灯片】组中单击【从当前幻灯片开始】按钮。

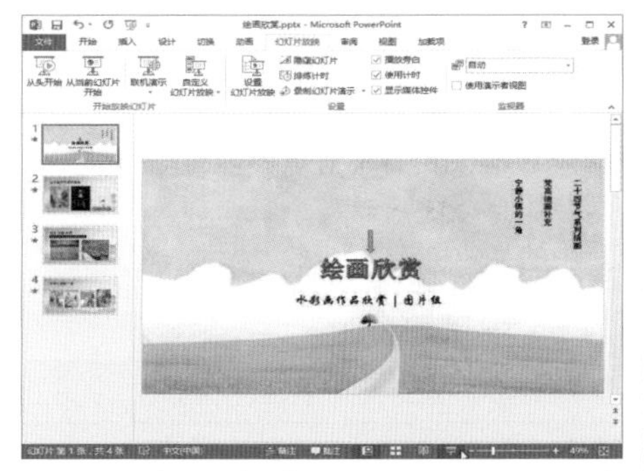

- 联机演示幻灯片：利用Windows Live账户或组织提供的联机服务，直接向远程观众呈现所制作的幻灯片。用户可以完全控制幻灯片的放映进度，而观众只需要在浏览器中跟随浏览。需要注意的问题是：使用【联机演示】功能时，需要用户先注册一个Windows Live账户。

登录

Microsoft 帐户 这是什么?

wenwenqwq@outlook.com

密码

登录

无法访问你的帐户?

没有 Microsoft 帐户? 立即注册

联机演示

与远程查看者共享此链接，然后启动演示文稿。

https://sg1b-broadcast.officeapps.live.com/m/Broadcast.aspx?Fi=0348aa74cd4d16c1%5Fbe6a66ae%2D40b8%2D496f%2Dba4e%2D07943b111021%2Epptx

复制链接

通过电子邮件发送...

启动演示文稿(S)

10.3.2 使用激光笔和黑白屏

在幻灯片放映过程中，可以将鼠标设置为激光笔，也可以将幻灯片设置为黑屏或白屏显示。

1 激光笔

在幻灯片放映视图中，可以将鼠标变为激光笔样式，以将观看者的注意力吸引到幻灯片上的某个重点内容或特别要强调的内容位置。

将演示文稿切换至幻灯片放映视图状态下，按住Ctrl键的同时，单击鼠标左键，此时鼠标变成激光笔样式，移动鼠标，将其指向观众需要注意的内容。激光笔默认颜色为红色，用户可以更改其颜色，打开【设置放映方式】对话框，在【激光笔颜色】下拉列表中选择颜色即可。

2 黑屏和白屏

在幻灯片放映过程中，有时为了隐藏幻灯片内容，可以将幻灯片以黑屏或白屏显示。具体方法为在全屏放映下，在右键菜单中选择【屏幕】|【黑屏】命令或【屏幕】|【白屏】命令即可。

10.3.3 添加标记

如果想在放映幻灯片时为重要位置添加标记以突出强调重要内容，那么此时就可以利用PowerPoint 2016提供的笔或荧光笔来实现。其中：笔主要用来圈点幻灯片中的重点内容，有时还可以进行简单的写字操作；而荧光笔主要用来突出显示重点内容，并且呈透明状。

【例10-1】放映“光盘策划提案”演示文稿，使用绘图笔标注重点。
视频+素材 (光盘素材\第10章\例10-1)

01 启动PowerPoint 2016，打开“光盘策划提案”演示文稿。打开【幻灯片放映】选项卡，在【开始放映幻灯片】组中单击【从头开始】按钮，放映演示文稿。

02 放映到第2张幻灯片时，单击按钮，或者在屏幕中右击，在弹出的快捷菜单中选择【荧光笔】命令，将绘图笔设置为荧光笔样式。

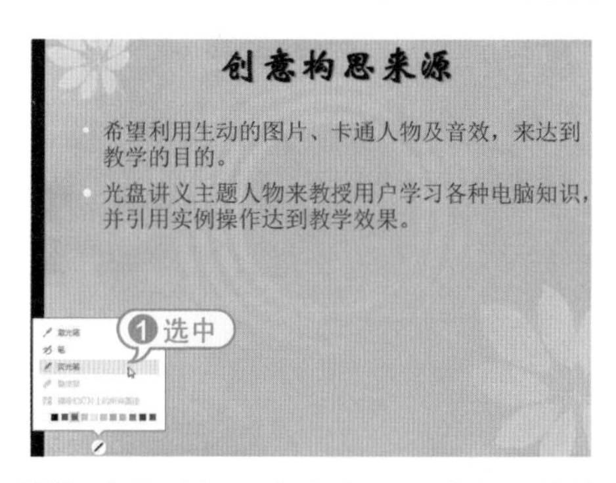

03 在放映视图中右击，从弹出的快捷菜单中选择【指针选项】|【墨迹颜色】命令，然后从弹出的颜色面板中选择【红色】色块。

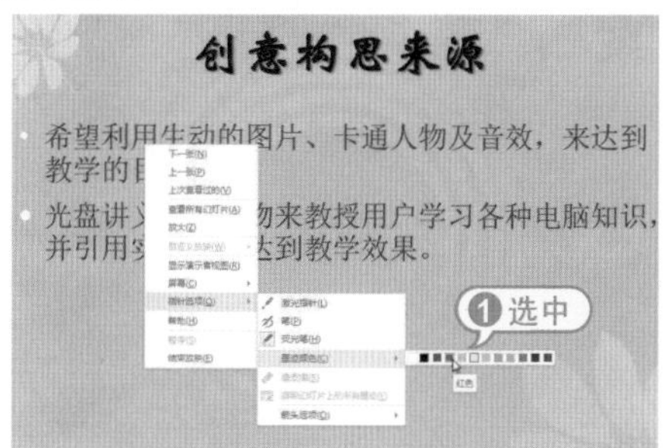

04 此时，鼠标变为一个小矩形形状■，在需要绘制的地方拖动鼠标绘制标记。

05 当放映到第3张幻灯片时，右击空白处，从弹出的快捷菜单中选择【指针选项】|【笔】命令。在放映视图中右击，从弹出的快捷菜单中选择【指针选项】|【墨迹颜色】命令，然后从弹出的颜色面板中选择【蓝色】色块。

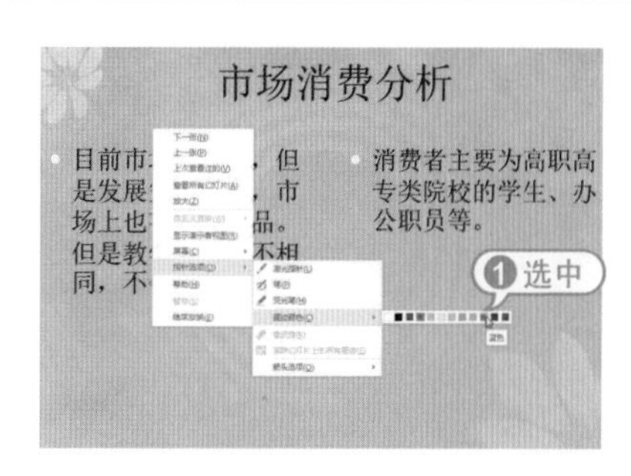

06 此时在放映界面中拖动鼠标，在文字下方绘制墨迹。

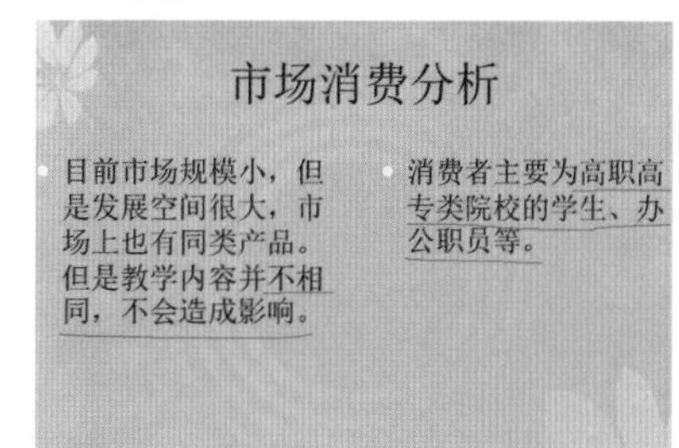

07 幻灯片播放完毕后，当单击鼠标左键退出放映状态时，系统将弹出对话框询问用户是否保留在放映时所做的墨迹注释，单击【保留】按钮。

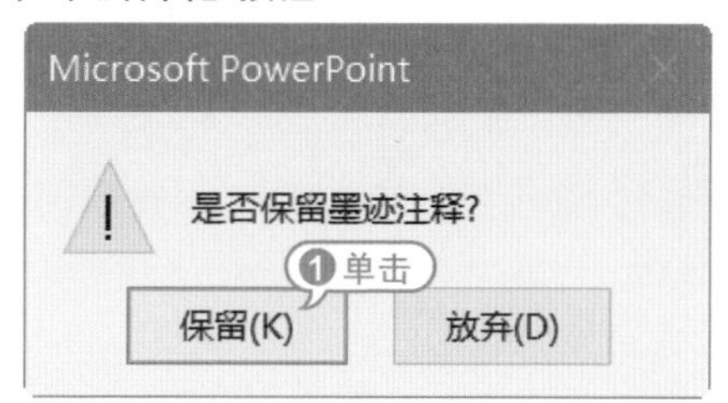

08 此时将绘制的标注图形保留在幻灯片中，在快速访问工具栏中单击【保存】按钮保存文档。

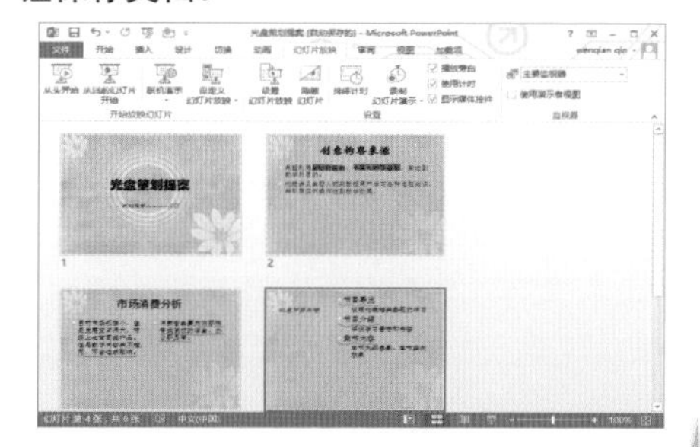

10.4 打包和发布演示文稿

通过打包演示文稿，可以创建演示文稿的CD或打包文件夹，然后在另一台电脑上进行幻灯片放映。发布演示文稿是指将PowerPoint 2016演示文稿存储到幻灯片库中，以达到共享和调用各个演示文稿的目的。

10.4.1 将演示文稿打包成CD

将演示文稿打包成CD的操作方法为：单击演示文稿中的【文件】按钮，在弹出的界面中选择【导出】选项，在右侧的界面中选择【将演示文稿打包成CD】选项，打开【打包成CD】对话框，在其中单击【复制到CD】按钮，即可将演示文稿压缩到CD中。

【例10-2】将演示文稿打包为CD。

视频+素材 (光盘素材\第10章\例10-2)

01 启动PowerPoint 2016，打开“销售业绩报告”演示文稿，单击【文件】按钮，在弹出的界面中选择【导出】命令。在右侧中间窗格的【导出】选项区域选择【将演示文稿打包成CD】选项，并在右侧的窗格中单击【打包成CD】按钮。

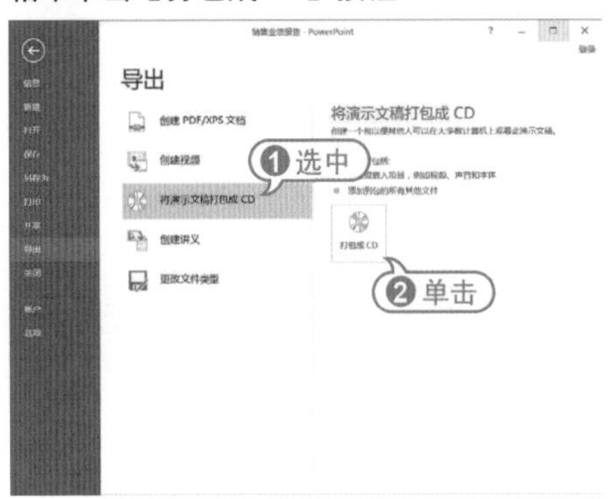

02 打开【打包成CD】对话框，在【将CD命名为】文本框中输入“销售业绩报告CD”，单击【添加】按钮。

03 打开【添加文件】对话框，选择“梵高作品展”文件，单击【添加】按钮。

04 返回至【打包成CD】对话框，可以看到新添加的幻灯片，单击【选项】按钮。

05 打开【选项】对话框，选择包含的文件，在密码文本框中输入相关的密码(这里设置打开密码为123，修改秘密为456)，单击【确定】按钮。

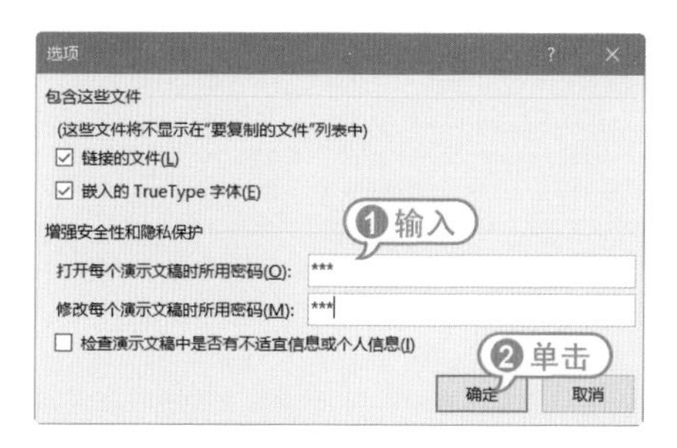

06 打开【确认密码】对话框，重新输入打开和修改演示文稿的密码，单击【确定】按钮。

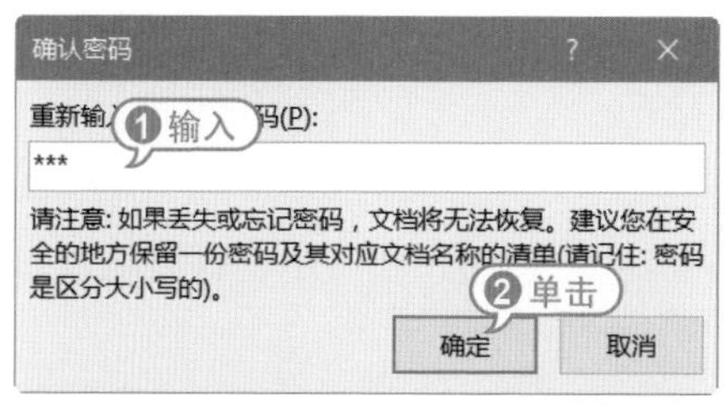

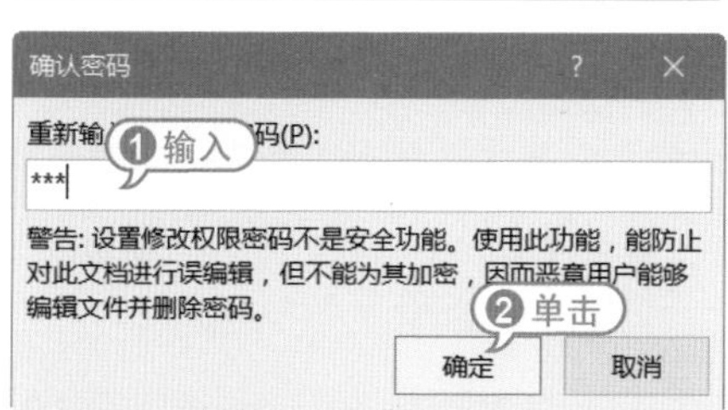

07 返回【打包成CD】对话框，单击【复制到文件夹】按钮。

08 打开【复制到文件夹】对话框，在【位置】文本框右侧单击【浏览】按钮。

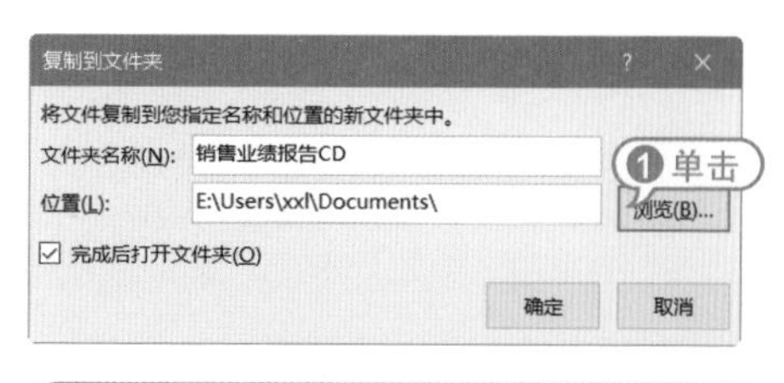

进阶技巧

如果用户的电脑配备了刻录机，可以在【打包成CD】对话框中单击【复制到CD】按钮，PowerPoint将检查刻录机中的空白CD，在插入正确的空白刻录盘后，即可将打包的文件刻录到光盘中。

09 打开【选择位置】对话框，在其中设置文件的保存路径，单击【选择】按钮。

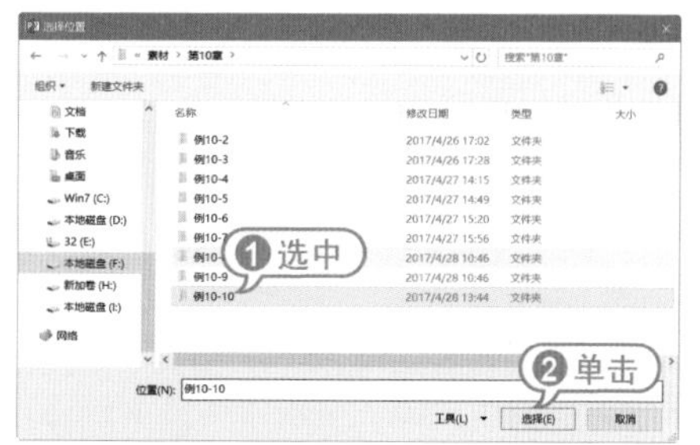

10 返回至【复制文件夹】对话框，在【位置】文本框中查看文件的保存路径，单击【确定】按钮。

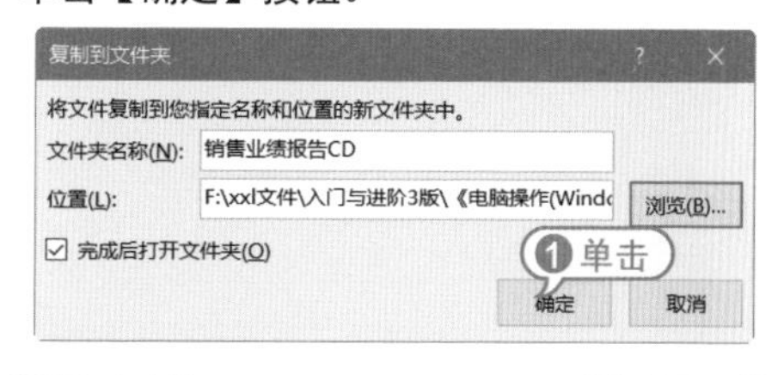

11 打开Microsoft PowerPoint提示框，单击【是】按钮。

12 此时系统将开始自动复制文件到文件夹中，打包完毕后，将自动打开保存的文

件夹“销售业绩报告CD”，里面将显示打包后的所有文件。

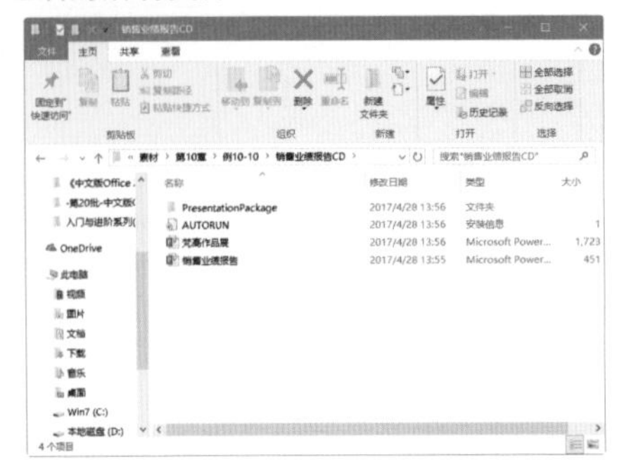

10.4.2 发布演示文稿

将演示文稿发布到幻灯片库之后，具有幻灯片库访问权限的任何人均可访问该演示文稿。下面通过具体实例说明发布演示文稿的方法。

【例10-3】发布“幼儿数学教学”演示文稿。
视频+素材 (光盘素材\第10章\例10-3)

01 启动PowerPoint 2016，打开“幼儿数学教学”演示文稿，单击【文件】按钮，在弹出的界面中选择【共享】选项，在右侧的【共享】界面中选择【发布幻灯片】选项，单击【发布幻灯片】按钮。

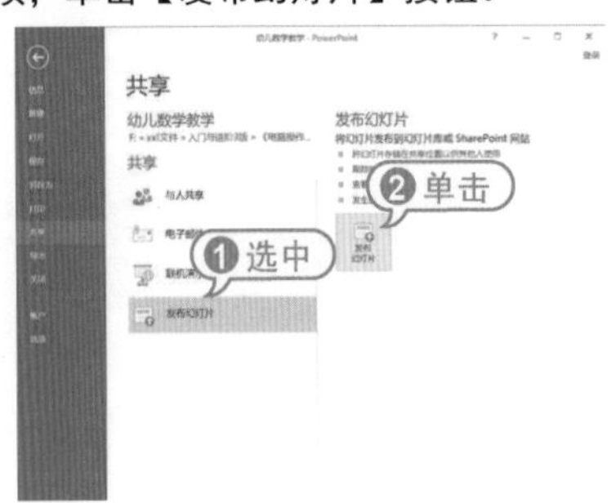

02 打开【发布幻灯片】对话框，在中间的列表框中选中需要发布到幻灯片库中的幻灯片缩略图前的复选框，然后单击【发布到】下拉列表框右侧的【浏览】按钮。

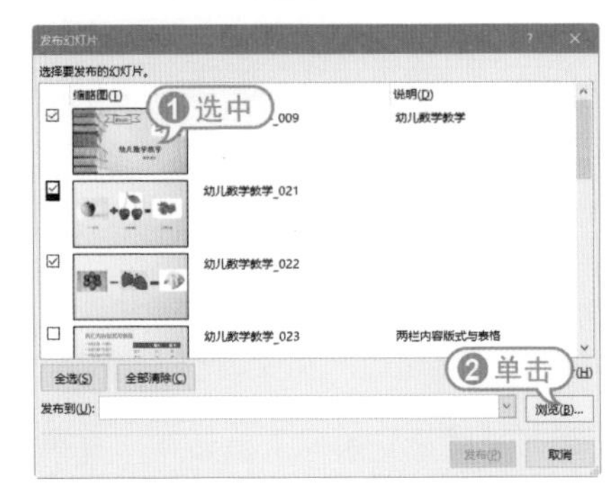

03 打开【选择幻灯片库】对话框，选择要发布的路径位置，单击【选择】按钮。

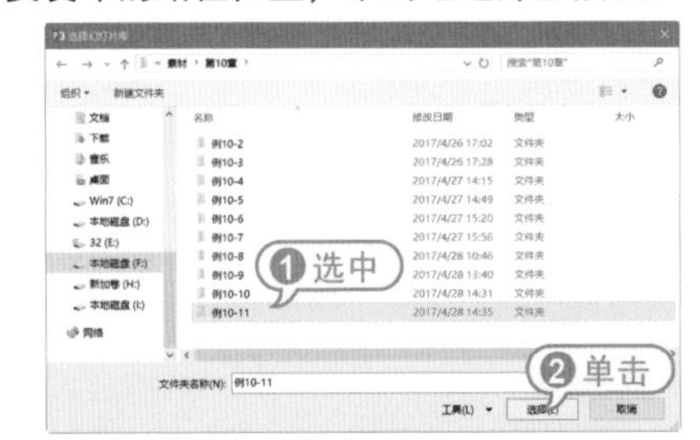

04 返回至【发布幻灯片】对话框，在【发布到】下拉列表框中显示发布到的位置，单击【发布】按钮。此时，即可在发布到的幻灯片库的位置查看发布后的幻灯片。

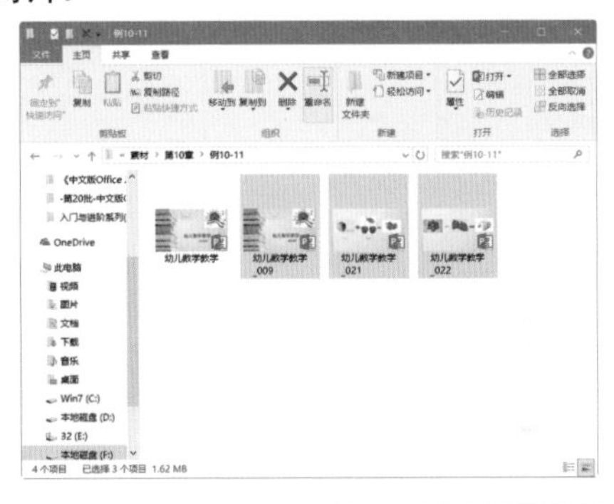

进阶技巧

在【发布幻灯片】对话框的【发布到】下拉列表框中可以直接输入要将幻灯片发布到的幻灯片库的位置。

10.5 输出其他格式

演示文稿制作完成后，还可以将它们转换为其他格式的文件，如图片文件、视频文件、PDF文档等，以满足用户多用途的需要。

10.5.1 输出为图形文件

PowerPoint支持将演示文稿中的幻灯片输出为GIF、JPG、PNG、TIFF、BMP、WMF及EMF等格式的图形文件。这有利于用户在更大范围内交换或共享演示文稿中的内容。

在PowerPoint 2016中，不仅可以将整个演示文稿中的幻灯片输出为图形文件，还可以将当前幻灯片输出为图片文件。

【例10-4】将“厦门一日游”演示文稿转换为PNG图形格式。

视频+素材 (光盘素材\第10章\例10-4)

01 启动PowerPoint 2016，打开“厦门一日游”演示文稿，单击【文件】按钮，从弹出的界面中选择【导出】命令，在中间窗格的【导出】选项区域选择【更改文件类型】选项，在右侧【更改文件类型】窗格的【图片文件类型】选项区域选择【PNG可移植网络图形格式】选项，单击【另存为】按钮。

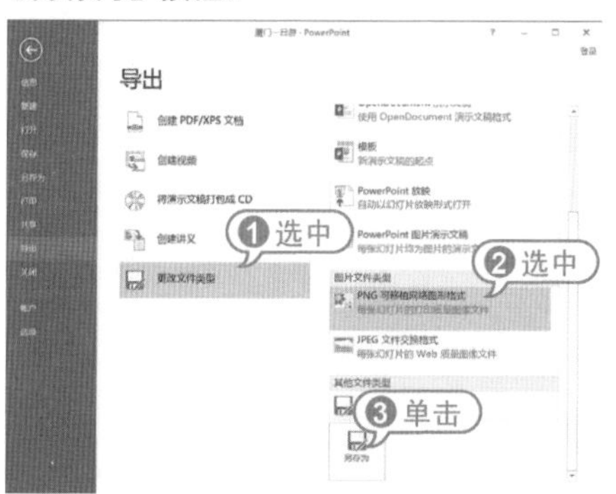

02 打开【另存为】对话框，设置存放路径，单击【保存】按钮。

03 此时系统会弹出提示框，供用户选择输出为图片文件的幻灯片范围，单击【所有幻灯片】按钮，开始输出图片。

04 完成输出后，自动弹出提示框，提示用户每张幻灯片都以独立的方式保存到文件夹中，单击【确定】按钮即可。

05 打开保存的文件夹，此时6张幻灯片以PNG格式显示在文件夹中。

10.5.2 输出为PDF文档

在PowerPoint 2016中，用户可以方

便地将制作好的演示文稿转换为PDF/XPS文档。

【例10-5】将“厦门一日游”演示文稿输出为PDF文档。
视频+素材 (光盘素材\第10章\例10-5)

01 启动PowerPoint 2016，打开“厦门一日游”演示文稿。

02 单击【文件】按钮，从弹出的界面中选择【导出】命令，选择【创建PDF/XPS文档】选项，单击【创建PDF/XPS】按钮。

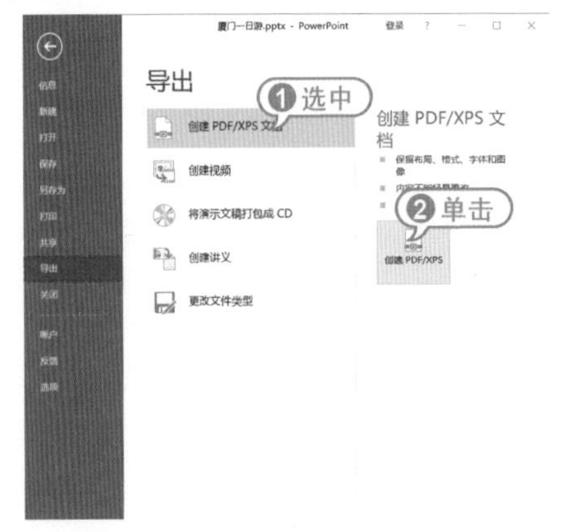

03 打开【发布为PDF或XPS】对话框，设置保存文档的路径，单击【选项】按钮。

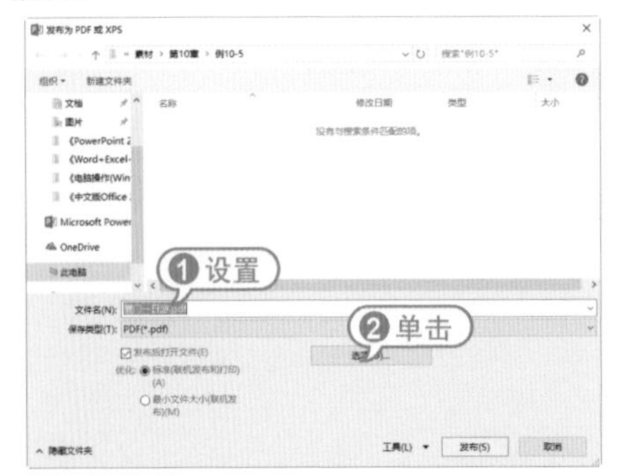

04 打开【选项】对话框，在【发布选项】选项区域选中【幻灯片加框】复选框，保持其他默认设置不变，单击【确定】按钮。

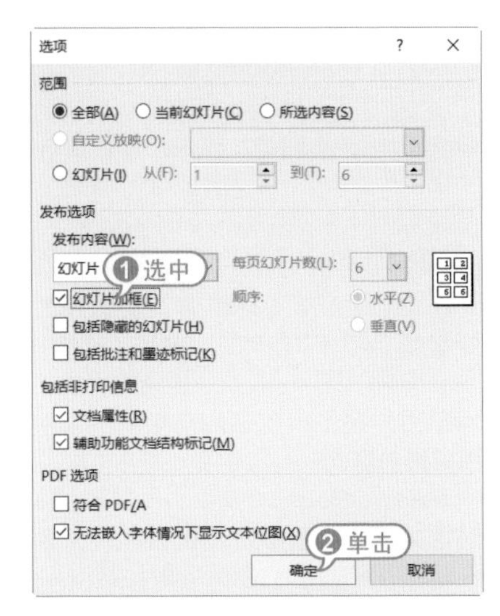

05 返回至【发布为PDF或XPS】对话框，在【保存类型】下拉列表框中选择PDF选项，单击【发布】按钮。

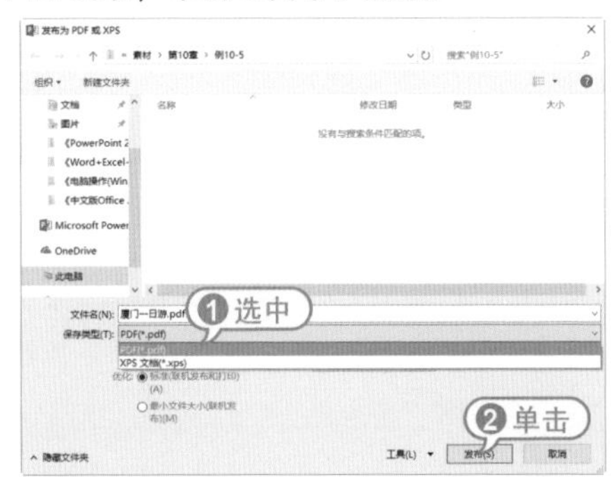

06 发布完成后，自动打开发布成PDF格式的文档。

10.5.3 输出为视频文件

PowerPoint 2016还可以将演示文稿转换为视频内容，以供用户通过视频播放器播放该视频文件，实现与其他用户共享该视频。

【例10-6】将“厦门一日游”演示文稿输出为视频。

视频+素材 (光盘素材\第10章\例10-6)

01 启动PowerPoint 2016，打开“厦门一日游”演示文稿。

02 单击【文件】按钮，在弹出的界面中选择【导出】命令，选择【创建视频】选项，并在右侧窗格的【创建视频】选项区域设置显示选项和放映时间，单击【创建视频】按钮。

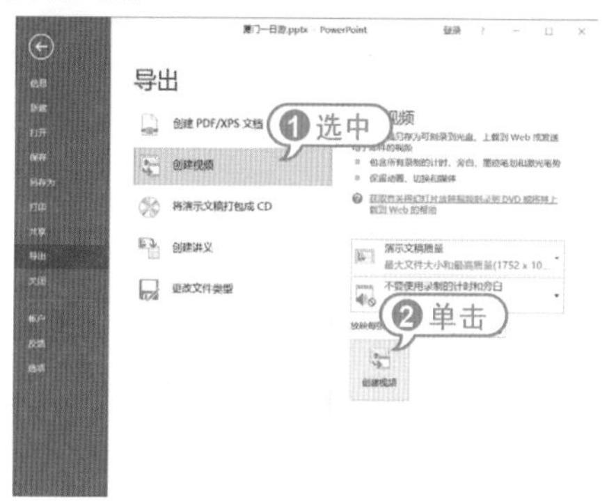

03 打开【另存为】对话框，设置视频文件的名称和保存路径，单击【保存】按钮。

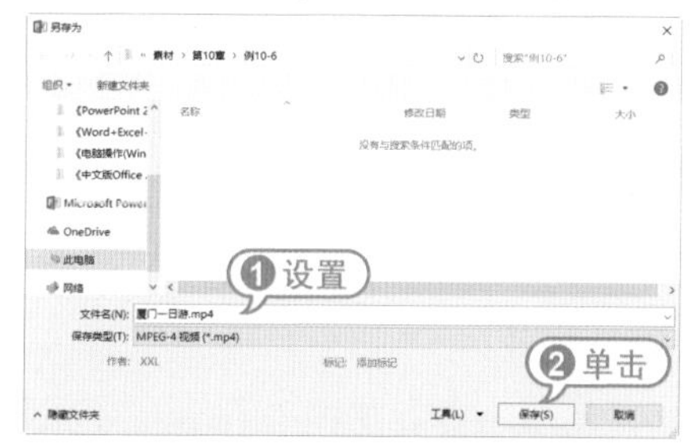

04 此时PowerPoint 2016窗口的任务栏中将显示视频的制作进度，稍等片刻。

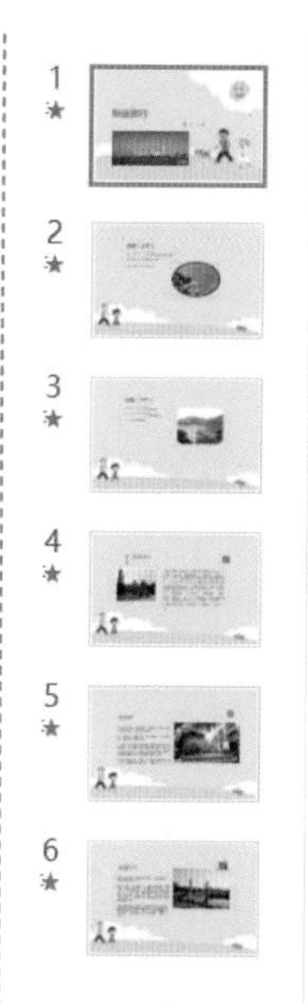

正在制作视频 厦门一日游.mp4

05 制作完毕后，打开视频存放路径，双击视频文件，即可使用电脑中的视频播放器播放该视频。

10.6 打印演示文稿

在PowerPoint 2016中，制作完成的演示文稿不仅可以进行现场演示，还可以将其通过打印机打印出来，分发给观众作为演讲提示。

10.6.1 设置打印页面

在打印演示文稿前，可以根据自己的需要对打印页面进行设置，使打印的形式和效果更符合实际需要。

打开【设计】选项卡，在【自定义】组中单击【幻灯片大小】下拉按钮，在弹出的下拉列表中选择【自定义幻灯片大小】选项。

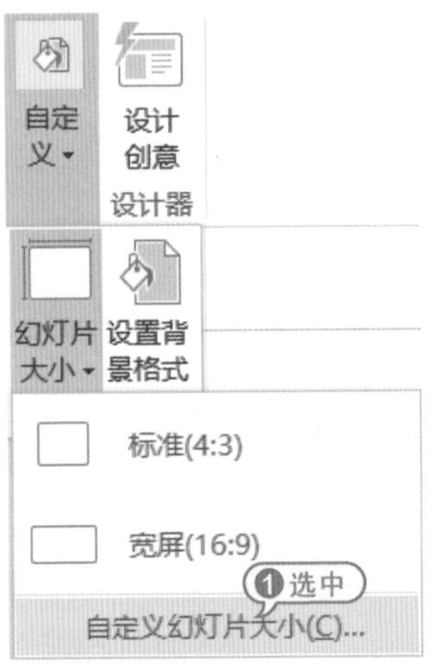

在打开的【幻灯片大小】对话框中对幻灯片的大小、编号和方向进行设置。

该对话框中部分选项的含义如下：

- 【幻灯片大小】下拉列表框：该下拉列表框用来设置幻灯片的大小。
- 【宽度】和【高度】微调框：用来设置打印区域的尺寸，单位为厘米。
- 【幻灯片编号起始值】文本框：用来设置当前打印的幻灯片的起始编号。
- 【方向】选项区域：可以分别设置幻灯片与备注、讲义和大纲的打印方向，在此处设置的打印方向对整个演示文稿中的所有幻灯片及备注、讲义和大纲均有效。

【例10-7】为“厦门一日游”演示文稿设置打印页面。

视频+素材 (光盘素材\第10章\例10-7)

01 启动PowerPoint 2016，打开“厦门一日游”演示文稿。

02 打开【设计】选项卡，在【自定义】组中单击【幻灯片大小】下拉按钮，在弹出的下拉列表中选择【自定义幻灯片大小】选项。

03 打开【幻灯片大小】对话框，在【幻灯片大小】下拉列表框中选择【自定义】选项，然后在【宽度】微调框中输入26厘米，在【高度】微调框中输入16厘米；在【方向】选项区域选中【备注、讲义和大

纲】的【横向】单选按钮，单击【确定】按钮即可完成设置。

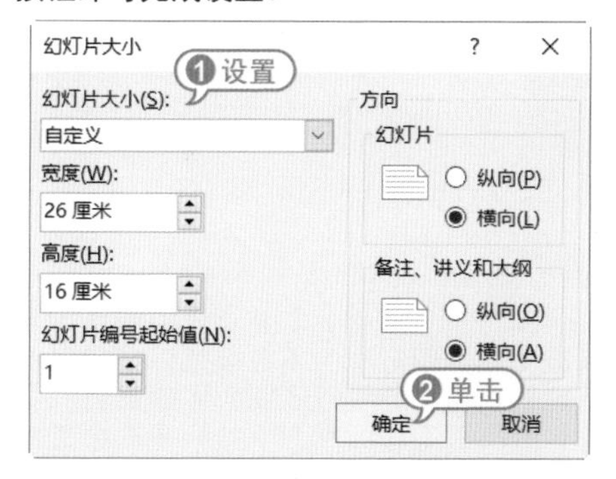

04 此时，系统会弹出提示框，供用户选择是要最大化内容大小还是按比例缩小以确保适应新幻灯片，单击【确保适合】按钮。

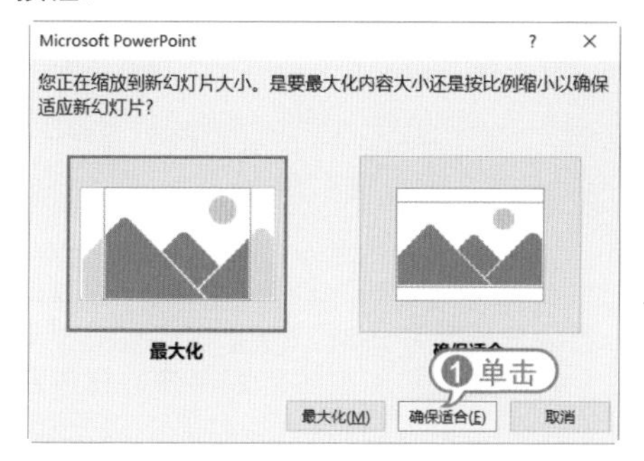

05 打开【视图】选项卡，在【演示文稿视图】组中单击【幻灯片浏览】按钮，此时即可查看设置页面属性后的幻灯片缩略图效果。

06 在【演示文稿视图】组中单击【备注页】按钮，切换至备注页视图，查看设置方向后的幻灯片。

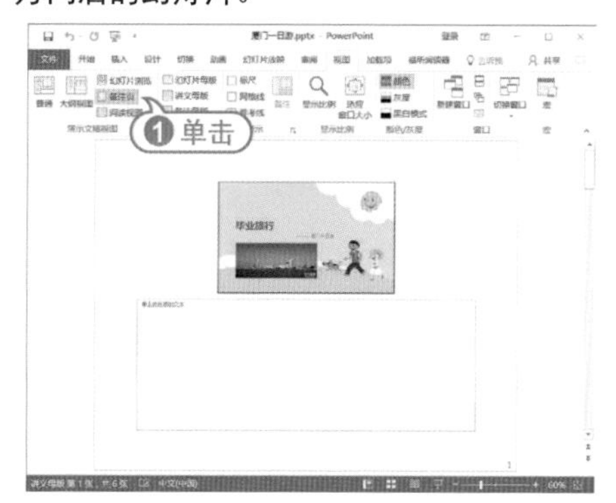

10.6.2 预览并打印

用户在页面设置中设置好打印的参数后，在实际打印之前，可以使用打印预览功能先预览一下打印的效果。对当前的打印设置及预览效果满意后，可以连接打印机开始打印演示文稿。

单击【文件】按钮，从弹出的界面中选择【打印】命令，打开Microsoft Office Backstage视图，在中间的【打印】窗格中进行相关设置。

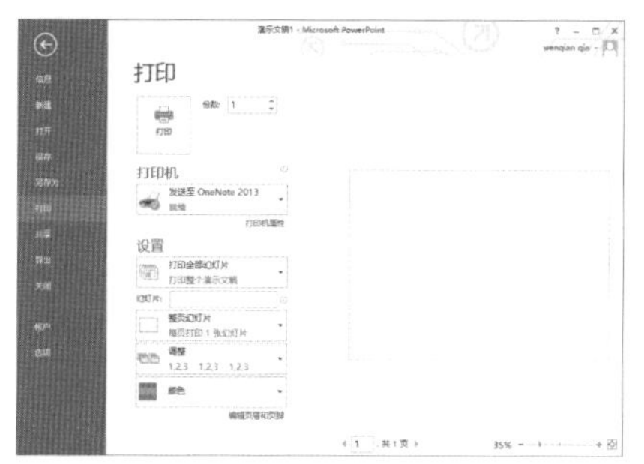

其中，各选项的主要作用如下：

- 【打印机】下拉列表框：自动调用系统默认的打印机，当用户的电脑上装有多个打印机时，可以根据需要选择打印机或设置打印机的属性。
- 【打印全部幻灯片】下拉列表框：用来设置打印范围，系统默认打印当前演示文稿中的所有内容，用户可以选择打印当前幻灯片或在下方的【幻灯片】文本框中输入需要打印的幻灯片的编号。

- 【整页幻灯片】下拉列表框：用来设置打印的板式、边框和大小等参数。
- 【调整】下拉列表框：用来设置打印排列顺序。
- 【颜色】下拉列表框：用来设置幻灯片打印时的颜色。
- 【份数】微调框：用来设置打印的份数。

01 启动PowerPoint 2016，打开“厦门一日游”演示文稿。

02 单击【文件】按钮，从弹出的界面中选择【打印】命令。在最右侧的窗格中可以查看幻灯片的打印效果，单击预览页中的【下一页】按钮▶，查看下一张幻灯片的效果。

03 在【显示比例】进度条中拖动滑块，将幻灯片的显示比例设置为60%，查看其中的文本内容。

04 单击【下一页】按钮▶，逐一查看每张幻灯片中的具体内容。

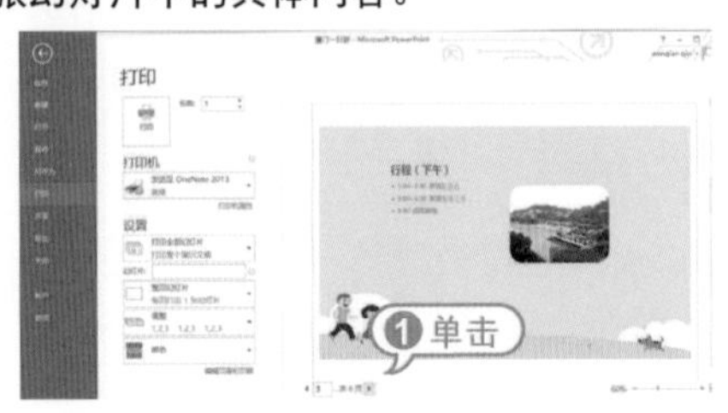

05 在中间的【份数】微调框中输入10；单击【整页幻灯片】下拉按钮，在弹出的下拉列表框中选择【6张水平放置的幻灯片】选项；在【颜色】下拉列表框中选择【颜色】选项。

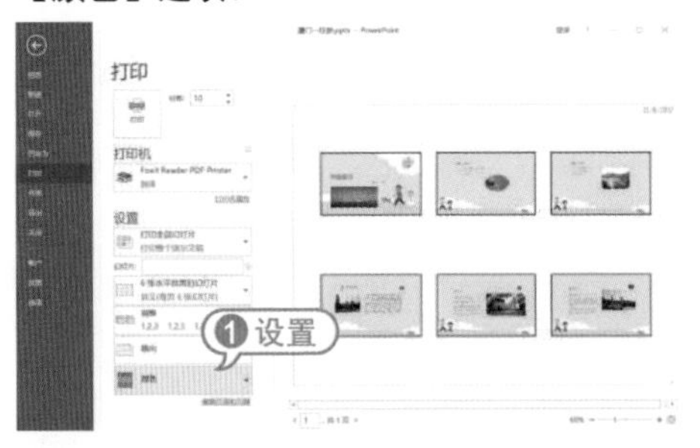

06 在中间窗格的【打印机】下拉列表框中选择正确的打印机，设置完毕后，单击左上角的【打印】按钮，即可开始打印幻灯片。

进阶技巧

选择【添加打印机】命令，为本地电脑添加一台新的打印机；或者使用网络打印机进行打印操作。

10.7 进阶实战

本章的进阶实战部分为发布演示文稿并输出为PNG格式这个综合实例操作，用户通过练习从而巩固本章所学知识。

【例10-8】发布“幼儿数学教学”演示文稿并输出1张幻灯片为PNG格式。

视频+素材 (光盘素材\第10章\例10-8)

01 启动PowerPoint 2016，打开“幼儿数学教学”演示文稿。

02 单击【文件】按钮，在弹出的界面中选择【共享】选项，在右侧的【共享】界面中选择【发布幻灯片】选项，单击【发布幻灯片】按钮。

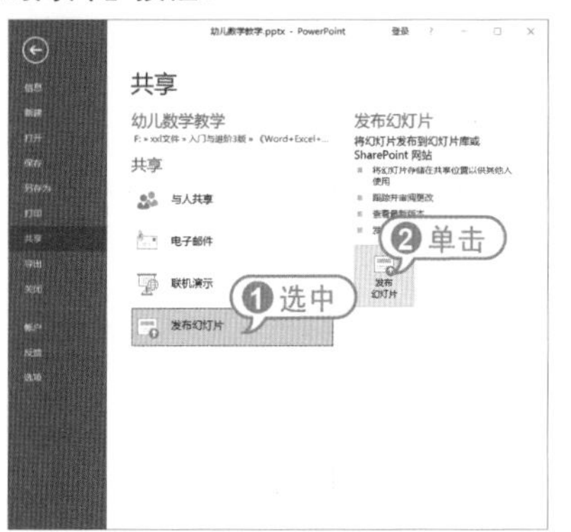

03 打开【发布幻灯片】对话框，在中间的列表框中选中需要发布到幻灯片库中的幻灯片缩略图前的复选框，然后单击【发布到】下拉列表框右侧的【浏览】按钮。

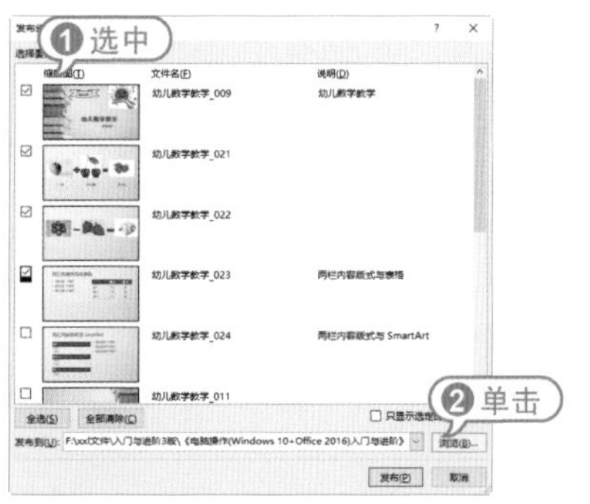

04 打开【选择幻灯片库】对话框，选择要发布到的幻灯片库，单击【选择】按钮。

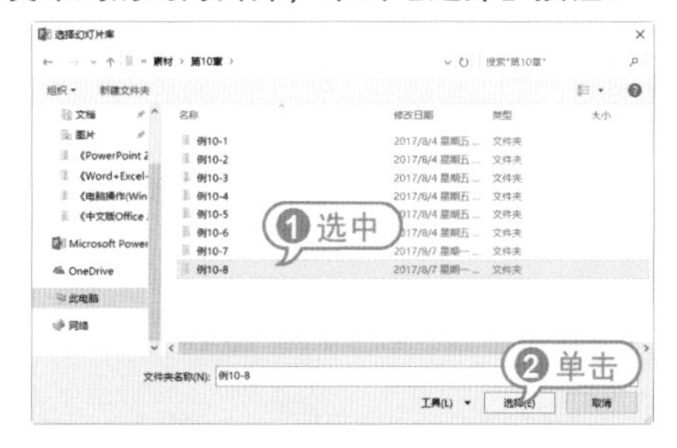

05 返回至【发布幻灯片】对话框，在【发布到】下拉列表框中显示发布到的位置，单击【发布】按钮。

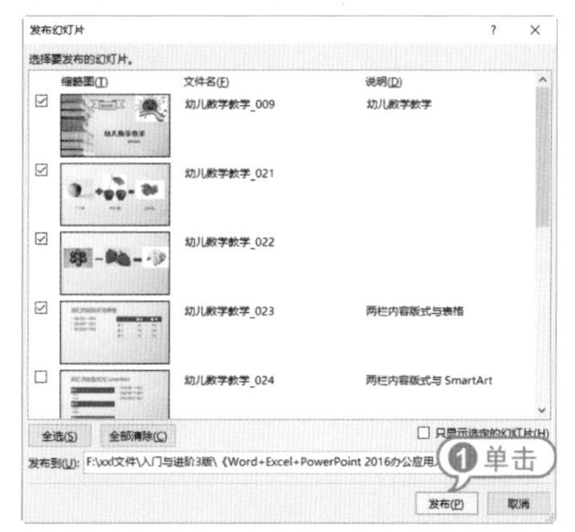

06 此时，即可在发布到的幻灯片库位置查看发布后的幻灯片。

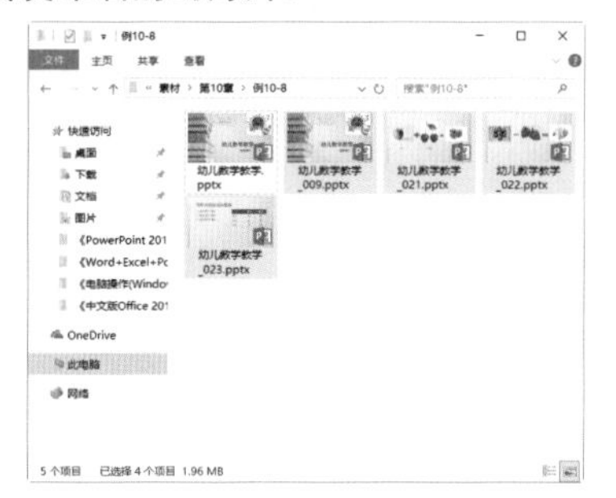

07 选择第3张幻灯片，单击【文件】按钮，从弹出的界面中选择【导出】命令，在中间窗格的【导出】选项区域选择【更改文件类型】选项，在右侧【更改文件类型】窗格的【图片文件类型】选项区域选择【PNG可移植网络图形格式】选项，单击【另存为】按钮。

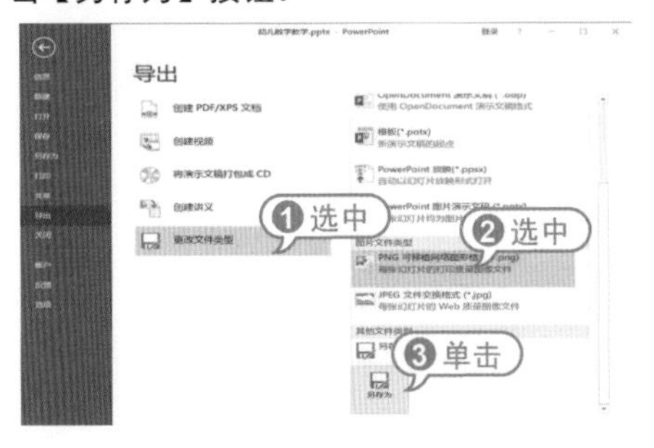

08 打开【另存为】对话框，设置存放路径，单击【保存】按钮。

09 此时系统会弹出提示框，供用户选择输出为图片文件的幻灯片范围，单击【仅当前幻灯片】按钮，开始输出选定的幻灯片。

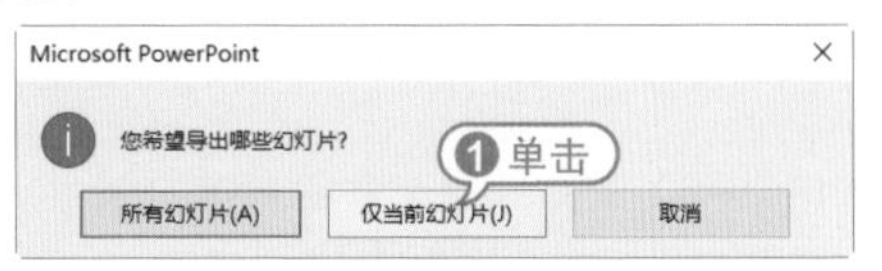

10 打开保存幻灯片图片的文件夹，此时1张幻灯片以PNG格式显示在文件夹中。

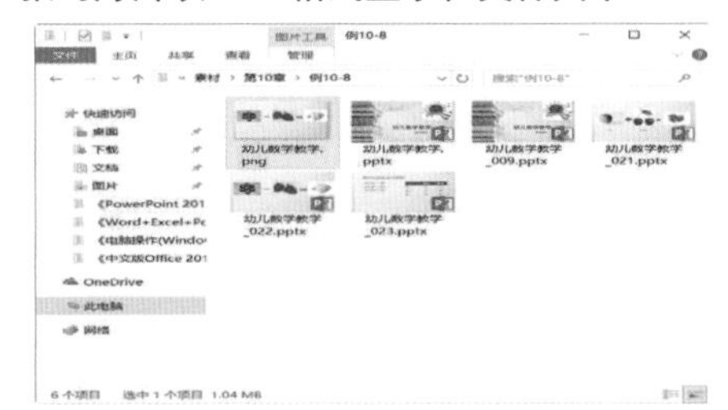

11 双击该图片，打开并查看图片。

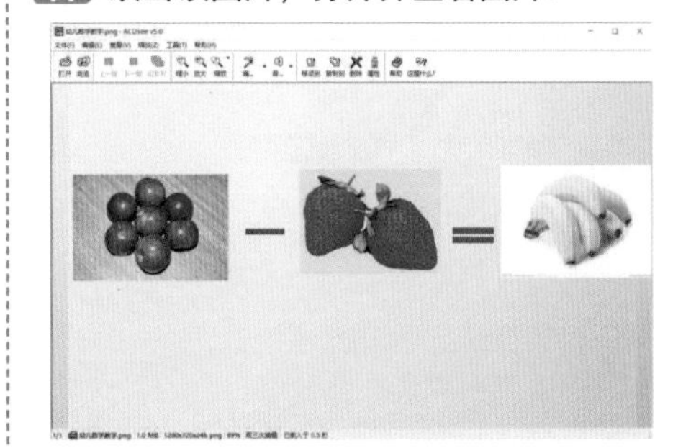

10.8 疑点解答

问：如何将演示文稿转换为Open Document演示文稿(.odp)格式？

答：在打开的演示文稿中单击【文件】按钮，从弹出的界面中选择【导出】命令，在中间窗格的【导出】选项区域选择【更改文件类型】选项，然后在右侧的【演示文稿文件类型】选项区域选择【Open Document演示文稿】选项，单击【另存为】按钮，打开【另存为】对话框。在其中设置保存路径和文件名称，单击【保存】按钮，即可将演示文稿以Open Document 演示文稿 (.odp) 格式保存。

第11章

Office 2016各组件协作

在日常工作中，可以使用Word、Excel和PowerPoint等Office组件相互协作，进行相互调用，提高工作效率。本章将详细介绍Office各组件之间相互调用的操作方法与技巧。

例11-1 在Word中创建Excel表格
例11-2 将Excel数据复制到Word中
例11-3 将Excel表格插入到Word中

11.1 Word与Excel之间的协作

在Word 2016中创建Excel工作表，能使文档内容更加清晰、表达更加完整，还可以节约输入数据的时间。

11.1.1 在Word中创建Excel表格

Word提供了创建Excel工作表的功能，利用该功能用户可以直接在Word文档中创建Excel工作表，而不必在Word和Excel两个软件之间来回切换。

【例11-1】在Word文档中创建一个Excel工作表。视频

01 启动Word 2016，选择【插入】选项卡，在【文本】组中单击【对象】按钮。

02 打开【对象】对话框，在【对象类型】列表框中选择【Microsoft Excel Binary Worksheet】选项，然后单击【确定】按钮。

03 此时，在Word文档中将出现Excel工作表输入状态，用户可以在Word中输入、编辑数据，创建Excel表格。

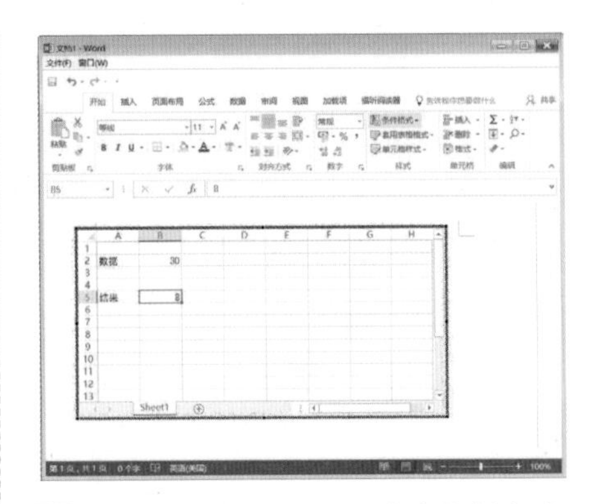

04 在Word中完成Excel工作表的创建后，在Word文档表格外的空白处单击，即可关闭Excel功能区域并返回Word文档编辑界面。

11.1.2 在Word中调用Excel表格

除了在Word文档中创建Excel工作表以外，用户还可以在Word文档中直接调用已经创建好的Excel工作簿，方法如下：

01 在Word中选择【插入】选项卡，在【文本】组中单击【对象】按钮。

02 打开【对象】对话框，选择【由文件创建】选项卡，单击【浏览】按钮。

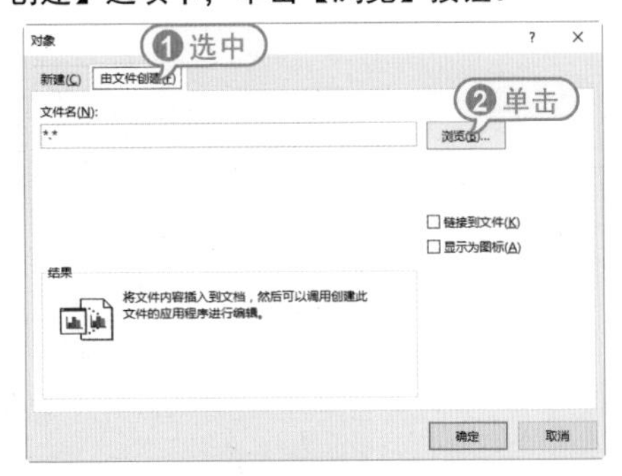

03 打开【浏览】对话框，选择一个制作好的Excel工作簿后，单击【插入】按钮。

04 返回【对象】对话框，单击【确定】按钮，即可在Word文档中调用Excel工作簿文件，效果如下图所示。

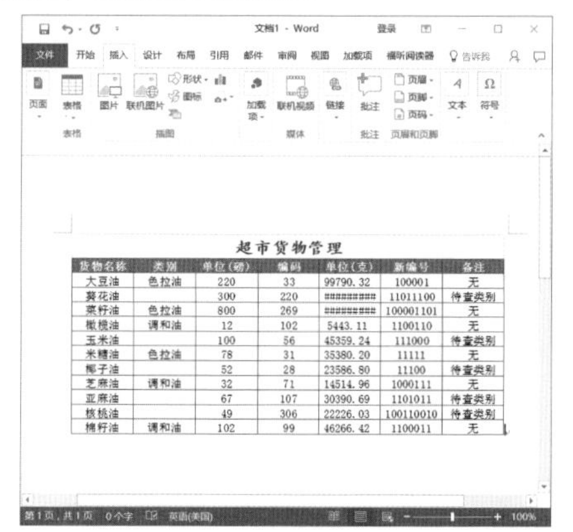

在Word文档中创建或调用Excel表格后，如果需要对表格内容进行进一步编辑，只需要双击表格，即可启动Excel编辑模式，显示相应的Excel功能区，执行对表格的各种编辑操作。

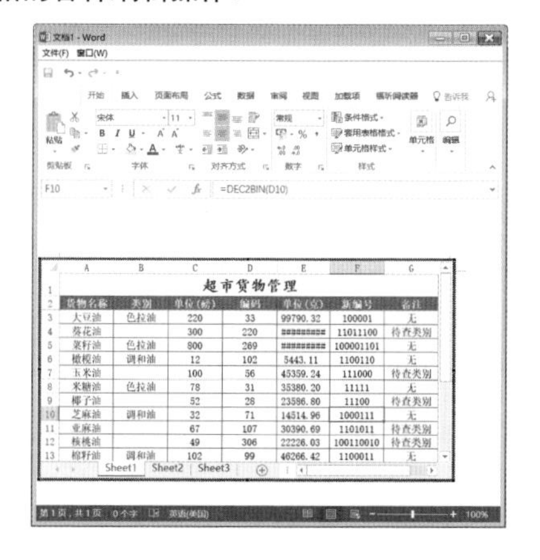

11.1.3 将Excel数据转换到Word中

要将Excel数据转换到Word文档中，可以使用复制数据的方法。

【例11-2】将Excel数据复制到Word文档中的表格内。

视频 (光盘素材\第11章\例11-2)

01 启动Excel 2016，打开“销售汇总”工作簿，选中其中的数据。按下Ctrl+C组合键，执行复制操作。

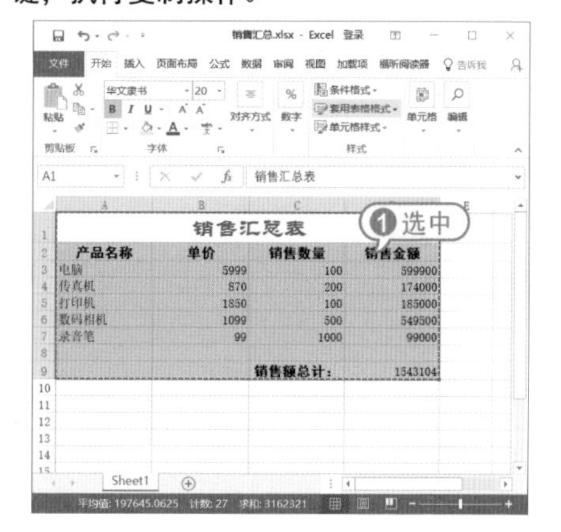

02 启动Word 2016，将鼠标光标定位到文档中，在【插入】选项卡的【表格】组中单击【表格】按钮，在弹出的列表中选择【插入表格】选项。

03 打开【插入表格】对话框，在其中设置合适的行、列参数后，单击【确定】按钮，在Word中插入一个表格。

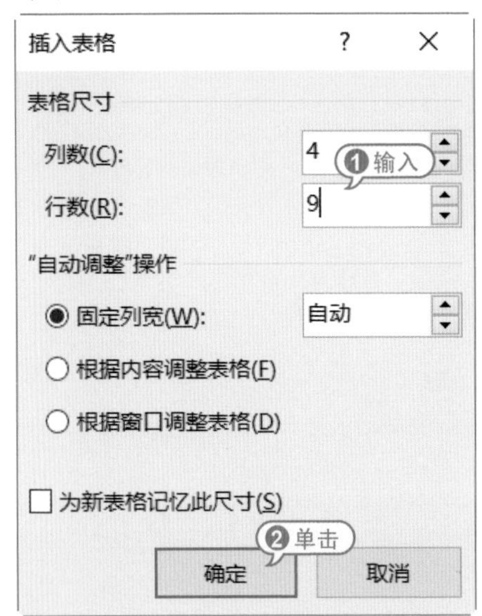

04 单击Word表格左上角的十字按钮，选中整个表格，在【开始】选项卡的【剪贴板】组中单击【粘贴】按钮，在弹出的列表中选择【选择性粘贴】选项。

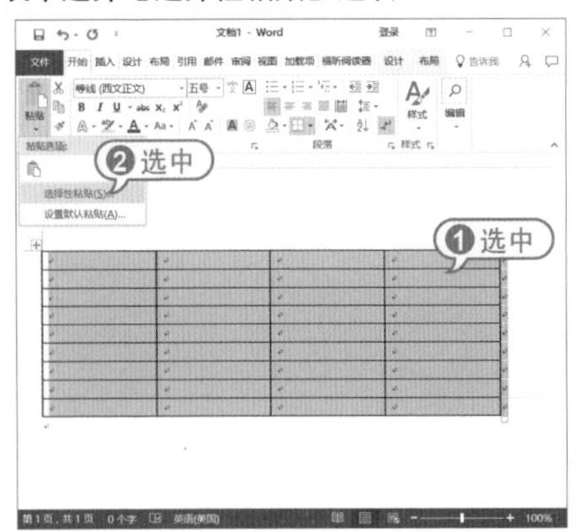

05 打开【选择性粘贴】对话框，在【形式】列表框中选中【无格式文本】选项，然后单击【确定】按钮。

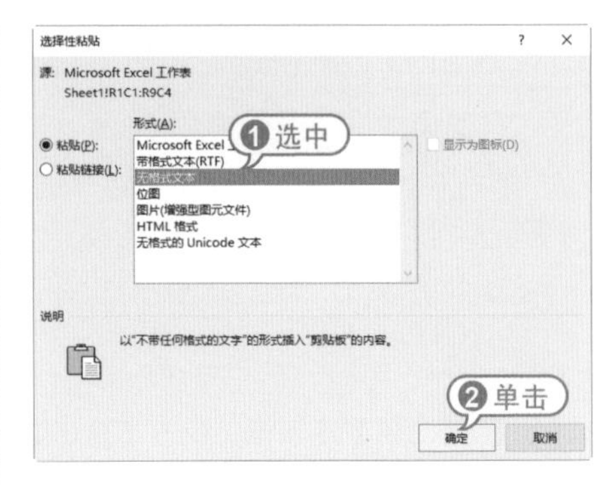

06 此时，即可将Excel中的数据复制到Word文档的表格中，选中表格的第1行，右击鼠标，在弹出的菜单中选择【合并单元格】命令。

07 在【开始】选项卡的【字体】组中，设置表格中文本的格式，然后选中并右击表格，在弹出的菜单中选择【自动调整】|【根据内容自动调整表格】命令，调整表格后的最终效果如下图所示。

11.2 Word与PowerPoint之间的协作

将PPT演示文稿制作成Word文档的方法有两种：一种是在Word文档中导入PPT演示文稿；另一种是将PPT演示文稿发送到Word文档中。两者结合使用，可大大提高办公效率。

11.2.1 在Word中创建PPT文稿

在Word文档中创建PPT演示文档的方法与创建Excel工作表的方法类似。

01 打开Word文档后选择【插入】选项卡，在【文本】组中单击【对象】按钮，打开【对象】对话框后选中【Microsoft PowerPoint Slide】选项,单击【确定】按钮。

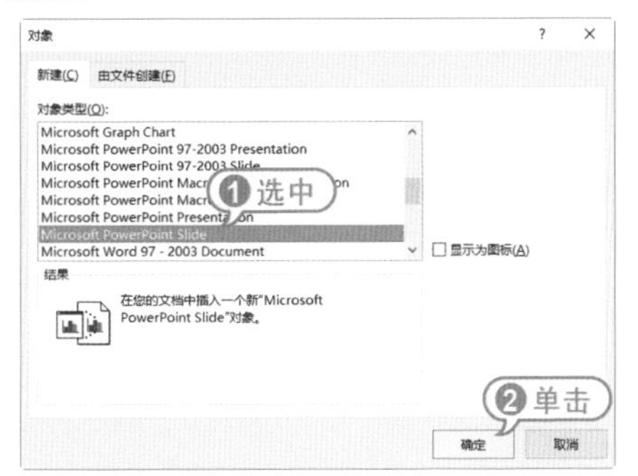

02 即可在Word文档中创建一个幻灯片，并显示PowerPoint功能区。

03 此时，用户可以使用PowerPoint软件中的功能，在Word中创建PPT演示文稿。

11.2.2 在Word中添加PPT文稿

使用PowerPoint创建演示文稿后，用户还可以将其添加至Word文档中进行编辑、设置或放映。

01 打开Word文档后选择【插入】选项卡，在【文本】组中单击【对象】按钮，打开【对象】对话框后选择【由文件创建】选项卡，单击【浏览】按钮。

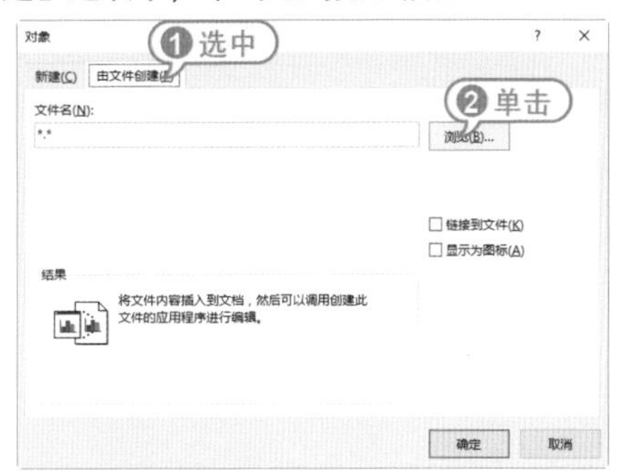

02 打开【浏览】对话框，选择一个创建好的PPT演示文稿文件，然后单击【插入】按钮。

03 返回【对象】对话框，单击【确定】按钮即可将PPT演示文稿插入Word文档。

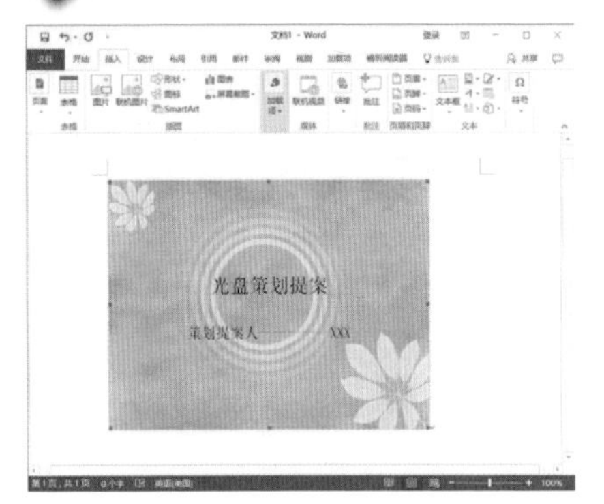

11.2.3 在Word中编辑PPT文稿

在Word文档中插入的PowerPoint幻灯片作为一个对象，也可以像其他对象一样进行调整大小或移动位置等操作，具体方法如下：

01 右击在Word文档中插入的PPT演示文稿，在弹出的菜单中选择【"演示文稿"对象】|【打开】命令。

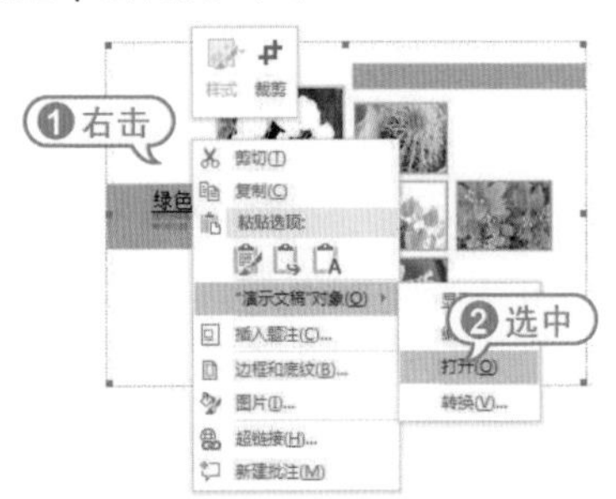

02 此时，将打开PowerPoint，进入演示文稿的编辑界面。

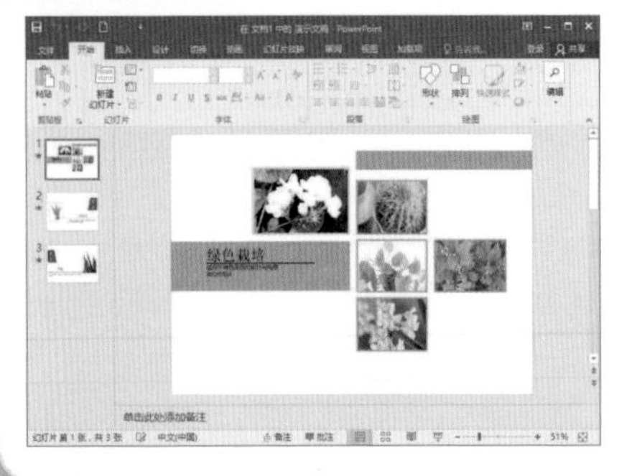

03 右击Word文档中添加的PPT演示文稿，在弹出的菜单中选择【"演示文稿"对象】|【编辑】命令。

04 此时，Word中将显示PowerPoint的功能区，利用功能区中的各个按钮，可以在Word窗口中对幻灯片进行编辑。

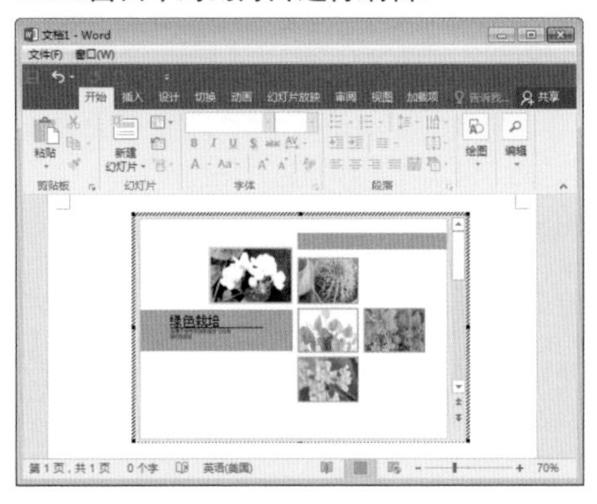

05 右击Word文档中的PPT演示文稿，在弹出的菜单中选择【边框和底纹】命令，在打开的【边框】对话框中，选择【边框】选项卡，用户可以为Word文档中的PPT演示文稿设置边框。

06 右击文档中的PPT演示文稿，在弹出的菜单中选择【设置对象格式】命令，在打开的对话框中选择【版式】选项卡，在【环绕方式】选项区域可以设置对象的文字环绕方式，选择【紧密型】选项。

07 单击【确定】按钮，Word文档中的PPT演示文稿的效果如下图所示。

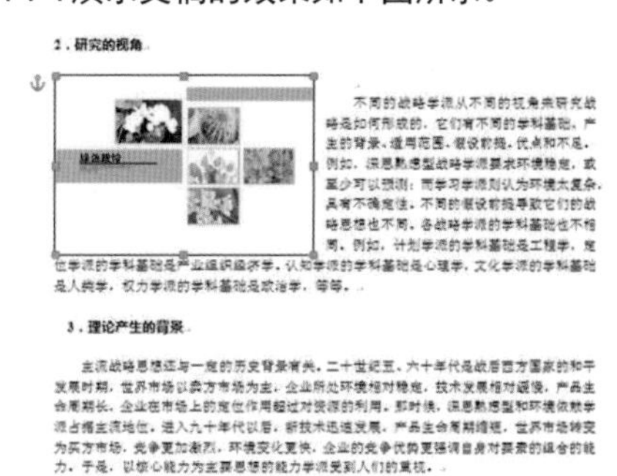

2．研究的视角

不同的战略学派从不同的视角来研究战略是如何形成的，它们有不同的学科基础、产生的背景、适用范围、假设前提、优点和不足。例如，设计型战略学派要求环境稳定，或至少可以预测；而学习学派则认为环境太复杂，具有不确定性。不同的假设前提导致它们的战略思想也不同。各战略学派的学科基础也不相同。例如，计划学派的学科基础是工程学，定位学派的学科基础是产业组织经济学，认知学派的学科基础是心理学，文化学派的学科基础是人类学，权力学派的学科基础是政治学，等等。

3．理论产生的背景

主流战略思想还与一定的历史背景有关。二十世纪五、六十年代是战后西方国家的和平发展时期，世界市场以卖方市场为主，企业所处环境相对稳定，技术发展相对缓慢，产品生命周期长，企业在市场上的定位作用超过对资源的利用。那时候，设计型和环境依赖学派占据主流地位。进入九十年代以后，新技术迅速发展，产品生命周期缩短，世界市场转变为买方市场，竞争更加激烈，环境变化更快，企业的竞争优势更强调自身对要素的组合的能力，于是，以核心能力为主要思想的能力学派受到人们的重视。

4．组织中的层次

即使在同一组织，不同的层次也可能采用不同的战略指导思想。公司战略可以采用一种战略指导思想，而各战略业务单位(SBU)则可能采用其它的战略指导思想。众所周知，IT行业竞争激烈，企业的总体战略可能采用能力学派、设计学派、企业家学派、学习学派或它们

11.3 Excel与PowerPoint之间的协作

Internet是知识和信息的海洋，几乎可以找到所需的任何资源，那么如何才能找到自己需要的信息呢？这就需要使用搜索引擎。目前常见的搜索引擎有百度和Google等，使用它们可以从海量网络信息中快速、准确地找出需要的信息，提高查找效率。

11.3.1 在PPT中添加Excel表格

如果用户要在PPT中添加Excel表格，可以选择【插入】选项卡，在【表格】组中单击【表格】按钮，在弹出的列表中选择【Excel电子表格】选项。

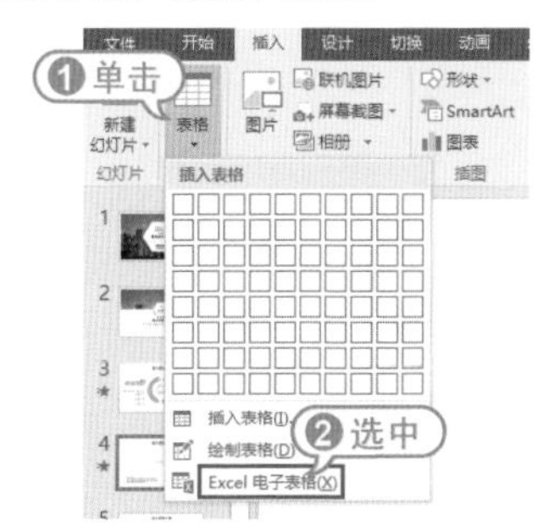

此时，将在幻灯片中插入一个如右上图所示的Excel表格，拖动表格四周的控制柄，可以调整表格的大小。

在工作表中输入数据后，单击幻灯片的空白处，然后拖动表格边框可以调整其位置。

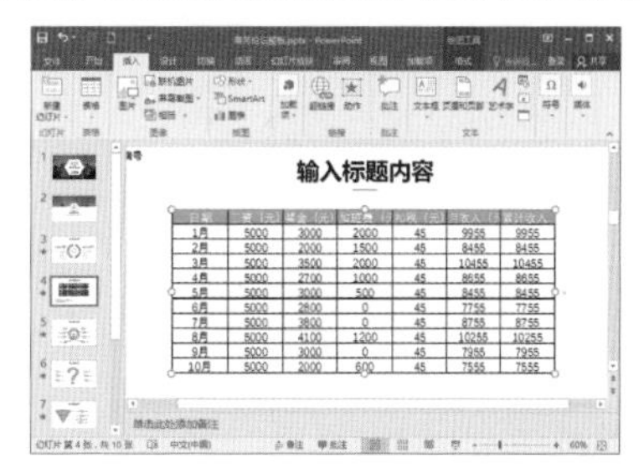

11.3.2 在PPT中插入Excel图表

在使用PowerPoint进行放映讲解的过程中，用户可以通过执行“复制”和“粘贴”命令，直接将制作好的Excel图表插入到幻灯片中。

01 启动PowerPoint 2016后，打开一个演示文稿。

02 启动Excel 2016，打开一个工作表，选中需要在演示文稿中使用的图表，按下Ctrl+C组合键。

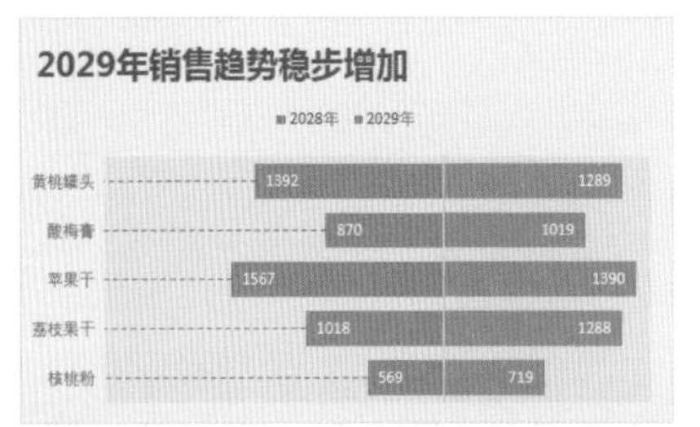

03 切换到PowerPoint，选择【开始】选项卡，在【剪贴板】组中单击【粘贴】按钮。

04 使用表格四周的控制点，可以调整其在幻灯片中的位置和大小。

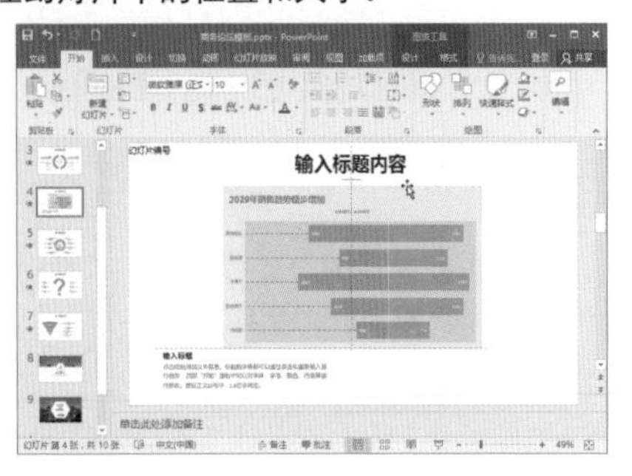

用户除了使用上面介绍的方法在幻灯片中插入Excel图表以外，还可以在PowerPoint中创建Excel图表。

01 选择【插入】选项卡，在【文本】组中单击【对象】按钮。

02 打开【插入对象】对话框，在【对象类型】列表中选中【Microsoft Excel Chart】选项，然后单击【确定】按钮。

03 此时，将在幻灯片中插入一个如下图所示的Excel预设图表。

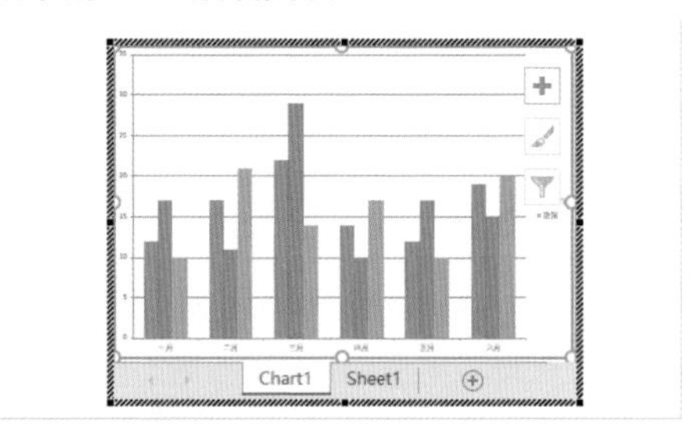

04 在图表编辑区域选择Sheet1工作表，输入图表数据。

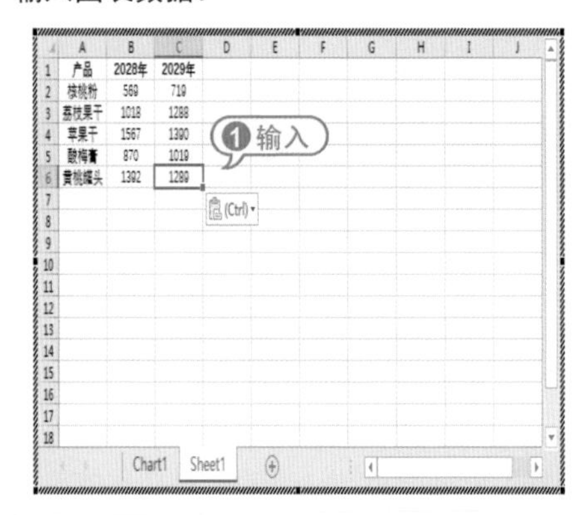

产品	2028年	2029年
核桃粉	569	719
荔枝果干	1018	1288
苹果干	1567	1390
酸梅膏	870	1019
黄桃罐头	1392	1289

05 选择Chart1选项卡，右击图表，在弹

出的菜单中选择【更改图表类型】命令。

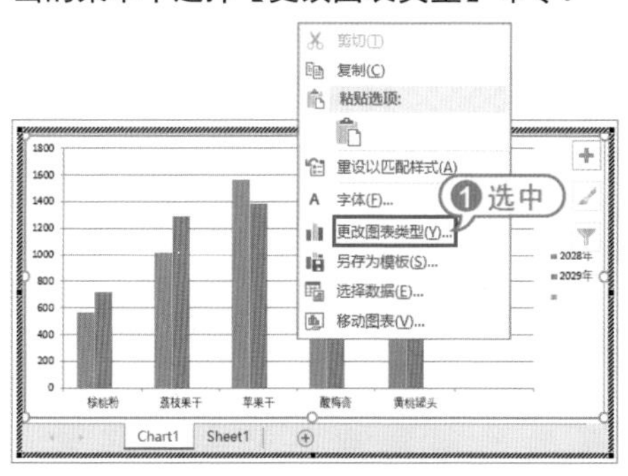

06 在打开的【更改图表类型】对话框中，用户可以修改图表的类型，单击【确定】按钮。

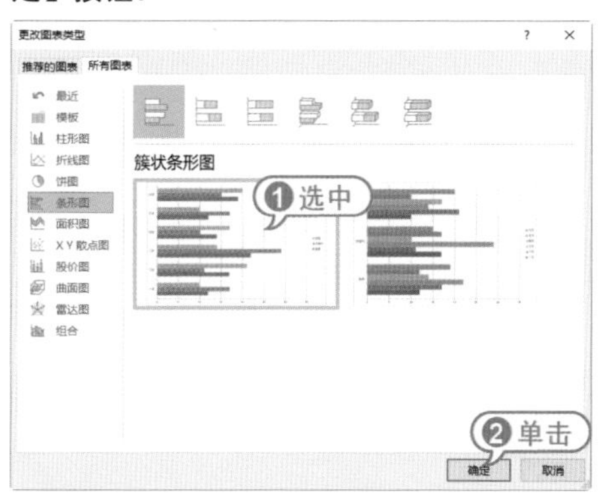

07 完成Excel图表的设置后，在幻灯片的空白处单击鼠标。

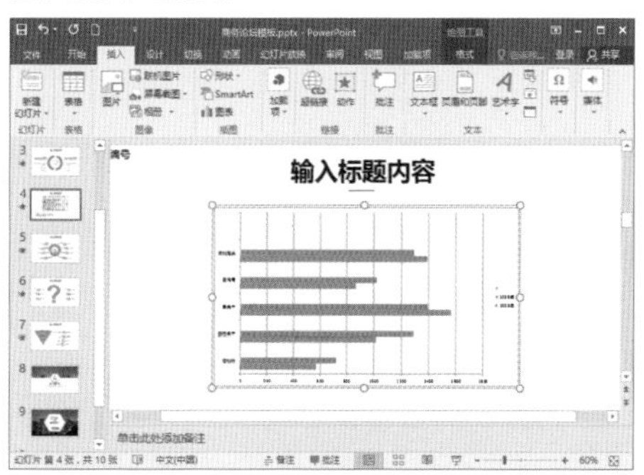

08 双击幻灯片中的图表，PowerPoint将打开一个提示框，提示用户是否要将Excel图表转换为PowerPoint格式，单击【转换】按钮。

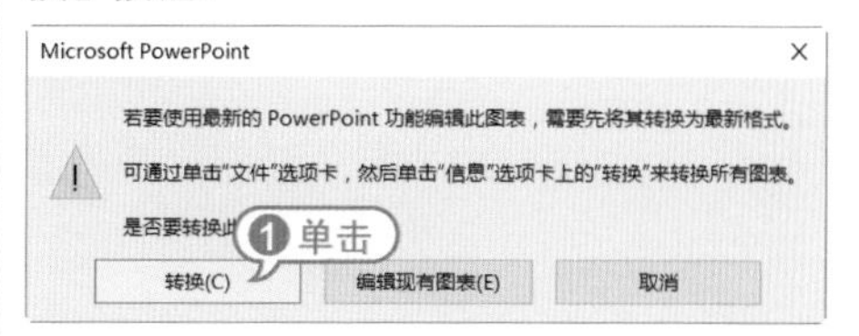

09 此时，幻灯片中的Excel图表将被转换为PowerPoint图表，双击图表，用户可以在打开的窗格中，使用PowerPoint软件中的功能编辑与美化图表(具体方法与Excel类似)。

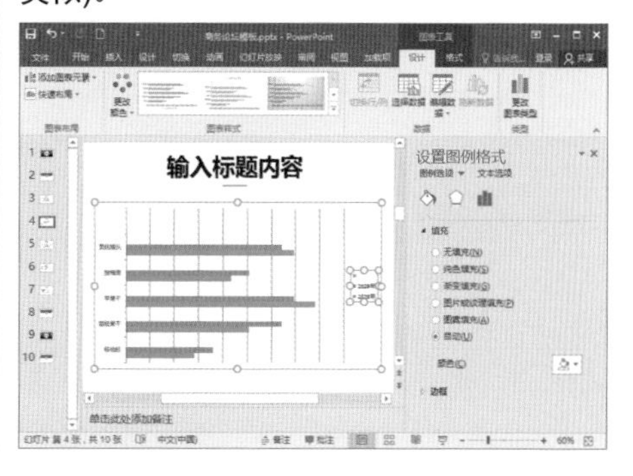

11.3.3 在Excel中调用PPT文稿

在Excel 2016中调用PowerPoint演示文稿的具体步骤如下：

01 启动 Excel，打开一个工作簿，选择【插入】选项卡，单击【文本】组中的【对象】按钮。

02 打开【对象】对话框后，选择【由文件创建】选项卡，单击【浏览】按钮。

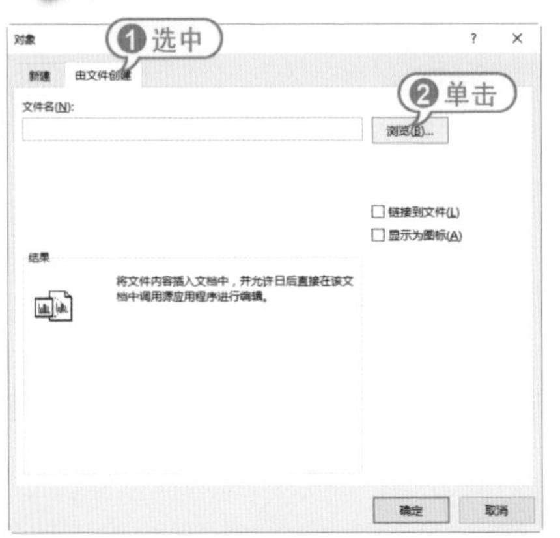

03 打开【浏览】对话框，选择一个创建好的PPT演示文稿，然后单击【插入】按钮。

04 返回【对象】对话框，单击【确定】按钮即可将PPT演示文稿插入到Excel工作表中。

05 右击插入的幻灯片，在弹出的菜单中选择【Presentation 对象】|【编辑】选项，即可对幻灯片进行编辑操作。

11.4 进阶实战

本章的进阶实战部分为Word与Excel数据同步这个综合实例操作，用户通过练习从而巩固本章所学知识。

【例11-3】在Word中录入文档，然后把Excel中的表格插入到Word文档中，并且保持实时更新。视频

01 启动Word 2016并在其中输入文本。

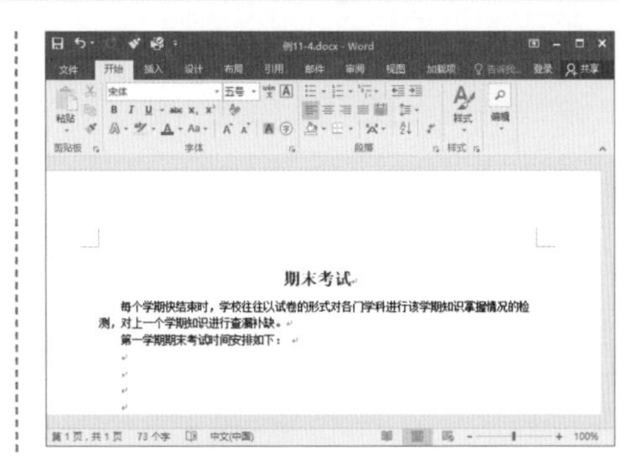

02 启动Excel 2016并在其中输入数据。

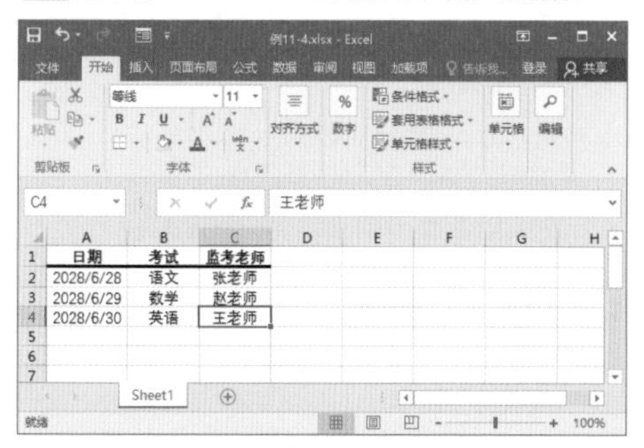

03 在Excel中选中A1:C4单元格区域，然后按下Ctrl+C组合键复制数据。

04 切换至Word，选中文档底部的行，在【剪贴板】组中单击【粘贴】下拉按钮，在弹出的列表中选择【链接与保留源格式】选项。

期末考试

每个学期快结束时，学校往往以试卷的形式对各门学科

测，对上一个学期知识进行查漏补缺。

第一学期期末考试时间安排如下：

05 此时，Excel中的表格将被复制到Word文档中。

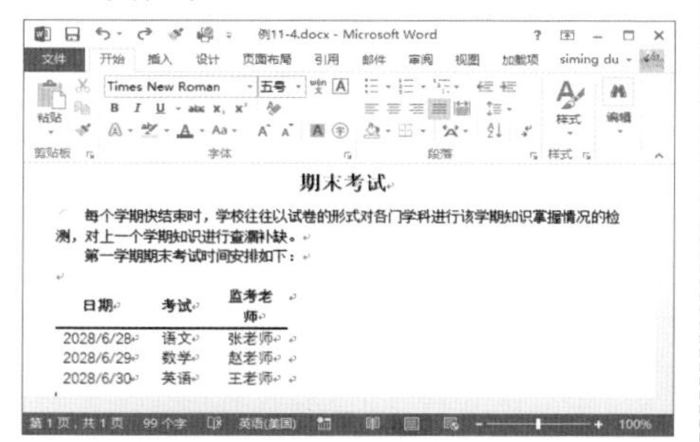

06 将鼠标光标放置到在Word文档中插入的表格左上角的⊞按钮上，按住鼠标左键拖动，调整表格在文档中的位置。

07 将鼠标光标放置到表格右下角的□按钮上，按住鼠标左键拖动，调整表格的高度和宽度。

日期	考试	监考老师
2028/6/28	语文	张老师
2028/6/29	数学	赵老师
2028/6/30	英语	王老师

08 当Excel工作表数据变动时，Word文档中的数据会实时更新。例如，在Excel工作表的C2单元格中将“张老师”修改为改为“徐老师”。

	A	B	C
1	日期	考试	监考老师
2	2028/6/28		徐老师
3	2028/6/29	数学	赵老师
4	2028/6/30	英语	王老师
5			

09 此时，Word中的表格数据将自动同步发生变化。

期末考试

每个学期快结束时，学校往往以试卷的形式对各门学科进行该学期知识掌握情况的检测，对上一个学期知识进行查漏补缺。

第一学期期末考试时间安排如下：

日期	考试	监考老师
2028/6/28	语文	徐老师
2028/6/29	数学	赵老师
2028/6/30	英语	王老师

11.5 疑点解答

问：如何将Excel中的内容转换为表格并放入Word文档中？

答：如果要将Excel文件转换成表格并放入Word中，用户可以在Excel中单击【文件】按钮，在弹出的界面中选择【导出】命令，在显示的选项区域中选中【更改文件类型】选项，并在打开的列表中双击【另存为其他文件类型】选项，然后单击【另存为】按钮。在打开的【另存为】对话框中将Excel文件类型保存为“单个文件网页”，单击【保存】按钮。最后，右击保存的网页文件，在弹出的快捷菜单中选择【打开方式】|【Word 2016】命令，即可将Excel中的内容转变成表格并放入Word之中。

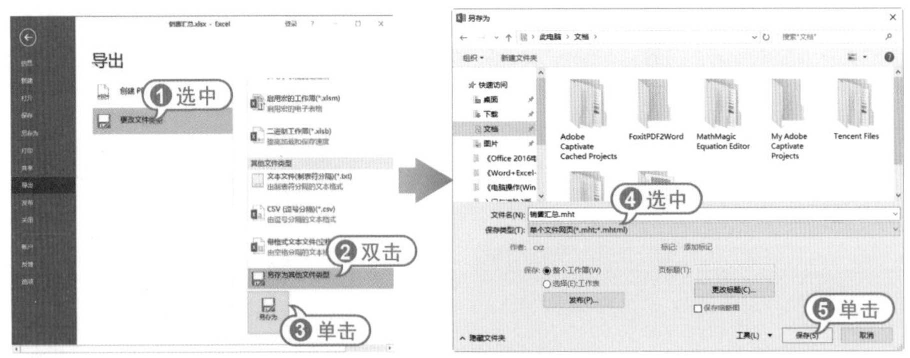

问：如何将PowerPoint中的内容转换为Word文档？

答：首先打开PowerPoint演示文稿，单击【文件】按钮，在弹出的界面中选择【导出】命令，选择【创建讲义】选项，并单击【创建讲义】按钮。打开【发送到Microsoft Word】对话框，选中【空行在幻灯片下】单选按钮，选中【粘贴】单选按钮，单击【确定】按钮，即可将PowerPoint中的内容转换为Word文档。

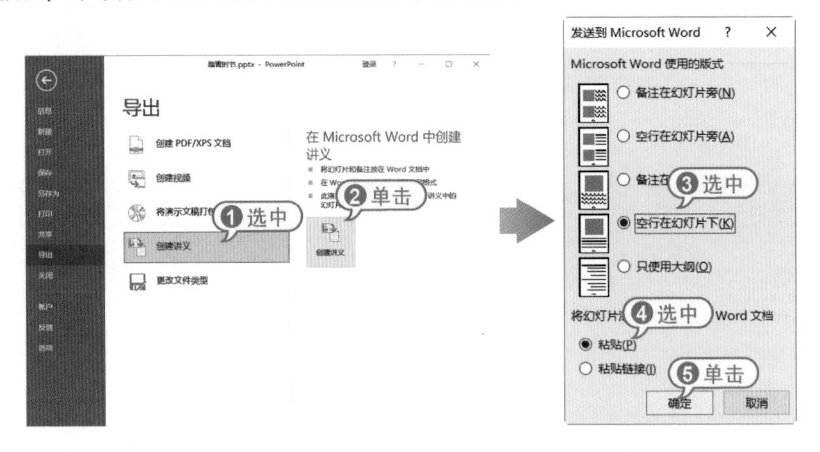

第12章

Office综合案例解析

在学习了前面章节介绍的Office 2016系列组件的知识后，本章将通过多个应用案例来串联各个知识点，帮助用户加深与巩固所学知识。

例12-1 图文混排文档
例12-2 制作公司印鉴
例12-3 制作入场券
例12-4 编排长文档
例12-5 制作销售图表
例12-6 计算工资预算
例12-7 计算三角函数
例12-8 设置动画效果
例12-9 制作运动模糊效果

12.1 图文混排文档

使用Word 2016编排一个介绍多肉植物的文档，帮助用户巩固所学的Word 2016图文混排的知识。

【例12-1】使用Word制作多肉植物主题的图片混排文档。
视频 (光盘素材\第12章\例12-1)

01 新建一个空白文档，选择【设计】选项卡，在【页面背景】组中单击【页面颜色】下拉按钮，在展开的库中选择【填充效果】选项。

02 打开【填充效果】对话框，选择【图片】选项卡，单击【选择图片】按钮，在打开的对话框中选择一个图片文件，并单击【插入】按钮。

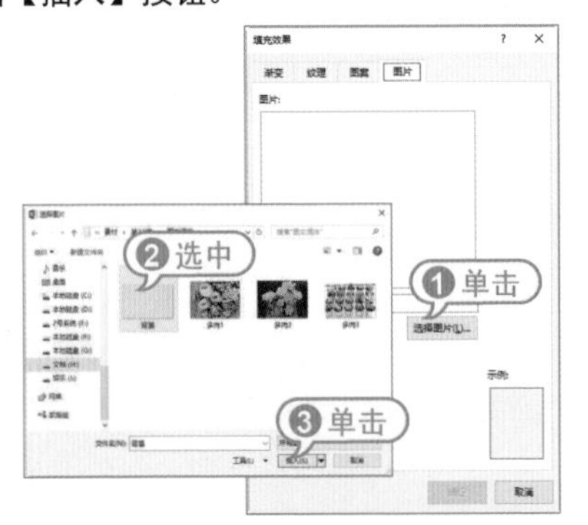

03 返回【填充效果】对话框，单击【确定】按钮，设置文档填充效果，然后在文档中输入如下图所示的文本。

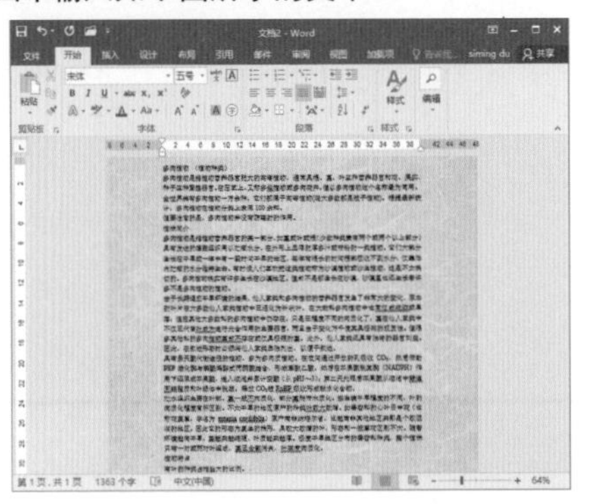

04 选中文档中的文本“多肉植物 （植物种类）”，在【开始】选项卡的【样式】组中单击【标题】样式。

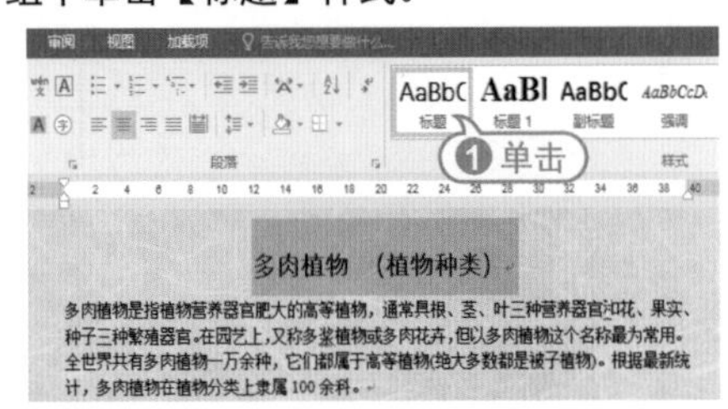

05 在【样式】组中右击【标题1】样式，在弹出的菜单中选择【修改】命令，打开【修改样式】对话框，设置样式字体为【小三】，然后单击【确定】按钮。

06 选中文档中的文本，为其设置【标题1】样式。

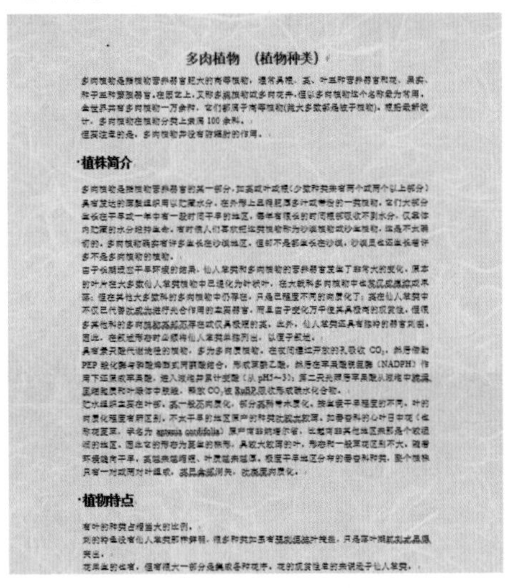

07 选中文档中的第一段文本，用鼠标右击，在弹出的菜单中选择【段落】命令，打开【段落】对话框，将【特殊格式】设置为【首行缩进】，将【缩进值】设置为【2字符】，然后单击【确定】按钮。

08 将鼠标光标定位到第一段文本中，在【开始】选项卡的【剪贴板】组中双击【格式刷】按钮。

09 分别单击文档中的其他段落，复制段落格式。

10 选择【设计】选项卡，在【文档格式】组中单击【其他】下拉按钮，在展开的库中选择【阴影】选项。

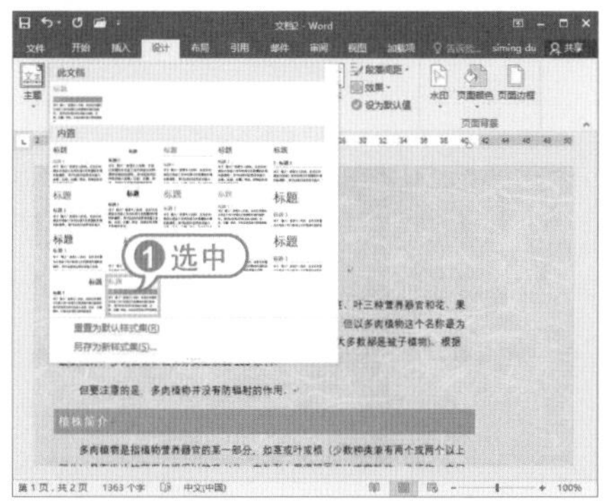

11 选择【插入】选项卡，在【插图】组中单击【形状】下拉按钮，在展开的库中选择【椭圆】选项，在文档中绘制如下图所示的椭圆。

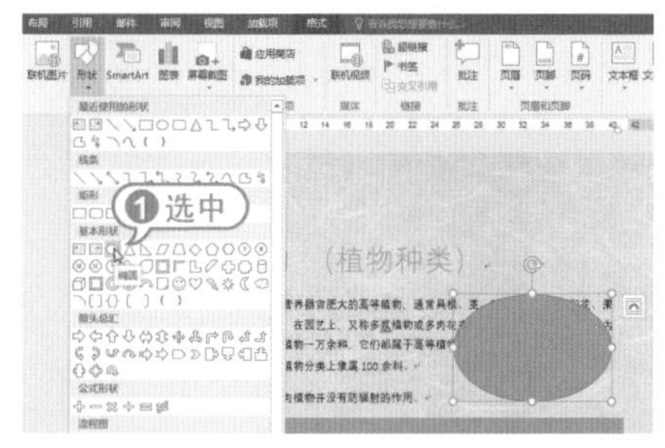

12 选择【绘图工具】|【格式】选项卡，在【形状样式】组中单击【形状填充】下拉按钮，在展开的库中选择【图片】选项。

13 打开【插入图片】面板，单击【来自文件】选项后的【浏览】按钮。

14 打开【插入图片】对话框，选中一个图片文件后单击【插入】按钮，为文档中的椭圆图形设置如右上图所示的填充图片。

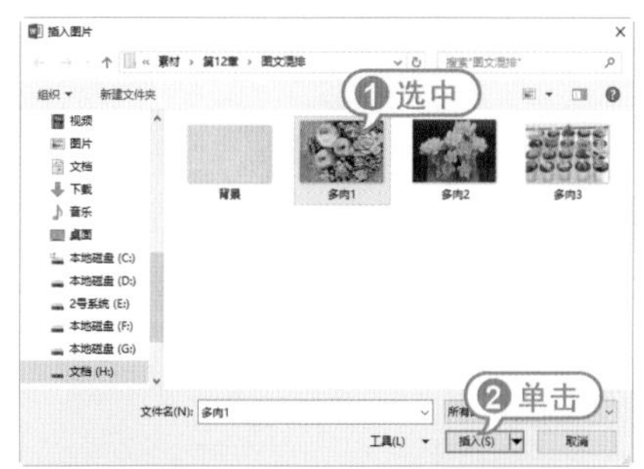

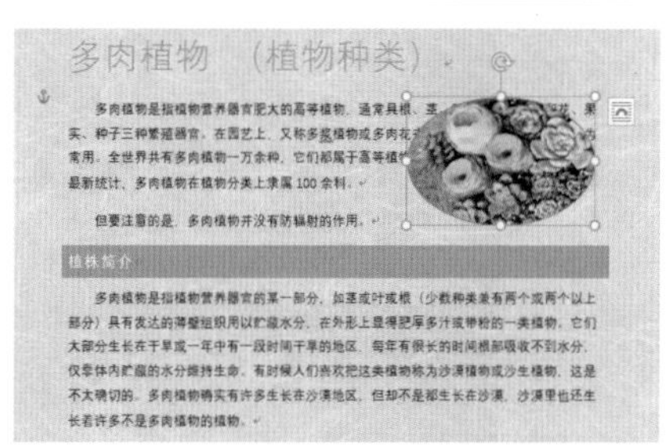

15 在【形状样式】组中单击【形状效果】下拉按钮，在弹出的菜单中选择【阴影】|【右下斜偏移】选项。

16 在【排列】组中单击【环绕文字】下拉按钮，在弹出的菜单中选择【紧密型环绕】选项。

17 使用同样的方法，继续绘制图形并填充图片，然后对文字环绕的方式进行设置。

12.2 制作公司印鉴

使用Word 2016制作公司印鉴，帮助用户巩固所学的Word 2016版式设计的知识。

【例12-2】制作“公司印鉴纸”文档。
视频 (光盘素材\第12章\例12-2)

01 启动Word 2016，新建一个名为“公司印鉴纸”的空白文档。

02 打开【布局】选项卡，单击【页面设置】组中的对话框启动器按钮，打开【页面设置】对话框的【页边距】选项卡，在【上】微调框中输入“2厘米”，在【下】微调框中输入“1.5厘米”，在【左】、【右】微调框中均输入“1.5厘米”；在【装订线】微调框中输入“1厘米”，在【装订线位置】下拉列表框中选择【上】选项。

03 打开【纸张】选项卡，在【纸张大小】下拉列表框中选择【32开】选项，此时，在【宽度】和【高度】文本框中将自动填充尺寸。

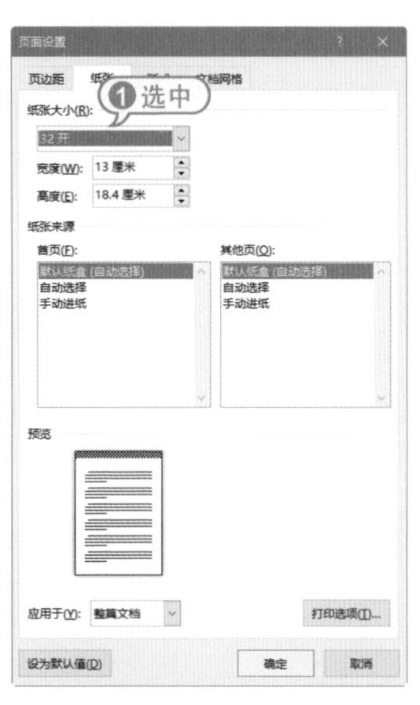

04 打开【版式】选项卡，在【页眉】和【页脚】微调框中分别输入“2厘米”和“1厘米”，单击【确定】按钮，完成页面设置。

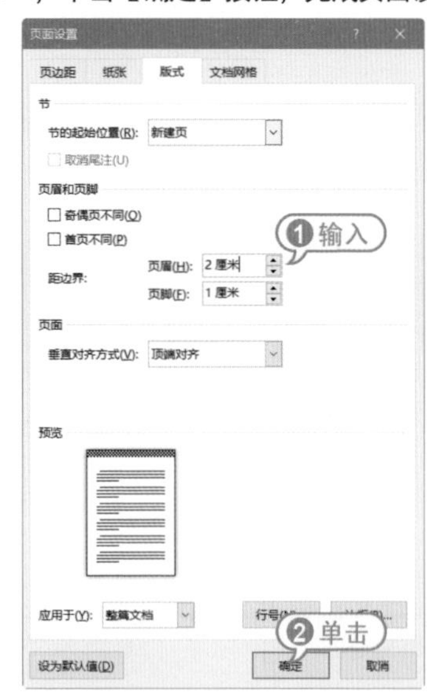

05 在页眉区域双击，进入页眉和页脚编辑状态，在页眉编辑区域选中段落标记符，打开【开始】选项卡，在【段落】组中单击【下框线】按钮，在弹出的菜单中选择【无框线】命令，隐藏页眉处的边框线。

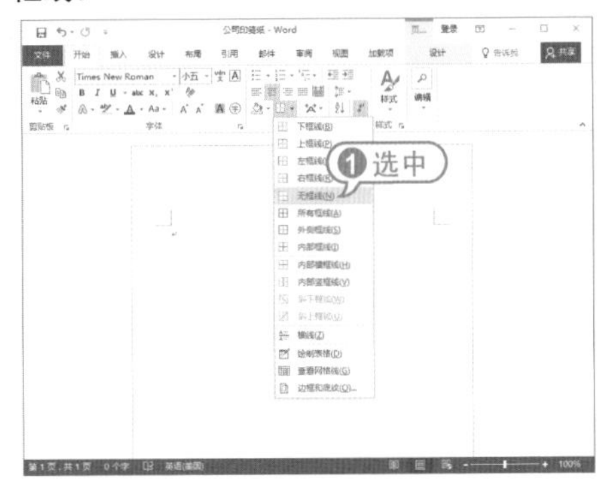

06 将插入点定位到页眉处，打开【插入】选项卡，在【插图】组中单击【图片】按钮，打开【插入图片】对话框，选择“公司标签”图片，单击【插入】按钮，插入页眉图片。

07 打开【图片工具】的【格式】选项卡，在【排列】组中单击【环绕文字】按钮，从弹出的菜单中选择【浮于文字上方】选项，设置环绕方式，并拖动鼠标调节图片至合适的大小和位置。

08 在插入点处输入文本，设置字体为【华文行楷】，字号为【小三】，字形为【加粗】，字体颜色为【绿色，个性色6】，对齐方式为右对齐。

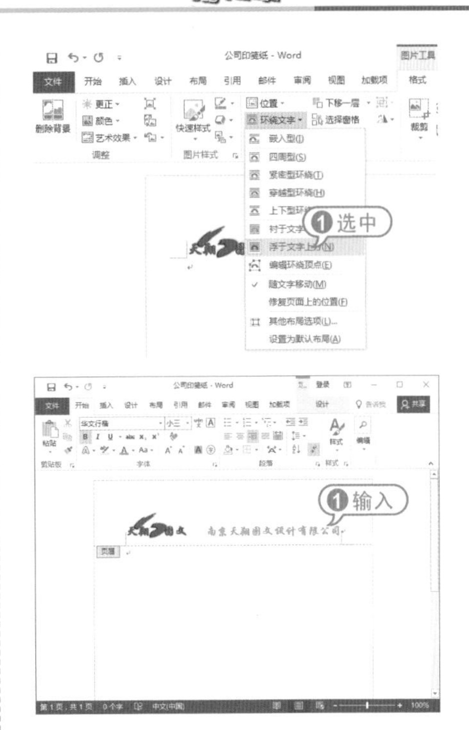

09 打开【页眉和页脚工具】的【设计】选项卡，在【导航】组中单击【转至页脚】按钮，将插入点定位至页脚位置，输入公司的电话、传真及地址，并且设置字体为【华文行楷】，字号为【小五】，字体颜色为【蓝色，个性色1】。

10 打开【页眉和页脚工具】的【设计】选项卡，在【关闭】组中单击【关闭页眉和页脚】按钮，退出页眉和页脚编辑状态。

11 打开【设计】选项卡，在【页面背景】组中单击【水印】按钮，从弹出的菜单中选择【自定义水印】命令，打开【水印】对话框，选中【图片水印】单选按钮，并且单击【选择图片】按钮。

12 打开【插入图片】窗口，单击【来自文件】区域的【浏览】按钮。

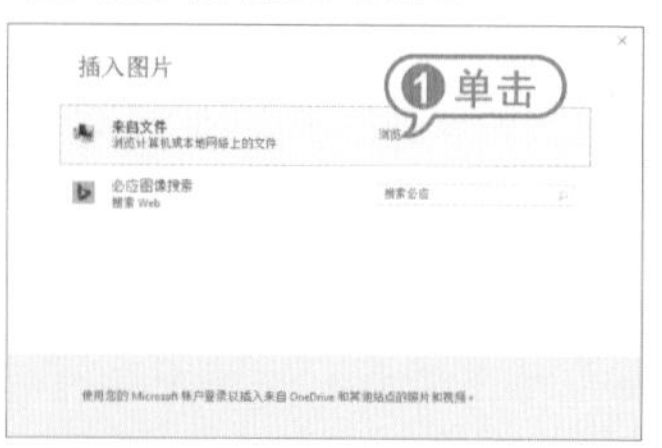

13 打开【插入图片】对话框，选择相应图片后，单击【插入】按钮。

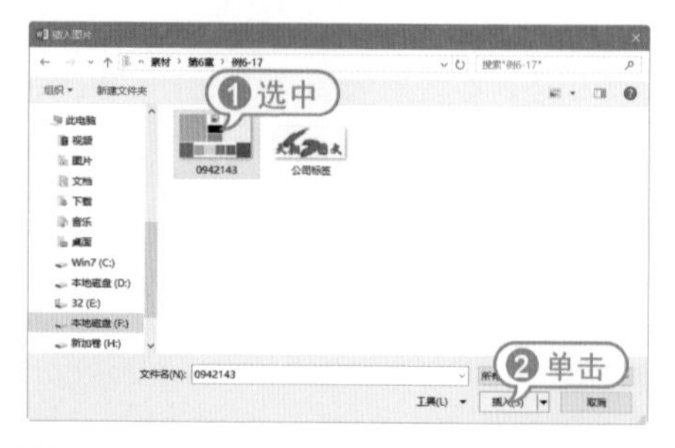

14 返回【水印】对话框，单击【确定】按钮，完成水印的设置，此时的文档效果如下图所示。

12.3　制作入场券

使用Word 2016制作入场券，帮助用户巩固所学的Word 2016图文混排的知识。

【例12-3】通过在文档中插入图片和横排文本框，制作入场券。

视频 (光盘素材\第12章\例12-3)

01 按下Ctrl+N组合键创建一个空白文档后，选择【插入】选项卡，在【插图】组中单击【图片】按钮，在打开的对话框中选择一个图片文件，单击【插入】按钮，在文档中插入一张图片。

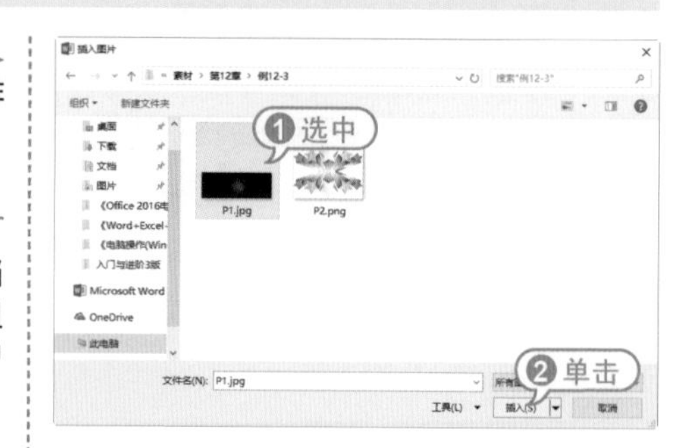

02 选择【格式】选项卡，在【大小】组中将【形状高度】设置为63.62毫米，将【形状宽度】设置为175毫米。

03 选择文档中的图片，右击鼠标，在弹出的菜单中选择【环绕文字】|【衬于文字下方】命令。

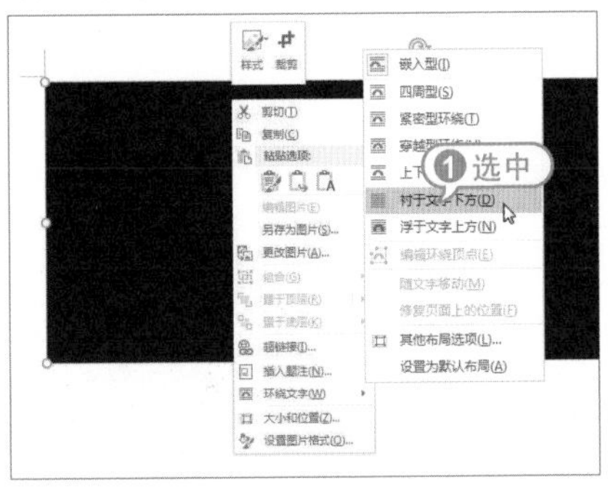

04 选择【插入】选项卡，在【文本】组中单击【文本框】按钮，在弹出的菜单中选择【绘制文本框】命令，在图片上绘制一个横排文本框。

05 选择【格式】选项卡，在【形状样式】组中单击【形状填充】下拉按钮，在展开的库中选择【无填充颜色】选项。

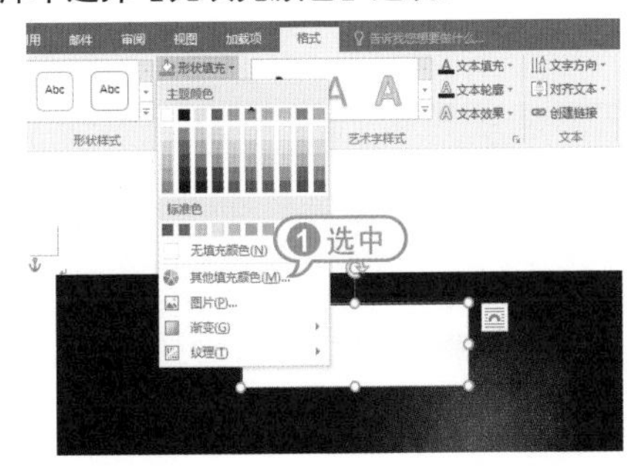

06 在【形状样式】组中单击【形状轮廓】下拉按钮，在展开的库中选择【无形状轮廓】选项。

07 选中文档中的文本框，在【大小】组中将【形状高度】设置为16毫米，将【形状宽度】设置为80毫米，设置文本框的大小。

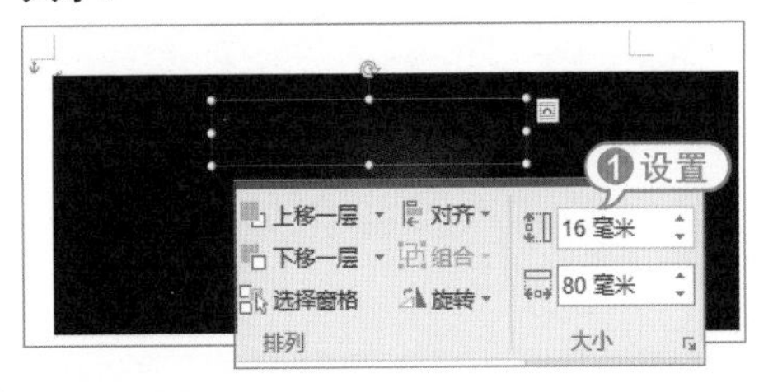

08 选中文本框并在其中输入文本，在【开始】选项卡的【字体】组中设置字体为【微软雅黑】，【字号】为【小二】，【字体颜色】为【金色】。

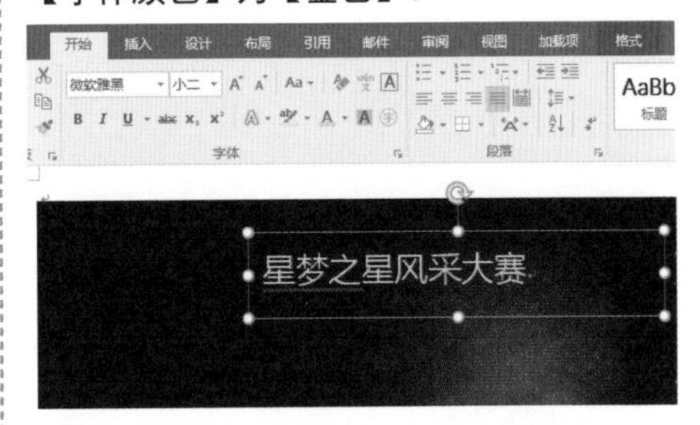

09 重复以上步骤，在文档中插入其他文本框，在其中输入文本并设置文本的格式、大小和颜色，完成后效果如下图所示。

10 选择【插入】选项卡，在【插图】组中单击【图片】按钮，在打开的对话框中选择一个图片文件后，单击【插入】按钮，在文档中插入一张图片。

11 右击在文档中插入的图片，在弹出的菜单中选择【环绕文字】|【浮于文字上方】命令，调整图片的环绕方式，然后按住鼠标左键拖动，调整图片的位置。

12 在【插入】选项卡的【插图】组中单击【形状】下拉按钮，在展开的库中选择【矩形】选项，在文档中绘制如下图所示的矩形图形。

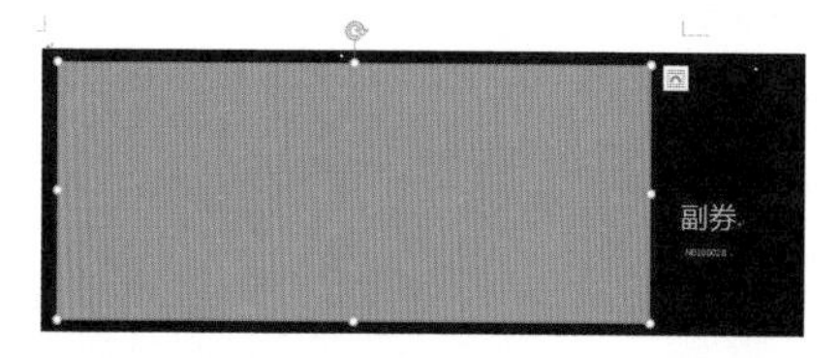

13 选择【格式】选项卡，在【形状样式】组中单击【其他】下拉按钮，在展开的库中选择【透明-彩色轮廓-金色】选项。

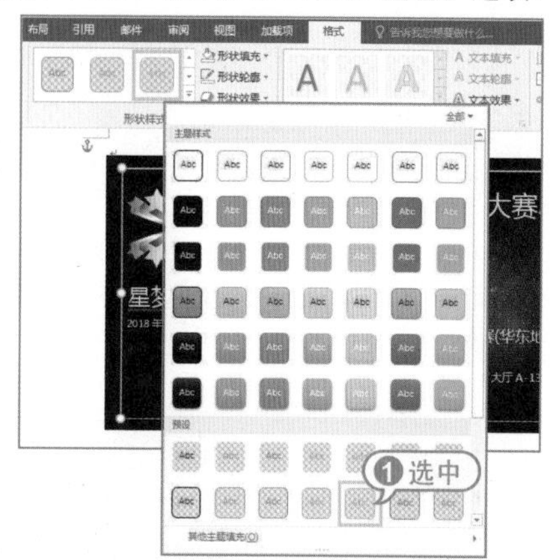

14 在【形状样式】组中单击【形状轮廓】下拉按钮，在弹出的菜单中选择【虚线】|【其他线条】命令，打开【设置形状格式】窗格，设置【短画线类型】为【短画线】，设置【宽度】为1.75磅。

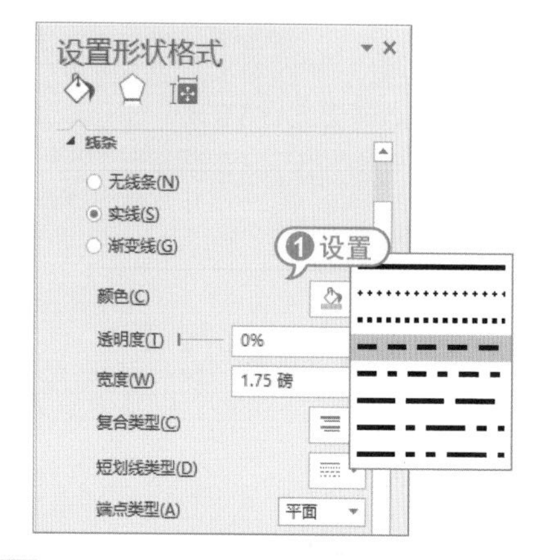

15 完成“入场券”的制作后，按住Shift键选中文档中的所有对象，右击鼠标，在弹出的菜单中选择【组合】|【组合】命令。

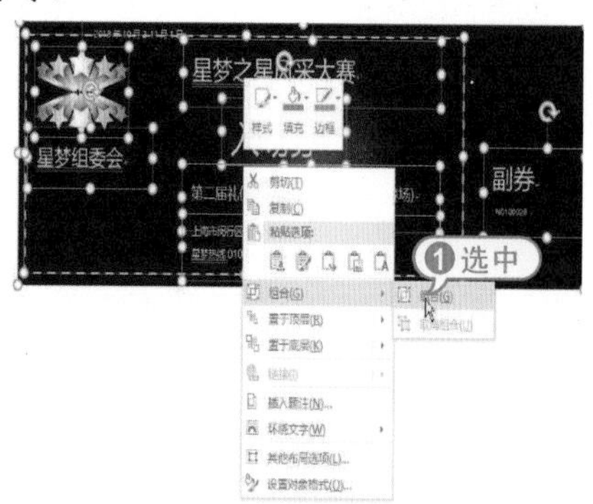

16 按下F12键，打开【另存为】对话框，将文档保存。

12.4 编排长文档

在Word 2016中编排“员工手册”文档，使用户更好地练习查看大纲、插入目录、插入页眉等操作技巧。

【例12-4】编排“员工手册”文档。
视频 (光盘素材\第12章\例12-4)

01 启动Word 2016，打开“员工手册”文档。

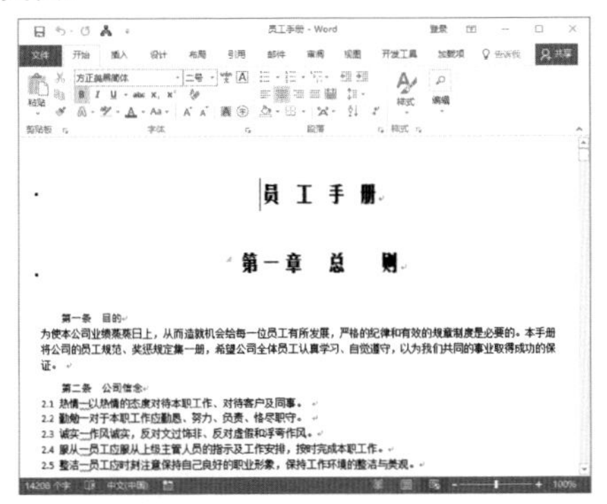

02 打开【布局】选项卡，在【页面设置】组中单击对话框启动器按钮，打开【页面设置】对话框。打开【页边距】选项卡，在【页边距】选项区域的【上】和【下】微调框中输入“3厘米”，在【左】和【右】微调框中输入“2.9厘米”。

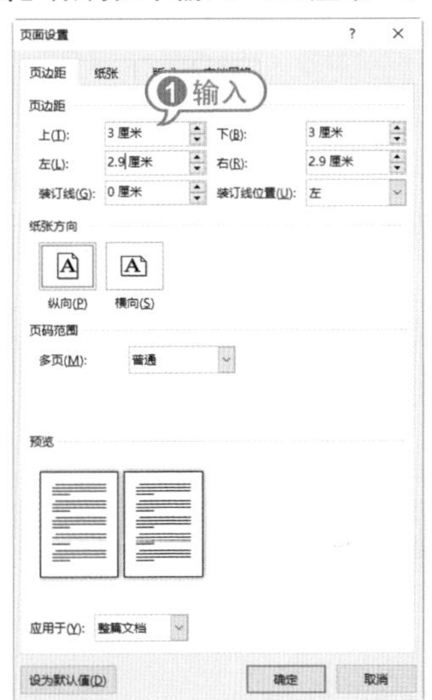

03 打开【纸张】选项卡，在【纸张大小】下拉列表框中选择【自定义大小】选项，在【宽度】和【高度】微调框中分别输入“19厘米”和“25厘米”。

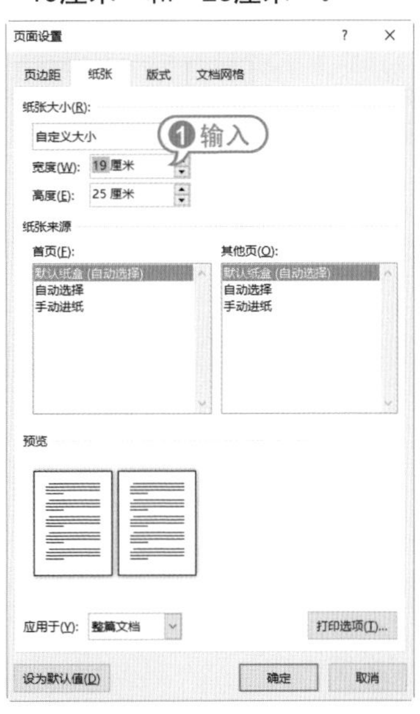

04 打开【版式】选项卡，在【页眉】和【页脚】微调框中分别输入“1.5厘米”和“1.75厘米”。

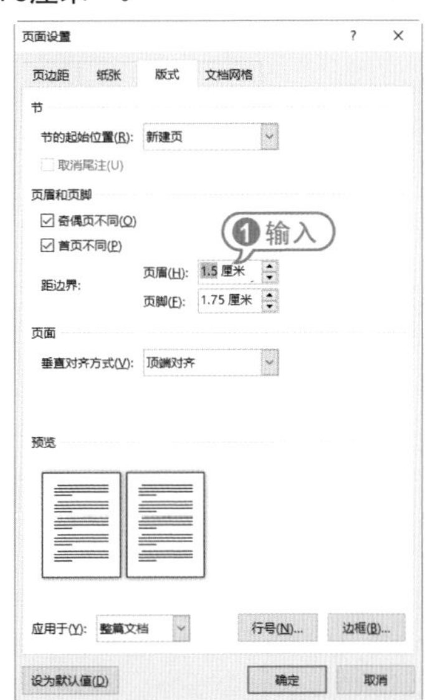

05 打开【文档网格】选项卡，在【网

格】选项区域选中【指定行和字符网格】单选按钮；在【字符数】选项区域指定【每行】的字数为31，在【行】选项区域指定【每页】的行数为30，单击【确定】按钮。

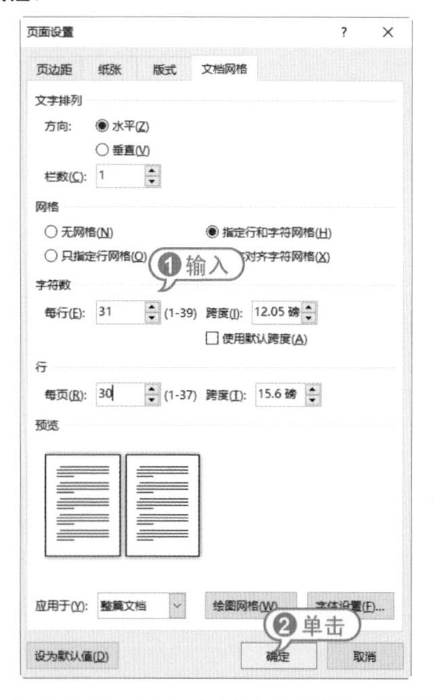

06 此时即可查看文档中的页面，效果如下图所示。

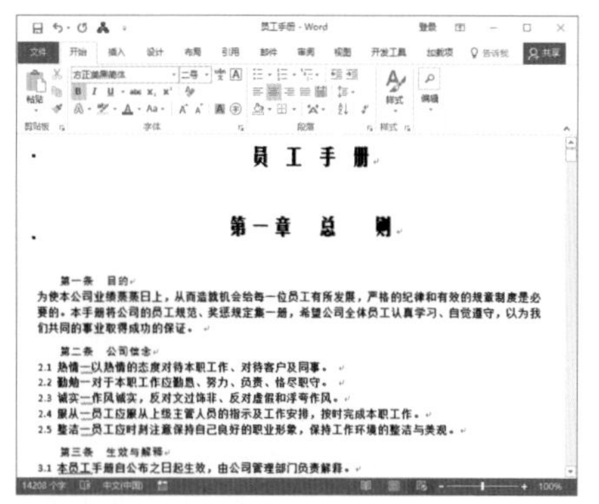

07 打开【视图】选项卡，在【文档视图】组中单击【大纲视图】按钮，切换至大纲视图。在【大纲】选项卡的【大纲工具】组中，单击【显示级别】下拉按钮，在弹出的下拉列表框中选择【3级】选项，此时标题3以下的标题或正文文本都将被折叠。

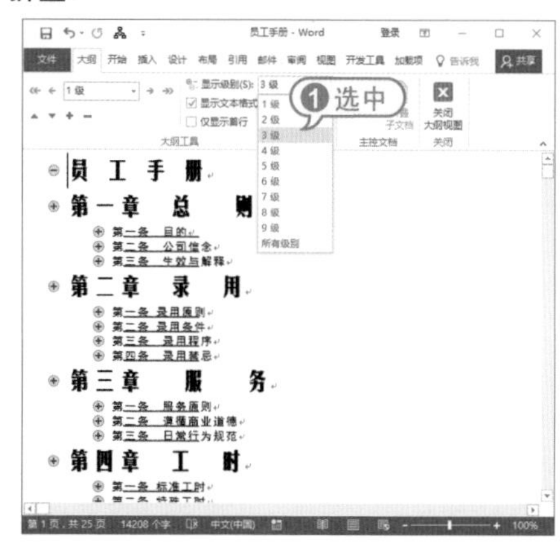

08 将鼠标光标移至标题3前的符号⊕处双击，即可展开其后的下属文本内容。

09 将鼠标光标移动到文本“第一章 总则”前的符号⊕处，双击鼠标，该标题下的文本被折叠。

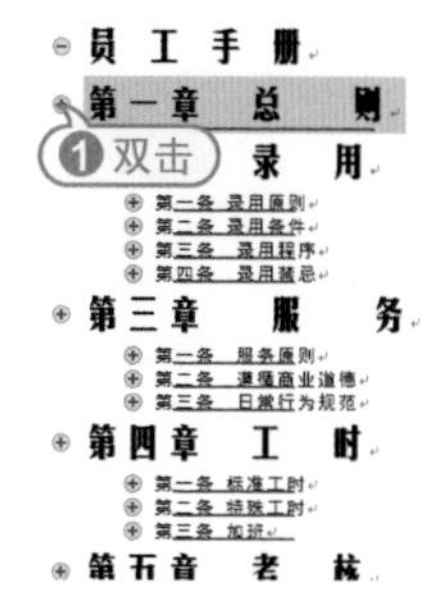

10 使用同样的方法，折叠其他段落文本。单击【大纲】选修卡中的【关闭大纲视图】按钮，关闭大纲视图。

11 打开【插入】选项卡，在【页面】组中单击【封面】按钮，从弹出的【内置】列表框中选择【网格】选项，即可插入封面。

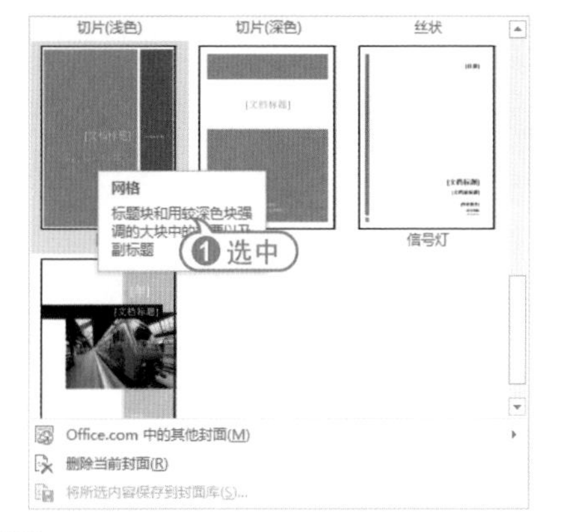

12 根据要求，按照提示在封面页的占位符中修改或添加文字。

13 打开【插入】选项卡，在【页眉和页脚】组中单击【页眉】按钮，选择【编辑页眉】命令，进入页眉和页脚编辑状态。打开【页眉和页脚】工具的【设计】选项卡，在【选项】组中选中【首页不同】和【奇偶页不同】复选框，在奇数页页眉区域选中段落标记符，打开【开始】选项卡，在【段落】组中单击【边框】按钮，在弹出的菜单中选择【无框线】命令，隐藏奇数页页眉的边框线。

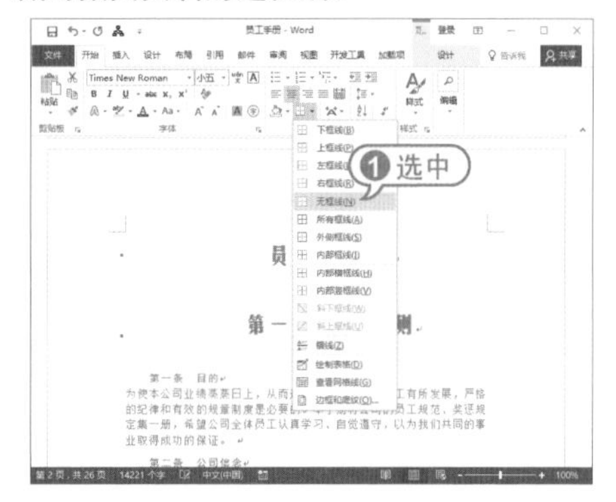

14 将光标定位到段落标记符上，输入文字“办公管理——员工手册”，设置文字字体为【华文行楷】，字号为【小三】，字体颜色为【橙色，个性色6】，单击【下画线】按钮，设置效果如下图所示。

15 使用同样的方法，设置偶数页页眉。

16 打开【页眉和页脚】工具的【设计】选项卡，在【关闭】组中单击【关闭页眉和页脚】按钮，完成奇偶页页眉的设置。

17 打开【插入】选项卡，在【页眉和页脚】组中，单击【页码】下拉按钮，在弹出的菜单中选择【页面底端】命令，在【带有多种形状】类别框中选择【圆角矩形2】选项，即可在奇数页中插入【圆角矩形2】样式的页码。

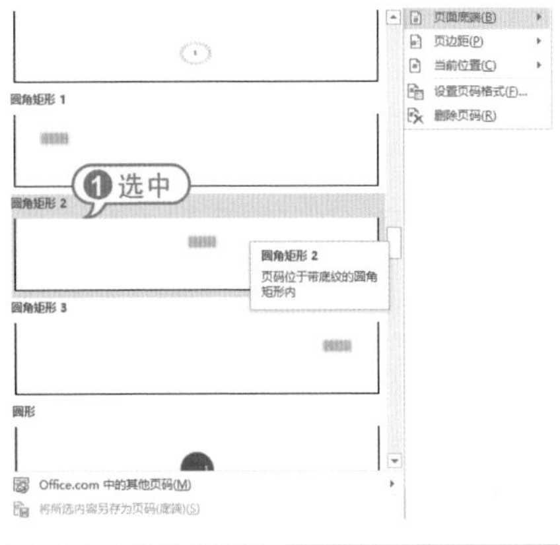

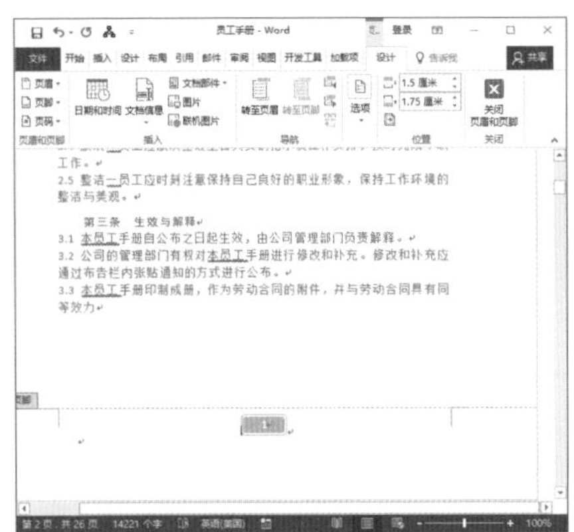

18 将插入点定位到偶数页，使用同样的方法，在页面底端插入【圆角矩形2】样式的页码。

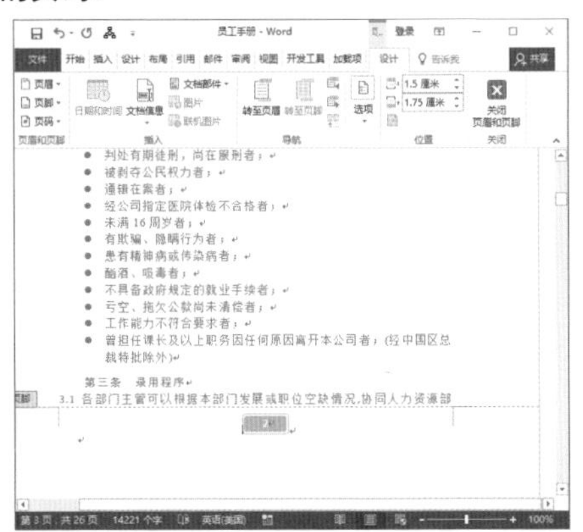

19 打开【页眉和页脚工具】的【设计】选项卡，在【页眉和页脚】组中单击【页码】按钮，从弹出的菜单中选择【设置页码格式】命令，打开【页码格式】对话框。在【编号格式】下拉列表框中选择【-1-,-2-,-3-,...】选项，单击【确定】按钮。

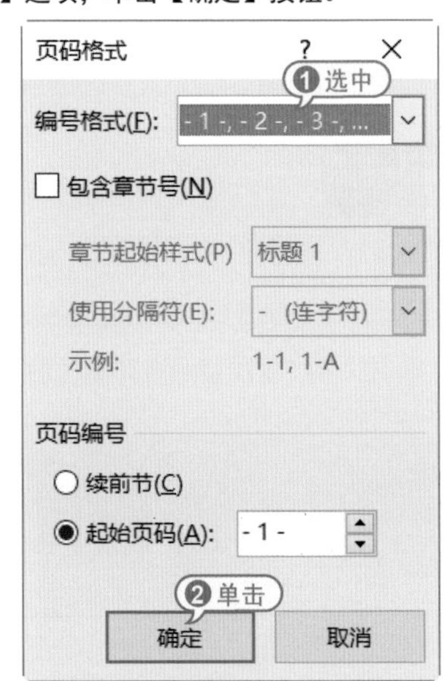

20 此时所有页脚中的页码将应用新的页码样式，然后设置奇偶数页码数字的字体颜色为【白色，背景1】。

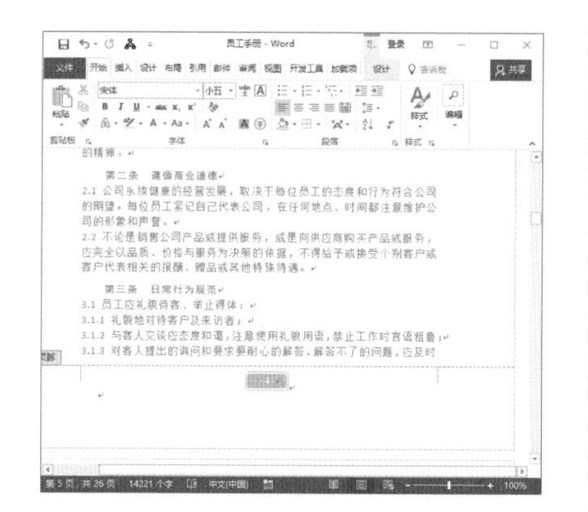

21 打开【页眉和页脚】工具的【设计】选项卡，在【关闭】组中单击【关闭页眉和页脚】按钮，退出页码编辑状态。

22 将插入点定位到标题“员工手册”前，按Enter键换行，输入文本“目录”，设置字体为【黑体】，字号为【小二】，字形为【加粗】，并设置居中对齐。

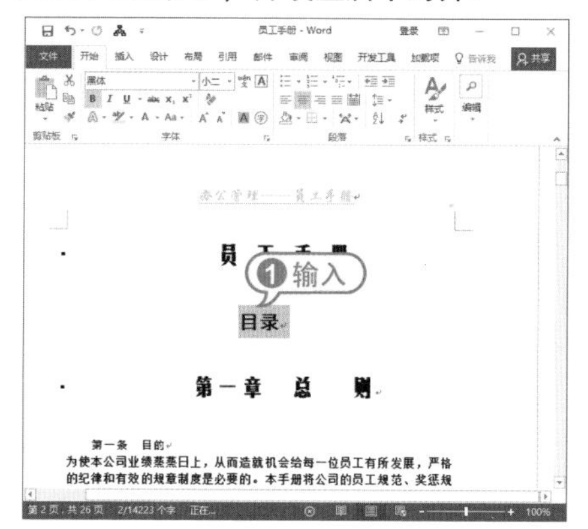

23 按Enter键继续换行，打开【引用】选项卡，在【目录】组中单击【目录】下拉按钮，从弹出的菜单中选择【自定义目录】命令。

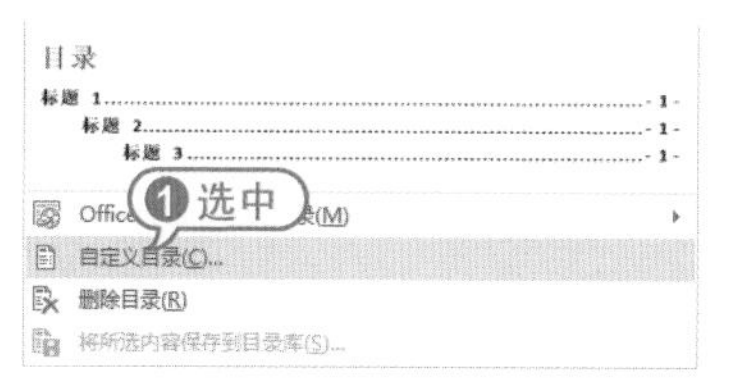

24 打开【目录】对话框的【目录】选项卡，在【显示级别】微调框中输入2，单击【确定】按钮。

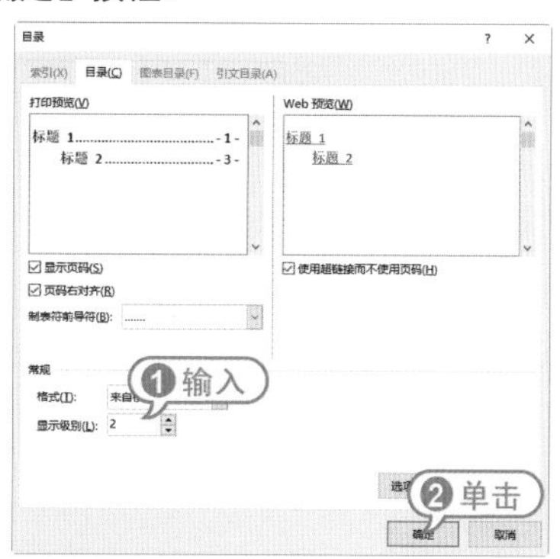

25 此时在“目录”文本下插入目录，效果如下图所示。

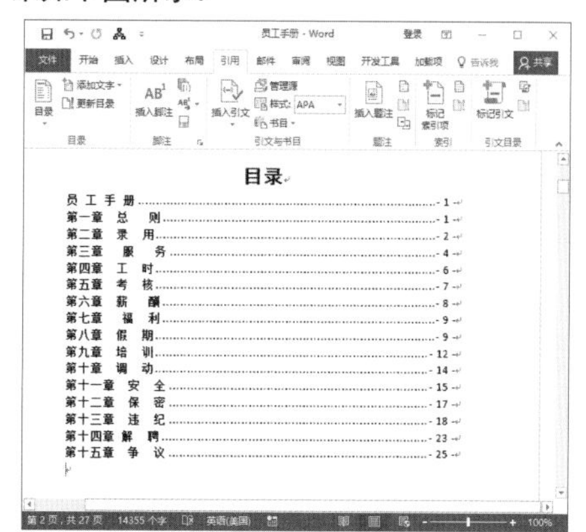

26 选取整个目录，打开【开始】选项卡，设置字体为【华文楷体】，字号为【小四】，粗体。

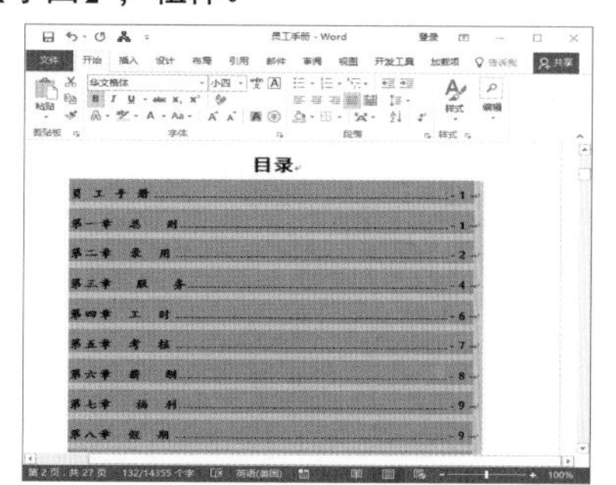

27 在【段落】组中单击对话框启动器按钮，打开【段落】对话框的【缩进和间距】选项卡，在【行距】下拉列表框中选择【固定值】选项，在【设置值】微调框中输入“25磅”，单击【确定】按钮。

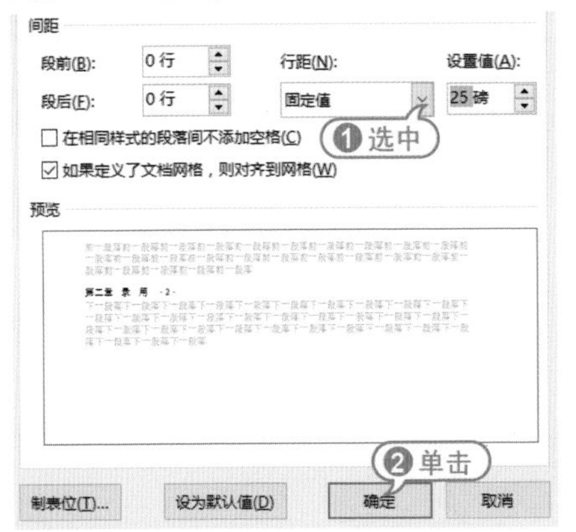

28 此时全部目录将以固定值25磅的行距显示。

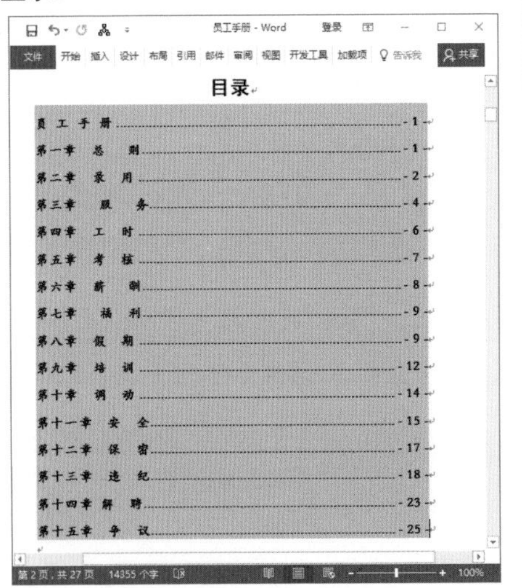

29 选中第八章中的文本“法定节假日”，在【审阅】选项卡的【批注】组中单击【新建批注】按钮，此时Word会自动显示一个批注框。将插入点定位到批注框中，然后输入文本。

30 将插入点定位到第2页，打开【设计】选项卡，在【页面背景】组中单击【水印】下拉按钮，从弹出的菜单中选择【自定义水印】命令，打开【水印】对话框。选中【文字水印】单选按钮，在【文字】下拉列表框中输入文本，在【字体】下拉列表框中选择【华文隶书】选项，在【字号】下拉列表框中选择54选项，在【颜色】面板中选择【橙色，个性色6】色块，并选中【水平】单选按钮，单击【应用】按钮，单击【确定】按钮。

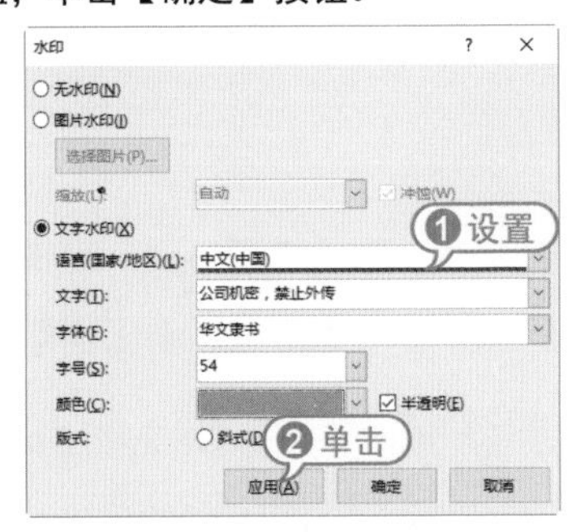

31 此时将在文档中显示文字水印，效果如下图所示。

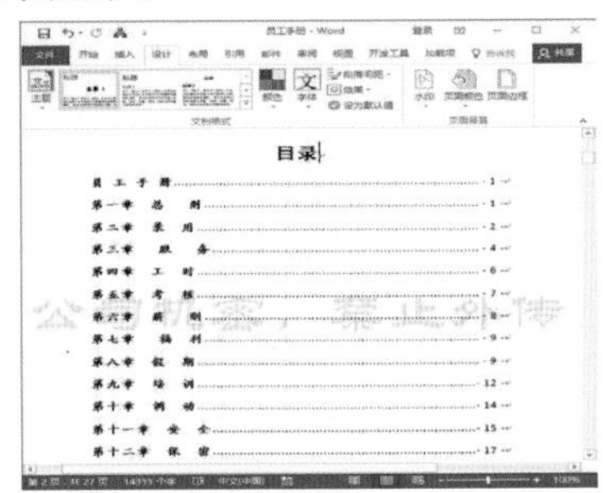

12.5 制作销售图表

在Excel 2016中制作并设置“产品销售量”图表，学习并巩固Excel图表的制作方法。

【例12-5】制作并设置“产品销售量”图表。

视频 (光盘素材\第12章\例12-5)

01 启动Excel 2016，创建一个名为“产品销售量”的空白工作簿后，在Sheet1工作表中输入相应的数据。

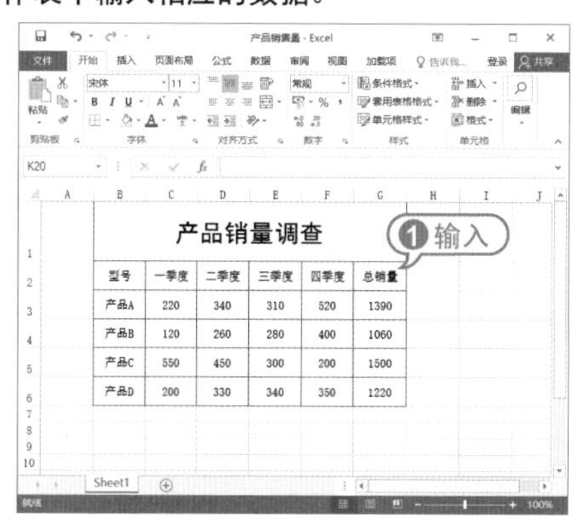

产品销量调查

型号	一季度	二季度	三季度	四季度	总销量
产品A	220	340	310	520	1390
产品B	120	260	280	400	1060
产品C	550	450	300	200	1500
产品D	200	330	340	350	1220

02 选择【插入】选项卡，在【图表】组中单击对话框启动器按钮，打开【插入图表】对话框，选中【所有图表】选项卡，然后在【最近】列表框中选中【柱形图】|【簇状柱形图】选项，单击【确定】按钮。

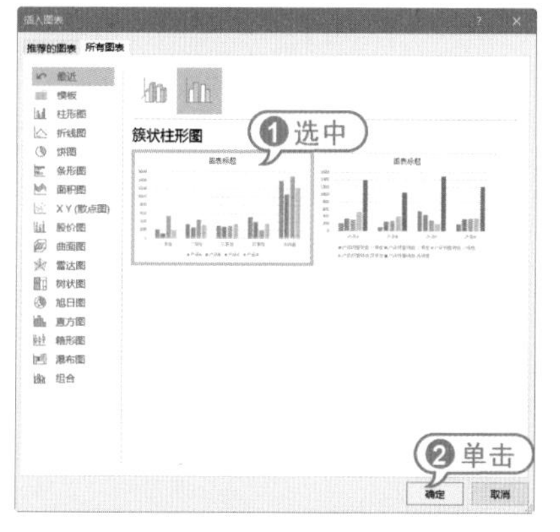

03 此时在工作表中插入图表，按住鼠标左键拖动图表至合适的位置，将鼠标光标移动至图表四周的控制点上，单击鼠标并拖曳，调整图表的大小。

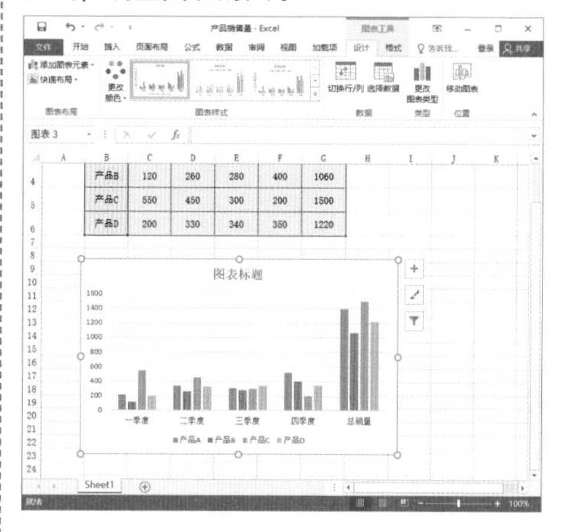

04 双击图表标题，然后输入文本“产品销售调查”，选中图表，单击其右侧的【图表元素】按钮，在弹出的列表框中选中【数据表】复选框，在图表中显示数据表。

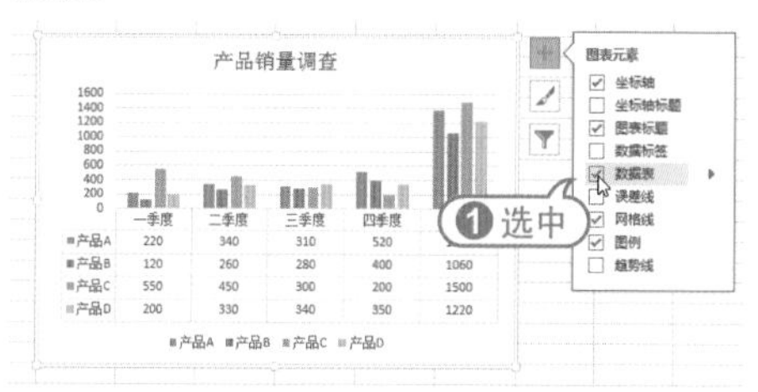

05 在【图表元素】列表框中选中【趋势线】选项，然后在打开的【添加趋势线】对话框中选中【产品B】选项并单击【确定】按钮。

06 单击【图表筛选器】按钮，在弹出的列表框中设置要在图表中显示的内容后，单击【应用】按钮。

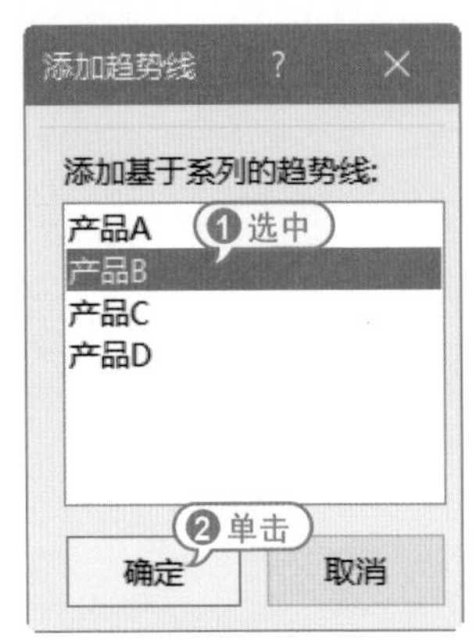

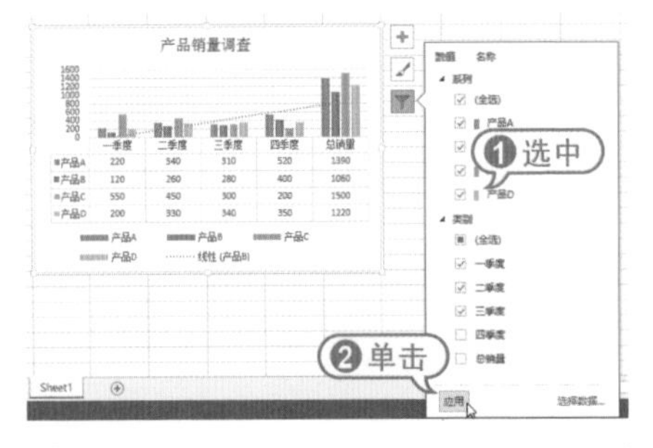

07 选中图表，选择【设计】选项卡，在【图表布局】组中单击【添加图表元素】下拉按钮，在弹出的菜单中选择【图例】|【顶部】命令。

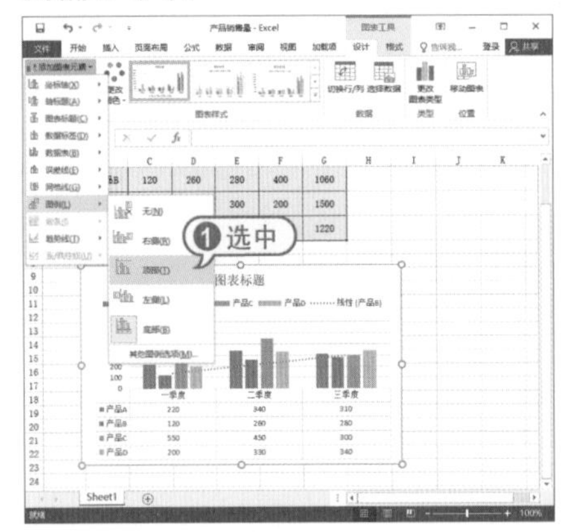

08 在【设计】选项卡的【图表样式】组中单击【更改颜色】下拉按钮，在弹出的下拉列表中选中【颜色9】选项。

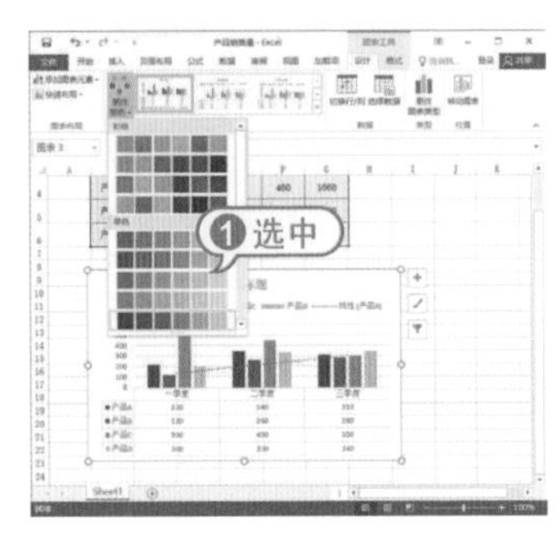

09 在【形状样式】组中单击对话框启动器按钮，在打开的【设置数据系列格式】窗格中设置【系列重叠】选项的参数为“-100%”；设置【分类间距】选项的参数为“168%”。

10 在【设置数据系列格式】窗格中单击【效果】按钮，在打开的列表框中选中【三维格式】选项。在打开的选项区域中单击【顶部棱台】下拉按钮，在弹出的列表框中选中【角度】选项。

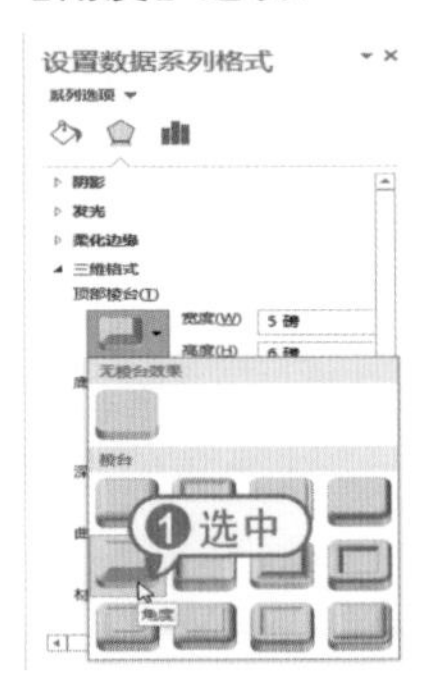

11 在图表中单击一个“产品B”柱体完成上述设置。

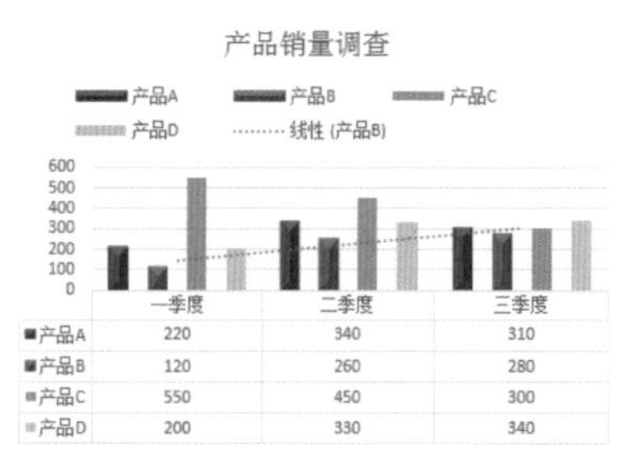

	一季度	二季度	三季度
产品A	220	340	310
产品B	120	260	280
产品C	550	450	300
产品D	200	330	340

12 参考以上步骤设置其他柱体的效果。

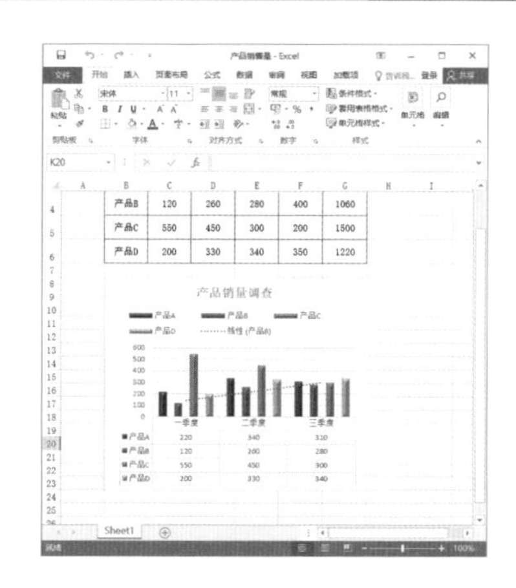

12.6 计算工资预算

在Excel 2016中运用公式计算工资预算，学习并巩固Excel中函数和公式的使用方法。

【例12-6】创建“工资预算表”工作簿，使用公式和函数进行计算。
视频 (光盘素材\第12章\例12-6)

01 启动Excel 2016程序，创建“工资预算表”工作簿，并在Sheet1工作表中输入数据。

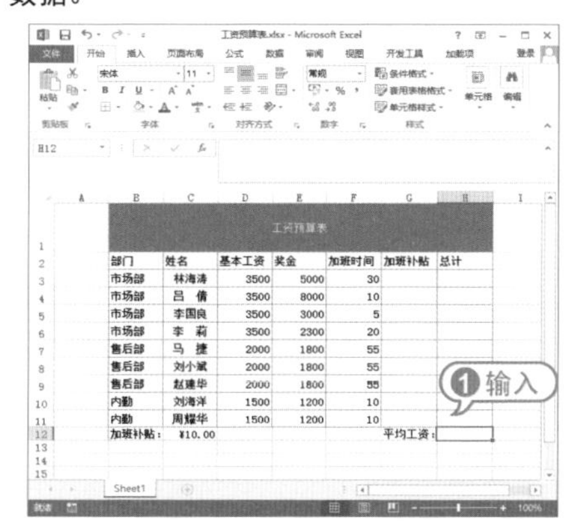

02 选中G3单元格，将鼠标光标定位到编辑栏中，输入“=”。

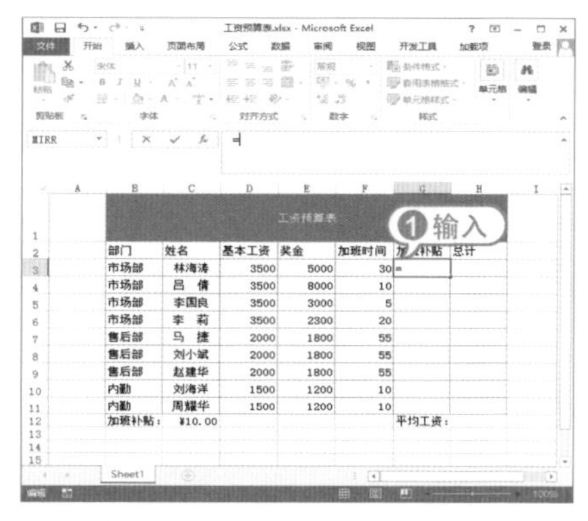

03 单击F3单元格，输入“*”。

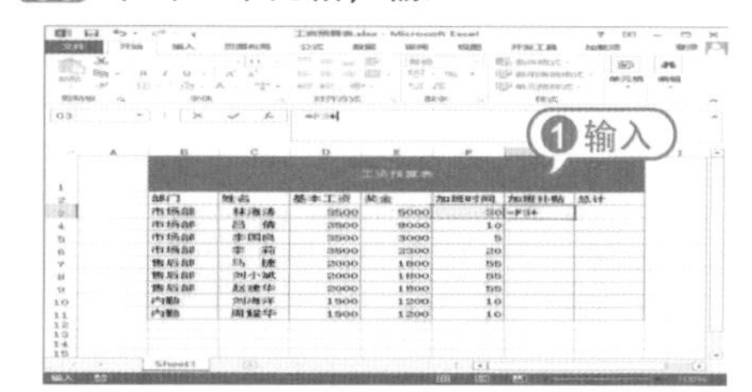

04 接下来，单击C12单元格，然后按下F4键。

工资预算表.xlsx - Microsoft Excel

C12 =F3*C12

1 输入

部门	姓名	基本工资	奖金	加班时间	加班补贴	总计
市场部	林海涛	3500	5000	30	=F3*C12	
市场部	吕 倩	3500	8000	10		
市场部	李国良	3500	3000	5		
市场部	李 莉	3500	2300	20		
售后部	马 捷	2000	1800	55		
售后部	刘小斌	2000	1800	55		
售后部	赵建华	2000	1800	55		
内勤	刘海洋	1500	1200	10		
内勤	周耀华	1500	1200	10		
加班补贴：	¥10.00				平均工资：	

05 按下Enter键，即可在G3单元格中计算出员工“林海涛”的加班补贴。

工资预算表.xlsx - Microsoft Excel

G3 =F3*C$12

部门	姓名	基本工资	奖金	加班时间	加班补贴	总计
市场部	林海涛	3500	5000	30	¥300.00	
市场部	吕 倩	3500	8000	10		
市场部	李国良	3500	3000	5		
市场部	李 莉	3500	2300	20		
售后部	马 捷	2000	1800	55		
售后部	刘小斌	2000	1800	55		
售后部	赵建华	2000	1800	55		
内勤	刘海洋	1500	1200	10		
内勤	周耀华	1500	1200	10		
加班补贴：	¥10.00				平均工资：	

06 选中G3单元格后，按下Ctrl+C组合键复制公式。选中G4:G11单元格区域，然后按下Ctrl+V组合键粘贴公式，系统将自动计算出结果，如下图所示。

工资预算表.xlsx - Microsoft Excel

G4 =F4*C$12

部门	姓名	基本工资	奖金	加班时间	加班补贴	总计
市场部	林海涛	3500	5000	30	¥300.00	
市场部	吕 倩	3500	8000	10	¥100.00	
市场部	李国良	3500	3000	5	¥50.00	
市场部	李 莉	3500	2300	20	¥200.00	
售后部	马 捷	2000	1800	55	¥550.00	
售后部	刘小斌	2000	1800	55	¥550.00	
售后部	赵建华	2000	1800	55	¥550.00	
内勤	刘海洋	1500	1200	10	¥100.00	
内勤	周耀华	1500	1200	10	¥100.00	
加班补贴：	¥10.00				平均工资：	

07 选中H3单元格，输入公式“=D3+E3+G3”。

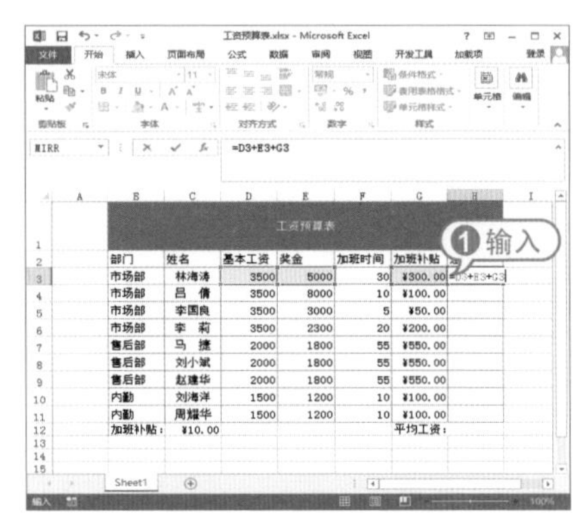

工资预算表.xlsx - Microsoft Excel

NIRR =D3+E3+G3

1 输入

部门	姓名	基本工资	奖金	加班时间	加班补贴	总计
市场部	林海涛	3500	5000	30	¥300.00	=D3+E3+G3
市场部	吕 倩	3500	8000	10	¥100.00	
市场部	李国良	3500	3000	5	¥50.00	
市场部	李 莉	3500	2300	20	¥200.00	
售后部	马 捷	2000	1800	55	¥550.00	
售后部	刘小斌	2000	1800	55	¥550.00	
售后部	赵建华	2000	1800	55	¥550.00	
内勤	刘海洋	1500	1200	10	¥100.00	
内勤	周耀华	1500	1200	10	¥100.00	
加班补贴：	¥10.00				平均工资：	

08 按下Enter键，即可在H3单元格中计算出员工“林海涛”的总工资。

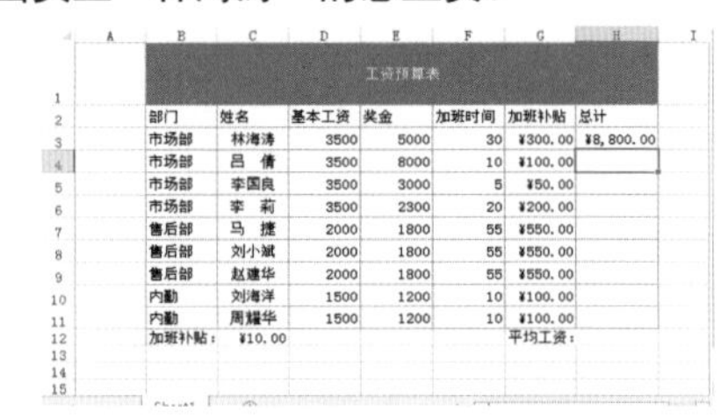

部门	姓名	基本工资	奖金	加班时间	加班补贴	总计
市场部	林海涛	3500	5000	30	¥300.00	¥8,800.00
市场部	吕 倩	3500	8000	10	¥100.00	
市场部	李国良	3500	3000	5	¥50.00	
市场部	李 莉	3500	2300	20	¥200.00	
售后部	马 捷	2000	1800	55	¥550.00	
售后部	刘小斌	2000	1800	55	¥550.00	
售后部	赵建华	2000	1800	55	¥550.00	
内勤	刘海洋	1500	1200	10	¥100.00	
内勤	周耀华	1500	1200	10	¥100.00	
加班补贴：	¥10.00				平均工资：	

09 将鼠标光标移动至H3单元格右下角，当其变为加号状态时，按住鼠标左键拖动至H11单元格，计算出所有员工的总收入。

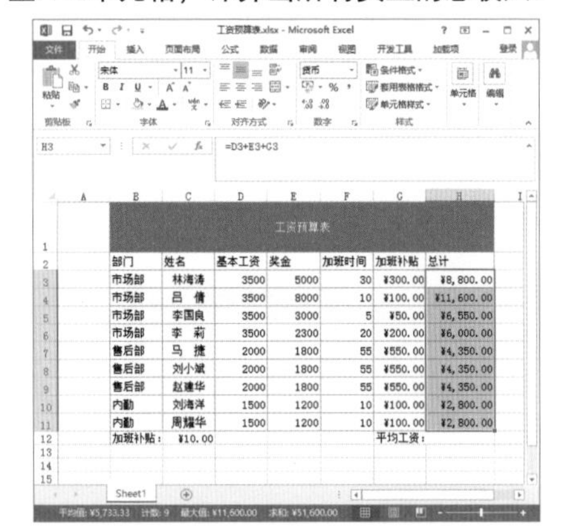

工资预算表.xlsx - Microsoft Excel

H3 =D3+E3+G3

部门	姓名	基本工资	奖金	加班时间	加班补贴	总计
市场部	林海涛	3500	5000	30	¥300.00	¥8,800.00
市场部	吕 倩	3500	8000	10	¥100.00	¥11,600.00
市场部	李国良	3500	3000	5	¥50.00	¥6,550.00
市场部	李 莉	3500	2300	20	¥200.00	¥6,000.00
售后部	马 捷	2000	1800	55	¥550.00	¥4,350.00
售后部	刘小斌	2000	1800	55	¥550.00	¥4,350.00
售后部	赵建华	2000	1800	55	¥550.00	¥4,350.00
内勤	刘海洋	1500	1200	10	¥100.00	¥2,800.00
内勤	周耀华	1500	1200	10	¥100.00	¥2,800.00
加班补贴：	¥10.00				平均工资：	

10 选中H12单元格，然后选择【公式】选项卡，在【函数库】组中单击【自动求和】下拉按钮，在弹出的下拉列表中选中【平均值】选项。

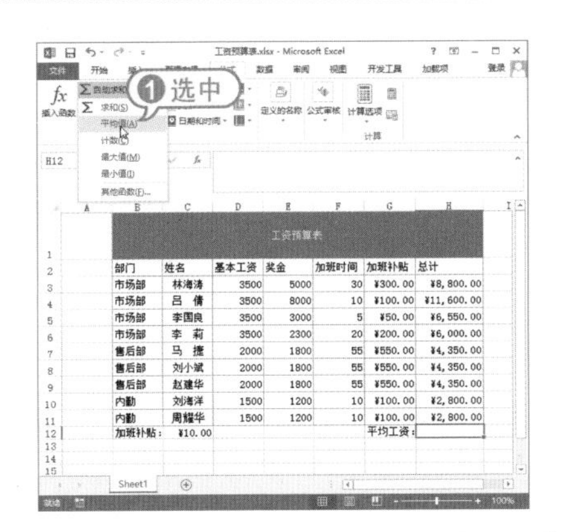

11 按下Ctrl+Enter组合键，即可在H12单元格中计算出所有员工的平均工资。

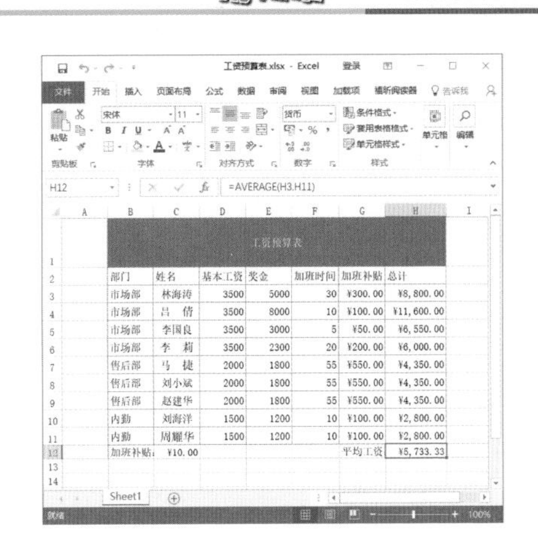

12.7 计算三角函数

在Excel 2016中运用三角函数计算正弦值、余弦值和正切值，学习并巩固Excel中三角函数的用法。

【例12-7】新建“三角函数速查表”工作簿，使用SIN函数、COS函数和TAN函数计算正弦值、余弦值和正切值。

视频 (光盘素材\第12章\例12-7)

01 启动Excel 2016，新建一个名为“三角函数速查表”的工作簿，并在其中输入数据。

02 选中C3单元格，在【公式】选项卡的【函数库】组中单击【插入函数】按钮，打开【插入函数】对话框。在【或选择类别】下拉列表框中选择【数学与三角函数】选项，在【选择函数】列表框中选择RADIANS选项，单击【确定】按钮。

03 打开【函数参数】对话框，在Angle文本框中输入“B3”，然后单击【确定】按钮。

函数参数

RADIANS

Angle B3 = 10

= 0.174532925

将角度转为弧度

Angle 要转成弧度的角度值

计算结果 = 0.174532925

有关该函数的帮助(H) 确定 取消

04 此时，在C3单元格中将显示对应的弧度值。

角度(°)	弧度	正弦值	余弦值	正切值
10	0.174532925			
15				
20				
25				
30				
35				
40				
45				
50				
55				
60				
65				
70				
75				
80				
85				
90				

05 使用相对引用，将公式复制到单元格区域C4:C19中。

C3 =RADIANS(B3)

三角函数速查表

角度(°)	弧度	正弦值	余弦值	正切值
10	0.174532925			
15	0.261799388			
20	0.34906585			
25	0.436332313			
30	0.523598776			
35	0.610865238			
40	0.698131701			
45	0.785398163			
50	0.872664626			
55	0.959931089			
60	1.047197551			
65	1.134464014			
70	1.221730476			
75	1.308996939			
80	1.396263402			
85	1.483529864			
90	1.570796327			

平均值: 0.872664626 计数: 17 求和: 14.83529864

06 选中D3单元格，使用SIN函数在编辑栏中输入“=SIN(C3)”，按Ctrl+Enter组合键，计算出对应的正弦值。

D3 =SIN(C3)

①输入

三角函数速查表

角度(°)	弧度	正弦值	余弦值	正切值
10	0.174532925	0.173648178		
15	0.261799388			
20	0.34906585			
25	0.436332313			
30	0.523598776			
35	0.610865238			
40	0.698131701			
45	0.785398163			
50	0.872664626			
55	0.959931089			
60	1.047197551			
65	1.134464014			
70	1.221730476			
75	1.308996939			
80	1.396263402			
85	1.483529864			
90	1.570796327			

07 使用相对引用，将公式复制到单元格区域D4:D19中。

D3 =SIN(C3)

三角函数速查表

角度(°)	弧度	正弦值	余弦值	正切值
10	0.174532925	0.173648178		
15	0.261799388	0.258819045		
20	0.34906585	0.342020143		
25	0.436332313	0.422618262		
30	0.523598776	0.5		
35	0.610865238	0.573576436		
40	0.698131701	0.64278761		
45	0.785398163	0.707106781		
50	0.872664626	0.766044443		
55	0.959931089	0.819152044		
60	1.047197551	0.866025404		
65	1.134464014	0.906307787		
70	1.221730476	0.939692621		
75	1.308996939	0.965925826		
80	1.396263402	0.984807753		
85	1.483529864	0.996194698		
90	1.570796327	1		

平均值: 0.697925119 计数: 17 求和: 11.86472703

08 选中E3单元格，使用COS函数。在编辑栏中输入“=COS(C3)”，按Ctrl+Enter组合键，计算出对应的余弦值。

角度(°)	弧度	正弦值	余弦值	正切值
10	0.174532925	0.173648178	0.984807753	
15	0.261799388	0.258819045		
20	0.34906585	0.342020143		
25	0.436332313	0.422618262		
30	0.523598776	0.5		
35	0.610865238	0.573576436		
40	0.698131701	0.64278761		
45	0.785398163	0.707106781		
50	0.872664626	0.766044443		
55	0.959931089	0.819152044		
60	1.047197551	0.866025404		
65	1.134464014	0.906307787		
70	1.221730476	0.939692621		
75	1.308996939	0.965925826		
80	1.396263402	0.984807753		
85	1.483529864	0.996194698		
90	1.570796327	1		

09 使用相对引用，将公式复制到单元格区域E4:E19中。

10 选中F3单元格，使用TAN函数。在编辑栏中输入“=TAN(C3)”，按Ctrl+Enter组合键，计算出对应的正切值。

11 使用相对引用，将公式复制到单元格区域F4:F19中，完成表格。

12.8 设置动画效果

在PowerPoint 2016中设置幻灯片切换动画和对象动画，学习并巩固在PowerPoint中设置动画效果的方法。

【例12-8】设置4张幻灯片的切换动画和对象动画。

视频 (光盘素材\第12章\例12-8)

01 打开演示文稿后，选择【切换】选项卡，在【切换到此幻灯片】组中选中【随机】动画选项。

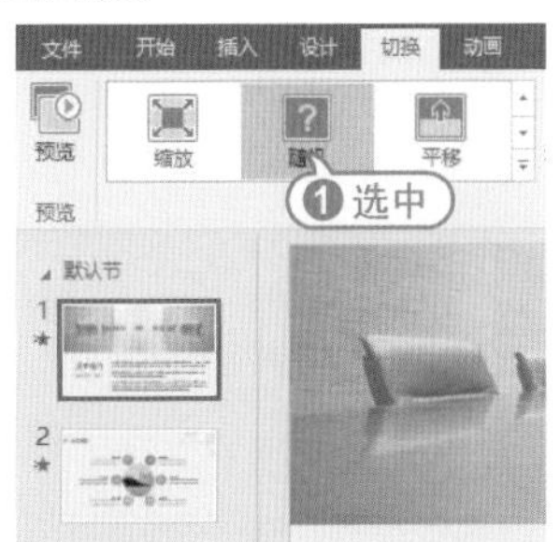

02 在【计时】组中将【持续时间】设置为01.50，并选中【单击鼠标时】复选框。

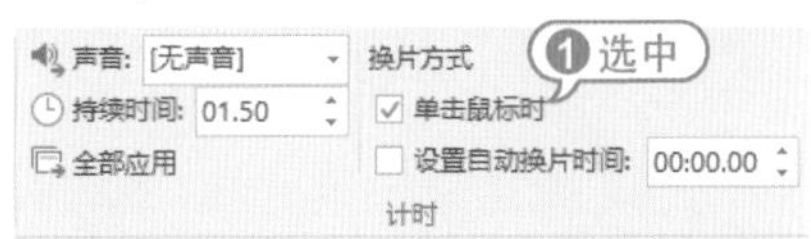

03 单击【计时】组中的【声音】下拉按钮，在弹出的列表框中选择【其他声音】选项。

04 在打开的【添加音频】对话框中选择一个音频文件，然后单击【确定】按钮。

05 在【计时】组中单击【全部应用】按钮，将设置的幻灯片切换动画应用到所有幻灯片中。

06 选择【动画】选项卡，在【高级动画】组中单击【动画窗格】按钮，打开【动画窗格】窗格。

07 选中幻灯片中的图片，在【动画】组中选中【浮入】选项，为图片对象设置"浮入"效果的进入动画。

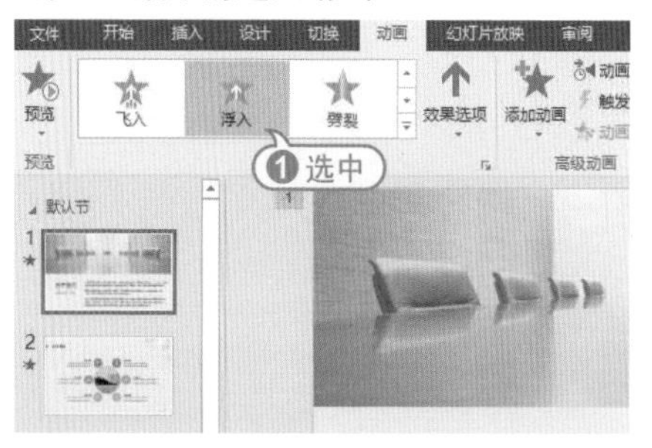

08 在【动画】组中单击【效果选项】下拉按钮，在弹出的列表框中选择【下浮】选项。

09 选中幻灯片中左下方的"关于我们"文本框，在【动画】选项卡的【高级动画】组中单击【添加动画】下拉选项，在弹出的列表框中选择【更多进入效果】选项。

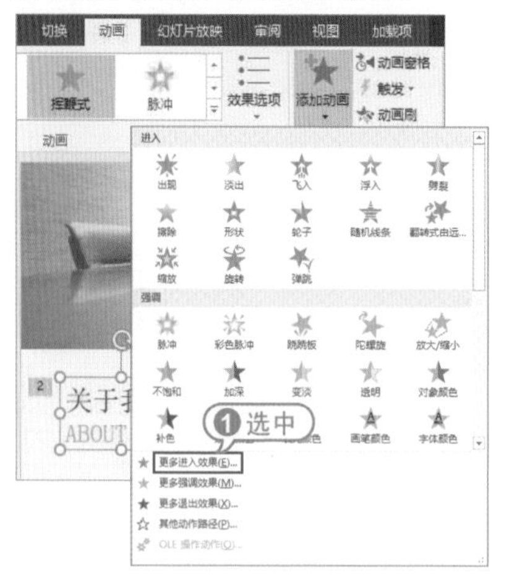

10 打开【更改进入效果】对话框，选中【挥鞭式】选项后，单击【确定】按钮。

11 选中幻灯片右下角包含大段文本的文本框，在【动画】选项卡的【动画】组中选中【浮入】选项，并单击【效果选项】下拉按钮，在弹出的列表框中选择【上浮】选项。

12 在【动画窗格】窗格中选中编号为3的动画，右击鼠标，在弹出的列表框中选择【计时】选项。

13 在打开的对话框中，单击【开始】下拉按钮，在弹出的列表框中选择【与上一动画同时】选项，在【延迟】微调框中输入0.5。

14 单击【确定】按钮，返回【动画窗格】，各对象动画的设置如下图所示。

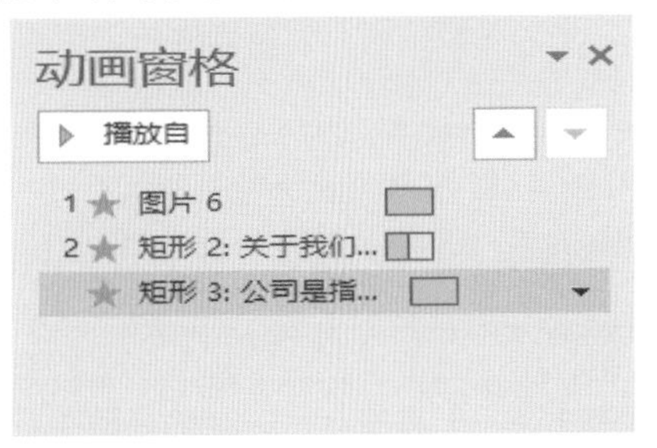

15 选择【视图】选项卡，在【母版视图】组中单击【幻灯片母版】按钮，切换到幻灯片母版视图，然后在窗口左侧的版式列表中选中【标题和内容】版式，并选中版式中的三角形。

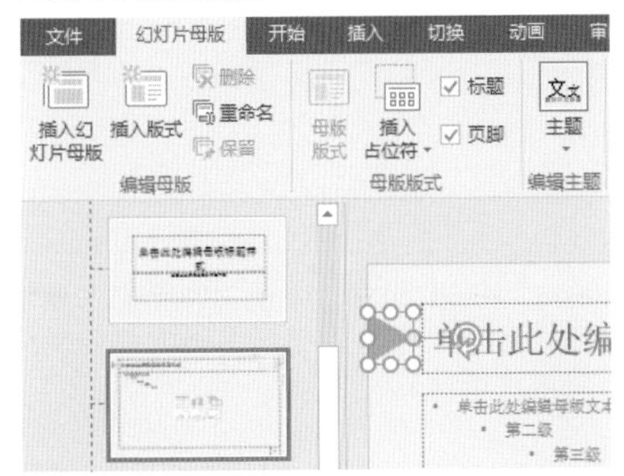

16 选择【动画】选项卡，在【动画】组中选中【飞入】选项，然后单击【效果选项】下拉按钮，在弹出的列表框中选择【自左侧】选项。

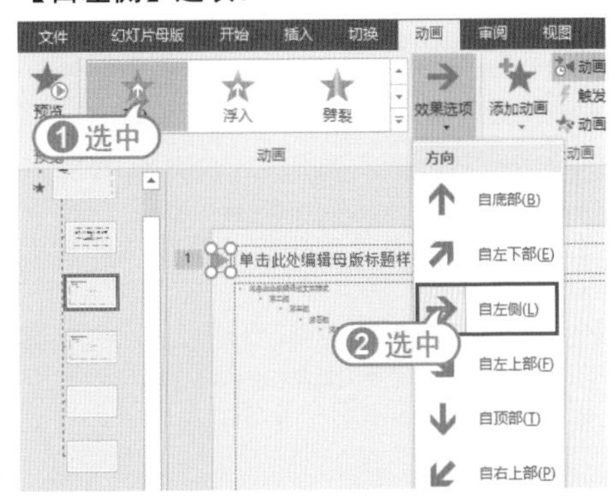

17 选中母版中的标题占位符，然后重复步骤09、10中的操作，打开【更改进入效果】对话框，选中【挥鞭式】选项后，单击【确定】按钮，为占位符设置"挥鞭式"动画效果。

18 在【计时】组中单击【开始】按钮，在弹出的列表框中选择【与上一动画同时】选项，然后在【幻灯片母版】选项卡中单击【关闭母版视图】按钮，关闭幻灯片母版视图。

19 选中幻灯片中的椭圆图形，在【动画】选项卡的【高级动画】组中单击【添加动画】按钮，重复步骤09、10中的操作，为图形设置"升起"进入动画。

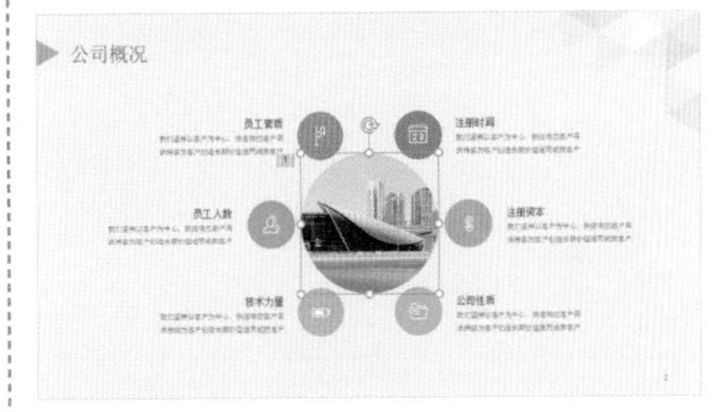

20 按住Ctrl键选中幻灯片中的6个图标，在【动画】选项卡中单击【添加动画】按钮，为其设置"回旋"进入动画。

21 按住Ctrl键选中幻灯片中的6个文本框，在【动画】选项卡的【动画】组中为其设置“飞入”动画效果。

22 按住Ctrl键选中幻灯片左侧的3个文本框，在【动画】选项卡的【动画】组中单击【效果选项】下拉按钮，在弹出的列表框中选择【自左侧】选项。

23 按住Ctrl键选中幻灯片右侧的3个文本框，在【动画】选项卡的【动画】组中单击【效果选项】下拉按钮，在弹出的列表框中选择【自右侧】选项。

24 在窗口右侧选中第3张幻灯片，然后选中幻灯片中的圆形图形，在【动画】选项卡的【动画】组中选中【缩放】选项。

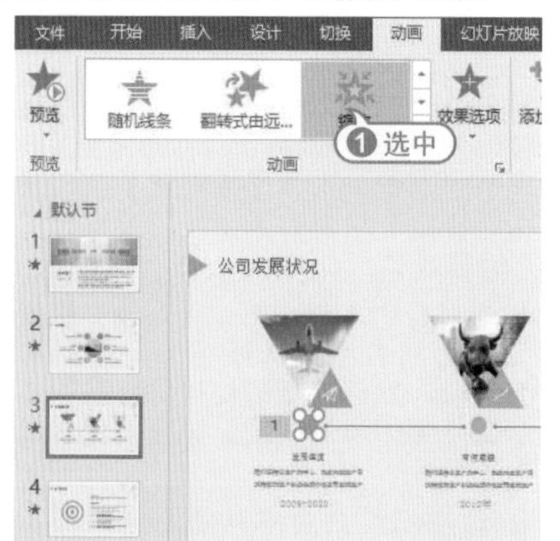

25 按住Ctrl键选中幻灯片中的图片和文本框，在【动画】组中选中【浮入】选项。

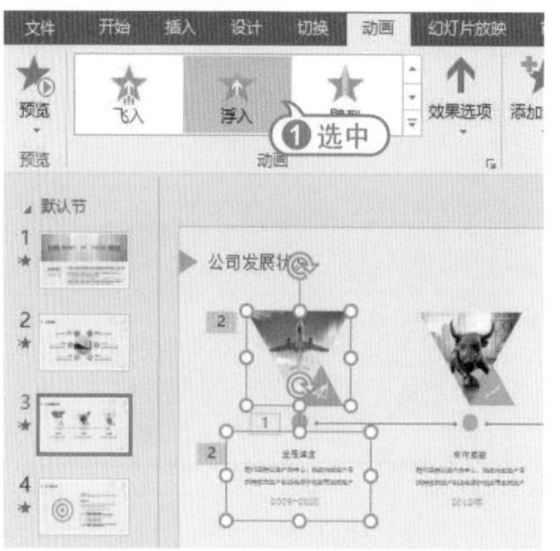

26 选中幻灯片中的图标，在【高级动画】组中单击【添加动画】下拉按钮，为图标设置“切入”动画。

27 选中幻灯片中的直线图形，单击【添加动画】下拉按钮，为图形添加“擦除”动画。

28 重复步骤**23**~**25**中的操作，为幻灯片中的其他对象设置动画效果。

29 在窗口左侧的列表中选中第4张幻灯片，选中幻灯片中的圆形图形，在【动画】选项卡中单击【添加动画】下拉按钮，为图形设置“升起”动画。

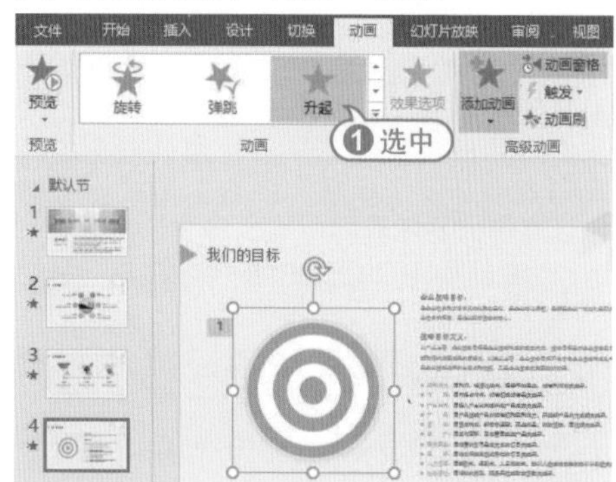

30 选中幻灯片左上角的飞镖图形，单击【添加动画】下拉按钮，在弹出的列表框中选择【直线】选项。

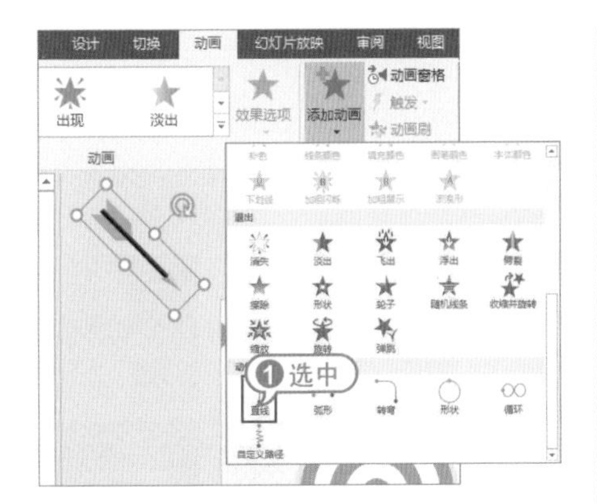

31 按住鼠标左键拖动路径动画的目标为圆形图形的正中。

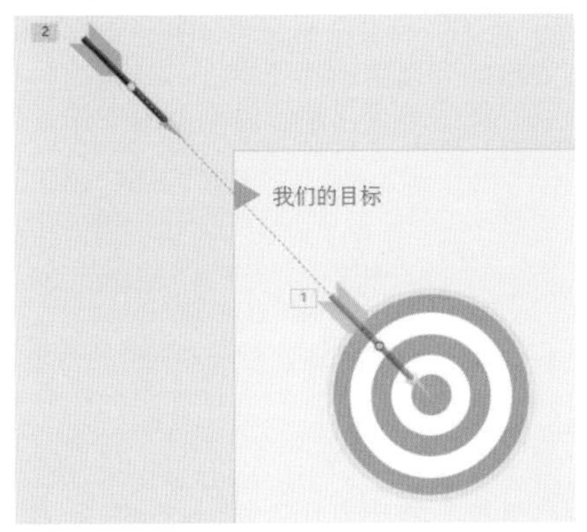

32 按住Ctrl键分别选中幻灯片右侧的几个文本框，为其设置“飞入”和“浮入”动画，并设置“浮入”动画在“飞入”动画之后运行。

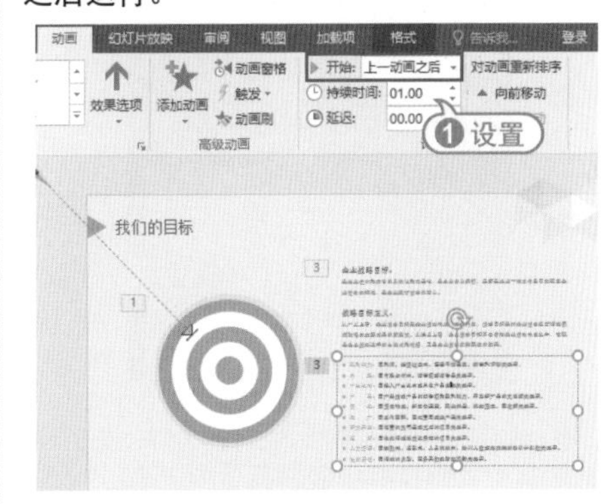

33 完成以上设置后，按下F5键放映PPT，即可观看动画的设置效果。

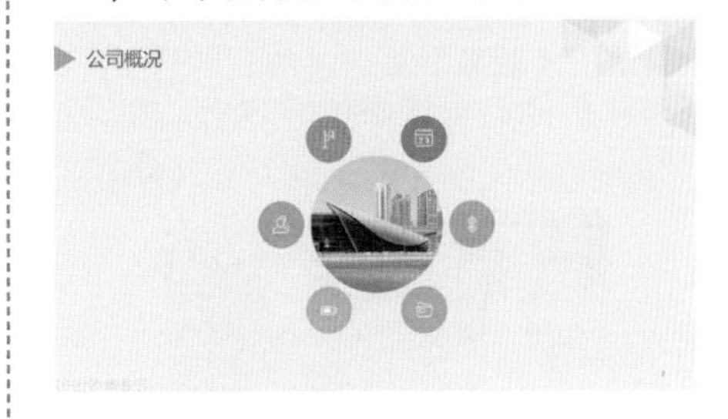

12.9 制作运动模糊效果

在PowerPoint 2016中通过设置各种对象动画，可以制作出类似Flash中的运动模糊动画效果，学习并巩固在PowerPoint中运用动画效果的方法。

【例12-9】在PowerPoint中设置运动模糊动画。

视频 (光盘素材\第12章\例12-9)

01 选择【插入】选项卡，在【图像】组中单击【图片】按钮，在当前幻灯片中插入一张图片，并按下Ctrl+D组合键将图片复制一份。

02 右击幻灯片中复制的图片，在弹出的菜单中选择【设置图片格式】命令，打开

【设置图片格式】窗格，单击【图片】选项，将【清晰度】设置为“-100%”。

03 选中步骤01插入到幻灯片中的图片，按下Ctrl+D组合键将其复制一份。按住Shift键拖动复制的图片四周的控制点，将其放大。

04 选择【格式】选项卡，在【大小】组中单击【裁剪】按钮，然后拖动图片四周的裁剪边，裁剪图片的大小，如下图所示。

05 按下Ctrl+D组合键，将裁剪后的图片复制一份，然后选中复制的图片，在【设置图片格式】窗格中将图片的【清晰度】设置为“-100%”，效果如下图所示。

06 将前面所示4张图片中左上角的图片拖动至幻灯片舞台正中间，选择【动画】选项卡，在【动画】组中选中【淡出】选项，为图片设置“淡出”动画。

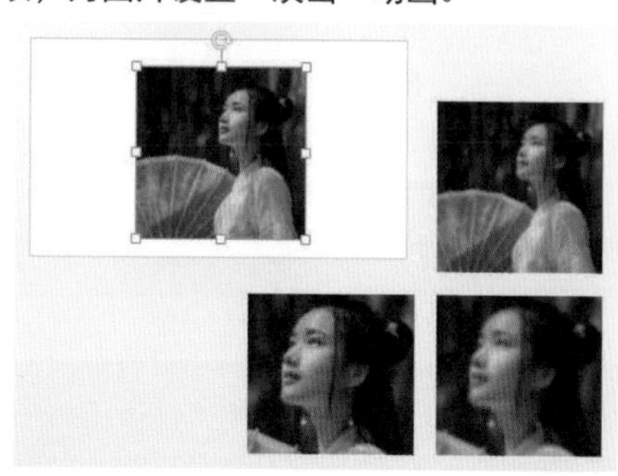

07 在【计时】组中单击【开始】按钮，在弹出的列表中选择【与上一动画同时】选项，然后单击【高级动画】组中的【动画窗格】按钮。

08 将第2张图片拖动至幻灯片中与第1张图片重叠，然后为其设置“淡出”动画，并设置【计时】组中的【开始】选项为【与上一动画同时】。

09 重复以上操作，设置第3和第4张图片，完成后效果如下图所示。

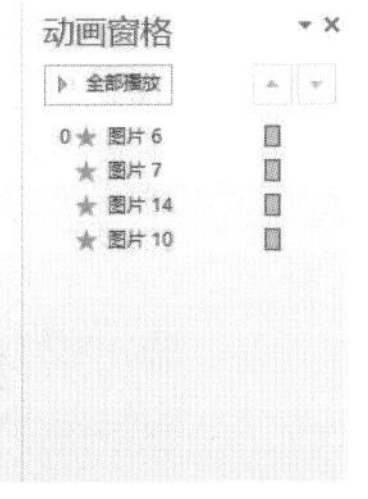

10 在【动画窗格】窗格中按住Ctrl键选中所有图片动画，在【动画】选项卡的【计时】组中设置动画的【持续时间】为“00.50”，【延迟】为“00.50”。

11 在【动画窗格】窗格中选中第2个图片动画，在【计时】组中将【延迟】设置为“01.00”。

12 在【动画窗格】窗格中选中第3个图片动画，在【计时】组中将【延迟】设置为“01.50”。

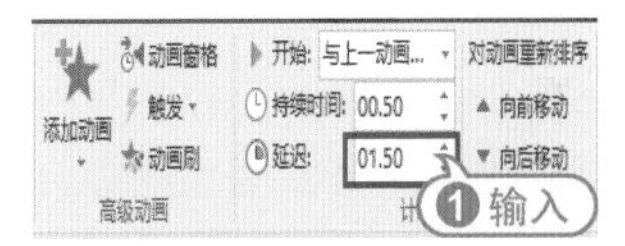

13 在【动画窗格】窗格中选中第4个图片动画，在【计时】组中将【延迟】设置为“02.00”。

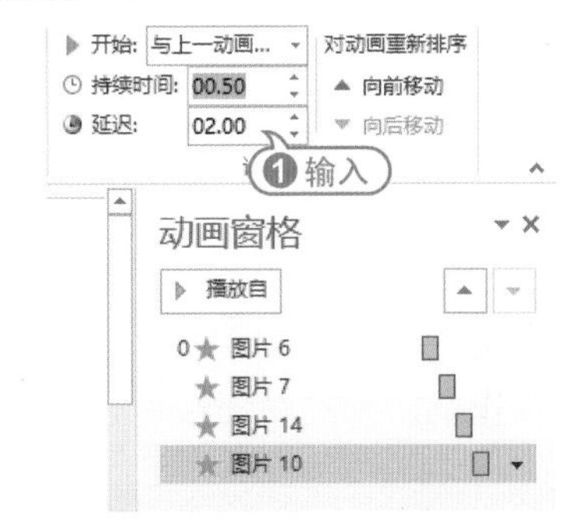

14 最后，在【预览】组中单击【预览】按钮，即可在幻灯片中浏览运动模糊动画效果。

12.10 疑点解答

问：如何快速播放PowerPoint演示文稿？

答：要快速播放PowerPoint演示文稿，用户可以右击演示文稿文件，在弹出的菜单中选择【显示】命令，或者将演示文稿文件的扩展名从PPT改为PPS，然后双击该文件即可。

问：如何不打印工作表中的图表？

答：在图表上右击鼠标，在弹出的菜单中选择【设置图表区区域格式】命令，打开【设置图表区格式】对话框，单击【大小与属性】按钮，展开【属性】选项区域，取消【打印对象】复选框的选中状态。选中工作表中的任意单元格，按下Ctrl+P组合键，在打开的【打印】界面中单击【打印】按钮，即可设置Excel打印工作表内容而不打印在工作表中插入的图表。

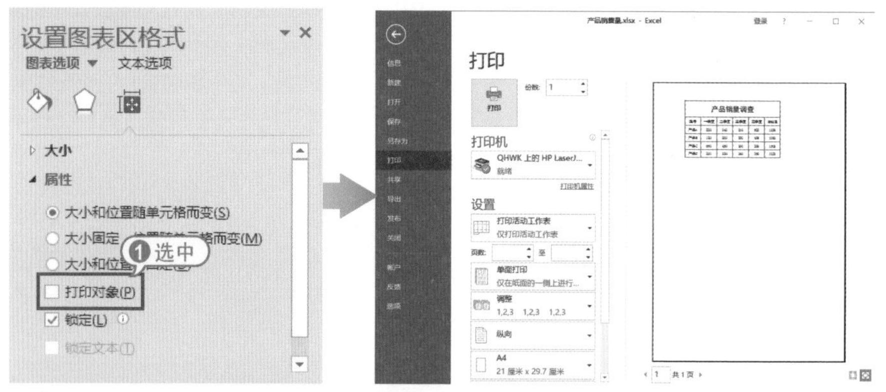

问：如何在Word中使用稿纸向导生成各类稿纸？

答：Word 2016的稿纸功能可以帮助用户快速方便地生成各类稿纸，省去用户重新设计此类文稿的麻烦。选择【布局】选项卡，在【稿纸】组中单击【稿纸设置】按钮，打开【稿纸设置】对话框，单击【格式】下拉按钮，在弹出的下拉列表中选择一种稿纸，例如选择【方格式稿纸】，单击【确定】按钮后即可设置为稿纸形式。

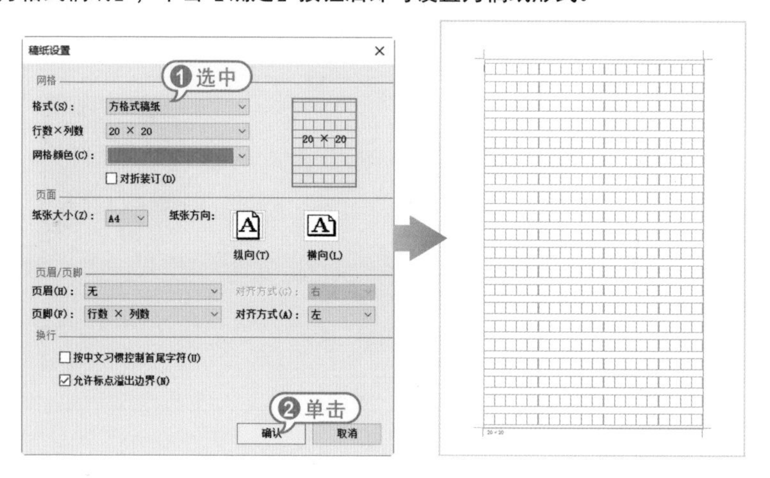